기초 전자회로

■ 머리말

전자회로는 반도체 전자소자를 이용하여 전기적인 신호의 발생, 변환, 전송, 저장 등을 다루는 전기전자공학의 한 분야이다. 그러므로 전자회로는 전기전자공학 관련 학과의 기초전공과목이며 신호처리를 위한 하드웨어 구현을 목표로 하는 엔지니어라면 반드시 익혀야 할 분야이다.

전자회로라는 학문의 특성 가운데 하나는 매우 다루는 범위가 광범위하다는 점이다. 기초 반도체 물성부터 다이오드 및 다양한 트랜지스터 소자의 동작특성, 각종 IC의 활용과 응용에 이르기까지 모든 전자 소자의 특성을 이해하고 이를 전기적인 신호처리를 위하여 적절히 응용하는 능력이 필요하기 때문이다. 또한 아날로그 및 디지털 신호처리를 위한 아날로그 및 디지털 전자회로에 대한 이해도 요구된다. 대부분의 전자회로 관련 교재나 서적들이 무겁고 두꺼운 이유는 이러한 전자회로의 학문적 특성과 관련이 있다.

저자가 강단에서 전자회로를 강의하면서 다양한 전자회로 서적을 사용해본 경험을 말하자면 두 학기에 걸쳐서 강의하기에도 기존의 전자회로 서적이 다루는 범위가 너무 광범위하고 심지어 어떤 부분은 필요이상으로 깊은 내용이어서 실제로 강의할 때 건너뛰는 부분이 많았다. 그러한 점에서 학부 3학년 수준의 학생들이 전자회로의 기초적 사항들을 이해하기 쉽게 기술한 별도의 기초적인 전자회로 서적이 필요하다는 점을 느꼈다.

본서를 집필할 때 가장 고민한 점은 무엇을 넣고 무엇을 뺄 것인가 하는 점이다. 본서는 많은 것을 다루기보다 가능한 꼭 필요한 내용만을 다루어 가능한 얇은 책을 만들려고 노력하였다. 그러면서 채우는 것보다 덜어내는 것이 얼마나 더 어려운 것인가 하는 점을 느꼈다. 이 책은 크게 3 파트로 나뉜다.

첫 번째 파트는 1장과 2장으로서 기초 반도체 물성과 다이오드에 대하여 다룬다. 반도체 물성도 수식은 가능한 빼고 물성론적인 설명을 중심으로 기술하였다.

두 번째 파트는 3장부터 5장까지로 아날로그 전자회로에서 가장 중요한 연산 증폭기의 특성과 응용에 대하여 다룬다. 연산 증폭기의 응용은 선형 회로와 비선형 회로로 나누어 설명하였다.

세 번째 파트는 6장과 7장으로 BJT, JFET, MOSFET의 3 종류의 트랜지스터의 특성과 증폭기 응용에 대하여 다룬다. 여기서 트랜지스터의 모델링 과정을 보이고 증폭기에 어떻게 적용되는지 이해하기 쉽게 많은 예제를 통하여 설명하였다.

끝으로 이 책을 완성하는데 많은 도움을 주신 전남대학교출판문화원 관계자 여러분에게 깊은 감사를 드린다.

2019년 7월

저자 씀

■ 차 례

제5장 연산 증폭기 회로 : 비선형 회로 ___ 109

제6장 트랜지스터 ___ 156

제7장 트랜지스터 증폭기 ___ 204

Chapter 1

전자회로의 기초

1.1. 전자회로란 무엇인가?

전자회로(electronic circuit)는 **반도체 전자소자**를 이용하여 전기적인 **신호**(signal)의 발생, 변환, 전송, 소비, 저장 등을 다루는 전기공학 및 전자공학의 한 분야이다. 여기서 신호는 정보(information)를 갖는 물리량을 말하며 전자회로가 하는 일은 전기적인 신호를 목적에 맞게 가공하고 처리(processing)하는 것이다. 또 이러한 일을 하는 전자회로가 일반 회로와 다른 점은 반도체라는 물질로 이루어진 전자소자를 이용한다는 점이다.

■ 신호와 전자회로

전자회로는 크게 나누어 아날로그(analog) 회로와 디지털(digital) 회로로 나누어 볼 수 있다. 아날로그 회로는 시간의 관점에서 연속적인 아날로그 신호를 다루며, 디지털 회로는 이산적인 논리적 디지털 신호를 다루는 회로이다. 오늘날 디지털 전자회로가 정보처리의 주류를 이루고 있지만 사실 이 두 종류의 전자회로는 서로 상호 보완적인 관계에 있다고 할 수 있다.

그림 1.1은 디지털신호처리기(DSP; digital signal processor)로 신호를 받아들이는 과정을 나타낸다. 온도, 속도, 압력, 음파 등과 같은 물리량이 갖는 정보의 수집은 센서를 필요로 하고 센서는 아날로그 신호를 발생시키는 일종의 신호 발생원으로 볼 수 있다.

이러한 신호발생원에서 발생되는 신호에는 측정과정에서 필연적으로 노이즈(noise)가 포함되게 된다. 노이즈는 일반적으로 특정 주파수의 신호를 제거하거나 통과 시킬 수 있는 필터(filter)를 사용하여 선택적으로 제거할 수 있다. 또, 센서에서 발생되는 신호가 매우 미약하여 증폭(amplification)의 필요성이 존재할 수도 있다. 이와 같이 노이즈가 제거되고 적당히 크기가 증폭된 아날로그 신호는 일정한 시간 간격으로 읽혀지는데 이를 샘플링(sampling)이라고 한다. 샘플링된 신호는 다음 샘플링 시간까지 일정하게 유지되는데 이를 홀딩(holding)이라고 한다.

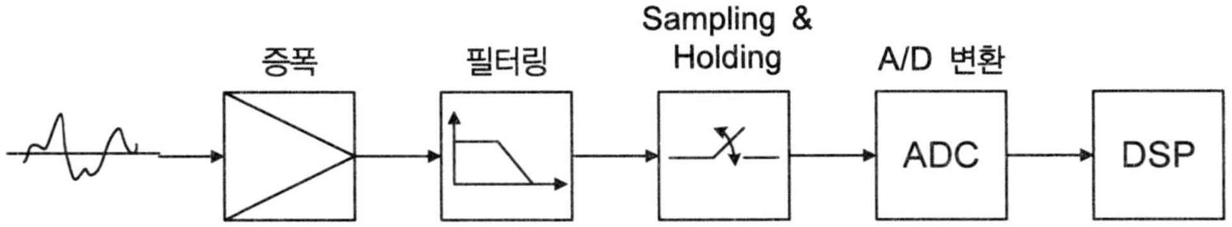

그림 1.1. DSP로 신호를 받아들이는 과정

A/D 변환기는 홀딩된 아날로그 신호의 레벨을 디지털 신호의 데이터 값으로 변환한다. A/D 변환기를 통하여 디지털 신호로 변환되고 그 이후에야 비로소 디지털 회로의 동작에 의하여 정보를 해석하거나 기록 매체에 저장하는 등의 신호처리과정을 거치게 된다.

이 책에서는 전자회로의 전 범위를 다루기보다 전자회로에서 가장 많이 사용되는 다이오드, 트랜지스터, 연산 증폭기를 중심으로 하는 아날로그 전자회로만을 다루며 전자회로 입문서로서 충실하도록 그 범위와 수준을 한정하였다.

■ 전자회로가 하는 일

전자회로가 하는 일은 다음과 같다.

① 전기적인 신호를 발생한다.
② 정보를 갖는 신호의 형태를 변환한다.
③ 서로 다른 장치 사이에 신호를 전송한다.
④ 적절한 형태로 신호를 표시하는 기능을 한다.
⑤ 신호의 정보를 저장한다.

자연계에 존재하는 신호는 다양한 물리량으로 나타내지는데 센서 또는 트랜스듀서(transducer)라고 하는 소자를 사용하면 빛, 소리, 온도, 압력 등의 다양한 형태의 물리량으로 존재하는 신호를 전기적인 신호로 변환할 수 있다. 다음은 전자회로의 대표적인 신호처리 기능을 나열한 것이다.

- 증폭(amplification)
- 필터링(filtering)
- 파형 정형(wave shaping)
- 신호의 발생(signal generation)
- 신호의 저장(signal storage)

증폭 : 가장 간단하면서 가장 중요한 전자회로의 목적은 미약한 크기의 신호를 다루기 적절한 크기의 신호로 변환하는 것이다. 신호를 증폭할 때 신호에 포함된 정보의 상태가 바뀌면 안 되므로 신호를 증폭하는 증폭기는 가능한 입력 신호의 넓은 범위에서 선형성(linearity)을 갖는 것이 중요하다. 선형성이란 간단히 말하면 입력과 출력이 비례하는 관계를 말한다.

필터링 : 신호처리에서 필터링은 주어진 신호에서 잡음(noise)이라고 하는 원하지 않는 불필요한 성분을 제거하는 과정을 말한다. 신호는 다양한 주파수의 성분의 합으로 표현할 수 있는데 필터링을 하면 정해진 주파수 대역의 성분은 통과하고 나머지 주파수 대역의 성분은 출력에 포함되지 않게 된다.

파형 정형 : 파형 정형은 특별한 필요에 의하여 신호 파형의 형태를 변경하는 것이다. 예를 들면 정현파의 신호가 주어졌을 때, 일정한 크기를 기준으로 파형을 잘라내거나 파형을 꺾어서 절대값의 파형을 출력할 수도 있다. 또는 주어진 파형이 양(+)의 값인지 음(−)의 값인지 판별하기 위하여 구형파(square wave)의 파형으로 변형할 수도 있다.

신호의 발생 : 전자회로는 꼭 자연계에서 신호를 획득하지 않고도 발진기라는 장치를 사용하여 필요한 파형의 신호를 직접 만들어 낼 수도 있다. 이 경우 신호 발생기는 입력은 없고 출력만 존재하는 시스템으로 볼 수 있다. 정현파 발생회로나 삼각파나 톱니파같은 비정현파 발생회로가 발생하는 신호는 이것을 필요로 하는 다른 전자회로의 입력으로 사용된다.

신호의 저장 : 신호를 저장하는 대표적인 소자는 디지털 소자인 메모리 소자이다. 아날로그 소자 가운데 쌍안정 멀티바이브레이터 같은 소자도 과거의 입력정보를 저장할 수 있다.

1.2. 반도체와 전자회로의 관계

전자회로에는 반도체 전자소자 이외에도 저항, 커패시터, 인덕터와 같은 수동소자도 포함된다. 그러나 전자회로가 일반 전기 회로망과 다르게 특별한 점은 반도체로 만들어진 전자소자가 포함되며 반도체 전자소자만의 특별한 성질을 이용한다는 점이다. 그러므로 전자회로를 이해하기 위하여 반도체 전자소자를 이해하여야 하며, 반도체 전자소자를 알기 위하여 반도체에 대한 기본적인 지식을 갖고 있어야 한다.

■ 반도체란 무엇인가?

반도체(semiconductor)란 무엇인가? 반도체는 도체(conductor)와 부도체(insulator)의 중간쯤 되는 전도성을 갖는 물질인가? 즉, 도체는 전기를 잘 통하는 물질이고 부도체는 전기를 잘 통하지 못하는 물질인 반면 반도체는 도체와 부도체의 중간쯤 전기를 통하는 물질로 봐야하는가? 이에 대한 답을 구하기 위하여 도체의 대표적인 물질인 구리(Cu), 부도체의 대표적인 물질인 운모, 반도체의 대표적인 물질인 실리콘(Si)의 고유저항을 살펴보자. 구리의 고유저항은 10^{-6} [Ω-cm], 운모의 고유저항은 10^{12}[Ω-cm], 실리콘의 고유저항은 50×10^3[Ω-cm]이다. 실리콘의 고유저항을 볼 때 구리와 운모의 사이에 있는 것은 맞지만 '중간'이라고 보기에는 애매한 면이 있다.

반도체를 흔히 "반도체와 부도체의 중간적 성질을 갖는다."고 하지만 이것은 정확한 표현이 아니다. 왜냐하면 뒤에서 설명하겠지만 **순수한 반도체는 엄밀한 의미에서는 부도체**로 분류하는 것이 더 적절하기 때문이다.

그러면 우리가 알고 있는 "전기가 통하는 반도체"는 무엇일까? 그것은 원래 부도체에 가까운 반도체에 어떤 조작을 가함으로써 도체가 되었다는 의미가 된다. 다시 정리하자면 반도체란 "인위적인 조작이나 외부에너지를 통해 인공적으로 전도성을 변화시킬 수 있는 물질"이라고 하는 것이 더 적절한 표현이다. 금속이나 운모처럼 도전율이 고정된 것이 아니라 인간의 의지대로 도절율을 조절할 수 있다는 것이 반도체의 핵심이다.

[1] 부도체로서의 반도체

어떤 물체든지 전기가 흐르려면 전기(또는 전하)의 운반체, 즉 **캐리어**(carrier)가 있어야 한다. 금속의 경우 **자유전자**(free electron)가 전하의 운반체이다. 자유전자는 원자핵의 인력에 구속되지 않고 자유로이 금속 결정 격자사이를 돌아다닐 수 있는 전자이다. 그렇다면 실리콘과 같은 반도체 물질에서 캐리어는 무엇일까?

단일원소의 반도체는 주로 IV족 원소인 게르마늄(Ge, germanium)이나 실리콘의 단결정이다. IV족 원소는 최외각의 전자수, 즉 가전자가 4개이며 공유결합(covalent bond)에 의해서 정사면체 구조의 안정된 상태의 다이아몬드 결정을 이룬다. 그림 1.2는 공유결합된 실리콘 결정을 2차원 평면에 나타낸 것이다. 그림 1.2와 같이 불순물이 섞이지 않은 순수한 반도체를 **진성반도체**(intrinsic semiconductor)라고 한다.

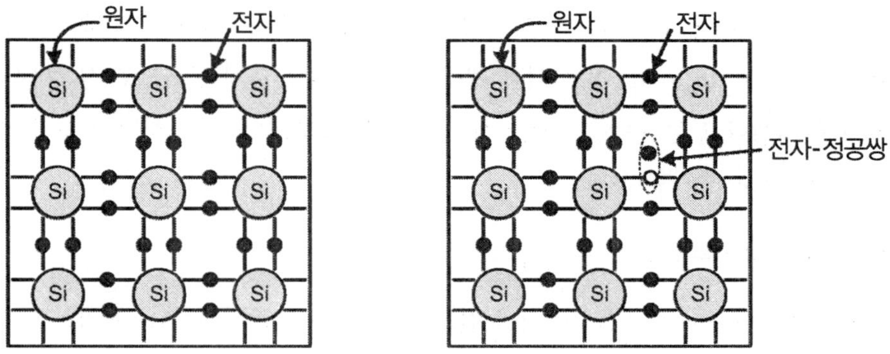

(a) 절대온도 0 °K 일 때 격자구조 (b) 온도가 올라갔을 때 전자-정공쌍 생성

그림 1.2. 진성반도체(Si)의 결정구조

진성반도체에서는 반도체 원자들이 공유결합하면서 그 공유결합에 참여하는 전자들은 자유롭지 못하고 캐리어로서의 역할을 못한다. 따라서 진성반도체에서 외부의 에너지(빛 또는 열)가 반도체를 구성하고 있는 원자의 공유결합을 끊지 못할 경우 움직일 수 있는 전자가 없으므로 부도체의 성질을 띤다. 특히, 절대온도 0 °K에서 반도체의 모든 가전자는 공유결합을 하며 이 경우 반도체소자는 완벽한 부도체가 된다.

[2] 도체로서의 반도체

진성반도체는 부도체에 가깝지만 다음 두 가지 경우 캐리어가 생성되어 전도성을 가질 수 있다.

진성반도체에 에너지가 가해지는 경우 :

진성반도체의 공유결합은 비교적 강한 결합이지만 주위로부터 열에너지 또는 광에너지를 받으면 공유결합이 일부 깨지면서 결합에 구속되었던 가전자들이 결합 밖으로 튀어나와 반도체 내를 자유롭게 이동할 수 있는 자유전자가 된다. 그리고 자유전자가 생성되고 난 바로 그 빈자리에는 다른 원자에서 떨어져 나온 자유전자가 채울 가능성도 있다. 전자가 빠져나간 빈자리를 **정공**(hole)이라고 하는데 정공을 다른 전자가 채우면 다른 곳에 정공이 생겨서 마치 정공이 이동하는 것처럼 간주할 수 있다. 정공의 이동방향은 전자의 이동방향과 반대이므로 음의 극성인 자유전자와 극성이 반대인 양의 극성을 갖는 입자처럼 볼 수 있다.

진성반도체에서는 전자가 빠져나간 자리에 정공이 생기는 것이므로 그림 1.2 (b)와 같이 전자와 정공은 쌍으로 생성된다. 이를 **전자-정공쌍**(electron-hole pair)이라고 한다. 일단 생성된 자유전자와 정공은 반도체 결정 내를 자유롭게 이동할 수 있는 캐리어가 된다. 그런데 상온(300 °K)에서 실리콘의 경우 전자농도 n, 정공농도 p라고 할 때, $n = p = n_i$가 되며 $n_i = 1.5 \times 10^{10}/\text{cm}^3$ 정도 되어 캐리어의 수가 충분하지 못하므로 상온에서는 거의 부도체에 가깝다고 볼 수 있다. 여기서 n_i를 **진성 캐리어농도**라고 하며 온도가 증가하면 지수함수적으로 증가한다[1].

진성반도체에 불순물이 첨가되는 경우 :

순수한 Si 또는 Ge에 주기율표에서 인접한 Ⅲ족 혹은 Ⅴ족의 원자를 첨가하면 캐리어의 농도가 상승하여 도전율이 증가한다. 이와 같은 불순물의 첨가과정을 **도핑**(doping)한다고 하며, 첨가되는 불순물을 **도펀트**(dopant)라고 한다. 도핑된 반도체는 불순물 반도체 또는 **외인성 반도체**(extrinsic semiconductor)라고 부른다. 외인성 반도체는 도핑 농도에 따라 도전율을 조절할 수 있다.

■ *n*형 반도체와 *p*형 반도체

외인성 반도체는 어떤 종류의 불순물을 첨가하는가에 따라 n형 반도체와 p형 반도체로 나누어 볼 수 있다.

[1] *n*형 반도체

순수한 실리콘(Si) 결정에 인(P), 비소(As), 안티몬(Sb)와 같은 5족 원소의 물질을 첨가하면 5족 원소를 둘러싼 4개의 Si 원자와 하나씩 공유한 4개의 전자에 Ⅴ족 원자 자신이 가지고 있는 5개의 최외각전자를 합하여 9개의 최외각전자를 갖게 된다. 최외각에는 8개의 전자가 채워지면서 안정한 전자구조를 이룰 수 있으므로 하나의 전자가 남게 된다. 이러한 상태를 그림 1.3 (a)에 보였다. 이렇게 남은 최외각전자는 최외각을 채우고 나서도 여분으로 남아 있는 전자이기 때문에 결합력이 상대적으로 약하다. 따라서 약간의 외부 에너지만 받아도 Ⅴ족 원자의 구속에서 벗어나 자유롭게 움직일 수 있는 전자가 된다. 이 경우 Ⅴ족 원자는 (+)이온이 된다. 이렇게 주기율표상의 Ⅴ족 원소는 전자를 준다는

---

[1] Si의 경우 $n_i = 3.18 \times 10^{22} T^{3/2} e^{-7000/T}$ [m^{-3}]과 같이 온도의 함수이다.

의미에서 **도너**(donor)라고 한다.

도핑할 때 도너의 주입량을 증가시켜, 즉 농도를 높여 전자가 많아지면 질량작용의 법칙(mass action law)에 따라 재결합이 일어나 정공과 전자가 쌍으로 줄어들면서 **평형조건**인 $np = n_i^2$을 만족시킨다. 그러므로 전자의 농도는 n_i보다 커지고 정공의 농도는 n_i보다 작아져 전류는 주로 음전하를 띤 전자에 의하여 흐르게 된다. 이러한 반도체를 negative 또는 ***n*형 반도체**라고 한다. 그리고 n형 반도체 안에 많이 있는 다수 캐리어(majority carrier)는 전자가 되고, 적게 들어 있는 소수 캐리어(minority carrier)는 정공이 된다.

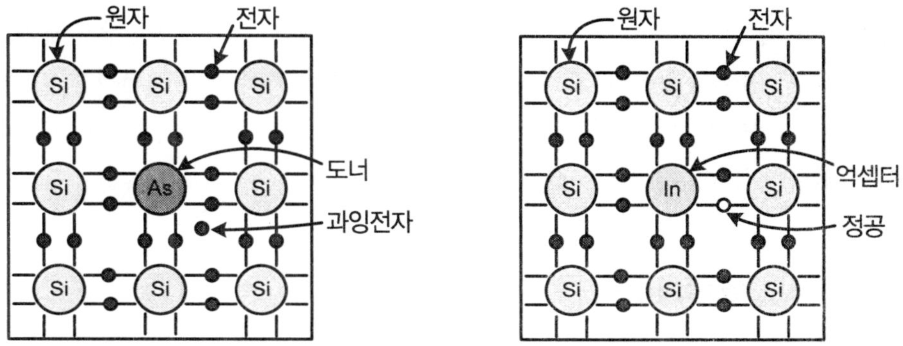

(a) *n*형 반도체 (b) *p*형 반도체

그림 1.3. 외인성 반도체의 결정구조

[2] *p*형 반도체

한편 순수한 실리콘의 결정에 붕소(B), 알루미늄(Al), 갈륨(Ga), 인듐(In)과 같은 3족 원소의 물질을 첨가하면 그림 1.3 (b)에 보인 대로 전자가 하나 부족할 것이므로 다른 곳의 전자 하나를 받아 최외각을 8개의 전자로 채우려할 것이다. 실제로 다른 Si 원자에 공유결합 되어 있는 전자는 작은 에너지만 받고도 Ⅲ족 원소의 빈자리를 채운다. 이렇게 전자가 떠난 곳에는 자유롭게 움직일 수 있는 빈자리, 즉 정공이 생기며 Ⅲ족 원자는 전자를 받고 (−)이온이 된다. 이처럼 정공을 생성시키는 Ⅲ족 원자를 **억셉터**(acceptor)라고 한다.

억셉터를 넣어주어 정공이 많아지면 질량작용의 법칙에 따라 전자와 정공의 재결합이 일어나 전자와 정공이 쌍으로 없어진다. 그리고 평형상태가 되면 n형 반도체에서와 같이 $np = n_i^2$이 된다. 이에 따라 정공의 농도는 n_i보다 높아지고 전자의 농도는 n_i보다 낮아져 (+)전하의 정공이 다수 캐리어가 된다. 이러한 반도체를 positive 또는 ***p*형 반도체**라고 하는데, n형 반도체와는 달리 (+)전하를 띤 정공이 다수 캐리어가 되고 전자가 소수 캐리어가 되기 때문이다.

■ 반도체와 온도

온도가 올라가면 금속은 저항이 증가한다. 금속의 격자를 이루는 원자이온은 평균위치를 중심으로 열적 진동을 하는데 금속내의 자유전자는 이 진동하는 이온들과 끊임없이 탄성 또는 비탄성 충돌을 하면서 전기장의 양극을 향하여 드리프트(drift) 운동을 한다. 온도가 증가함에 따라 금속 이온의 열적 진동이 심해지고 전자의 진행 경로를 방해하므로 전도도가 감소, 즉 저항이 증가한다.

반도체의 경우는 어떨까? 반도체는 온도가 올라가면 금속과 반대로 저항이 감소한다. 그림 1.4는 실리콘에 도너농도 10^{22} $[m^{-3}]$으로 도핑된 n형 반도체에서의 온도에 따른 전자 농도의 변화를 나타낸다. 약 150 °K부터 450 °K까지의 온도 범위에서는 온도에 관계없이 다수캐리어인 전자의 농도는 도너의 농도와 거의 같다. 이러한 온도범위를 외인성 영역이라고 한다. 반면에 매우 높은 온도에서는 매우 많은 전자-정공쌍이 발생하며 도핑 레벨 여하에 불구하고 진성반도체처럼 된다.

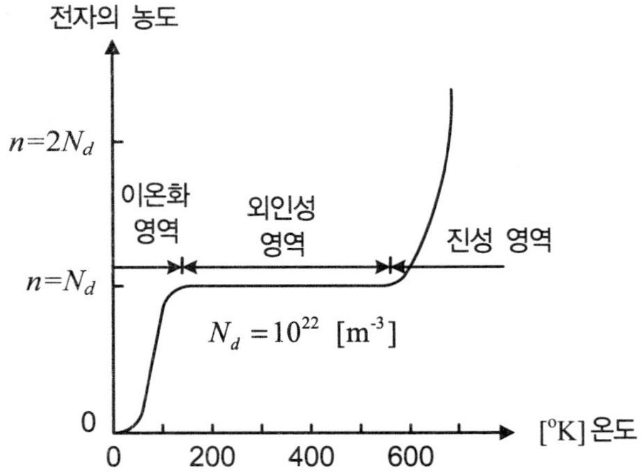

그림 1.4. *n*형 반도체에서의 캐리어 농도의 온도 의존성

전자부품으로 구성된 컴퓨터에서 팬을 동작시키는 이유는 무엇일까? 컴퓨터의 전자부품들은 반도체로 만들어져 있는데 이 전자부품에 전류가 흘러 부품에 열이 나면 저항이 감소하여 오히려 더 많은 전류가 흐르게 된다. 더 큰 전류가 흐르면 더 많은 열을 발생시키고 그 결과 반도체 소자의 열에 의하여 어느 한계점에서는 타버려 동작을 멈추게 된다. 그러므로 반도체 전자소자는 동작하면서 발생하는 열은 배출시킬 방안을 반드시 강구해야 한다.

■ *pn*-접합

전자회로에 사용되는 전자소자는 p형 반도체와 n형 반도체를 주요 재료로 만들어지므로 필연적으로 p형 반도체와 n형 반도체가 만나는 접점면에 pn-접합이 생성된다. 그러면 이 두 반도체가 만나는 접점면에서는 어떤 일이 발생할까?

p형 반도체나 n형 반도체는 각각 전기적으로는 중성인 상태이다. n형 반도체를 예로 들면 과잉전자가 있다고 해서 n형 반도체가 음(−) 전기를 띠고 있다고 생각해서는 안 된다. 마찬가지로 p형 반도체에서 전자가 하나 모자란 상태라고 해서 양(+) 전기를 띠고 있는 것은 아니다. 모자란다 남는다는 개념은 공유결합의 관점에서 서술된 것임을 유의하도록 한다.

p형 반도체의 캐리어는 양전기를 띤 정공이고 n형 반도체의 캐리어는 음전기를 띤 전자이다. 이 두 반도체가 만나면 그림 1.5 (a)에서처럼 그 경계면에서 자유전자의 농도가 높은 n형 반도체에서 p형 반도체 쪽으로 자유전자가 확산되어 들어가며 그 반대로 정공의 농도가 높은 p형 반도체에서 n형 반도체 쪽으로 정공이 확산되어 들어간다. 그러면 접합면에서 자유전자와 정공이 결합하여 소멸된다. 이는 실제로는 전자가 비어있는 정공의 자리를 채우는 것을 의미한다 [그림 1.5 (b) 참조].

이제 p형 영역에는 정공의 자리를 내어준 원자는 여분의 전자를 얻어서 전기적으로 음전기를 띠는 음이온이 된다. 마찬가지로 n형 영역에서 전자를 잃어버린 원자는 양의 전기를 띤 양이온이 된다 [그림 1.5 (c) 참조].

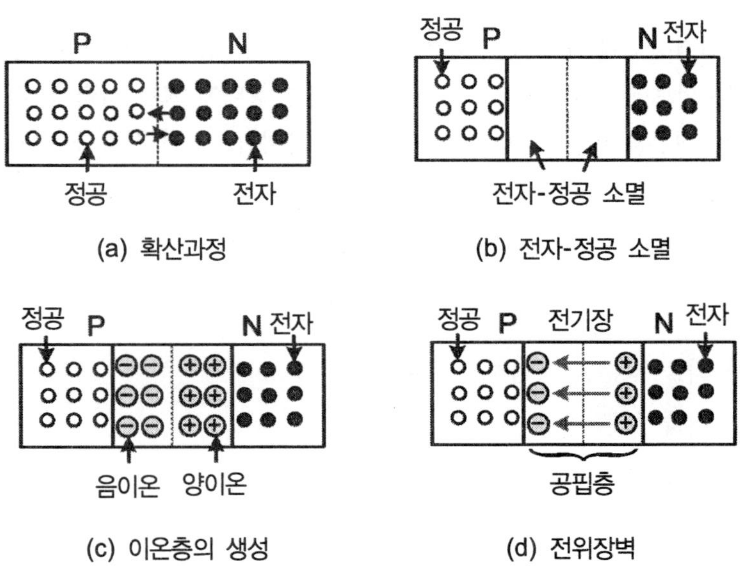

그림 1.5. *pn*-접합의 형성

p형 영역에는 음이온층이 형성되고 n형 영역에는 양이온층이 생성되면 양이온에서 음이온으로 향하는 전기장이 형성된다. 이 전기장은 p형 반도체의 정공과 n형 반도체의 전자가 계속적으로 결합하는 것을 중지시키는 중요한 역할을 한다. 왜냐하면 n형 반도체의 전자가 p형 반도체의 정공과 결합하기 위해서는 전기장의 장벽을 건너가야 하는데 p형 반도체의 음이온이 만드는 전위장벽의 반발력을 뛰어넘을 만큼 큰 에너지를 갖고 있어야 정공이 있는 p형 반도체의 영역에 도달할 수 있기 때문이다.

pn-접합이 발생하면 접합면에 전류 운반자, 즉 캐리어가 사라지고 전기장만 존재하는 이온층이 존재하게 되는데 이러한 영역을 **공핍층**(depletion layer)이라고 한다. 정리하면 공핍층의 중요한 3가지 특징은 다음과 같다.

① 공핍층에는 캐리어가 존재하지 않는다. 따라서 공핍층은 부도체이다.

② 공핍층에는 전자와 정공을 잃어버린 원자, 즉 이온만 존재한다.

③ 공핍층에 존재하는 이온의 층은 전위장벽을 만든다.

1.3. 전압, 전류에 대한 기호 규약

전자회로에서 신호의 증폭은 원래 양극성의 교류 입력 신호에 대하여 양극성의 교류 출력 신호를 발생시키는 것을 말한다. 이러한 과정은 엄격히 말하면 신호의 에너지가 증가한 것과 같다. 그렇다면 그 에너지는 어디에서 오는 것일까? 해답은 증폭기를 동작시키기 위하여 반드시 필요한 직류(DC) 전원에 있다. 즉, 증폭기를 동작시키기 위하여 넣어주는 건전지는 입력신호에 에너지를 추가하여 더 커진, 즉 증폭된 출력신호를 발생시킨다. 이와 같이 전자회로에서 증폭기는 보통 완전한 직류 상태에 교류 입력 신호를 실어서 리플을 포함하는 직류를 만들고 이 리플 성분을 증가시킴으로써 신호를 증폭한다. 최종적인 교류 출력은 리플이 증가된 직류 신호에서 교류 성분만 추출함으로써 얻는다.

전자회로에서 대문자와 소문자의 구별 및 첨자의 사용 규약은 다음과 같다. 그림 1.6 (a)에 보인 바이폴라 트랜지스터의 베이스 전류의 예를 들면

i_B : 리플 성분을 포함하는 직류성분

i_b : 리플 성분

I_B : 직류 성분

그러므로,

$$i_B(t) = I_B + i_b(t) \tag{1.18}$$

과 같음에 유의하도록 한다. 전압의 경우도 전류의 경우와 마찬가지로 정의하여 사용하도록 한다.

한편 그림 1.6 (b)는 소자의 단자전압과 단자와 단자 사이의 전압의 표현법을 나타낸다. 단자전압은 접지를 기준으로 나타내며 단자명칭을 아래첨자로 나타낸다. 즉, $v_{(단자명칭)}$와 같다. 그림 1.6에서 바이폴라 트랜지스터는 E, B, C의 세 단자를 갖고 있는데 v_E, v_B, v_C는 각각 접지를 기준으로 한 E, B, C의 세 단자의 전압을 나타낸다. 만일 단자명칭에 소문자가 사용되는 경우에는 전압이 교류임에 유의한다.

단자와 단자사이의 전압은 아래첨자로 두 단자를 나타내되 기준이 되는 단자명칭을 뒤에 둔다. 예를 들어 B 단자전압을 E 단자전압을 기준으로 나타내면 v_{BE}가 된다. 이 책에서는 특별한 언급이 없는 한 이와 같은 규약에 따라 전압과 전류를 나타내도록 할 것이다.

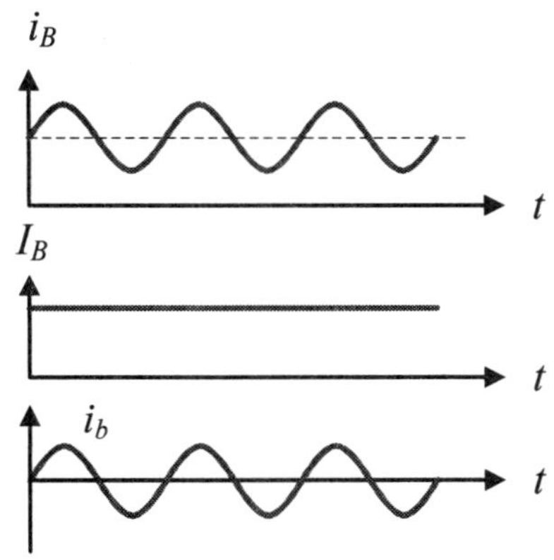

(a) 직류와 교류의 구별

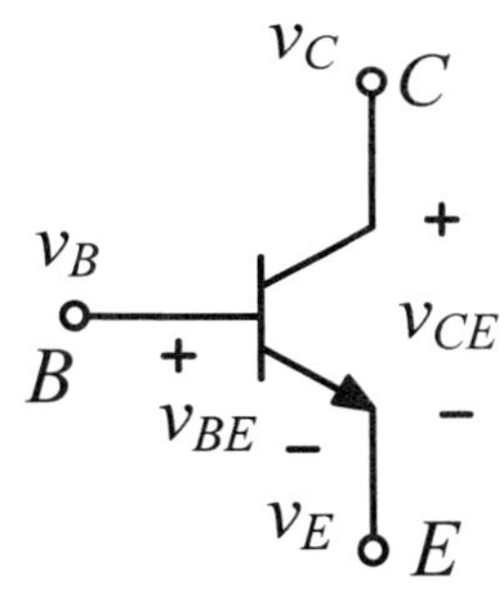

(b) 전압의 표시

그림 1.6. 신호의 규약

연습문제

1.1. 전자공학의 역사에 대하여 조사하고 전자공학의 발전에 이바지한 중요한 인물들에 대하여 나열하여라.

1.2. p형 반도체와 n형 반도체의 차이점을 설명하라.

1.3. 온도가 올라가면 금속은 저항이 증가하고 반도체는 저항이 감소하는 이유를 설명하여라.

1.4. 공핍층의 특징을 설명하라.

1.5. 최근 연구되고 있는 화합물반도체에 대하여 조사하고 기존의 실리콘 반도체보다 어떤 점이 더 우수한지 설명하여라.

Chapter 2 다이오드 회로

전자회로는 반도체 전자소자와 저항, 커패시터, 인덕터와 같은 수동소자로 구성된다. 반도체 전자소자란 반도체 재료로 이루어진 소자이며 다이오드, BJT, JFET, MOSFET와 같은 개별 소자와 집적 회로(IC: integrated circuit) 소자 등이 있다. 이 가운데 **다이오드**(diode)는 일정한 방향으로만 전류가 흐르는 2단자 소자로 가장 간단한 소자라고 할 수 있다. 다이오드는 구조가 비교적 **단순한 소자**이지만 전자회로를 구성할 때 다양하게 응용되는 **기본 소자**이기도 하다. 그러므로 이 책에서는 전자회로에 대한 공부를 본격적으로 시작하면서 다이오드 소자를 가장 먼저 다룬다.

이 장에서는 여러 가지 종류의 다이오드 가운데 p형 반도체와 n형 반도체의 접합으로 이루어진 pn-접합 다이오드(pn-junction diode) 특성에 대하여 알아보고 응용에 대하여 다룬다. 또 전원회로에 사용되어 일정한 전압을 유지하거나 신호처리 회로에 사용되어 전압을 제한하는데 주로 쓰이는 **제너 다이오드**(Zener diode)에 대하여도 설명한다.

2.1. 다이오드를 어떻게 볼 것인가?

■ 다이오드의 특성

다이오드에는 다양한 종류가 있다. 가장 대표적인 것이 p형 반도체와 n형 반도체를 접합하여 구성한 pn-접합 다이오드이고 반도체와 금속을 접합한 쇼트키 배리어 다이오드(Schottky barrier diode), 터널효과에 따른 항복현상을 이용하여 비교적 낮은 역전압으로 전류가 흐르는 제너 다이오드, 순방향으로 전류가 흐를 때 빛을 내는 LED(light emitting diode) 등이 있다. 또 용도에 따라 전력처리용으로 사용되는 파워 다이오드(power diode)와 신호처리용으로 사용되는 시그널 다이오드(signal diode)로 나누어 볼 수도 있다.

그림 2.1 (a)는 p형 반도체와 n형 반도체를 접합하여 구성한 pn-접합 다이오드(diode)의 회로기호와 단자를 나타낸다. 그림 2.1에서 A는 **애노드**(anode) 단자를, K는 **캐소드**(cathode) 단자이다. 다이오드 부품 소자를 보면 띠(band)를 두른 쪽이 캐소드 단자가 된다. 그림 2.1 (b)는 1N4148 신호처리용 다이오드의 외형을 보인다.

그림 2.2는 pn-접합 다이오드의 전압-전류 특성을 나타낸다. 그림 2.2의 다이오드 전압 v_D와 다이오드 전류 i_D의 기준방향은 그림 2.1 (a)에 표시된 것과 같다. $v_D > 0$일 때 다이오드는 **순방향 바이어스**(forward bias)되어 있다고 한다. 다이오드에 순방향 전압 (즉 $v_D > 0$)을 인가할 때 v_D가 V_T 전압 이상이 되어야 전류가 흐르고 그 이하에서는 전류가 거의 흐르지 않는 것으로 볼 수 있다 [그림 2.2 참조]. 이 특별한 전압 V_T는 다이오드의 **컷인 전압**(cut-in voltage) 또는 **문턱전압**(threshold voltage)이라고 한다. 실리콘(Si) 다이오드의 경우 0.4~0.5 V 정도부터 전류가 흐르기 시작하는데 통상 V_T = 0.7 V 정도로 잡는다.

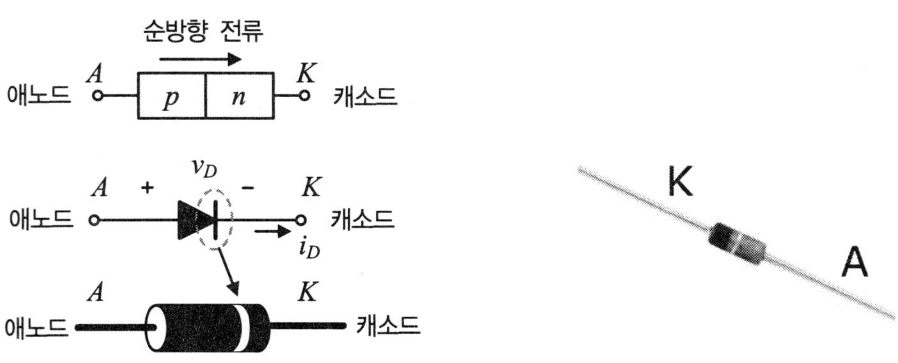

(a) 회로기호　　　　(b) 1N4148 다이오드(고속 스위칭용)

그림 2.1. *pn*-접합 다이오드

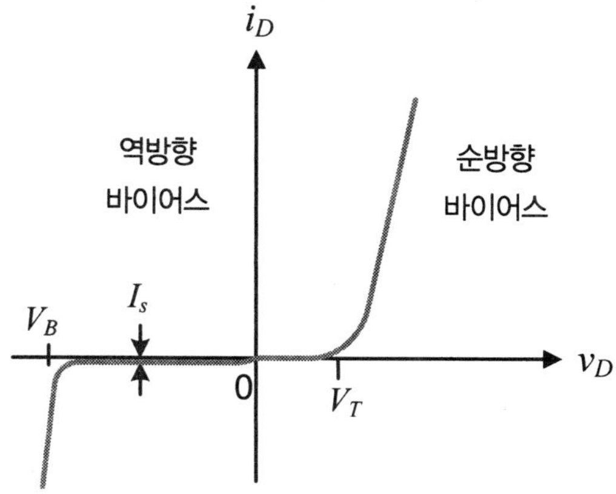

그림 2.2. *pn*-접합 다이오드의 전압-전류 특성

$v_D < 0$일 때 다이오드는 **역방향 바이어스**(reverse bias)되어 있다고 한다. 다이오드에 역방향 전압 (즉, $v_D < 0$)이 인가되면 v_D 전압에 관계없이 캐소드에서 애노드 쪽으로 (즉, 역방향으로) 거의 일정한 매우 작은 전류 I_s가 흐르는데, 이러한 전류를 다이오드의 **누설전류**(leakage current)라고 한다. 역방향 전압을 더욱 증가시켜 V_B 에 이르면 그림 2.2에서와 같이 매우 급격한 전류 증가가 나타나는데 이러한 현상을 **사태 항복**(avalanche breakdown)이라고 하며 정상적인 다이오드의 동작영역이 아니므로 이와 같은 사태항복 영역에서의 동작은 피하도록 한다.

사태 항복이 일어나는 영역을 제외하고 그림 2.2에 보인 다이오드의 전압-전류의 관계를 근사적인 식으로 표현하면 다음과 같이 지수함수로 나타낼 수 있다.

$$i_D = I_s\left[e^{v_D/(\eta V_t)} - 1\right] \tag{2.1}$$

여기서 V_t는 **열전압**(thermal voltage)이라고 하며 상온(27 °C)에서 약 26 mV 정도가 된다[2]. 또 $\eta = 1 \sim 2$의 값을 갖는데 전류가 큰 실리콘 다이오드의 경우 $\eta = 1$ 정도가 된다. 이 책에서는 특별한 언급이 없는 한 식 (2.1)의 다이오드의 식을 사용할 때 $\eta = 1$이라고 가정한다.

■ 간단한 다이오드 회로

그림 2.3은 간단한 다이오드 회로를 보인다. 이 경우 회로에 흐르는 전류 i_D는 어떻게

---

2 $V_t = \dfrac{kT}{q}$로 온도의 함수이다. 여기서 T = 절대온도 = 273 + °C, k = 볼츠만상수 = 1.38×10^{-23} [J/K], $q = 1.6 \times 10^{-19}$[C]

구할까? 그림 2.3 (a)회로에서 회로 방정식을 세우면 다음과 같다.

$$\text{다이오드 외부 : } E = v_D + Ri_D \tag{2.2}$$

$$\text{다이오드 내부 : } i_D = I_s\left(e^{v_D/V_t} - 1\right) \tag{2.3}$$

식 (2.2)는 다이오드 외부 회로에 대한 방정식이고, 식 (2.3)은 다이오드 내부 동작에 대한 방정식이다. 다이오드 회로에 실제로 흐르는 전류 I_D와 전압 V_D는 식 (2.2)와 (2.3)의 연립방정식을 풀면 구할 수 있다.

식 (2.2)는 다이오드 회로의 외부조건에 의하여 결정되는 다이오드의 전압과 전류 값들의 쌍(pair)을 보이며 직선의 방정식을 나타내고 이를 **부하선**(load line)이라고 한다. 그림 2.3 (b)에는 부하선과 함께 다이오드의 특성식인 식 (2.3)을 도시하였다. 다이오드의 전압과 전류는 그림 2.3 (b)에 보인 두 그래프의 교점에 해당한다. 식 (2.2)와 (2.3)의 연립 방정식을 푸는 문제는 **초월방정식**(transcendental equation)을 만들기 때문에 대수적인 방법으로 풀 수 없고 컴퓨터를 이용한 수치해석적인 방법을 사용한다.

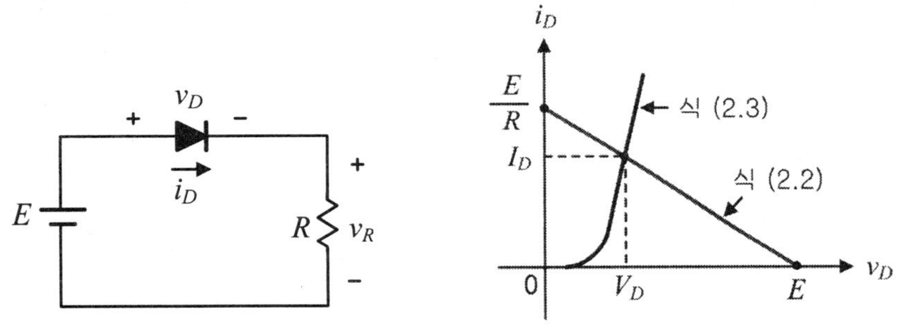

(a) 회로

(b) 부하선

그림 2.3. 간단한 다이오드 회로

그림 2.3 (a)에 보인 간단한 다이오드 회로의 전압, 전류를 구하는 문제를 손으로 풀지 못하고 계산기나 컴퓨터의 도움을 받아야 한다는 점은 간단한 다이오드 회로의 전류를 구하는 것이 생각만큼 간단하지 않다는 점을 말해준다. 동시에 전자회로에서 모델링이 왜 필요한지를 말해준다.

소자의 특성 가운데 중요하지 부분에 대하여는 모델링 과정에서 생략하거나 근사화하는데 그 결과 얻은 답은 근사화된 것이므로 정확한 값이라고 할 수는 없을 것이다. 그럼에도 불구하고 전자회로에서 반도체 전자소자를 모델링을 하는 것은 사용하기 편하기 때문이다. 근사화된 모델을 사용해 얻은 결과가 정확한 모델을 사용하여 구한 것과 크게 차이가 없다면 시간과 노력을 절약할 수 있다는 측면에서 경제적이라는 뜻이다. 그리고 전자소자를 모델링을 하는 또 다른 중요한 이유는 복잡한 소자를 단순하게 모델링을 하면 회로의 동작을 보다 직관적으로 이해하는데 쉽기 때문이다.

예제 2.1. 그림 E2.1 (a)의 회로에서 $E = 1$ V, $R = 10$ Ω일 때 다이오드 전압 v_D와 회로에 흐르는 전류 i_D를 구하라. 단, 다이오드에서 $\eta = 1$, $I_s = 10$ nA이고 열전압 $V_t = 26$ mV이다.

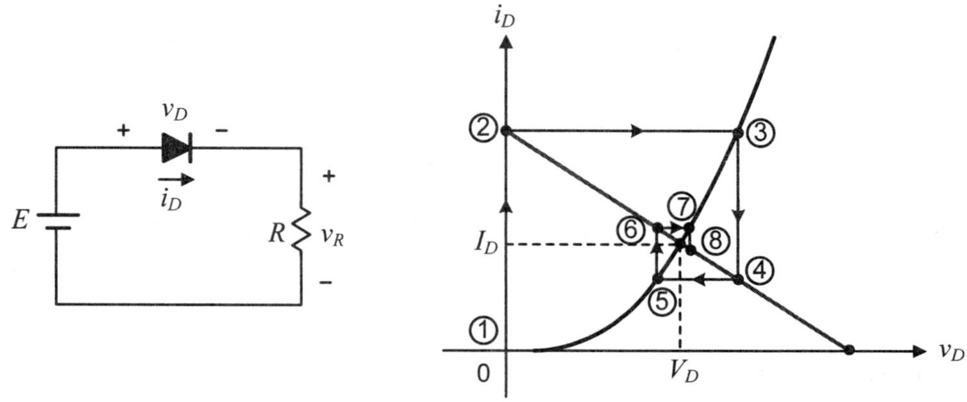

(a) 회로 (b) 반복법에 의한 계산과정

그림 E2.1. 예제 2.1의 회로

풀 이

식 (2.2)를 i_D에 대하여 쓰면 $i_D = \dfrac{E - v_D}{R} = \dfrac{1 - v_D}{10}$이 되고, 식 (2.3)을 v_D에 대하여 쓰면 $v_D = V_t \ln\left(\dfrac{i_D}{I_s} + 1\right) = (26 \times 10^{-3}) \ln\left(\dfrac{i_D}{10 \times 10^{-9}} + 1\right)$이 된다.

원점 (v_D, i_D)=(0, 0)[그림 E2.1 (b)에서 ①의 위치]에서 출발하여 반복법에 의하여 해를 구하는 과정은 다음과 같다.

①의 위치 : (v_D, i_D)=(0, 0)

$\rightarrow i_D(0) = \dfrac{1-0}{10} = 0.1$ [A] ……②의 위치

$\rightarrow v_D(0.1) = (26 \times 10^{-3}) \ln\left(\dfrac{0.1}{10 \times 10^{-9}} + 1\right) = 0.419$ [V]…③ 위치

$\rightarrow\ i_D(0.419) = \dfrac{1-0.419}{10} = 0.058\ \ [\text{A}]$ ……④의 위치

$\rightarrow\ v_D(0.058) = (26\times 10^{-3})\ln\left(\dfrac{0.058}{10\times 10^{-9}}+1\right) = 0.405\ \ [\text{V}]$…⑤ 위치

$\rightarrow\ i_D(0.405) = \dfrac{1-0.405}{10} = 0.06\ \ [\text{A}]$ ……⑥의 위치

$\rightarrow\ v_D(0.06) = (26\times 10^{-3})\ln\left(\dfrac{0.06}{10\times 10^{-9}}+1\right) = 0.406\ \ [\text{V}]$…⑦ 위치

$\rightarrow\ i_D(0.406) = \dfrac{1-0.406}{10} = 0.059\ \ [\text{A}]$ ……⑧의 위치

$\rightarrow\ v_D(0.059) = (26\times 10^{-3})\ln\left(\dfrac{0.059}{10\times 10^{-9}}+1\right) = 0.405\ \ [\text{V}]$

⑧의 위치이상에서는 일정한 값에 전류 i_D와 전압 v_D가 수렴한다. 따라서 $v_D = 0.405$ V, $i_D = 0.059$ A이다. ▣

▪ 다이오드의 3가지 모델링

수동소자로만 구성된 회로는 일반 회로이론의 해석법에 의하여 쉽게 해석할 수 있다. 반면에 반도체 전자소자를 포함하는 전자회로는 반도체 전자소자가 반도체 물성에 의하여 비선형적인 전압-전류 특성을 갖기 때문에 예제 2.1에서 보듯이 해석이나 설계가 간단하지 않다.

반도체 전자소자를 포함하는 전자회로를 해석하는 첫 번째 단계는 전자회로에 포함된 반도체 전자소자에 대한 이해, 즉 적절한 **모델링**(modeling)을 하는 것이다. 반도체 전자소자를 적당히 모델링함으로써 전자회로를 해석하기 쉬운 일반회로망으로 변경하고 그것을 해석함으로써 원하는 전압, 전류를 구할 수 있다. 모델링을 하는 과정에서 과감한 **근사**(approximation)가 필요한 경우도 있고 **동작 상태에 따라 한 개 이상의 모델이 필요한 경우도 있다.**

[1] 이상적인 다이오드 모델

그림 2.4는 이상적인 다이오드의 모델을 나타낸다. 이상적인 다이오드 모델은 다이오드 특성 곡선(그림 2.2)을 가장 단순화 한 것이다. 다이오드의 전압, 전류의 기준 방향(그림 2.1 (a)에 표시)에 대하여 이상적인 다이오드의 상태는 다음 2가지 가운데 하나가 된다.

오프상태(off state) : 기준방향에 대해 음(−)의 전압이 인가되면 다이오드는 오프상태가 된다. 이때 다이오드 전류는 흐르지 않고 애노드와 캐소드 사이는 개방회로(open circuit)처럼 동작한다. 오프상태인 경우 다이오드 양단의 전압은 외부회로에 의하여 정해

진다.

온상태(on state) : 기준방향에 대해 양(+)의 전류가 공급되면 다이오드는 온상태가 된다. 이때 다이오드 양단에 걸리는 전압은 0 V가 되어 애노드와 캐소드는 단락회로(short circuit)처럼 동작한다. 온상태인 경우 다이오드에 흐르는 전류의 크기는 다이오드 외부의 회로에 의해서 정해진다.

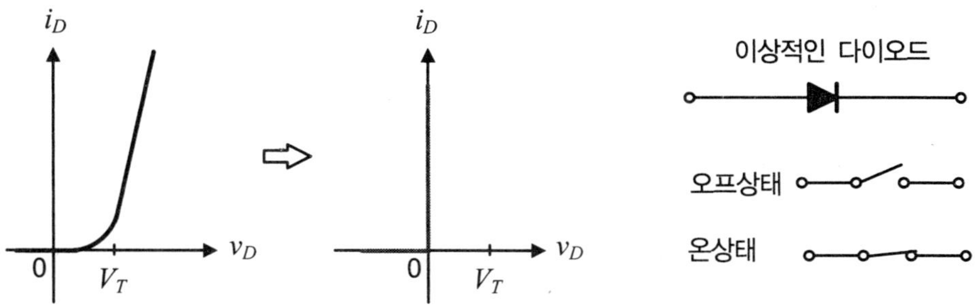

(a) 전압-전류 특성 (b) 이상적인 모델

그림 2.4. 다이오드의 이상적인 모델

[2] 문턱전압을 고려한 다이오드 모델

그림 2.5는 다이오드의 특성 곡선에서 문턱전압을 고려한 등가모델을 보인다. 문턱전압을 고려한 등가모델은 다이오드 양단의 전압 v_D가 V_T보다 작을 때는 오프(off)된 상태로 보고 V_T보다 클 때는 온(on)된 상태로 본다. 다이오드에 인가되는 전압이 문턱전압 근처의 크기를 갖거나 다이오드의 0 V 근처의 파형이 중요할 때처럼 문턱전압의 효과를 무시할 수 없는 경우에 이러한 문턱전압을 고려한 다이오드 모델을 사용할 수 있다.

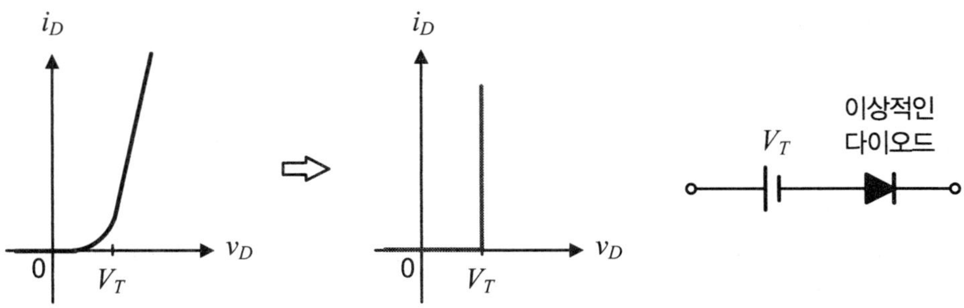

(a) 전압-전류 특성 (b) 문턱전압 모델

그림 2.5. 다이오드의 문턱전압을 고려한 모델

[3] 구분선형 다이오드 모델

그림 2.6은 다이오드의 문턱전압과 다이오드가 도통할 때의 등가저항(r_D)의 효과를 고려한 등가모델로서 **구분적 선형**(piecewise linear) 다이오드 모델이라고 하며 앞서의 이상적인 모델이나 문턱전압 모델보다 좀 더 실제의 다이오드 특성곡선에 근접한 모델로 볼 수 있다. 그림 2.6의 구분선형 모델에서 다이오드 전압이 V_T 보다 작을 때는 개방된 상태이며 V_T보다 클 때는 다이오드를 저항 r_D와 전압원 V_T 로 대치한다.

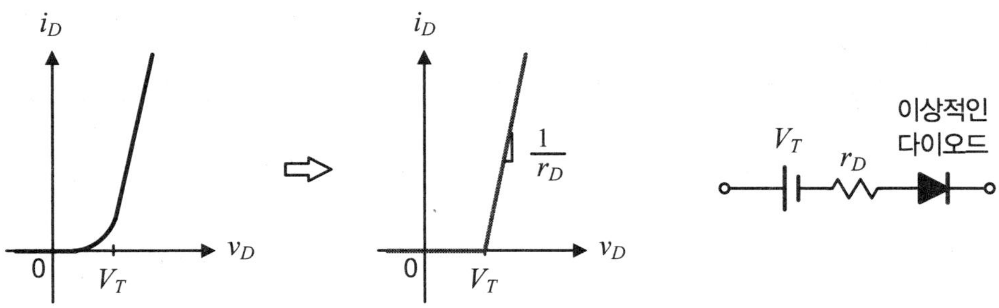

(a) 전압-전류 특성 (b) 구분선형 모델

그림 2.6. 다이오드의 구분선형 등가모델

예제 2.2. 그림 2.3 (a)의 회로에서 $E=1$ V, $R=10$ Ω일 때 다음 각각의 다이오드 모델을 사용하는 경우에 대하여 전압 v_D와 회로에 흐르는 전류 i_D를 구하라. 단 사용된 다이오드의 문턱전압 $V_T=0.4$ V, 온상태일 때의 등가저항 $r_D=0.11$ Ω이다.

(a) 이상적인 모델을 사용한 경우

(b) 문턱전압 모델을 사용한 경우

(c) 구분선형 등가모델을 사용한 경우

풀 이

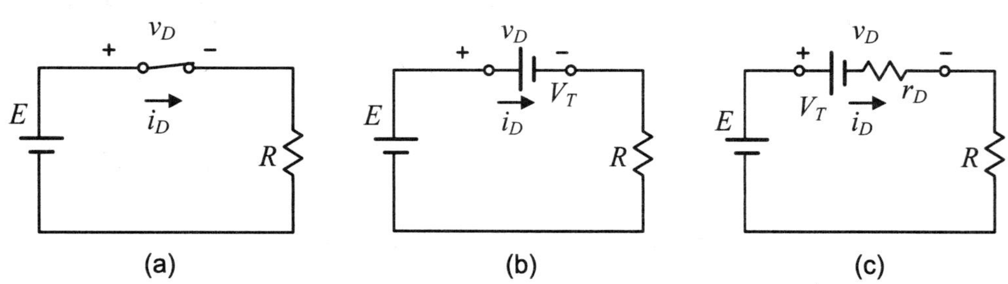

그림 E2.2. 각각의 다이오드 모델을 사용한 온상태 등가회로

(a) 다이오드는 순방향 바이어스되어 온상태에 있으므로 단락된 것으로 볼 수 있다 [그림 E2.2 (a)참조]. 따라서 $v_D = 0$ [V]이다. 다이오드 전류는 $i_D = E/R = 1/10 = 0.1$ [A]가 된다.

(b) 다이오드는 온상태에 있으므로 $v_D = V_T = 0.4$ [V] 이고 다이오드 전류는 $i_D = (E - V_T)/R = (1-0.4)/10 = 0.06$ [A] 이다. [그림 E2.2 (b)참조]

(c) 이 경우 다이오드 전류부터 구한다. 왜냐하면 다이오드 전압은 r_D에서의 전압강하를 포함하는데 r_D에서의 전압강하는 다이오드 전류에 의해서 정해지기 때문이다. $i_D = (E - V_T)/(R + r_D) = (1-0.4)/(10+0.11) = 0.059$ [A]이고 다이오드 양단의 전압은 $v_D = V_T + r_D i_D = 0.4 + 0.11 \times 0.059 = 0.406$ [V]이다. [그림 E2.2 (c) 참조] ▣

2.2. 다이오드 응용회로

이 절에서는 다이오드의 기본적인 응용을 다룬다. 다이오드의 중요한 응용중의 하나가 전류나 신호를 **정류**(rectification)하는 것이다. 정류 동작은 양과 음으로 교번하는 파형을 단일 방향의 파형으로 변환하는 것이다. **클리퍼**(clipper)는 신호의 일정한 레벨을 기준으로 위 또는 아래의 어느 한 부분을 잘라내는 회로이며 **클램퍼**(clamper)는 신호에 옵셋(offset)을 주는 회로이다. 다이오드가 들어간 회로를 해석할 때 먼저 이상적인 모델을 적용하면 회로를 빠르고 쉽게 회로의 동작을 이해하고 특성을 파악할 수 있다.

■ 정류 회로

그림 2.7은 **반파 정류회로**(half wave rectification circuit)를 나타낸다. 다이오드의 온·오프 상태에 따라 반파 정류회로는 2가지 등가회로 중의 하나로 표현될 수 있다. 그림 2.8 (a)는 다이오드가 온 상태일 때의 등가회로를, (b)는 다이오드가 오프 상태일 때의 등가회로를 나타낸다.

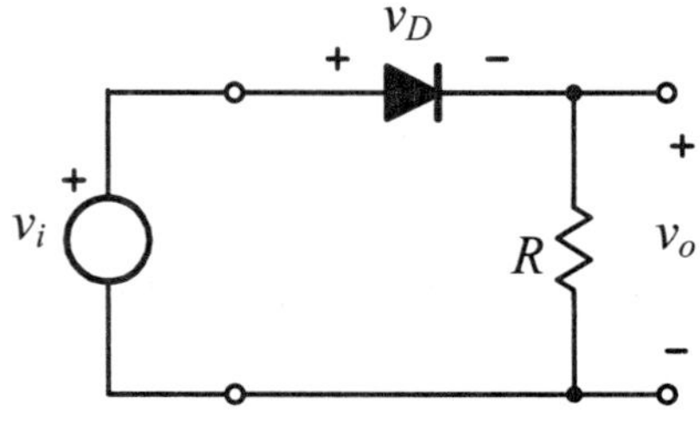

그림 2.7. 반파 정류회로

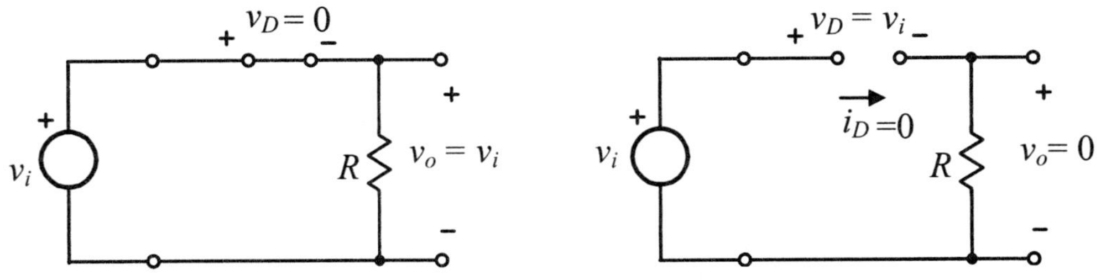

(a) 다이오드가 온 상태 (b) 다이오드가 오프 상태

그림 2.8. 반파 정류회로의 2가지 상태

그렇다면 다이오드가 언제 온 상태가 되고 언제 오프 상태가 될까? 그림 2.7에서 키르히호프의 전압법칙(KVL)에 따라 $v_D = v_i - v_o$가 성립한다. **온상태도 아니고 오프상태도 아닌 경계점**에서 다이오드의 전류는 0이다. 만일 다이오드 상태가 그러한 경계점에 놓여있다고 하면 부하저항에 흐르는 전류는 없으므로 $v_o = 0$가 되어 KVL 식은 $v_D = v_i$가 된다. 이상적인 다이오드에서 $v_D > 0$일 때 다이오드는 온 상태가 되고 $v_D < 0$일 때 오프 상태가 되므로, v_i가 0보다 클 때 다이오드는 온 상태, 0보다 작을 때 오프 상태가 된다. 그러므로 출력전압은 다음과 같다.

$$v_o = \begin{cases} v_i & (v_i > 0) \\ 0 & (v_i < 0) \end{cases} \tag{2.4}$$

식 (2.4)를 도시하면 그림 2.9와 같은 반파 정류회로의 입출력 전달특성을 얻는다. 그림 2.9의 전달특성을 구할 때 이상적인 다이오드가 사용되었음에 유의한다. 그림 2.10은 반파 정류회로의 입출력전압파형의 일례를 나타낸다.

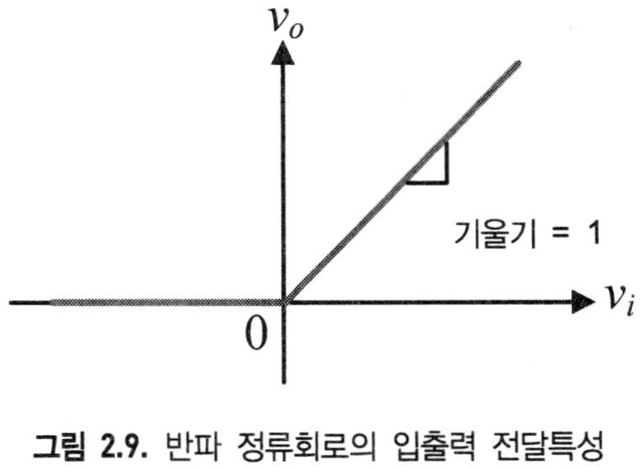

그림 2.9. 반파 정류회로의 입출력 전달특성

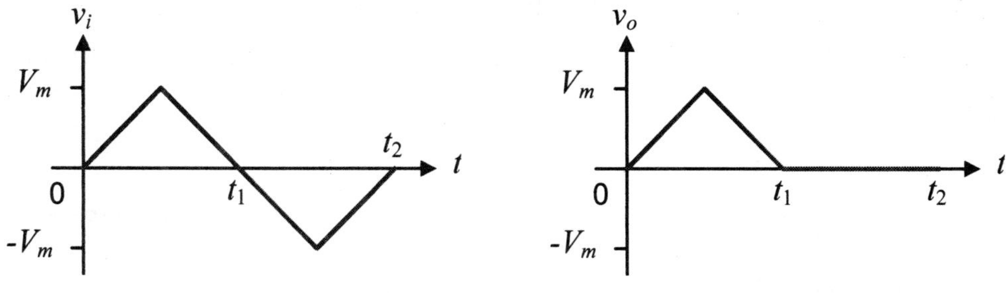

(a) 입력전압 (b) 출력전압

그림 2.10. 반파 정류회로의 입출력 파형 일례

그림 2.11 (a)는 **전파 정류회로**(full wave rectification circuit)를 보인다. 전파 정류회로에서 $v_i > 0$일 때 다이오드 D_1과 D_2는 온되고 D_3과 D_4는 오프되어 $v_o = v_i$가 된다. 또 $v_i < 0$ 일 때 다이오드 D_3과 D_4는 온되고 D_1과 D_2는 오프되어 $v_o =- v_o$가 된다. 따라서 $v_o = |v_i|$와 같으며 전파 정류회로의 이러한 전달특성을 도시하면 그림 2.11 (b)와 같다. 그림 2.12는 전파 정류회로의 입출력전압파형의 일례를 나타낸다.

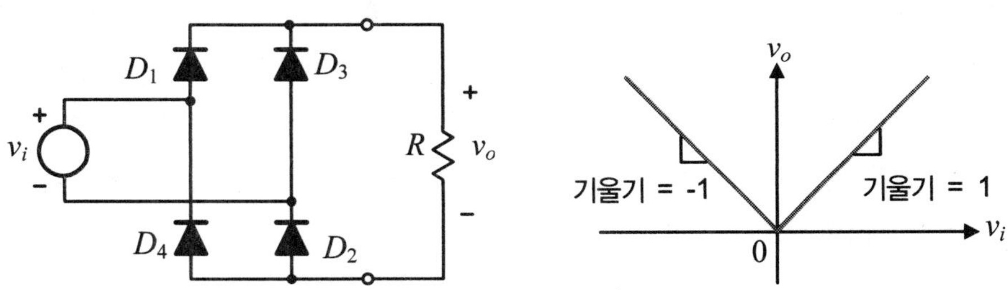

(a) 전파 정류회로 (b) 전달특성

그림 2.11. 전파 정류회로

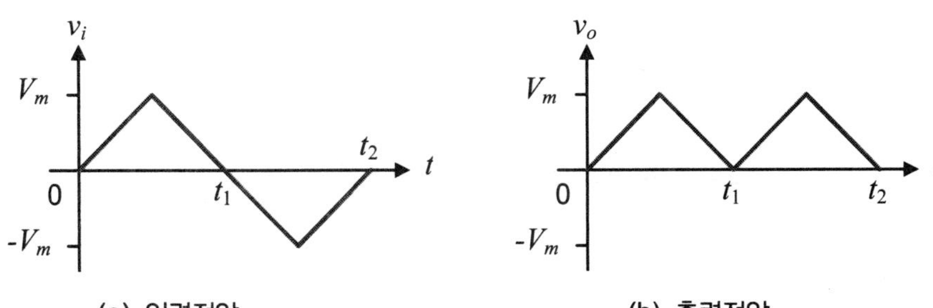

(a) 입력전압 (b) 출력전압

그림 2.12. 전파 정류회로의 입출력 파형 일례

그림 2.11 (a)의 전파 정류회로에 사용된 다이오드에 대하여 문턱전압(V_T)을 고려한 모델을 사용할 때 그림 2.13은 다이오드의 온·오프 상태에 따른 각각의 등가회로를 나타낸다.

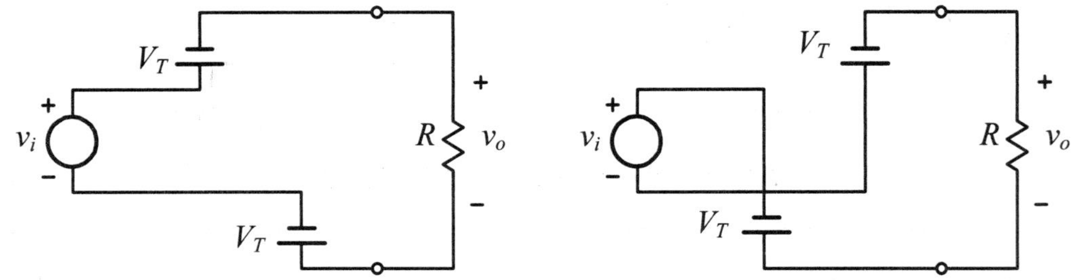

(a) D_1, D_2는 온, D_3, D_4는 오프상태 (b) D_1, D_2는 오프, D_3, D_4는 온상태

그림 2.13. 다이오드 온·오프 상태에 따른 등가회로

D_1, D_2는 온되고 D_3, D_4는 오프될 때의 등가회로는 그림 2.13 (a)와 같으며 $v_o = v_i - 2V_T$가 되고 이렇게 될 조건은 $v_i - 2V_T > 0$ (즉 $v_i > 2V_T$)인 경우이다. 또 D_3, D_4는 온되고 D_1, D_2는 오프될 때의 등가회로는 그림 2.13 (b)와 같으며 $v_o = -v_i - 2V_T$가 되고, 이렇게 될 조건은 $-v_i - 2V_T > 0$ (즉 $v_i < -2V_T$)인 경우이다. 입력전압이 $-2V_T < v_i < 2V_T$인 경우 모든 다이오드는 오프상태가 되어 $v = 0$이다. 따라서 문턱전압(V_T)을 고려한 모델을 사용할 경우 전파 정류회로의 전달특성의 그래프는 그림 2.14와 같다.

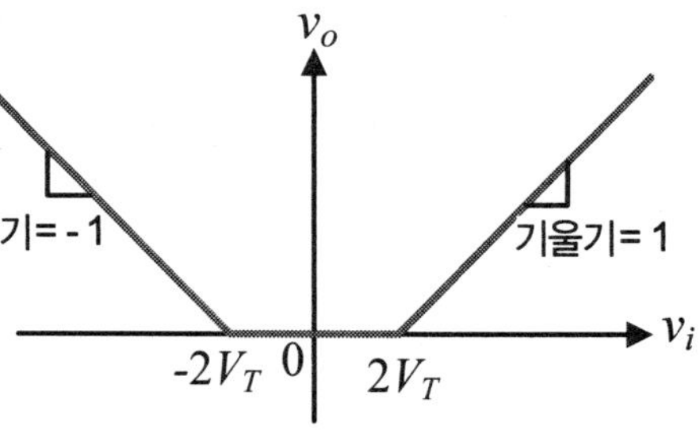

그림 2.14. 전파 정류회로의 전달특성(V_T를 고려)

■ 클리퍼

신호를 전달하거나 변환하는 과정에서 어떤 레벨의 경계값을 기준으로 잘라내고 나머지 부분만 전달하는 회로를 **클리퍼**(clipper) 또는 **리미터**(limiter)라고 한다. 클리퍼 회로는

다이오드의 중요한 응용분야 가운데 하나이다. 이 절에서는 어떤 클리퍼 회로가 주어지더라도 이해할 수 있도록 클리퍼 회로를 해석하는 절차와 방법에 대하여 설명한다. 해석의 편의를 위하여 클리퍼에 사용된 다이오드는 그림 2.15와 같이 이상적인 특성을 갖는다고 가정한다.

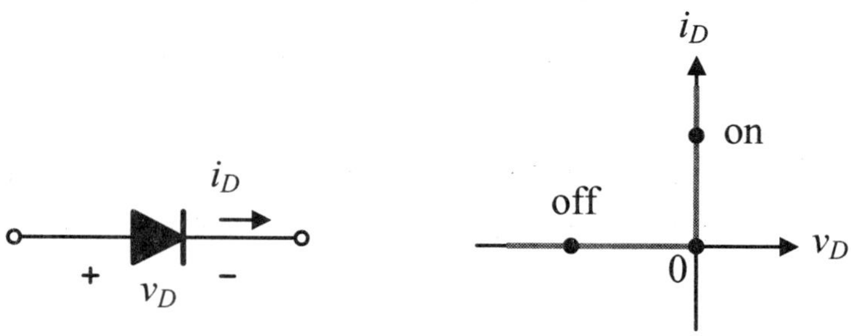

그림 2.15. 이상적인 다이오드의 특성

그림 2.15에서 원점 $(v_D = 0, i_D = 0)$은 온상태와 오프상태의 경계점으로, 이 원점을 기준으로 다이오드가 온상태 또는 오프상태 일 때 다이오드 전압, 전류의 부호는 다음과 같다.

$$\underset{\begin{Bmatrix} v_D < 0 \\ i_D = 0 \end{Bmatrix}}{\text{오프상태}} \Leftarrow \underset{\begin{Bmatrix} v_D = 0 \\ i_D = 0 \end{Bmatrix}}{\text{경계점}} \Rightarrow \underset{\begin{Bmatrix} v_D = 0 \\ i_D > 0 \end{Bmatrix}}{\text{온상태}}$$

클리퍼 회로를 해석할 때 가장 먼저 할 일은 어떠한 조건에서 다이오드가 온상태 또는 오프상태가 되는지 살펴보는 일인데 다음과 같은 순서에 따라 해석하면 보다 체계적인 접근이 가능하다.

1) 경계점에서 입력전압(v_i)과 다이오드 전압(v_D) 사이의 관계식을 구한다.
2) 온상태인 경우와 오프상태인 경우 등가회로를 각각 그린다.
3) 온상태와 오프상태에 대한 각각의 경우에 대하여 출력전압을 구한다.

[1] 직렬형 클리퍼

클리퍼 회로를 해석하는 절차를 살펴보기 위하여 그림 2.16에 보인 직렬형 클리퍼 회로에 대하여 살펴본다. 여기서 V는 클리핑 동작을 위하여 삽입되는 직류전원이다. 또 다이오드는 이상적인 특성을 갖는다고 가정한다.

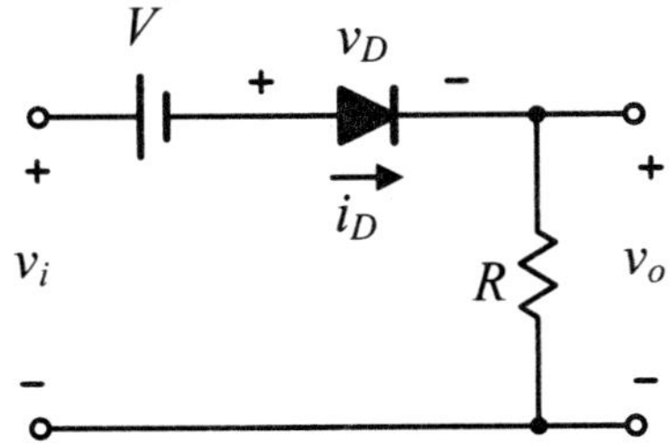

그림 2.16. 직렬형 클리퍼 회로

단계 1 : 다이오드 온오프의 경계점에서 $i_D = 0$이므로 저항 R에서의 전압강하가 0이 된다. 따라서 KVL식을 세우면 $v_i = V + v_D$ 이다. 따라서 경계점에서 $v_D = v_i - V$ 가 된다.

단계 2 :

i) 다이오드가 온상태일 경우 : $v_D = v_i - V > 0$이면, 즉 $v_i > V$ 이면 다이오드는 온상태가 된다. 이 경우 회로는 그림 2.17 (a)의 경우와 같고 출력전압은 다음과 같다.

$$v_o = v_i - V \ (\text{단}, v_i > V)$$

ii) 다이오드가 오프상태일 경우 : $v_D = v_i - V < 0$이면, 즉 $v_i < V$ 이면 다이오드는 오프상태가 된다. 이 경우 회로는 그림 2.17 (b)의 경우와 같이 입력측과 출력측은 분리되며 출력전압은 다음과 같다.

$$v_o = 0 \ (\text{단}, v_i < V)$$

단계 3 : 다이오드가 온상태일 경우와 오프상태일 경우의 출력전압에 관한 식을 하나의 식으로 정리하면

$$v_o = \begin{cases} v_i - V & (v_i > V) \\ 0 & (v_i < V) \end{cases} \tag{2.5}$$

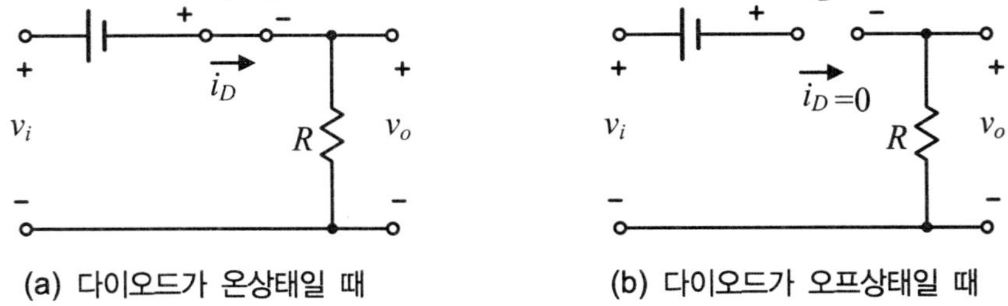

그림 2.17. 직렬형 클리퍼 회로의 등가회로

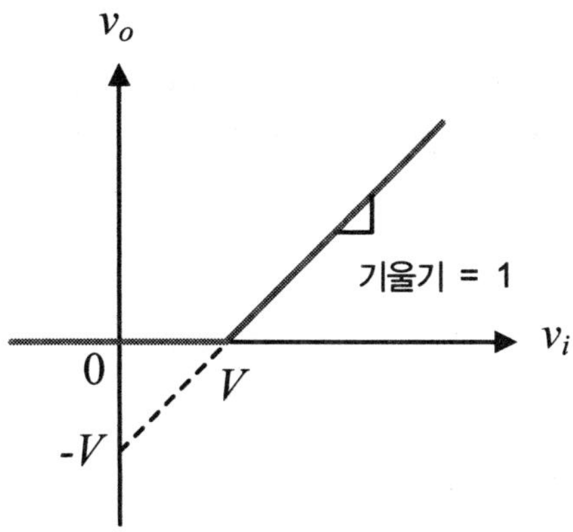

그림 2.18. 직렬형 클리퍼(그림 2.16)의 전달특성

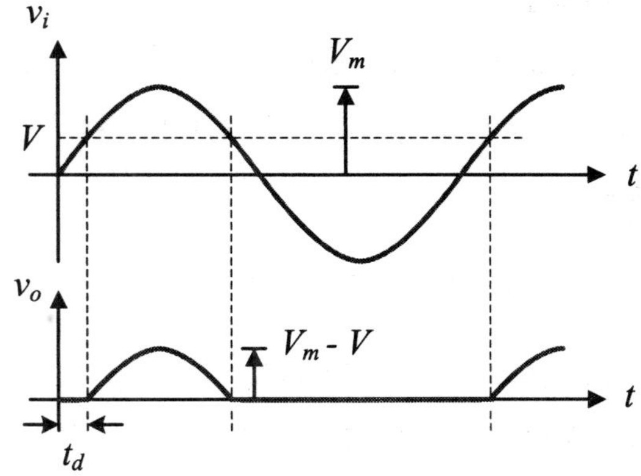

그림 2.19. 직렬형 클리퍼의 입력전압 파형과 출력전압 파형

그림 2.18은 식 (2.5)를 도시한 직렬형 클리퍼(그림 2.16)의 전달특성을 나타낸다. 그림 2.18과 같은 전달 특성을 갖는 클리퍼에 정현파의 입력전압이 인가되었을 경우 출력전압은 어떻게 될까? 그림 2.19는 입력전압 파형과 출력전압 파형을 나타낸다. 그림 2.19에서 t_d는 $v_i(t_d) = V_m \sin(\omega t_d) = V$로부터 구할 수 있다. 즉, $t_d = (1/\omega)\sin^{-1}(V/V_m)$ 이 된다.

[2] 병렬형 클리퍼

그림 2.20은 병렬형 클리퍼 회로를 나타낸다. 병렬형 클리퍼의 동작 해석 방법과 절차는 직렬형 클리퍼의 경우와 같다. PCB 보드 내에서 신호를 전달할 때 IC를 보호하기 위하여 신호의 크기를 제한할 때 그림 2.20 같은 병렬형 클리퍼가 사용된다.

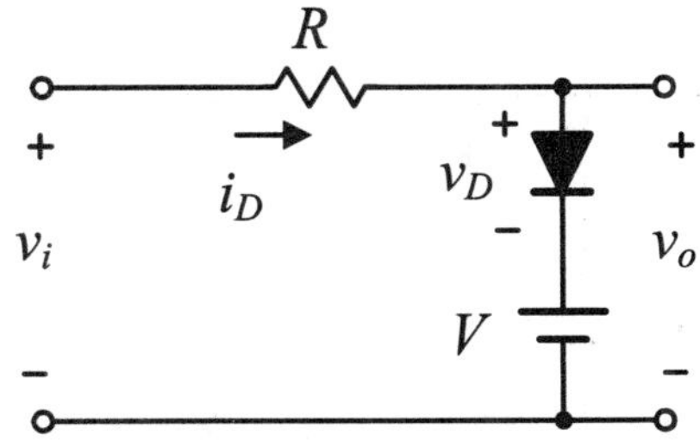

그림 2.20. 병렬형 클리퍼 회로

단계 1 : 다이오드 온오프의 경계점에서 $i_D = 0$이므로 저항 R에서의 전압강하가 0이 된다. 따라서 KVL식을 세우면 $v_i = v_D + V$ 이다. 따라서 경계점에서 $v_D = v_i - V$ 가 된다.

단계 2 :

i) 다이오드가 온상태일 경우: 만일 $v_D = v_i - V > 0$이면, 즉 $v_i > V$ 이면 다이오드는 온상태가 된다. 이 경우 회로는 그림 2.21 (a)의 경우와 같고 출력전압은 다음과 같다.

$$v_o = V \ (단, v_i > V)$$

ii) 다이오드가 오프상태일 경우: $v_D = v_i - V < 0$이면, 즉 $v_i < V$ 이면 다이오드는 오프상태가 되며 이 경우 등가회로는 그림 2.21 (b)의 경우와 같다. 그림 2.21 (b)의 회로는 루프(loop)를 구성하지 않는 개방회로이므로 저항 R에는 전류가 흐르지 않음에 유의한다. 즉, 저항 R에서의 전압강하가 발생하지 않으므로 다음과 같다. 즉,

$$v_o = v_i \ (단, v_i < V)$$

따라서 출력전압에 관한 식을 하나의 식으로 정리하면

$$v_o = \begin{cases} V & (v_i > V) \\ v_i & (v_i < V) \end{cases} \tag{2.6}$$

그림 2.22는 그림 2.20에 보인 병렬형 클리퍼의 전달특성을 나타낸다. 그림 2.23은 병렬형 클리퍼(그림 2.20)에 정현파의 입력전압이 인가되었을 경우 입력전압과 출력전압 파형을 나타낸다. 그림 2.23에서 t_d는 $v_i(t_d) = V_m \sin(\omega t_d) = V$로부터 $t_d = (1/\omega)\sin^{-1}(V/V_m)$이 된다.

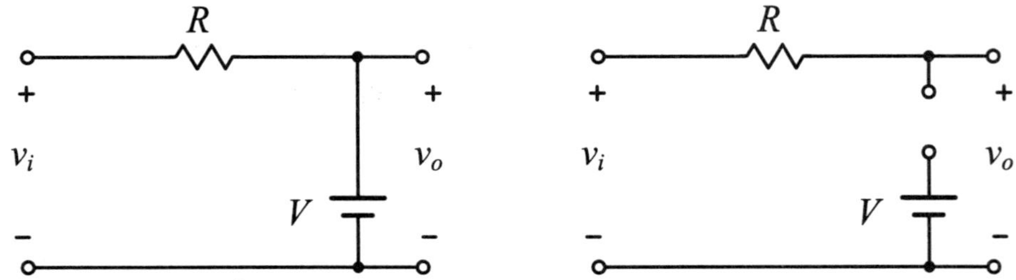

(a) 다이오드가 온상태일 때 (b) 다이오드가 오프상태일 때

그림 2.21. 병렬형 클리퍼 회로의 등가회로

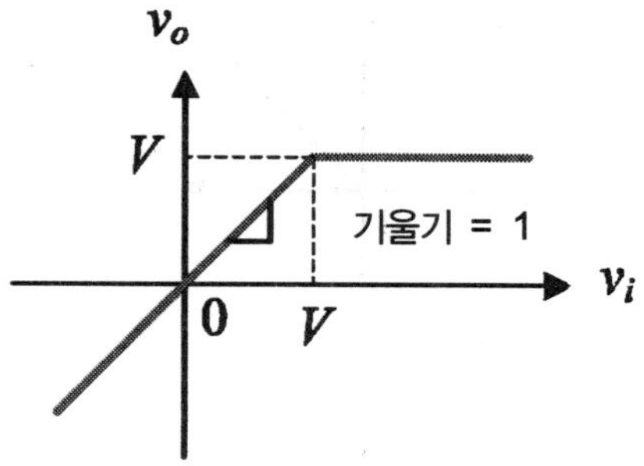

그림 2.22. 병렬형 클리퍼(그림 2.20)의 전달특성

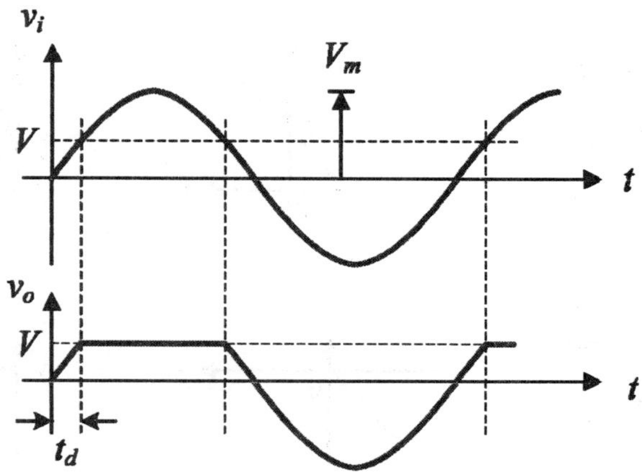

그림 2.23. 입력전압 파형과 출력전압 파형

다이오드의 방향과 옵셋전압(V)의 방향에 따른 직렬형 클리퍼 회로와 병렬형 클리퍼 회로의 전달특성과 정현파의 입력전압에 대한 출력전압을 그림 2.24와 그림 2.25에 각각 나타내었다.

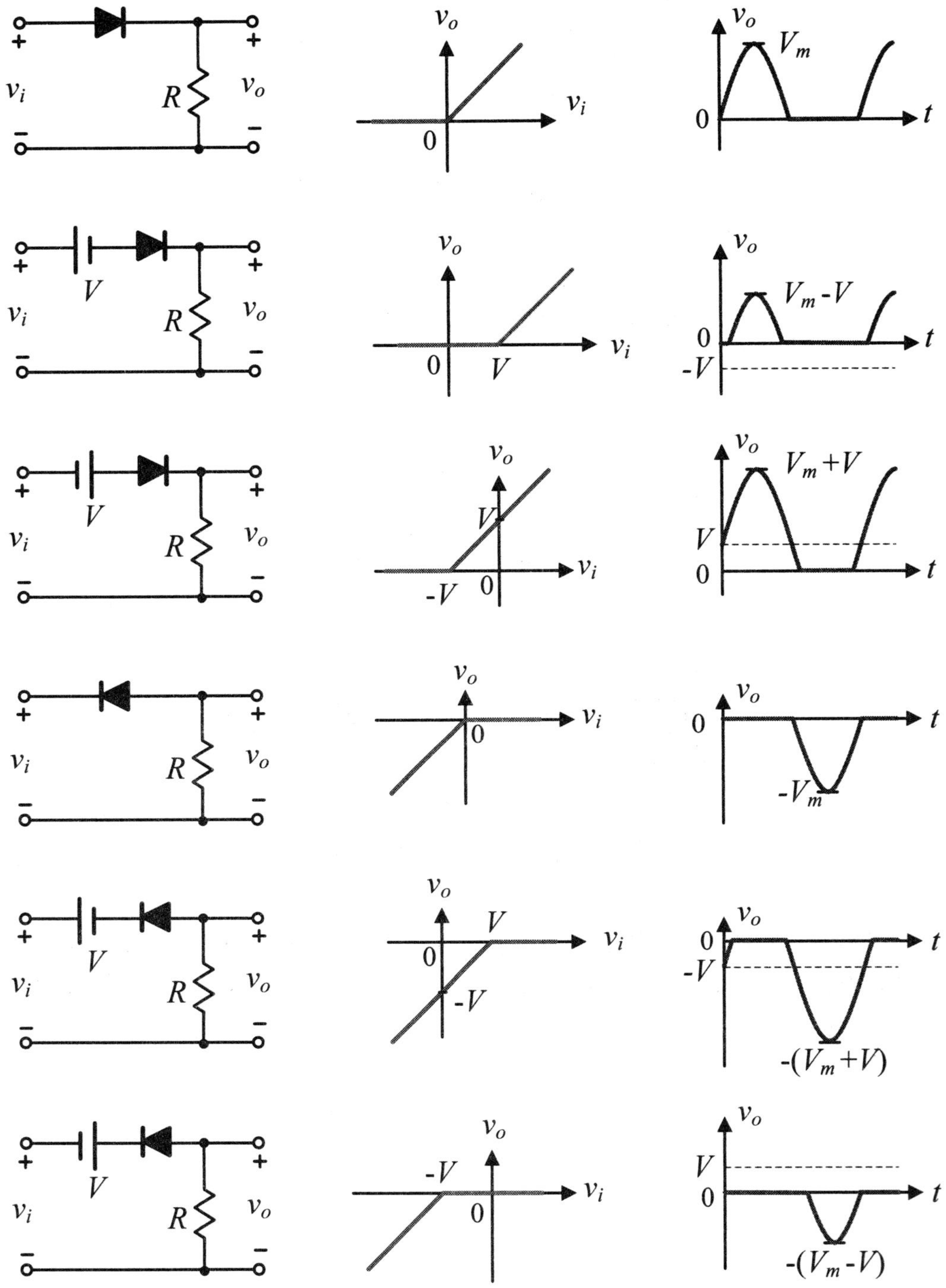

그림 2.24. 직렬형 클리퍼 회로

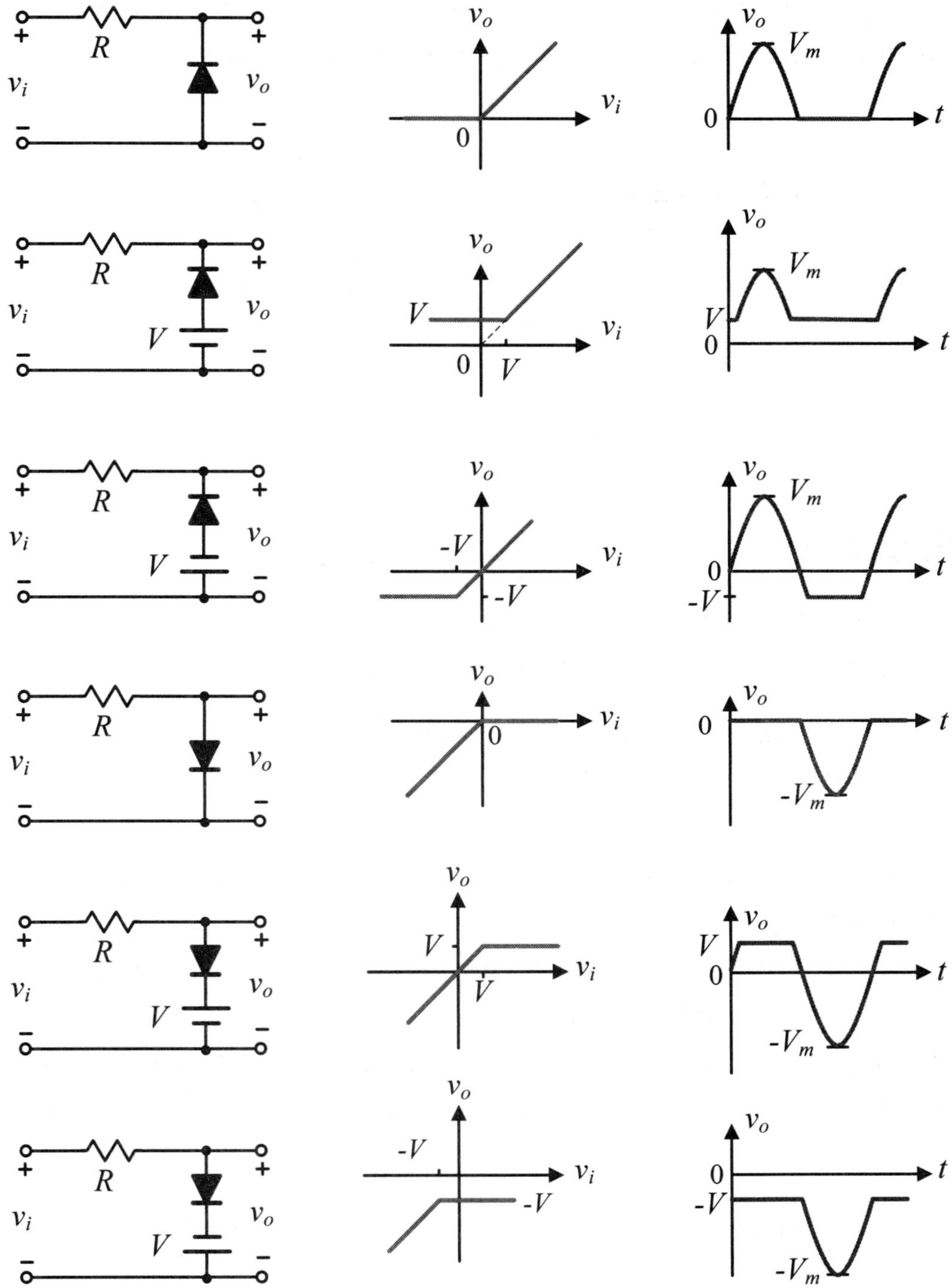

그림 2.25. 병렬형 클리퍼 회로

예제 2.3. 그림 E2.3 (a)의 직렬형 클리퍼 회로에 대하여 전달 특성을 도시하라. 단, 다이오드는 그림 E2.3 (b)와 같이 문턱전압 V_T를 갖는다고 가정하여라.

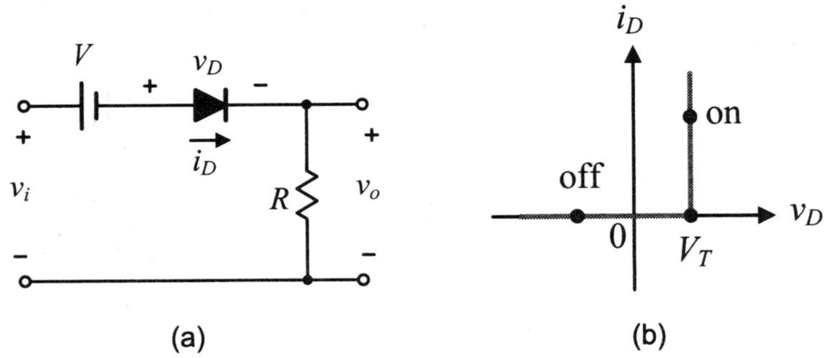

그림 E2.3. 문턱전압(V_T)을 갖는 다이오드가 사용된 직렬형 클리퍼

풀 이

(a) 그림 E2.3 (b)에서 온상태와 오프상태의 경계점은 $(v_D = V_T, i_D = 0)$이며, 다이오드가 온상태 또는 오프상태 일 때 다이오드 전압, 전류의 부호는 다음과 같다.

$$\underset{\text{오프상태}}{\begin{Bmatrix} v_D < V_T \\ i_D = 0 \end{Bmatrix}} \Leftarrow \underset{\text{경계점}}{\begin{Bmatrix} v_D = V_T \\ i_D = 0 \end{Bmatrix}} \Rightarrow \underset{\text{온상태}}{\begin{Bmatrix} v_D = V_T \\ i_D > 0 \end{Bmatrix}}$$

다이오드의 온오프의 경계점에서 $i_D = 0$이므로 저항 R에서의 전압강하가 0이 된다. 따라서 경계점에서 KVL식을 세우면 $v_i = V + v_D$ 이며 $v_D = v_i - V$ 가 된다. 만일 $v_D = v_i - V > V_T$이면, 즉 $v_i > V + V_T$ 이면 다이오드는 온상태가 된다. 이 경우 회로는 그림 E2.3.1 (a)의 경우와 같고 출력전압은 $v_o = v_i - (V + V_T)$ (단, $v_i > V + V_T$)가 된다. 또한, $v_D = v_i - V < V_T$이면, 즉 $v_i < V + V_T$ 이면 다이오드는 오프 상태가 되며 이 경우 등가회로는 그림 E2.3.1 (b)의 경우와 같으며 $v_o = 0$ (단, $v_i < V + V_T$)가 된다.

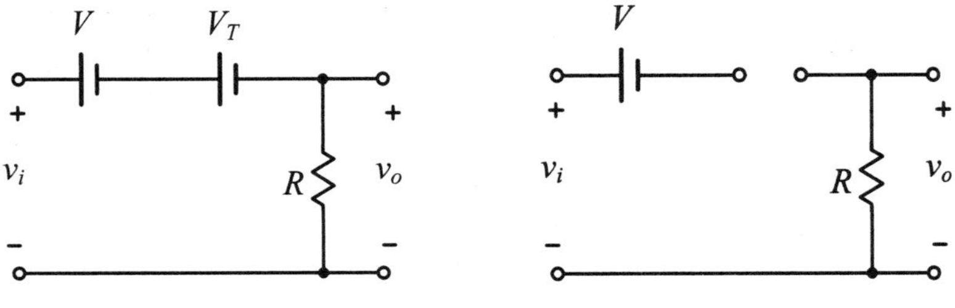

(a) 다이오드가 온상태일 때 (b) 다이오드가 오프상태일 때

그림 E2.3.1. 클리퍼 회로의 등가회로

따라서 출력전압에 관한 식을 하나의 식으로 정리하면

$$v_o = \begin{cases} v_i - (V + V_T) & (v_i > V + V_T) \\ 0 & (v_i < V + V_T) \end{cases}$$

그림 E2.3.2는 그림 E2.3 (a)에 보인 직렬형 클리퍼의 전달특성을 나타낸다.

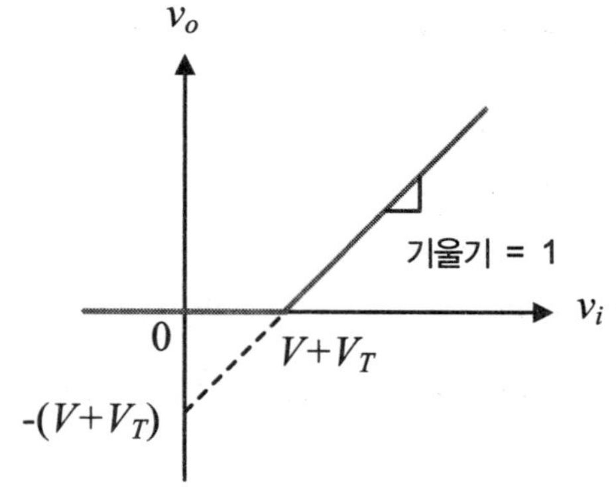

그림 E2.3.2. 직렬형 클리퍼(그림 E2.3(a))의 전달특성 ▣

예제 2.4. 그림 E2.4의 병렬형 클리퍼 회로에 대하여 다음을 구하라. 단, 다이오드는 이상적인 특성을 갖는다고 가정하여라.

(a) v_i 전압에 대한 v_o의 전달 특성을 도시하라.

(b) 입력전압 v_i가 크기가 V_m인 정현파일 때 출력전압 v_o 파형을 도시하라. 단, $V_m > V$이다.

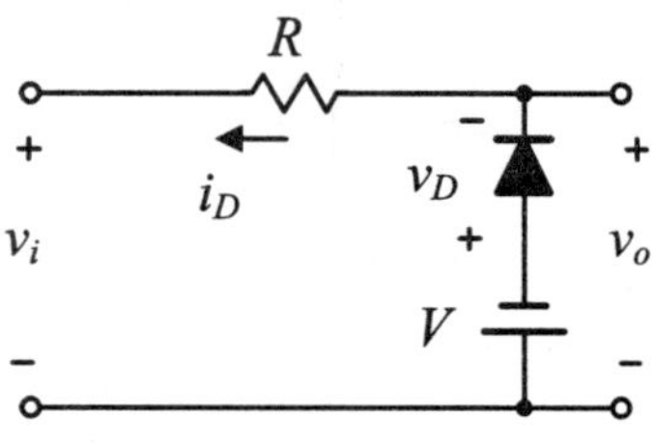

그림 E2.4. 병렬형 클리퍼 회로

풀 이

(a) 경계점에서 $i_D = 0$이므로 저항 R에서의 전압강하가 0이 된다. 따라서 KVL식을 세우면 $v_i = -v_D - V$ 이다. 즉, 경계점에서 $v_D = -v_i - V$ 가 된다.

만일 $v_D = -v_i - V > 0$이면, 즉 $v_i < -V$ 이면 다이오드는 온상태가 된다. 이 경우 그림 E2.4.1 (a)의 등가회로로부터 출력전압은 $v_o = -V$ (단, $v_i < -V$)가 된다. 또한 $v_D = -v_i - V < 0$이면, 즉 $v_i > -V$ 이면 다이오드는 오프 상태가 되며 그림 E2.4.1 (b)의 등가회로로부터 출력전압은 $v_o = v_i$ (단, $v_i > -V$)이다.

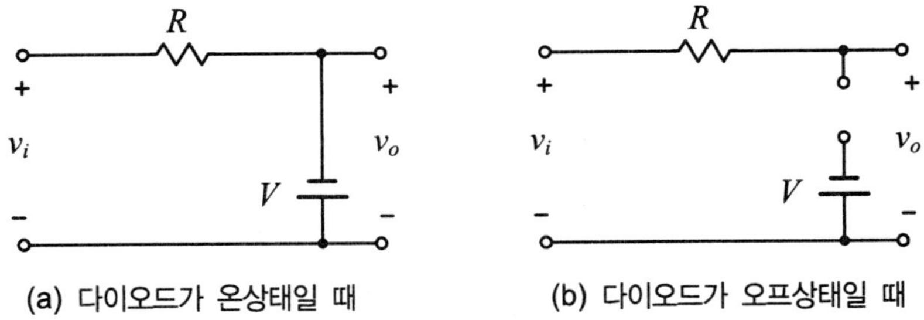

그림 E2.4.1. 병렬형 클리퍼 회로(그림 E2.4(a))의 등가회로

따라서 출력전압에 관한 식을 하나의 식으로 정리하면

$$v_o = \begin{cases} -V & (v_i < -V) \\ v_i & (v_i > -V) \end{cases}$$

그림 E2.4.2는 그림 E2.4에 보인 병렬형 클리퍼의 전달특성을 나타낸다.

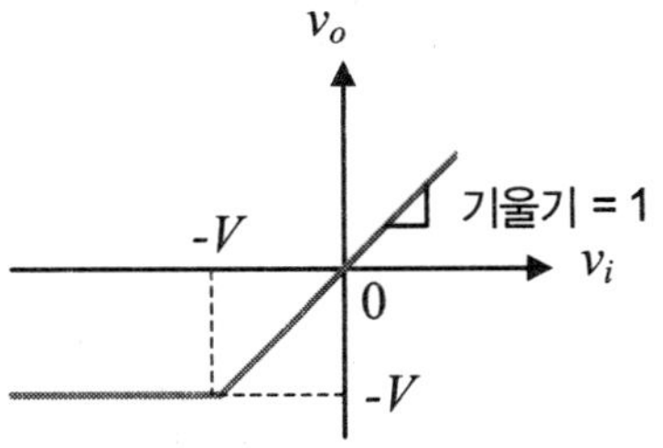

그림 E2.4.2. 병렬형 클리퍼(그림 E2.4)의 전달특성

(b) 그림 E2.4.3은 입력전압 파형과 출력전압 파형을 나타낸다. 그림 E2.4.3에서 t_d는 $t_d = (1/\omega)\sin^{-1}(V/V_m)$이 된다.

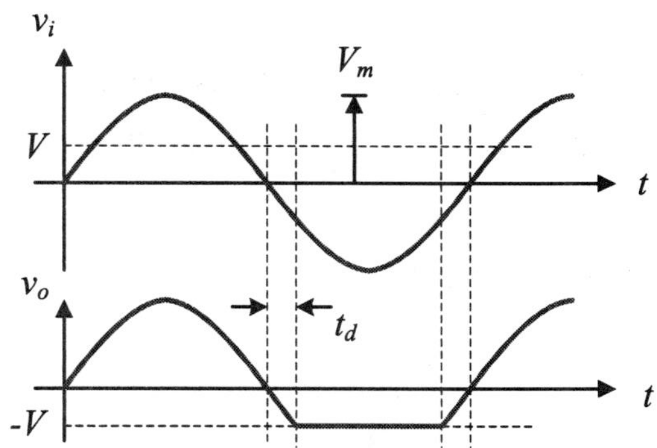

그림 E2.4.3. 입력전압 파형과 출력전압 파형

▣

예제 2.5. 그림 E2.5의 병렬형 이중 클리퍼 회로에 대하여 다음을 구하라. 단, 다이오드는 이상적인 특성을 갖는다고 가정하여라.

(a) v_i 전압에 대한 v_o의 전달 특성을 도시하라.

(b) 입력전압 v_i가 크기가 V_m인 정현파일 때 출력전압 v_o 파형을 도시하라. 단, $V_m > V$이다.

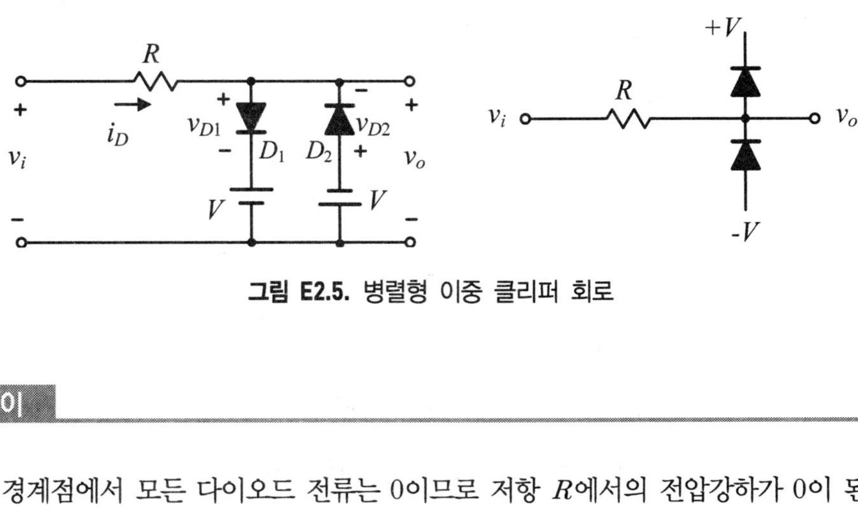

그림 E2.5. 병렬형 이중 클리퍼 회로

풀 이

(a) 경계점에서 모든 다이오드 전류는 0이므로 저항 R에서의 전압강하가 0이 된다. 따라서 각각의 다이오드에 대하여 $v_i = v_{D1} + V$, $v_i = -v_{D2} - V$이다. 즉, 경계점에서 $v_{D1} = v_i - V$, $v_{D2} = -v_i - V$가 된다. 그러므로 D_1이 온상태가 될 조건은 $v_{D1} = v_i - V > 0$ 즉 $v_i > V$이고 D_2가 온상태가 될 조건은 $v_{D2} = -v_i - V > 0$ 즉 $v_i < -V$이다. 그 결과 다이오드의 온오프 상태에 따라 다음 표를 완성할 수 있다.

v_i	$v_i < -V$	$-V < v_i < V$	$v_i > V$
다이오드 상태	D_1오프, D_2온	D_1오프, D_2오프	D_1온, D_2오프
v_o	$v_o = -V$	$v_o = 0$	$v_o = V$

그림 E2.5.1은 전달특성을 나타낸다.

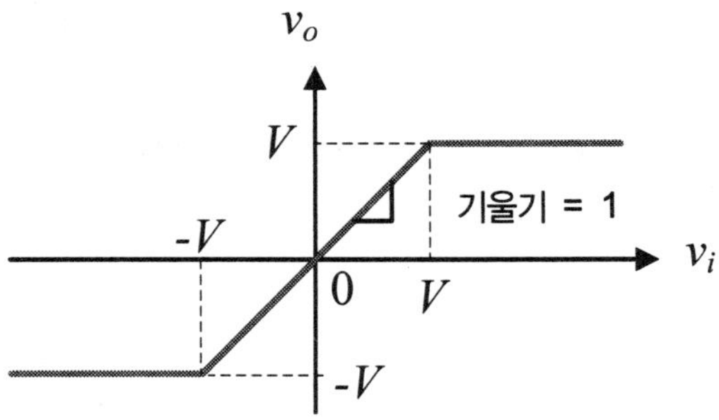

그림 E2.5.1. 전달특성

(b) 그림 E2.5.2는 입력전압 파형과 출력전압 파형을 나타낸다. 그림에서 보듯이 병렬형 이중 클리퍼는 큰 신호가 들어왔을 때 정해진 값 이내로 제한하여 전달하는 기능을 갖는다. 이러한 클리퍼는 신호의 입력부에 설치하여 과도한 크기의 신호로부터 회로를 보호하는데도 사용된다.

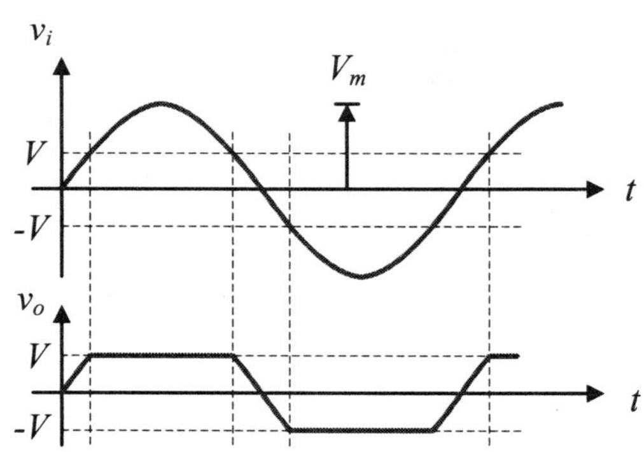

그림 E2.5.2. 입력전압 파형과 출력전압 파형

▣

■ 클램퍼

클램퍼(clamper)는 신호 파형의 전체적인 형태를 유지하면서 파형의 최대 또는 최소값을 일정한 수준으로 묶는 역할을 한다. 그림 2.26에 보인 클램퍼 회로는 출력파형의

최대치를 0 V로 제한한다[그림 2.27 참조]. 그림 2.26의 클램퍼의 동작을 설명하면 다음과 같다.

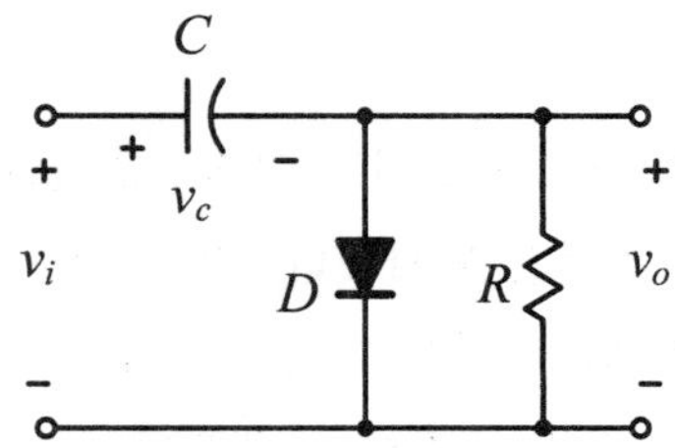

그림 2.26. 클램퍼 회로

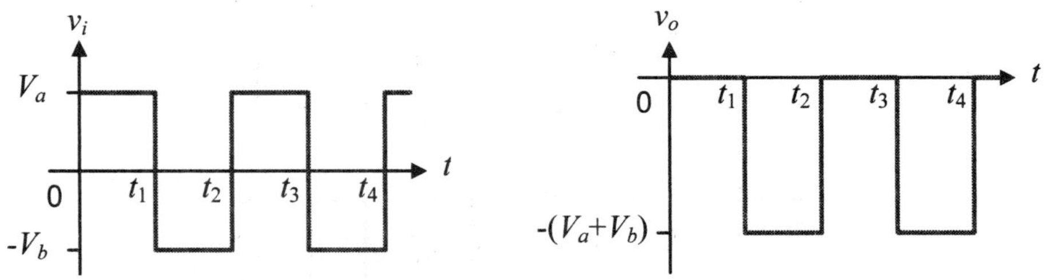

(a) 입력전압 파형 (b) 출력전압 파형

그림 2.27. 클램퍼 회로의 입력과 출력 파형

그림 2.26의 클램퍼에서 $0 < t < t_1$인 동안 입력이 $v_i = V_a$인 경우 그림 2.28 (a)의 등가회로를 참조한다. 다이오드는 순방향 전압이 인가되어 온상태가 되며 커패시터 전압을 $v_c = V_a$로 충전하게 된다. 이 때 출력은 다이오드에 의하여 단락상태이므로 출력전압은 $v_o = 0$ 이다.

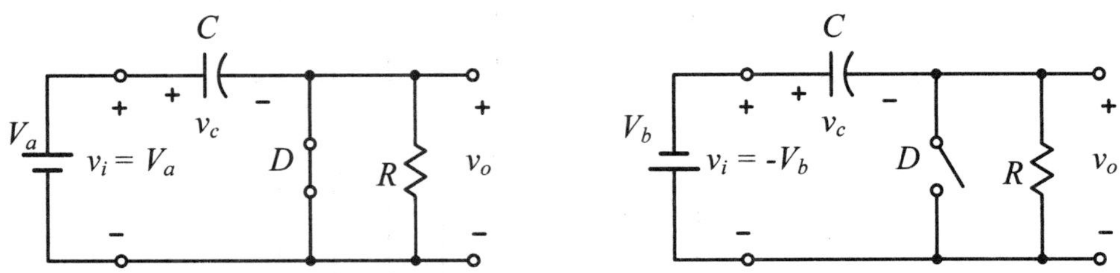

(a) $0 < t < t_1$ 동안 등가회로 (b) $t_1 < t < t_2$ 동안 등가회로

그림 2.28. 구간별 등가회로

다음으로 $t_1 < t < t_2$인 동안 입력 전압이 $v_i = -V_b$가 되면 다이오드 양단에는 $V_a + V_b$의 전압이 역방향으로 인가되므로 다이오드가 차단되고 출력전압은 $v_o = -(V_a + V_b)$가

된다. 이 경우 그림 2.28 (b)의 등가회로를 참조한다. $t_1 < t < t_2$인 동안 커패시터 전압은 초기전압 V_a로부터 최종전압 $-V_b$를 향해 시정수 RC의 속도로 방전되는데 R를 충분히 크게 하면 방전이 천천히 이루어지므로 이 시간 구간동안 커패시터 전압은 거의 일정하다고 볼 수 있다.

그림 2.29는 다양한 클램퍼 회로를 보이고 그림 2.27 (a)와 같은 입력 신호 파형이 주어질 때 각 클램퍼 회로의 출력파형을 보인다. 각 클램퍼 회로에서 다이오드의 방향과 추가되는 전원의 따라 클램핑 되는 레벨을 지정할 수 있다. 그림 2.33에서 커패시터는 극성을 가지며 충전된 방향에 따라 극성에 유의한다.

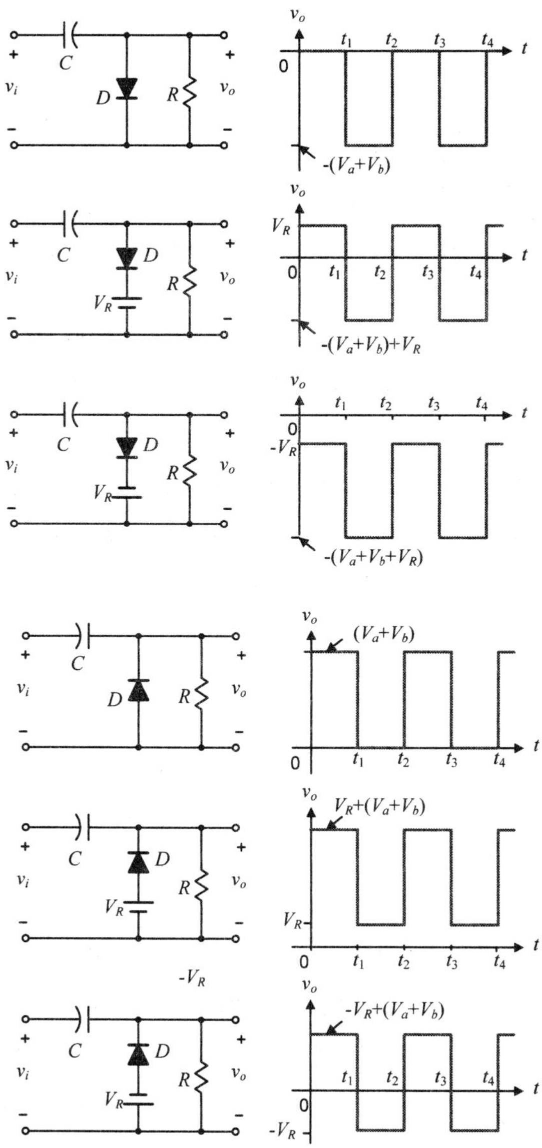

그림 2.29. 다양한 클램퍼 회로와 출력파형

2.3. 제너 다이오드

■ 제너 다이오드의 특성

그림 2.30은 제너 다이오드의 회로기호와 전압-전류 특성 곡선을 나타낸다. 제너 다이오드는 (a)-영역의 순방향 전압-전류 특성과 (b)-영역의 역방향 특성은 일반 다이오드와 유사하나 (c)-영역으로 표시된 역방향 전압-전류 특성은 제너 다이오드만의 특성을 갖는다. 일반 다이오드는 (c)-영역에서 항복에 의한 큰 전류가 흘러 큰 전력손실이 발생하고 곧바로 다이오드가 파괴된다. 그러나 제너 다이오드는 항복에 의한 전류를 I_{ZM}로 제한하여 최대전력이 P_{ZM}을 넘지 않도록 함으로써 사태 영역에서의 정전압 특성을 이용할 수 있도록 한다.

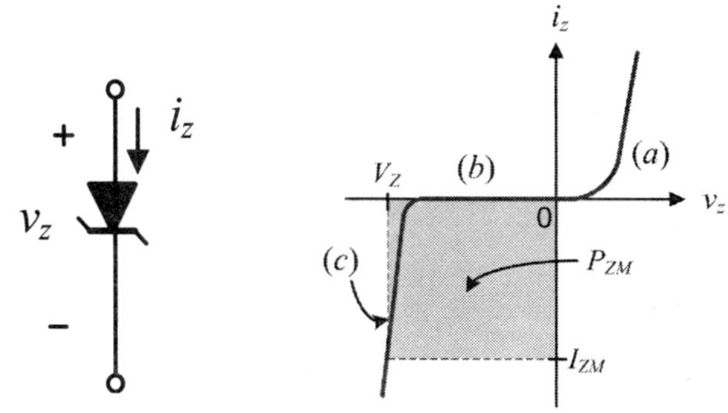

(a) 회로기호 (b) 전압-전류 특성 곡선

그림 2.30. 제너 다이오드

■ 제너 다이오드를 이용한 정전압 회로

그림 2.31에 보인 정전압 회로는 제너 다이오드가 가장 많이 응용되는 회로의 하나이다. 제너 다이오드를 이용한 정전압 회로는 출력과 병렬로 연결된 제너 다이오드가 온상태일 때 출력전압이 제너 전압으로 유지되는 원리를 이용한다.

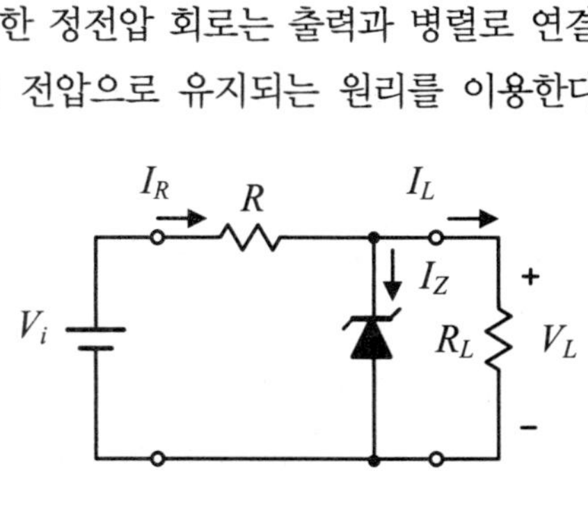

그림 2.31. 제너 다이오드를 이용한 정전압 회로

[1] 입력전압은 고정하고 부하저항을 가변하는 경우

제너 다이오드가 오프 되어 있는 동안 회로의 상태는 그림 2.32 (a)와 같고 부하 전압은 다음과 같다.

$$V_L = \frac{R_L}{R+R_L} V_i \tag{2.7}$$

제너 다이오드가 오프 된 이유는 제너 다이오드와 병렬로 인가되는 부하 전압 V_L이 제너 전압 V_Z 보다 작기 때문이다. 식 (2.7)에서 R_L을 증가시키면 V_L의 크기가 증가한다. R_L을 0부터 증가시켜 R_L이 어느 값 이상 되면 $V_L > V_Z$ 되어 제너 다이오드는 온 상태가 된다. 그러므로 $V_L = V_Z$ 가 될 때의 R_L값은 정전압 회로가 동작하기 위한 R_L의 최솟값 R_{Lmin}이 된다. 즉,

$$V_L = \frac{R_{Lmin}}{R+R_{Lmin}} V_i = V_Z \tag{2.8}$$

식 (2.8)을 정리하면

$$R_{Lmin} = \frac{RV_Z}{V_i - V_Z} \tag{2.9}$$

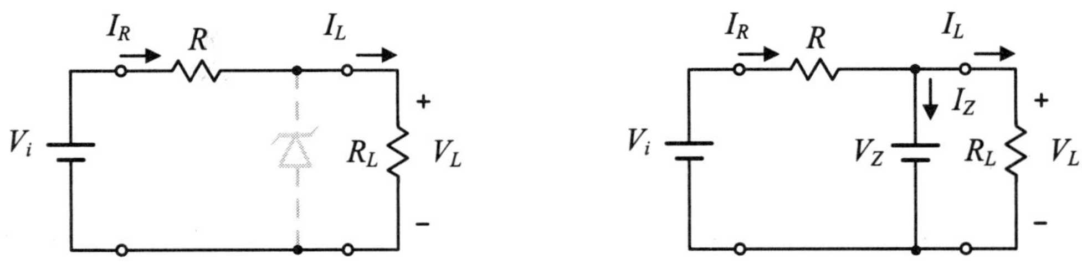

(a) 제너 다이오드가 오프 된 상태 (b) 제너 다이오드가 온 된 상태

그림 2.32. 정전압 회로의 등가회로

다음은 부하저항 R_L의 최대값이 어떻게 정해지는지 살펴본다. 그림 2.32 (b)는 제너 다이오드가 온 된 상태의 등가회로이다. 제너 다이오드가 온 되면 제너 다이오드는 직류 전압원 V_Z로 간주할 수 있다. 제너 다이오드가 온 상태에 있게 되면 출력전압은 더 이상 변하지 않고 제너 전압으로 고정된다. 즉, $V_L = V_Z$이 된다.

한편, 부하에 흐르는 전류 I_L과 저항 R에 흐르는 전류 I_R은 다음과 같다.

$$I_L = \frac{V_Z}{R_L} \tag{2.10}$$

$$I_R = \frac{V_i - V_Z}{R} = I_Z + I_L = \text{일정} \tag{2.11}$$

식 (2.11)에서 보듯이 R_L을 변화시키더라도 저항 R의 양단에 인가되는 전압 V_i와 V_Z는 변하지 않는 양이므로 R에 흐르는 전류 I_R은 일정함에 유의한다. 식 (2.10)과 (2.11)에서 V_i, V_Z, R은 상수이므로 다음과 같은 인과관계를 정리할 수 있다.

R_L 증가 $\rightarrow$ I_L 감소 $\rightarrow I_Z$ 증가

R_L을 증가 시키면 I_L이 감소하고, I_L이 감소하면 I_Z가 증가된다. 여기서 I_Z의 최대값 I_{ZM} 은 제너 다이오드의 특성으로부터 정해진다. 따라서 $I_Z = I_{ZM}$ 일 때 I_L은 최솟값 I_{Lmin}이 되고, I_{Lmin}은 R_L이 최댓값 R_{Lmax}가 될 때 얻어진다. 식 (2.10)과 (2.11)로부터

$$I_{Lmin} = \frac{V_Z}{R_{Lmax}} \tag{2.12}$$

$$\frac{V_i - V_Z}{R} = I_{ZM} + I_{Lmin} \tag{2.13}$$

이 되고, 위의 두식을 정리하면

$$R_{Lmax} = \frac{RV_Z}{V_i - V_Z - RI_{ZM}} \tag{2.14}$$

가 된다.

[2] 입력전압은 가변하고 부하저항을 고정하는 경우

제너 다이오드가 오프 되어 있는 동안 회로의 상태는 그림 2.32 (a)와 같고 부하 전압은 식 (2.7)과 같다. 제너 다이오드가 오프 된 이유는 제너 다이오드와 병렬로 인가되는 부하 전압 V_L이 제너 전압 V_Z 보다 작기 때문이다. 식 (2.7)에서 저항값은 고정되어 있으므로 입력전압 V_i를 증가시키면 V_L의 크기가 증가한다. 그러므로 $V_L = V_Z$ 가 될 때의 V_i값은 정전압 회로가 동작하기 위한 V_i의 최솟값 V_{imin}이 된다. 즉,

$$V_L = \frac{R_L}{R + R_L} V_{imin} = V_Z \tag{2.15}$$

식 (2.15)으로부터

$$V_{imin} = V_Z\left(1 + \frac{R}{R_L}\right) \tag{2.16}$$

다음은 부하저항 V_i의 최대값이 어떻게 정해지는지 살펴본다. 제너 다이오드가 온 되면 출력전압은 더 이상 변하지 않고 제너 전압으로 고정된다. 즉, $V_L = V_Z$ 가 된다. 이 경우 부하에 흐르는 전류 I_L과 저항 R에 흐르는 전류 I_R은 다음과 같다.

$$I_L = \frac{V_Z}{R_L} = \text{일정} \tag{2.17}$$

$$I_R = \frac{V_i - V_Z}{R} = I_Z + I_L \tag{2.18}$$

식 (2.17)에서 보듯이 V_i을 변화시키더라도 저항 R_L의 양단에 인가되는 전압 V_Z는 변하지 않는 양이므로 I_L은 일정함에 유의한다. 식 (2.18)에서 다음과 같은 인과관계를 정리할 수 있다.

V_i 증가 $\rightarrow$ I_R 증가 $\rightarrow$ I_Z 증가

여기서 $I_Z = I_{ZM}$ 일 때 V_i는 최대값 V_{imax}가 되고 I_R은 최대값 I_{Rmax}이 된다. 식 (2.17)과 (2.18)로부터

$$I_L = \frac{V_Z}{R_L} \tag{2.19}$$

$$I_{Rmax} = \frac{V_{imax} - V_Z}{R} = I_{ZM} + I_L \tag{2.20}$$

이 되고, 위의 두식을 정리하면

$$V_{imax} = R(I_{ZM} + I_L) + V_Z \tag{2.21}$$

가 된다.

연습문제

2.1. 그림 P2.1의 회로에서 v_o를 구하라. 단 다이오드는 이상적인 것이라고 가정한다.

2.2. 그림 P2.2의 회로에서 I_{D1}, I_{D2} 전류를 구하라. 단 다이오드는 이상적인 것이라고 가정한다.

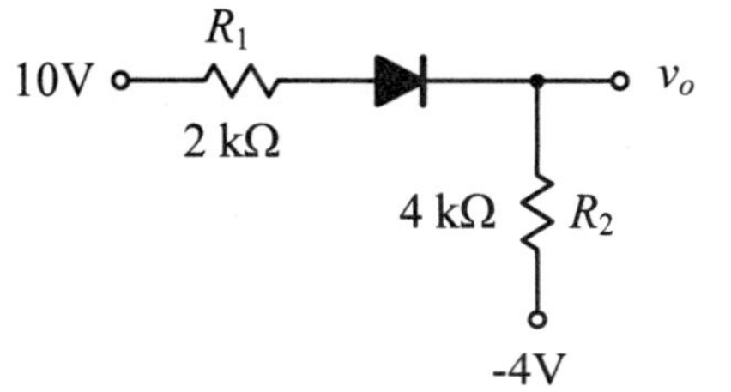

그림 P2.1.

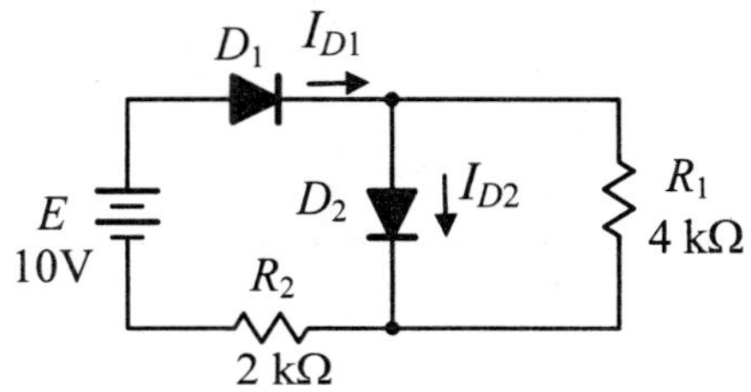

그림 P2.2.

2.3. 그림 P2.3의 회로에서 v_1과 v_2가 표 P2.1과 같을 때 출력전압 v_o를 나타내는 표를 완성하여라. 단 다이오드는 이상적인 것이라고 가정한다.

2.4. 그림 P2.4의 회로에서 v_1과 v_2가 표 P2.1과 같을 때 출력전압 v_o를 나타내는 표를 완성하여라. 단 다이오드는 이상적인 것이라고 가정한다.

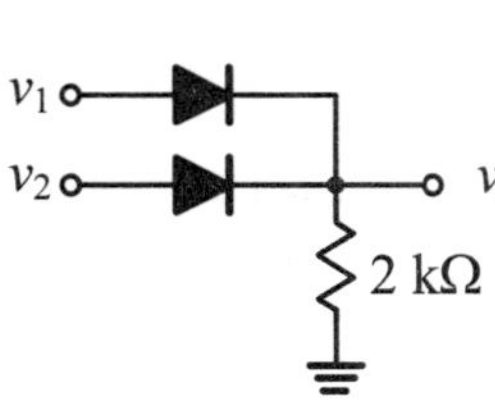

그림 P2.3.

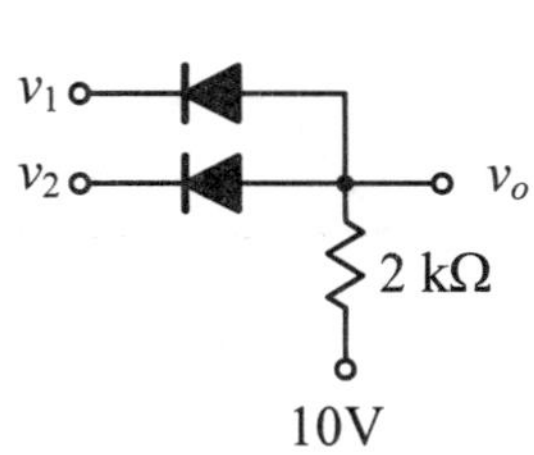

그림 P2.4.

v_1	v_2	v_o
0 V	0 V	
0 V	10 V	
10 V	0 V	
10 V	10 V	

표 P2.1.

2.5. 그림 P2.5 (a)의 회로에서 v_i가 그림 P2.5 (b)와 같을 때 출력전압 v_o의 파형을 도시하여라. 단 $V_m = 10$ V이고 $t_1 = 1$ sec, $t_2 = 2$ sec 이다. 또 다이오드는 이상적인 것이라고 가정한다.

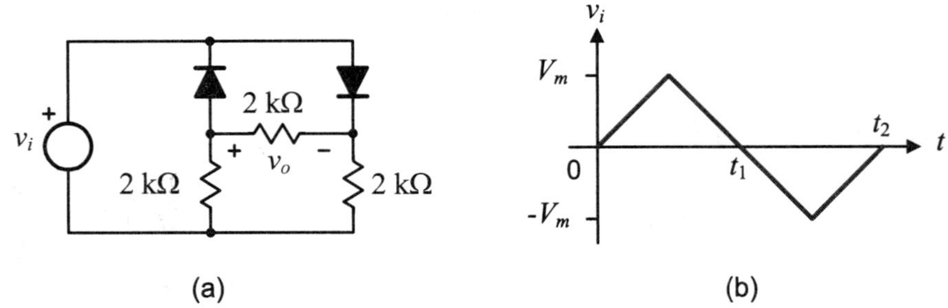

그림 P2.5.

2.6. 그림 P2.6 (a)의 회로에 그림 P2.6 (b)와 같은 정현파의 입력전압 v_i가 인가된다고 한다. 다음을 구하라. 단 $V_m = 10$ V, $V = 5$ V, $R = 1$ kΩ이고 다이오드는 이상적인 것이라고 가정한다.

(a) 입력전압 v_i에 대한 출력전압 v_o의 전달특성의 그래프를 도시하라.

(b) 출력전압 v_o의 파형을 도시하라.

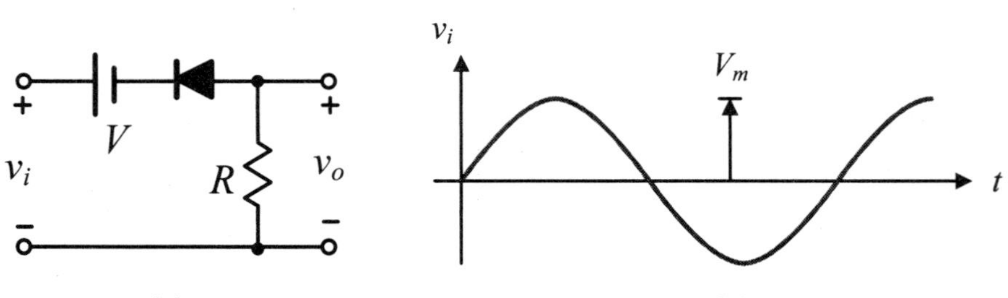

그림 P2.6.

2.7. 그림 P2.7 (a)의 회로에 그림 P2.7 (b)와 같은 정현파의 입력전압 v_i가 인가된다고 한다. 다음을 구하라. 단 $V_m = 10$ V, $V = 5$ V, $R = 1$ kΩ이고 다이오드는 이상적인 것이라고 가정한다.

(a) 입력전압 v_i에 대한 출력전압 v_o의 전달특성의 그래프를 도시하라.

(b) 출력전압 v_o의 파형을 도시하라.

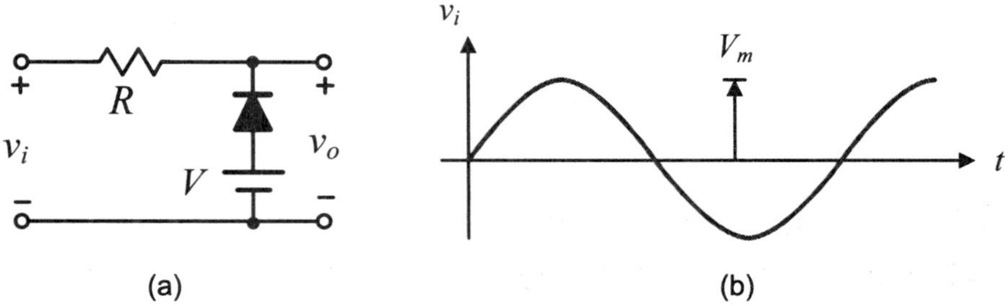

그림 P2.7.

2.8. 그림 P2.8의 회로에서 V_i는 50 V의 일정한 전압이 인가되고 있을 때 V_L이 10 V로 유지되는 R_L과 I_L의 범위를 구하라. 단 $R = 1$ kΩ이고 제너 다이오드는 제너 전압 $V_Z = 10$ V, 정격전류 $I_{ZM} = 32$ mA이다.

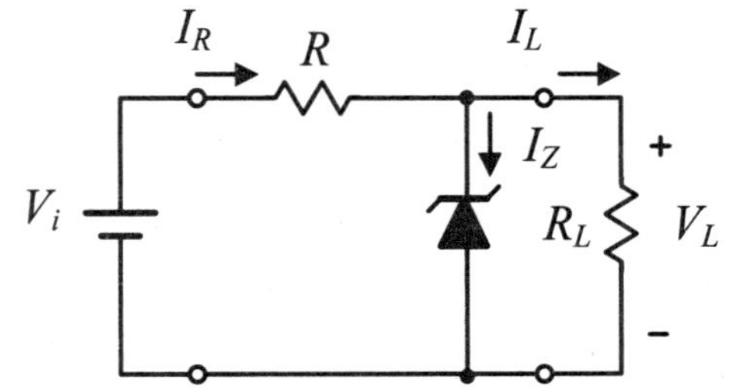

그림 P2.8.

Chapter 3

연산 증폭기

과거와 달리 지금은 전자회로를 구현할 때 다이오드나 트랜지스터 같은 개별 소자보다 기능 블록처럼 디자인된 집적회로(integrated circuit) 즉 흔히 말하는 IC가 주로 사용된다. 증폭, 필터링, 파형 정형, 신호의 발생 등과 같은 전자회로의 기능은 특별한 IC를 사용하여 구현되기도 하지만 가장 넓게 사용되는 중요한 소자가 연산 증폭기라는 IC이다. 전자회로에서 연산 증폭기가 차지하는 비중은 매우 커서 전기 전자 엔지니어는 반드시 연산 증폭기에 대하여 깊이 이해하고 있어야 한다. 이 장에서는 연산 증폭기라는 소자가 무엇인가에 대하여 자세히 다루기로 한다.

3.1. 연산 증폭기란?

연산 증폭기(operational amplifier) 또는 OP Amp란 간단히 말하면 "매우 전압이득이 큰 차동 증폭기"를 말한다. 지금의 디지털 컴퓨터가 보급되기 이전에는 아날로그 컴퓨터가 계산 작업을 위해 사용되었는데, 연산 증폭기는 아날로그 컴퓨터에서 더하기, 빼기, 곱하기, 나누기, 미분, 적분 등의 연산(operation) 작업을 수행하기 위한 기본 소자로 사용되면서 '계산을 위한 증폭기' 즉, 연산 증폭기란 이름을 얻게 되었다. 연산 증폭기가 어떻게 계산 동작을 하는데 사용될 수 있는지는 이 책의 연산 증폭기를 공부하면서 차차 알게 될 것이다.

■ 연산 증폭기의 회로 기호

그림 3.1 (a)는 연산 증폭기의 회로 기호를 나타낸다. 그림 3.1 (a)에서 보듯이 연산 증폭기는 적어도 5개의 연결 단자를 갖는다. 5개의 연결 단자 중, 2개($+V_S$, $-V_S$)는 연산 증폭기를 동작시키기 위한 전원이 인가되는 전원단자이며, 2개(v_1, v_2)는 입력단자이고 나머지 한 개(v_o)는 출력단자이다.

일반적으로 연산 증폭기를 동작시키기 위하여 2개의 전원이 요구되는데 그림 3.1 (b)에 보인 방법으로 2개의 전원단자에는 각각 크기가 같고 극성이 다른 $+V_s$, $-V_s$의 전원을 인가한다. 연산 증폭기를 포함하는 회로도를 그릴 때는 연산 증폭기 전원이 당연히 연결된 것으로 간주하여 그림 3.1 (c)와 같이 전원 단자 선을 생략한 채 입력과 출력만으로 연산 증폭기의 기호를 단순하게 나타낼 수도 있다.

연산 증폭기는 2개의 입력 단자는 하나는 +기호로 표시된 **비반전 단자**(non-inverting terminal)이고 다른 하나는 -기호로 표시되는 **반전 단자**(inverting terminal)이다. 그림 3.1 (c)에서는 비반전 단자에 v_1 전압이, 반전 단자에 v_2 전압이 인가된 것을 볼 수 있다. 여기서 **연산 증폭기의 각각의 입력전압과 출력전압은 전원의 접지를 기준**으로 나타낸 것임에 유의한다.

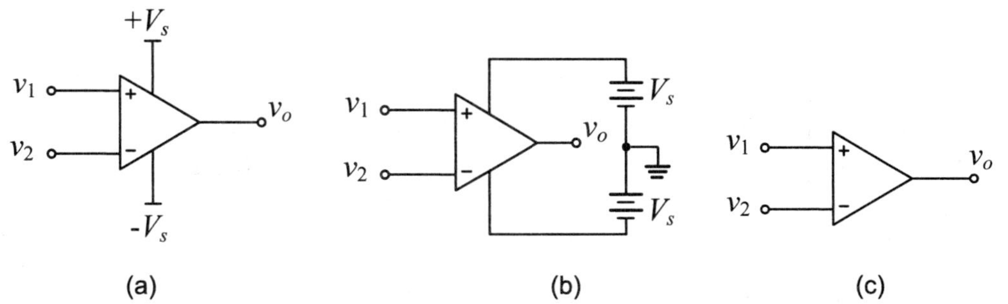

그림 3.1. 연산 증폭기의 회로 기호

■ 차동 증폭기로서의 연산 증폭기

연산 증폭기가 차동 증폭기라는 말은 출력전압 v_o가 다음과 같이 정해진다는 것을 말한다. 즉,

$$v_o = A_d(v_1 - v_2) \tag{3.1}$$

여기서 A_d는 연산 증폭기의 **차동이득**(differential mode gain) 또는 **차동신호 이득**이라

고 한다. 즉, 연산 증폭기는 단순히 입력 전압 v_1 또는 v_2 만을 증폭하는 것이 아니라, 두 신호 전압의 차이를 증폭하는 **차동 증폭기**임에 유의하여야 한다. 따라서 v_1과 v_2가 전압이 같다면 출력전압은 0이 될 것이다.

비반전 단자의 입력전압 v_1에서 반전단자의 입력전압 v_2를 뺀 두 신호 전압의 차이 (v_1-v_2)를 **차동신호**(differential mode signal) v_d 라고 하며

$$v_d = v_1 - v_2 \tag{3.2}$$

와 같고, 따라서 출력전압은 차동신호와 차동이득의 곱으로 표현된다.

$$v_o = A_d v_d \tag{3.3}$$

그렇다면, 연산 증폭기에서 차동이득 A_d의 값 또는 크기는 보통 얼마쯤일까? 그 대답은 매우 크다는 것이다. 일반적으로 A_d는 최소 10^4, 보통의 경우 10^5~10^6 정도이며 어떤 것은 10^7을 넘는 경우도 있다. 즉 연산 증폭기는 적어도 1만배, 보통의 경우 10만배~100만배의 매우 큰 차동전압이득을 갖는다. 연산 증폭기는 이와 같이 매우 큰 차동이득을 얻기 위하여 내부적으로는 매우 복잡한 다단 증폭기를 포함하며, 이러한 증폭기는 집적회로(IC)로 구현된다. 그림 3.2는 IC로 구성되는 LM741 범용 연산 증폭기의 회로구성을 나타낸다.

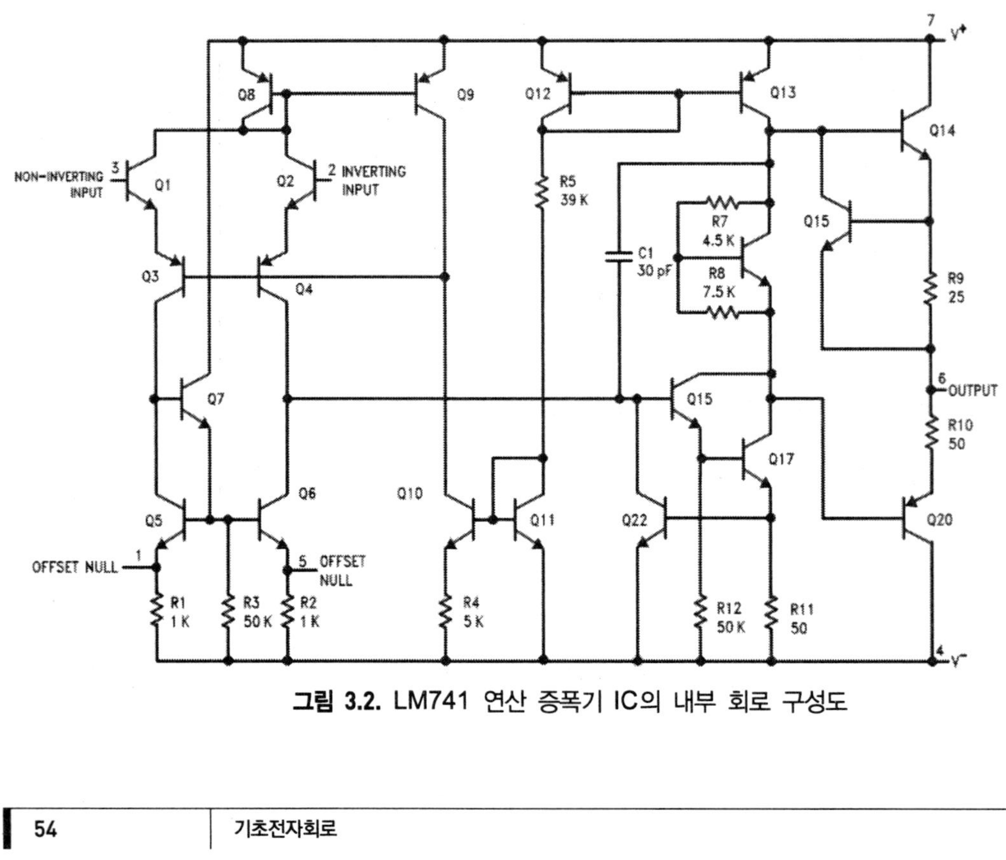

그림 3.2. LM741 연산 증폭기 IC의 내부 회로 구성도

■ 연산 증폭기의 IC의 외관과 핀배치

그림 3.3은 LM741이라는 범용 연산 증폭기 IC의 DIP 형(Dual-In-Line type)의 실제 모습과 핀 배치를 나타낸다. 그림 3.3에서 보듯이 LM741 IC는 모두 8개의 외부 연결 핀을 갖는데, 2번 핀은 반전(−) 단자, 3번 핀은 비반전(+) 단자, 6번 핀은 출력 단자이며, 전원은 7번 핀에 양(+)의 전원전압($+V_S$)을, 4번 핀에 음(−)의 전원전압($-V_S$) 을 인가하게 되어 있다. 나머지 3개 가운데 8번 핀은 사용되지 않는 것이며, 1번과 5번 핀은 특별한 용도로 사용되는 것이므로 일단은 아무런 연결을 하지 않아도 된다. 참고로, LM741에서 LM은 제조사(예를 들면, LM은 National Semiconductor사, μA는 페어차일드사를 의미함)를 나타내고 741은 741 계열의 연산 증폭기임을 의미한다.

그림 3.3에 나타낸 741 연산 증폭기는 하나의 패지지 안에 하나의 연산 증폭기만을 포함하지만 그림 3.4에 보인 TL082와 TL084는 동일한 사양의 연산 증폭기를 2개 또는 4개 포함함으로써 회로설계 할 때 PCB의 공간을 절약할 수 있다. 이 경우 각각의 연산 증폭기의 전원은 서로 공유된다.

(a) 외관

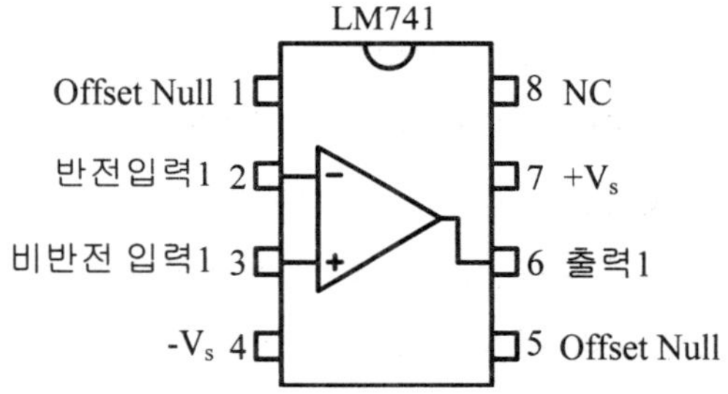

(b) 핀배치

그림 3.3. DIP형 741 연산 증폭기 IC의 외관과 핀 배치

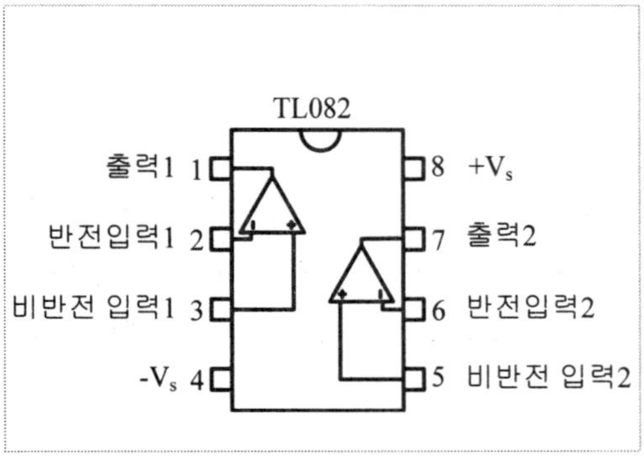

(a) TL082의 핀배치

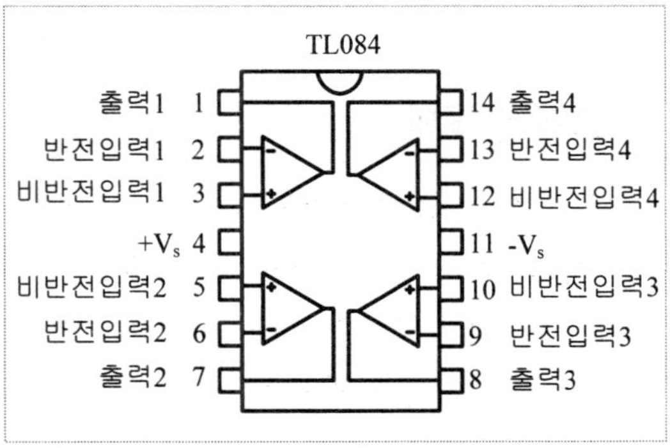

(b) TL084의 핀배치

그림 3.4. TL082와 TL084 연산 증폭기

3.2. 좋은 연산 증폭기를 고르려면?

연산 증폭기는 매우 큰 전압이득을 갖는 차동 증폭기라고 했는데, 사용자의 입장에서 바람직한 연산 증폭기의 특성은 어떤 것일까?. 이러한 질문은 바로 '이상적인 연산 증폭기란 어떤 것일까' 하는 질문과 같다. 즉, **좋은 연산 증폭기란 이상적인 연산 증폭기에 가까운 것**을 말하며, IC 설계자들은 이상적인 연산 증폭기의 특성을 항상 염두에 두고 IC를 설계한다.

■ 이상적인 연산 증폭기의 특성

이상적인 연산 증폭기의 특성 가운데 중요한 것만 추려보면 대략 다음 6가지로 정리하여 볼 수 있다. 그야말로 꿈의 연산 증폭기이다.

① 차동이득 A_d가 무한대이다.
② 비반전 단자 전압(v_1)과 반전 단자 전압(v_2)가 같을 때 출력전압(v_o)은 0이다. 즉, $v_1 = v_2$일 때 $v_o = 0$이다.
③ 입력 임피던스(저항) r_i가 무한대이다.
④ 출력 임피던스(저항) r_o가 0이다.
⑤ 동작 대역폭(bandwidth)이 무한대이다.
⑥ 온도에 따라 특성이 변하지 않는다.

현실의 실제의 연산 증폭기는 꾸준한 연구개발 노력에도 불구하고 이상적인 연산 증폭기의 특성과 비교할 때 많은 차이점을 갖는다. 이제 실제의 연산 증폭기에 대하여 한가지 씩 이러한 차이점을 논의해보도록 한다.

■ 출력의 포화

이상적인 연산 증폭기의 차동이득이 무한대이지만 실제의 연산 증폭기는 그럴 수 없다. 그렇다 하더라도 실제의 연산 증폭기는 차동이득이 수십만~수백만 배 정도로 매우 큰 값이다. 연산 증폭기는 왜 그렇게 큰 전압이득을 필요로 하는 걸까? 수백만 배의 차동이득은 어떤 의미가 있을까?

예를 들면 1백만배(=10^6)의 차동이득을 갖는 연산 증폭기는 입력 차동전압이 1 V일 때 1백만 V의 출력전압을 발생할 것이다. 그런데 당연히 그런 연산 증폭기는 없다. 왜냐하면 연산 증폭기의 출력전압은 인가해주는 전원전압의 값으로 제한되기 때문이다. 즉 연산 증폭기의 출력은 전원전압 또는 전원전압보다 약간 작은 전압으로 **포화**(saturation)된다. 만일 전원전압이 ±15 V라면 출력전압은 최대 +15 V, 최소 −15 V의 범위내에 존재한다.

앞서의 1백만배 차동이득을 갖는 연산 증폭기의 출력이 +15 V라면 차동신호 전압은 +15 μV로 매우 작은 값이 될 것이다. 바로 이 점 이다. 즉, 차동이득 A_d가 클수록 미세한 전압차도 증폭해 낼 수 있다는 의미가 된다.

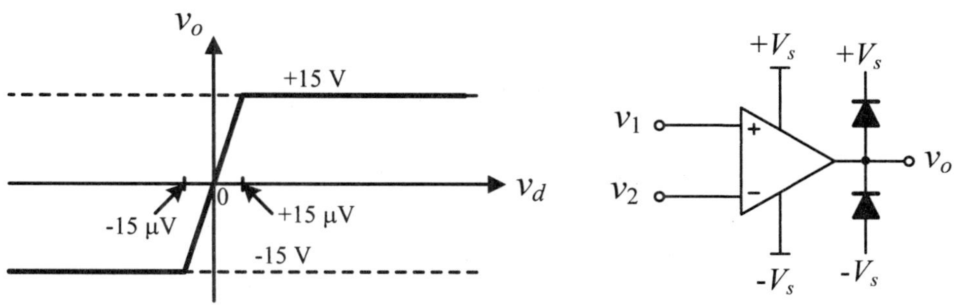

(a) 출력의 포화특성 (b) 출력의 클리핑 작용

그림 3.5. 연산 증폭기 입출력 특성

그림 3.5 (a)는 차동이득이 1백만 배이고 전원전압이 ±15 V인 연산 증폭기의 입출력 특성을 나타낸다. 그림 3.5 (a)에서 보듯이 연산 증폭기는 0을 중심으로 차동입력 전압의 매우 작은 범위($-15 < v_d < 15$ μV)에서 비례관계의 입출력 특성을 보이고, $v_d > 15\,\mu$V 이거나 $v_d < -15\mu$V 인 범위에서는 각각 +15 V 또는 −15 V로 포화된다. 그림 3.5 (b)는 연산 증폭기의 출력단자에 클리퍼 회로를 사용하여 출력이 포화되는 것을 등가적으로 나타낸다. 연산 증폭기의 입출력 특성만을 놓고 보면 선형영역이 매우 좁아서 연산 증폭기를 비교기(comparator)로 사용할 수도 있음을 알 수 있다.

■ 동상이득

원래 연산 증폭기는 차동 증폭기이므로 두 입력 전압의 차(difference)만을 증폭하여야 한다. 그러므로 그림 3.6과 같이 연산 증폭기의 두 입력에 동일한 신호를 인가했을 때 출력은 마땅히 $v_o = 0$이 나와야 한다(식 (3.1) 참조). 그러나 실제의 연산 증폭기에서는 그림 3.6의 상황에서 출력전압은 0이 되지 않고 약간의 어떤 값을 가질 뿐더러 $v_1 = v_2 (= v_c)$일 때 연산 증폭기의 출력에 나타나는 전압은 다음과 같은 비례관계를 갖는다. 즉,

$$v_o = A_c v_c \tag{3.4}$$

여기서 A_c는 **동상이득**(common mode gain) 또는 **동상신호 이득**, v_c는 **동상전압**(common mode voltage)이라 한다. 또한 동상신호는 $v_1 = v_c$, $v_2 = v_c$인 경우이므로, 두 신호를 더하면 $v_1 + v_2 = 2v_c$가 되어 다음과 같다.

$$v_c = \frac{v_1 + v_2}{2} \tag{3.5}$$

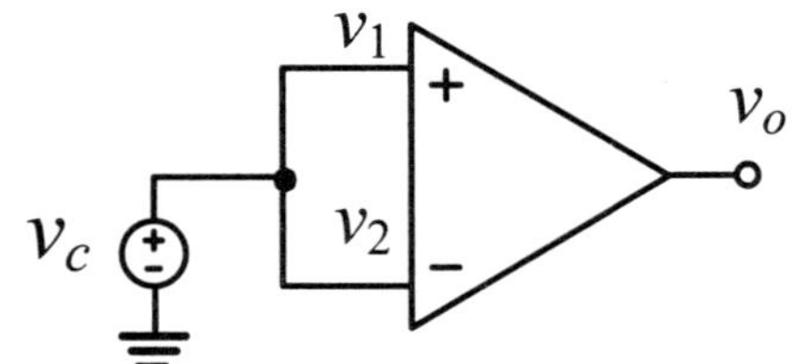

그림 3.6. 연산 증폭기의 동상신호에 대한 출력

이상적인 연산 증폭기는 동상이득(A_c)이 0이지만, 실제의 연산 증폭기의 동상이득은 0이 아닌 값이 존재한다는 것이다.

그림 3.7에서 (a)는 실제의 연산 증폭기의 입력에 차동신호 v_d만 인가된 경우이며 $v_{od} = A_d v_d$가 된다. 또 그림 3.7 (b)는 실제의 연산 증폭기에 동상신호 v_c만 인가된 경우이며 $v_{oc} = A_c v_c$이다. 그런데 만일 그림 3.7 (c)에서처럼 차동신호와 동상신호가 동시에 한꺼번에 인가된다면 출력은 어떻게 표시될까? 이 경우 중첩의 원리가 적용되어 실제의 출력전압 v_o는

$$v_o = A_d v_d + A_c v_c \tag{3.6}$$

과 같이 주어진다.

연산 증폭기가 이상적인 것에 가까울수록 A_d는 큰 값이 되고, A_c는 점점 작은 값이 되는데 그 결과 이상적인 연산 증폭기에 가까운 것일수록 차동전압은 가능한 크게 증폭하고 동상전압은 가능한 작게 증폭한다.

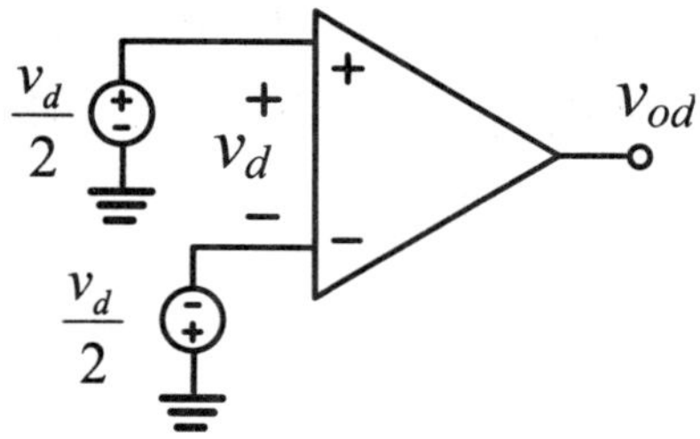

(a) 차동신호만 인가될 때

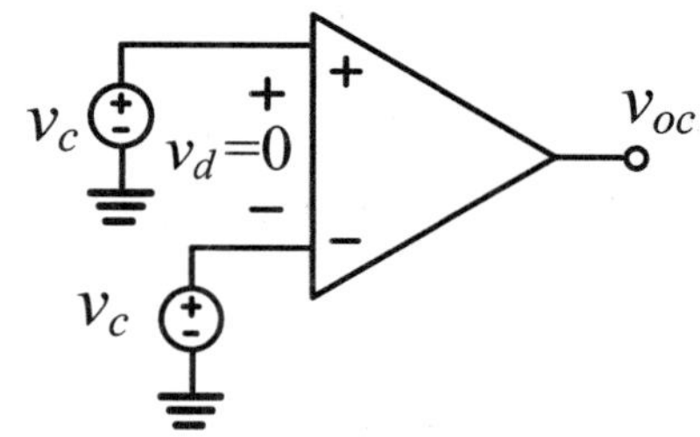

(b) 동상신호만 인가될 때

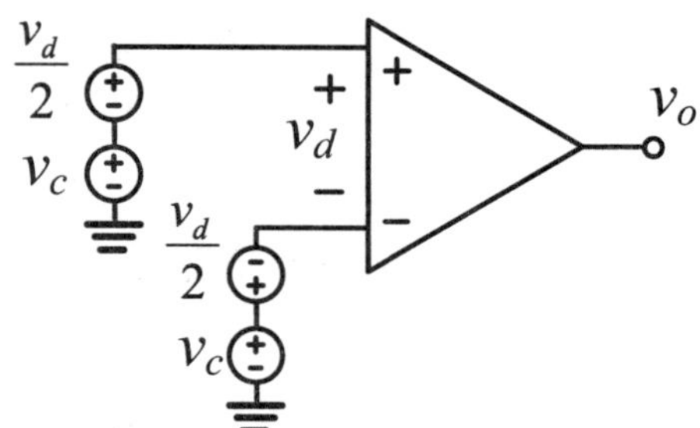

(c) 차동 신호와 동상신호가 동시에 인가될 때

그림 3.7. 실제 연산 증폭기의 출력

■ 입력 신호의 이해

실제의 연산 증폭기에 차동신호와 동상신호가 동시에 인가되면 식 (3.6)에 보인 것처럼 출력전압은 (차동신호×차동이득) 성분과 (동상신호×동상이득) 성분의 합으로 표현된다. 그렇다면 비반전 단자에 v_1, 반전 단자에 v_2를 인가하는 일반적인 경우 출력은 어떻게 될까? 이 경우 v_1, v_2로부터 먼저 v_d, v_c를 구한다.

먼저, 차동신호는 식 (3.2), 동상신호는 식 (3.5)에서 구할 수 있다. 다시 쓰면

$$v_d = v_1 - v_2 \tag{3.7}$$

$$v_c = \frac{v_1 + v_2}{2} \tag{3.8}$$

식 (3.7)과 (3.8)을 v_d, v_c에 대한 연립방정식으로 놓고 풀면

$$v_1 = v_c + \frac{v_d}{2} \tag{3.9}$$

$$v_2 = v_c - \frac{v_d}{2} \tag{3.10}$$

이 된다. $(v_1,\ v_2)$를 알면 $(v_d,\ v_c)$를 구할 수 있고 반대로 $(v_d,\ v_c)$를 알면 $(v_1,\ v_2)$를 구할 수 있다. 즉 $(v_1,\ v_2)$와 $(v_d,\ v_c)$는 서로 일의적으로 정해짐을 알 수 있다. 그림 3.8은 이러한 입력신호 $(v_1,\ v_2)$와 $(v_d,\ v_c)$의 등가변환 관계를 나타낸다.

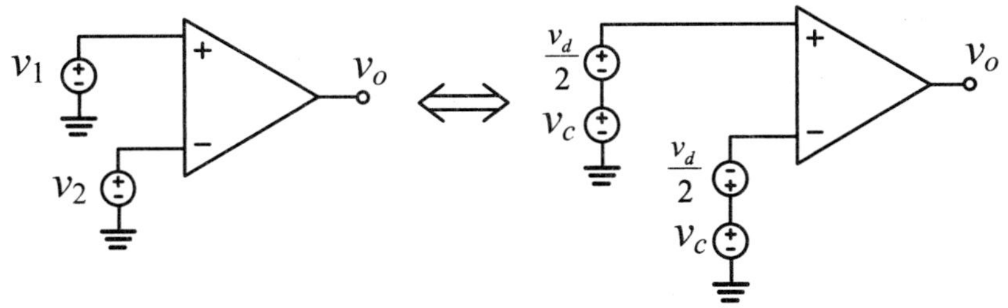

그림 3.8. 입력신호의 등가변환

예제 3.1. 그림 E3.1의 회로에서 연산 증폭기의 차동이득 A_d는 10^6이고 동상이득 A_c는 10^3이다. 다음을 구하라.

(a) 차동신호는 10 μV, 동상신호는 15 μV인 경우 출력전압 v_o

(b) $v_1 = 20\ \mu\text{V}$, $v_2 = 10\ \mu\text{V}$인 경우 출력전압 v_o

(c) $v_1 = -20\ \mu\text{V}$, $v_2 = -10\ \mu\text{V}$인 경우 출력전압 v_o

(d) $v_1 = 20\ \mu\text{V}$, $v_2 = -10\ \mu\text{V}$인 경우 출력전압 v_o

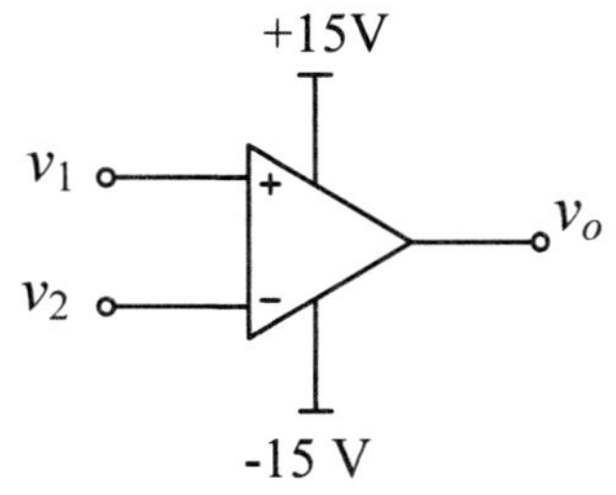

그림 E3.1. 예제 3.1의 회로

풀 이

(a) $v_o = A_d v_d + A_c v_c = 10^6 \times (10 \times 10^{-6}) + 10^3 \times (15 \times 10^{-6}) = 10.015\ \text{V}$

(b) $v_1 = 20\ \mu\text{V}$, $v_2 = 10\ \mu\text{V}$인 경우, 차동전압은 $v_d = 20 - 10 = 10\ \mu\text{V}$이고 동상전압은 $v_c = (20 + 10)/2 = 15\ \mu\text{V}$이고, $v_o = A_d v_d + A_c v_c$

$= 10^6 \times (10 \times 10^{-6}) + 10^3 \times (15 \times 10^{-6}) = 10.015$ V.

(c) $v_1 = -20$ μV, $v_2 = -10$ μV인 경우, $v_d = (-20) - (-10) = -10$ μV이고 $v_c = (-20-10)/2 = -15$ μV이고, $v_o = 10^6 \times (-10 \times 10^{-6}) + 10^3 \times (-15 \times 10^{-6}) = -10.015$ V.

(d) $v_1 = 20$ μV, $v_2 = -10$ μV인 경우, $v_d = 20 - (-10) = 30$ μV이고 $v_c = (20\text{-}10)/2 = 5\mu$V이다. $A_d v_d + A_c v_c = 10^6 \times (30 \times 10^{-6}) + 10^3 \times (5 \times 10^{-6}) = 30.005$ V. 그런데 연산 증폭기의 전원이 ±15 V가 인가되어 있으므로 출력전압의 최대값은 15 V으로 제한된다. $A_d v_d + A_c v_c$의 값이 30.005 V이므로 출력전압은 포화되어 $v_o = 15$ V이다. ▣

예제 3.2. 비반전 입력 v_1과 반전 입력 v_2를 갖는 차동 증폭기의 출력 v_o가 $v_o = A_1 v_1 - A_2 v_2$로 표현될 때 차동이득 A_d와 동상이득 A_c를 구하라. 여기서 A_1은 v_1 신호의 증폭률, A_2는 v_2 신호의 증폭률이다.

풀 이

차동 신호 v_d는 $v_d = v_1 - v_2$이고 동상 신호 v_c는 $v_c = (v_1 + v_2)/2$이므로 $v_1 = v_c + v_d/2$이고 $v_2 = v_c - v_d/2$로 나타내진다. 따라서

$$\begin{aligned} v_o &= A_1 v_1 - A_2 v_2 = A_1\left(v_c + \frac{v_d}{2}\right) - A_2\left(v_c - \frac{v_d}{2}\right) = \left(\frac{A_1 + A_2}{2}\right)v_d + (A_1 - A_2)v_c \\ &= A_d v_d + A_c v_c \end{aligned}$$

위 식에서, $A_d = \dfrac{A_1 + A_2}{2}$, $A_c = A_1 - A_2$ ▣

■ CMRR

연산 증폭기를 이해하는데 CMRR(Common Mode Rejection Ratio)에 대한 이해는 필수적이다. CMRR은 연산 증폭기가 얼마나 차동 증폭기라는 본연의 역할에 충실한가를 나타내는 매우 중요한 특성 지표이기 때문이다. CMRR은 우리말로 **공통신호제거비**라고도 하는데 그것보다 영어로 익히는 것이 데이터시트를 보고 이해하는데 더 좋다.

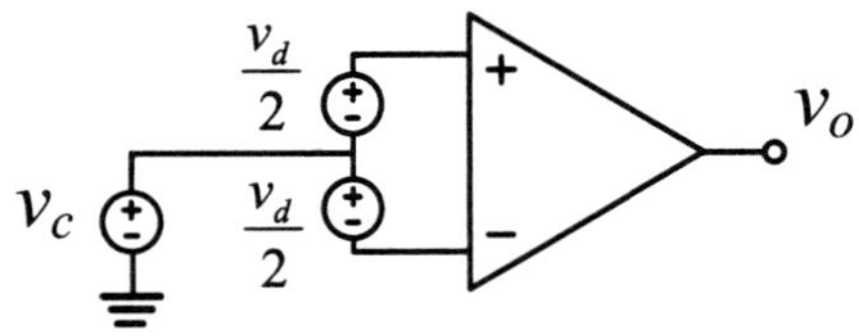

그림 3.9. 연산 증폭기의 출력전압

그림 3.9는 차동신호와 동상신호가 동시에 인가된 연산 증폭기를 나타낸다. 이 경우 연산 증폭기의 출력은 $v_o = A_d v_d + A_c v_c$ [식 (3.6)]가 된다.

CMRR은 차동이득 A_d와 동상이득 A_c의 비로 정의되며 다음과 같다.

$$\mathrm{CMRR} = \frac{A_d}{A_c} \tag{3.11}$$

좋은 연산 증폭기는 차동 증폭 작용에 충실한 것을 말하며, 따라서 차동이득 A_d는 크고 동상이득 A_c는 작은 것을 말한다. 즉, CMRR이 클수록 좋은 연산 증폭기라고 할 수 있다.

CMRR의 단위는 뭘까? 답은 '단위가 없다'이다. 즉 무차원이다. 그런데 일반적으로 CMRR의 값이 매우 큰 값을 가지므로 로그(log)를 사용하여 다음과 같이 dB (데시벨이라고 읽는다)로 나타낸다.

$$\mathrm{CMRR_{dB}} = 20\log_{10}\mathrm{CMRR} \quad [\mathrm{dB}] \tag{3.12}$$

거꾸로, dB로 표현된 CMRR로부터 무차원의 CMRR을 구하는 식은 다음과 같다.

$$\mathrm{CMRR} = 10^{\frac{\mathrm{CMRR_{dB}}}{20}} \tag{3.13}$$

차동이득 A_d와 동상이득 A_c 대신 CMRR과 차동이득 A_d가 주어졌을 때 연산 증폭기의 출력은 다음과 같이 구할 수 있다.

$$v_o = A_d v_d + A_c v_c = A_d v_d \left(1 + \frac{A_c v_c}{A_d v_d}\right)$$

$$= A_d v_d + \left(1 + \frac{1}{\mathrm{CMRR}} \cdot \frac{v_c}{v_d}\right) \tag{3.14}$$

예제 3.3. 그림 E3.3의 연산 증폭기 회로에서 얻은 두 번의 측정을 기초로 하여 다음을 구하라.

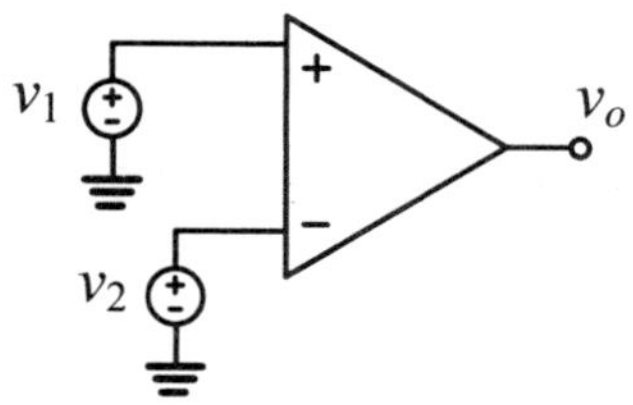

v_1	v_2	v_o
0.5 mV	-0.5 mV	10 V
1 mV	1 mV	10 mV

그림 E3.3. 예제 3.3의 회로

(a) 차동이득 A_d과 동상이득 A_c를 구하라.

(b) CMRR을 dB로 나타내어라.

(c) $v_1 =$ 0.3 mV, $v_2 = -0.5$ mV를 인가할 때 출력전압 v_o를 구하라.

풀 이

(a) $A_d = \left.\dfrac{v_o}{v_d}\right|_{v_c=0} = \dfrac{10\,[\mathrm{V}]}{0.5-(-0.5)\,[\mathrm{mV}]} = 10^4$, $A_c = \left.\dfrac{v_o}{v_c}\right|_{v_d=0} = \dfrac{10\,[\mathrm{mV}]}{1\,[\mathrm{mV}]} = 10$

(b) CMRR$=\dfrac{A_d}{A_c} = \dfrac{10^4}{10} = 10^3$이므로 $\mathrm{CMRR_{dB}}=20\ \log_{10}(10^3)=60$ dB.

(c) $v_d = v_1 - v_2 = 0.3-(-0.5) = 0.8$ mV, $v_c = (v_1+v_2)/2 = (0.3-0.5)/2 = -0.1$ mV이므로 $v_o = A_d v_d + A_c v_c = 10^4 \times (0.8\times 10^{-3}) + 10 \times (-0.1 \times 10^{-3})$=7.999 V.

▣

▪ 입력옵셋전압

그림 3.10 (a)에서처럼 연산 증폭기의 두 입력을 0으로 만들었을 때 이상적인 연산 증폭기라면 출력전압은 0이 될 것이지만 실제의 연산 증폭기에서는 수 mV 정도의 작은 전압이 출력에 나타난다. **입력옵셋전압**(input offset voltage)은 그림 3.10 (b)에 나타낸 것처럼 출력을 0으로 만들기 위하여 입력측에 인가하는 전압이다.

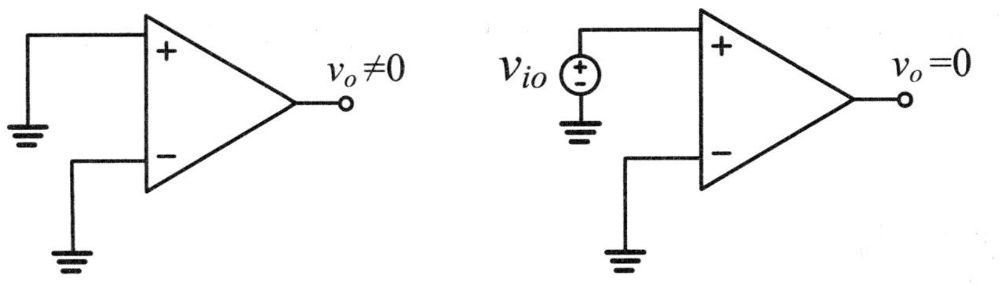

(a) 실제의 연산 증폭기　　　　　(b) 출력을 0으로 만드는 입력옵셋전압

그림 3.10. 입력옵셋전압

■ 입력옵셋전류와 입력바이어스전류

이상적인 연산 증폭기는 입력저항이 무한대가 되어 반전단자와 비반전단자로 흘러들어가는 전류가 없지만 실제의 경우는 연산 증폭기가 동작하기 위하여 내부 트랜지스터에 바이어스 전류(최대 500 nA 정도)가 흘러야 한다. 그림 3.11은 반전 및 비반전 단자로 흘러들어가는 전류를 갖는 실제의 연산증폭기를 이상적인 연산 증폭기와 의 전류원 i_{B1}, i_{B2}로 나타내었다.

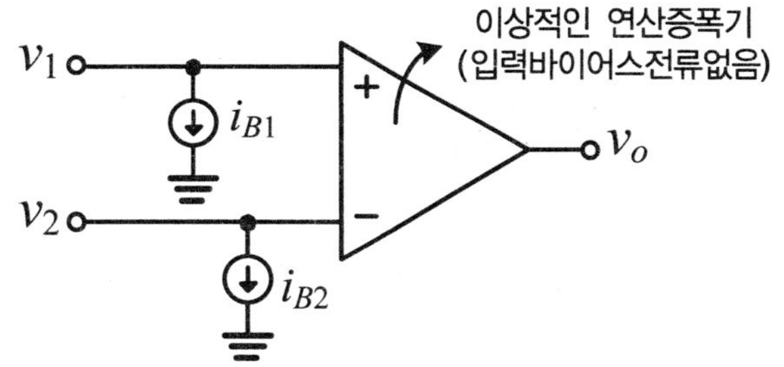

그림 3.11. 연산 증폭기의 입력단자로 흘러들어가는 전류

입력옵셋전류(input offset current) i_{io}는 두 입력단자에 흐르는 i_{B1}, i_{B2} 전류의 차이로서

$$i_{io} = |i_{B1} - i_{B2}| \tag{3.15}$$

와 같이 정의한다. 입력옵셋전류 i_{ib}는 최대 20 nA 정도인데 작을수록 좋다. UA741 연산 증폭기의 경우 입력옵셋전류는 2 nA이다.

또 **입력바이어스전류**(input bias current) i_{ib}는 두 전류 i_{B1}, i_{B2}의 평균값이다. 즉,

$$i_{ib} = \frac{i_{B1} + i_{B2}}{2} \tag{3.16}$$

UA741 연산 증폭기의 경우 입력바이어스전류는 10 nA이다.

3.3. 교류 신호와 연산 증폭기

연산 증폭기는 직류신호이던 교류신호이던 모든 신호의 증폭에 사용된다. 그러나 주파수를 지닌 교류신호에 대하여 연산 증폭기는 크게 두 가지 한계를 지닌다. 즉, 슬루율이라는 제약과 이득대역폭이라는 제약이다. 그래서 교류의 주파수가 높아지면 원하지 않았던 파형이 출력에 나타나기도 하므로 연산 증폭기를 사용할 때는 슬루율로 인한 한계와 이득대역폭에 따른 동작범위를 정확히 알고 사용하여야 한다.

■ 슬루율

연산 증폭기의 **슬루율**(slew rate)이란 **연산 증폭기의 동작속도**를 나타내는 지표로서 출력전압(v_o)이 얼마나 빨리 변할 수 있는가를 나타낸다. 그림 3.12는 연산 증폭기로 구성된 1배 증폭하는 회로의 입력에 구형파(square wave)를 인가했을 때 입력과 출력전압을 보인다. 이상적인 연산 증폭기는 빠르게 변하는 입력신호에 대해서도 충실히 빠르게 변하는 출력신호를 내보내겠지만 실제로는 출력전압이 변하는 속도에는 한계가 있다. 따라서 ΔV_o 만큼 변하는 출력신호의 상승 또는 하강시 Δt_r 또는 Δt_f 만큼의 시간이 요구된다. 슬루율은 다음과 같이 정의된다.

$$SR^+ = \frac{\Delta V_o}{\Delta t_r} \text{ (포지티브 슬루율) [V/}\mu\text{sec]} \tag{3.17}$$

$$SR^- = \frac{\Delta V_o}{\Delta t_f} \text{ (네거티브 슬루율) [V/}\mu\text{sec]} \tag{3.18}$$

연산 증폭기에 따라 SR^+와 SR^-를 모두 명시하는 경우도 있지만 일반적으로 출력신호의 상승시간(Δt_r)과 하강시간(Δt_f)이 거의 같으므로 슬루율 SR은 $SR=SR^+=SR^-$ 가 된다. 데이터시트에 나타난 LM741 연산 증폭기의 경우 슬루율은 0.5 V/μsec이며 이는 범용인 만큼 비교적 속도가 느린 편에 해당한다.

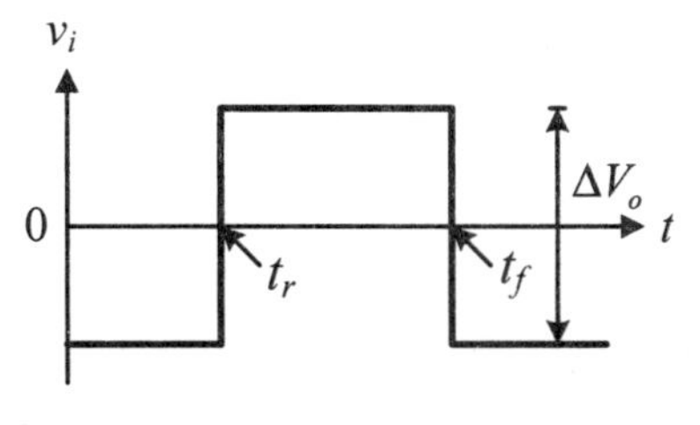

(a) 입력전압

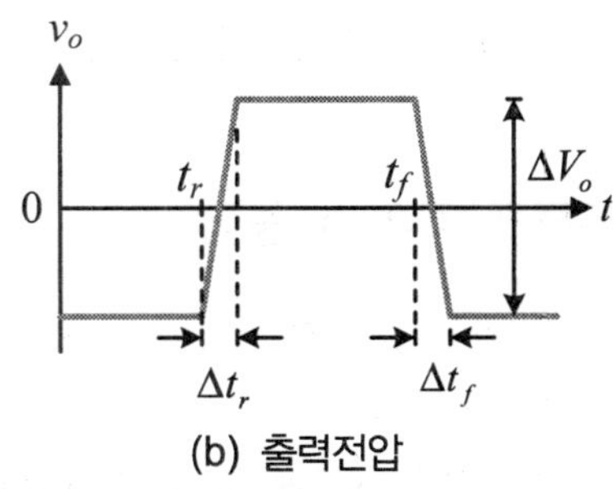

(b) 출력전압

그림 3.12. 슬루율에 의해 제한된 출력전압의 변화율

■ 슬루율 제한에 의한 정현파 출력전압의 왜곡

연산 증폭기로 구성된 회로에서 연산 증폭기가 정현파의 출력전압을 나타낼 때 슬루율 제한에 의해 정현파 출력전압이 왜곡(distortion)되어 그림 3.13과 같이 삼각파형이 될 수 있다. 정현파의 출력전압파형이 주파수가 f_o이고 진폭이 V_m인 경우

$$v_o(t) = V_m \sin(2\pi f_o t) \tag{3.19}$$

와 같이 표현되는데, 출력전압의 최대 변화율은 파형이 0을 지날 때 발생한다. 0점 근처에서의 출력전압의 최대 변화율이 슬루율보다 크게 되면 출력은 더 이상 정현파를 추종할 수 없게 된다. 따라서 정현파 출력전압을 충실히 구현하기 위하여 0점 근처에서의 기울기가 슬루율보다 작아야 한다. 즉,

$$\left.\frac{dv_o}{dt}\right|_{t=0} = 2\pi f_o V_m \cos(2\pi f_o t)\Big|_{t=0} = 2\pi f_o V_m \le SR \tag{3.20}$$

식 (3.20)으로부터 정현파 출력을 갖는 연산 증폭기의 최대 동작주파수 $f_{\max}$는 다음과 같다.

$$f_{\max} = \frac{SR}{2\pi V_m} \ \text{[Hz]} \tag{3.21}$$

따라서 동작 주파수를 증가시키기 위하여 슬루율(SR)이 큰 연산 증폭기를 사용하거나 출력의 피크전압(V_m)의 크기를 작게 한다.

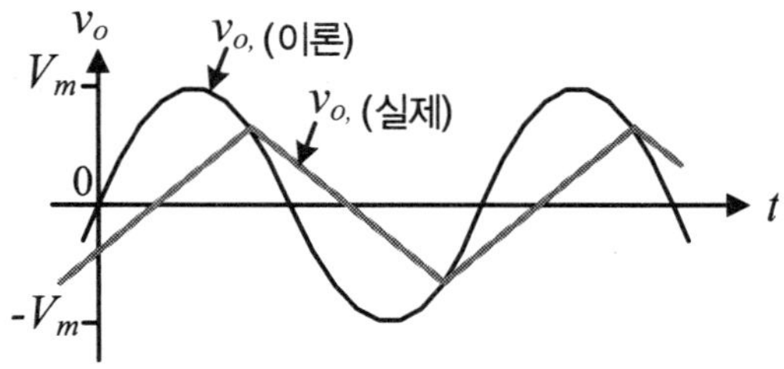

그림 3.13. 이상적인 출력전압파형과 슬루율에 의해 제한된 실제 전압파형

■ 오픈루프 주파수 응답

이상적인 연산 증폭기는 동작 주파수의 제한이 없이 모든 주파수의 신호를 증폭해 낼 수 있을 것이다. 그러나 실제의 연산 증폭기는 물리적으로 반도체 집적회로로 구현되므로 물리적인 한계 때문에 동작 주파수가 제한적일 수밖에 없다. 연산 증폭기의 주파수

특성은 데이터 시트에 **오픈루프 주파수 응답**(open loop frequency response) 곡선으로 나타내져 있다.

그림 3.14 (a)와 같이 출력신호를 입력측으로 피드백(feedback)하는 별도의 추가적인 소자 연결이 없는 회로를 **오픈루프 회로**(open loop circuit)라고 한다. 그림 3.14 (b)는 오픈루프 회로의 연산 증폭기의 비반전 입력에 정현파 신호를 인가했을 때 입출력 단자의 신호를 함께 나타낸다.

그림 3.14 (b)에서 입력신호와 출력신호의 크기의 비 V_{om}/V_{im}를 **오픈루프 전압이득**(A_{ol})이라고 하는데 이러한 오픈루프 전압이득은 주파수 의존성을 갖는다. 즉, 입력 신호의 주파수가 높아지면 전압이득이 감소한다. 이 경우 입력신호를 기준으로 한 출력전압의 위상차(ϕ)는 증가함에 유의한다. 어떤 시스템이나 회로의 **주파수 응답 곡선**(frequrncy response curve)은 주파수에 따른 시스템이나 회로의 입출력 신호의 **이득곡선**과 **위상차곡선**을 말하는데 시스템이나 회로의 동특성(dynamic chracteristics)을 나타내는 중요한 그래프라고 할 수 있다.

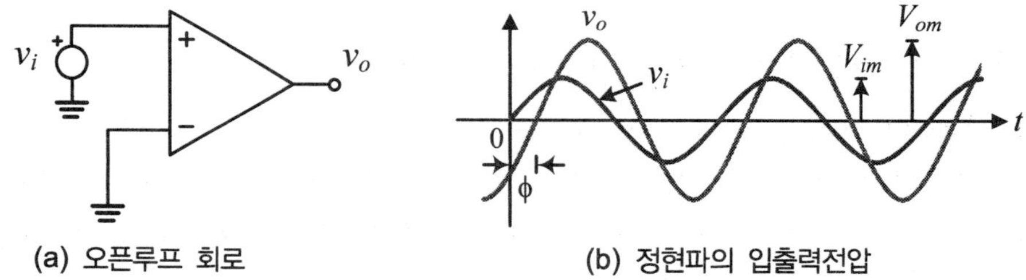

그림 3.14. 오픈루프 회로와 입출력전압

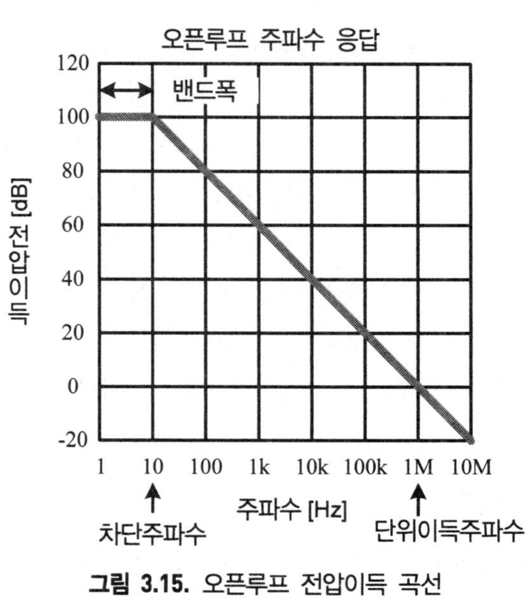

그림 3.15. 오픈루프 전압이득 곡선

그림 3.15는 연산 증폭기의 오픈루프 전압이득 곡선의 일례를 나타낸다. 그림 3.15를 잘 들여다보면 0~10 Hz까지의 주파수를 갖는 신호에 대하여는 100 dB의 일정한 전압이득을 갖는 반면 10 Hz이상으로 주파수가 증가하면 -20 dB/decade의 기울기로 전압이득이 감소하는 것을 알 수 있다. 여기서 100 dB의 전압이득은 식 (3.13)을 사용하여 dB의 단위를 변환하면 전압이득이 $10^{(100/20)}=10^5$배라는 의미이다. 또 "decade" (디케이드)란 "10배 차이"를 말한다. 따라서-20 dB/decade의 기울기로 전압이득이 감소한다는 것은 주파수가 10배(=1 decade) 증가할 때마다 전압이득이 1/10배(=-20 dB)로 감소한다는 의미이다. 그림 3.18의 그래프에서 x-축과 y-축이 각각 로그(log)의 척도를 가짐에 유의한다.

전압이득 그래프에서 전압이득이 최대 전압이득의 $1/\sqrt{2}$ (=0.707=3 dB)배 되는 주파수를 **차단주파수**(cutoff frequency)라고 한다. 그림 3.18에서 최대 전압이득은 100 dB(=10^5)이므로 전압이득이 $10^5 \times 1/\sqrt{2}$ 배되는 주파수가 차단주파수가 된다. 여기서 $10^5 \times 1/\sqrt{2}$를 dB의 단위로 변환하면

$$20\log_{10}(10^5 \times 1/\sqrt{2})=20\log_{10}(10^5)-20\log_{10}(1/\sqrt{2})=100\ \text{dB}-3\ \text{dB}=97\ \text{dB}$$

가 되어 전압이득이 97 dB 되는 주파수가 차단주파수가 된다.

연산 증폭기는 직류(=주파수가 0 Hz)부터 저주파 및 고주파의 교류신호에 대하여 증폭이 가능한데 0 Hz부터 차단주파수까지의 증폭율이 거의 일정한 주파수 동작범위를 **밴드폭**(bandwidth)라고 한다. 연산 증폭기는 DC 신호부터 차단주파수까지의 밴드폭을 가지므로 차단주파수가 곧 밴드폭이라고 할 수 있다. 밴드폭 범위 내에서 연산 증폭기 회로의 특성은 주파수에 관계없이 거의 일정하므로 밴드폭은 연산 증폭기 회로의 동작 주파수 범위가 된다. UA741 연산 증폭기의 오픈루프 회로에 대하여 밴드폭 내의 전압이득은 100 dB (=10^5배)로 매우 큰 대신 밴드폭은 10 Hz 정도이므로 매우 좁다.

그림 3.15에서 차단주파수보다 높은 주파수에서 동작할 때 전압이득은 주파수가 10배 증가할 때마다 1/10배 감소한다. 이와 같이 주파수가 증가함에 따라 전압이득이 감소하는 것을 **롤-오프**(roll-off) 특성이라고 한다. 차단주파수보다 높은 주파수에서 전압이득은 롤-오프되고 마침내 어떤 주파수에서는 전압이득이 1에 이르게 된다. 전압이득이 0 dB (=1배)이 되는 주파수를 **단위이득주파수**(unity gain frequency) (f_{unity})라고 하는데, 그림 3.15에서 단위이득주파수는 1 MHz가 됨을 확인할 수 있다.

■ 폐루프 주파수 응답

연산 증폭기의 자체 전압이득은 수십만~수백만 배의 매우 큰 값을 갖고 밴드폭은 매

우 좁다. 이러한 연산 증폭기에 외부 소자를 연결하여 부궤환(negative feedback)을 걸어 주면 전압이득은 감소하고 대역폭은 증가된 회로를 구현할 수 있다. 그림 3.16 (a)는 출력 신호를 입력측으로 부궤환 하는 소자(R_f)를 갖는 **폐루프 회로**(closed loop circuit)를 보이는데 직류신호에 대하여 폐루프 전압이득 A_{cl}은 $A_{cl} = v_o/v_i = 1 + R_f/R_g$가 된다. 그림 3.15와 같은 오픈루프 주파수 응답 특성을 갖는 연산 증폭기를 사용하여 그림 3.16 (a)의 폐루프 회로를 구성하고 저항 값을 적절히 선택하여 폐루프 전압이득 A_{cl}이 10배(=20 dB)가 되도록 했을 때, 폐루프 회로의 주파수 응답 특성은 그림 3.16 (b)와 같다. 그림 3.16 (b)에서 A_{cl}이 20 dB일 때 차단주파수는 100 kHz로 증가되고 밴드폭도 그만큼 확대된 것을 볼 수 있다. 즉 부궤환에 의해 연산 증폭기 회로의 전압이득이 낮아질수록 밴드폭은 넓어진다. 폐루프 전압이득이 감소하면 대역폭은 증가하고 폐루프 전압이득이 증가하면 대역폭은 감소하는데 이득과 대역폭의 곱, 즉 **이득-대역폭곱**(gain-bandwidth product)은 일정하다.

그림 3.16 (b)에서 오픈루프 주파수 응답은 점선으로 표시되어 있고 폐루프 주파수 응답은 굵은 실선으로 나타내져 있는데 두 가지 경우에서 이득-대역폭곱은 서로 같음에 유의한다. 즉, 오픈루프 주파수 응답에서 전압이득은 100 dB(=10^5 배), 대역폭은 10 Hz가 되어 이득-대역폭곱은 $10^5 \times 10 = 10^6$ [Hz]가 되고, 폐루프 주파수 응답에서 전압이득은 20 dB(=10 배), 대역폭은 100 kHz가 되어 이득-대역폭곱은 $10 \times (100 \times 10^3) = 10^6$ [Hz]가 되어 서로 같다.

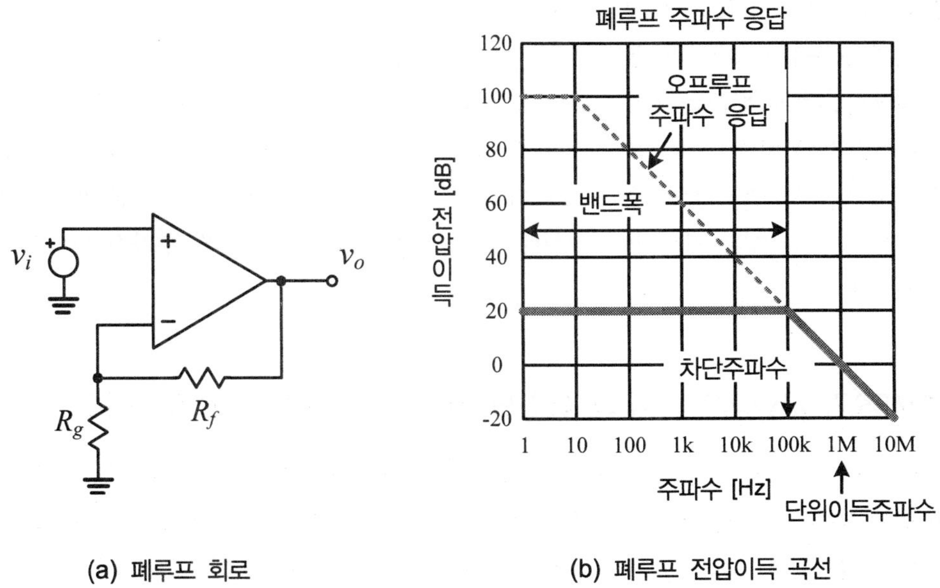

(a) 폐루프 회로

(b) 폐루프 전압이득 곡선

그림 3.16. 폐루프 주파수 응답

예제 3.4. 단위이득주파수가 2 MHz이고 밴드폭이 100 Hz인 연산 증폭기에 부궤환을 걸어 폐루프 전압이득 A_{cl}이 40 dB인 증폭기 회로를 구성할 때 다음을 구하라.

(a) 사용된 연산 증폭기의 이득-대역폭곱을 구하라.

(b) 직류신호에 대한 연산 증폭기의 전압이득 A_{ol}을 dB로 나타내어라.

(c) 부궤환을 갖는 연산 증폭기 회로의 차단주파수 f_{cl}를 구하라.

풀 이

(a) 이득-대역폭곱은 단위이득주파수와 같으므로 2×10^6 [Hz].

(b) $A_{ol}\times100 = 2\times10^6$ 으로부터 $A_{ol} = 2\times10^4$이고, dB로 나타내면

$20\log_{10}(2\times10^4)=86.02$ dB.

(c) 40 dB은 $10^{(40/20)}=100$ 배이고, $100\times f_{cl} = 2\times10^4$ 으로부터

$f_{cl} = 2\times10^2 = 200$ [Hz]. ▣

3.4. 연산 증폭기의 등가회로

실제 연산 증폭기 IC의 내부는 많은 트랜지스터의 복잡한 집적회로로 구성되지만 연산 증폭기를 포함한 회로를 해석하거나 설계할 때는 적절히 단순화시킨 등가 회로의 모델을 사용함으로써 해석과 설계를 빠르고 편리하게 쉽고 빠르게 수행하며 회로의 동작도 직관적으로 쉽게 이해할 수 있다. 연산 증폭기의 모델 가운데 가장 단순한 것은 무한대의 차동 이득만을 고려한 이상적인 모델이다. 해석과 설계의 과정에서 좀 더 실제와 근사한 결과를 얻고자 할 때는 이상적인 모델에 비이상적인 요소들을 하나씩 추가적으로 고려한 모델을 사용한다.

■ CMRR이 무한대인 경우와 유한한 경우 연산 증폭기의 등가회로

그림 3.17 (a)는 무한대의 CMRR을 갖고 차동 전압만을 증폭하는 이상적인 연산 증폭기의 등가회로를 나타낸다. 이상적인 연산 증폭기의 등가회로는 연산 증폭기 회로를 해석하거나 설계할 때 기본이 되는 것으로 대부분의 연산 증폭기 회로는 이와 같은 연산 증폭기의 이상적인 모델을 사용하여도 결과에는 큰 차이를 보이지 않는다. 그림 3.17 (b)

는 유한한 CMRR을 갖는 경우 동상 이득에 의한 출력전압이 출력에 나타나는 연산 증폭기의 등가회로를 나타낸다. 그림 3.17의 연산 증폭기 모델에서 연산 증폭기의 입력저항은 무한대이므로 입력은 개방(open) 상태로 볼 수 있으며 입력단자로 유입되거나 유출하는 전류는 없다.

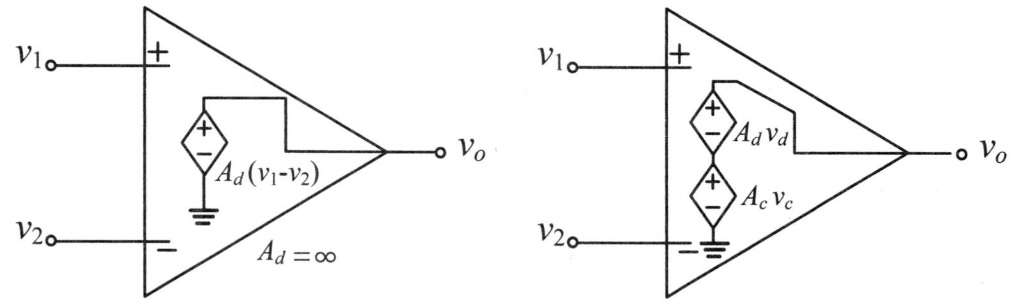

(a) 이상적인 연산 증폭기 (b) 유한한 CMRR값을 갖는 경우

그림 3.17. 연산 증폭기의 등가회로

■ 입력저항과 출력저항을 고려한 연산 증폭기의 등가회로

연산 증폭기는 기본적으로 전압을 증폭하는 전압 증폭기이다. 전압 증폭기를 사용할 때 전압 증폭률(=전압이득) 만큼 중요한 요소가 전압 증폭기의 입력저항(input resistance)과 출력저항(output resistance)이다[3]. 신호 전달의 관점에서 볼 때, 전압 증폭기의 입력저항 클수록 좋고, 출력저항은 작을수록 좋다. 이상적인 연산 증폭기라면 입력저항이 무한대이고, 출력저항이 0이 될 것이다. 그러나 실제의 연산 증폭기는 LM741의 경우를 예로 들면 입력저항은 2~6 MΩ 정도의 값이고 출력저항은 수십 Ω 정도(75 Ω)의 값을 갖는다.

그림 3.18은 입력저항 r_i와 출력저항 r_o를 갖는 연산 증폭기의 등가회로를 나타낸다. 그림 3.18에서 보듯이, 입력저항 r_i는 반전 입력단자와 비반전 입력단자 사이의 저항으로, 출력저항 r_o는 출력단자와 접지 사이의 저항이다. 이상적인 연산 증폭기에서 입력저항 r_i가 무한대라면 입력 전원으로부터 연산증폭기 내부로 유입되는 전류 i_1, i_2는 0이 될 것이다. 그러나 실제로는 r_i가 무한대가 아니므로 연산 증폭기 내부로 유입되는 전류가 발생한다.

3 입력저항 대신 입력 임피던스, 출력저항 대신 출력 임피던스라고도 한다.

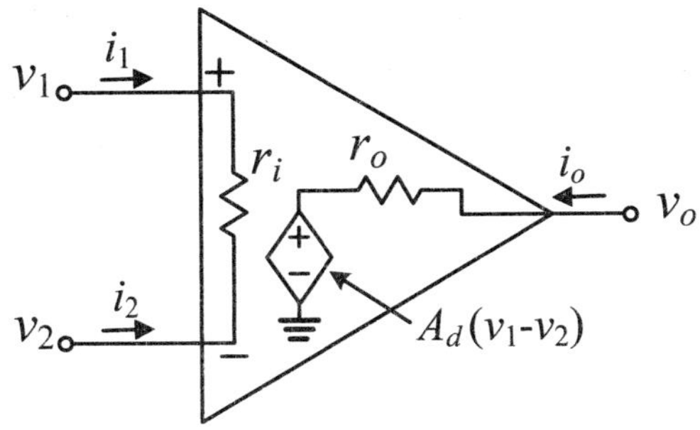

그림 3.18. 입력저항과 출력저항을 고려한 연산 증폭기의 등가회로

■ 입력옵셋전압과 입력바이어스전류를 고려한 연산 증폭기의 등가회로

그림 3.19 (a)는 입력옵셋전압을 고려한 연산 증폭기 등가회로를 나타낸다. 그림 3.19 (a)에서 $v_1 = v_{io}$ 전압이 인가되어야 $v'_1 - v'_2 = 0$이 되어 출력이 0이 된다. 또 그림 3.19 (b)는 입력바이어스전류를 고려한 연산 증폭기의 등가회로를 나타낸다.

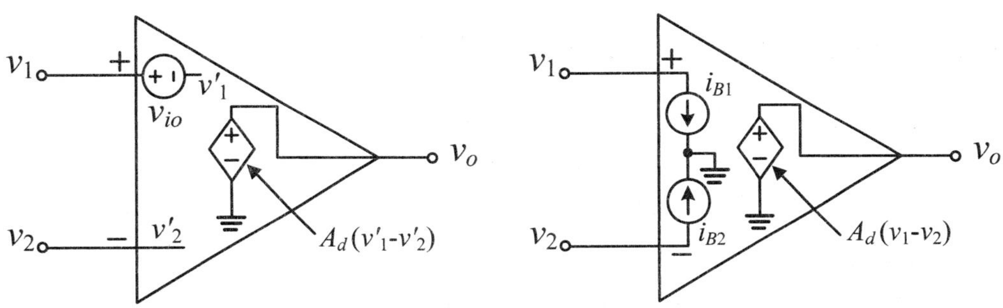

(a) 입력옵셋전압을 고려한 경우 (b) 입력바이어스전류를 고려한 경우

그림 3.19. 연산 증폭기의 등가회로

참고 : UA741의 전기적 특성 데이터 시트 (V_s=±15 V, T_{amb}=25°C)

Symbol	Parameter	Min.	Typ.	Max.	Unit
V_{io}	Input Offset Voltage ($R_s \le 10\ k\Omega$) T_{amb} = 25℃ $T_{min.} \le T_{amb} \le T_{max.}$ UA741E,A T_{amb} = 25℃ $T_{min.} \le T_{amb} \le T_{max.}$		 1 1	 5 6 2 4	mV
I_{io}	Input Offset Current T_{amb} = 25℃ $T_{min.} \le T_{amb} \le T_{max.}$		 2	 30 70	nA
I_{ib}	Input Bias Current T_{amb} = 25℃ $T_{min.} \le T_{amb} \le T_{max.}$		 10	 100 200	nA
A_{vd}	Large Signal Voltage Gain (V_o = ±10V, R_L = 2 kΩ) T_{amb} = 25℃ $T_{min.} \le T_{amb} \le T_{max.}$	 50 25	 200		V/mV
SVR	Supply Voltage Rejection Ratio ($R_s \le 10\ k\Omega$) T_{amb} = 25℃ $T_{min.} \le T_{amb} \le T_{max.}$	 77 77	 90		dB
I_{CC}	Supply Current, no load T_{amb} = 25℃ $T_{min.} \le T_{amb} \le T_{max.}$		 1	 2.8 3.3	mA
V_{icm}	Input Common Mode Voltage Range T_{amb} = 25℃ $T_{min.} \le T_{amb} \le T_{max.}$	 ±12 ±12			V
CMR	Common Mode Rejection Ratio ($R_s \le 10\ k\Omega$) T_{amb} = 25℃ $T_{min.} \le T_{amb} \le T_{max.}$	 70 70	 90		dB
I_{OS}	Output Short-circuit Current	10	35		mA
$\pm V_{OPP}$	Output Voltage Swing T_{amb} = 25℃ R_L = 10 kΩ R_L = 2 kΩ $T_{min.} \le T_{amb} \le T_{max.}$ R_L = 10 kΩ R_L = 2 kΩ	 12 10 12 10	 14 13		V
SR	Slew Rate (V_i = ±10V, R_L=2 kΩ, C_L = 100pF, T_{amb} = 25℃, unity gain)	0.25	0.5		V/μs
t_r	Rise Time (V_i = ±20mV, R_L=2 kΩ, C_L = 100pF, T_{amb} = 25℃, unity gain)		0.3		μs
K_{OV}	Overshoot (V_i = ±20mV, R_L=2 kΩ, C_L = 100pF, T_{amb} = 25℃, unity gain)		5		%
R_i	Input Resistance	0.3	2		MΩ
GBP	Gain Bandwidth Product (V_i =10mV, R_L=2 kΩ, C_L = 100pF, f = 100kHz)	0.7	1		mHz
THD	Total Harmonic Distortion (f = 1kHz, A_V = 20dB, R_L = 2 kΩ, V_0=2V_{PP}, C_L = 100pF, T_{amb} = 25℃)		0.06		%
e_n	Equivalent Input Noise Voltage (f = 1kHz, R_s = 100 Ω)		23		$\frac{nV}{\sqrt{HZ}}$
$Ø_m$	Phase Margin		70		Degress

연습문제

3.1. 그림 P3.1의 회로에서 연산 증폭기의 차동이득 A_d는 10^6이고 CMRR은 60 dB이다. 다음을 구하라.

(a) 차동신호는 10 μV, 동상신호는 5 μV인 경우 출력전압 v_o

(b) $v_1 = 14\ \mu V$, $v_2 = 6\ \mu V$인 경우 출력전압 v_o

(c) $v_1 = -14\ \mu V$, $v_2 = -6\ \mu V$인 경우 출력전압 v_o

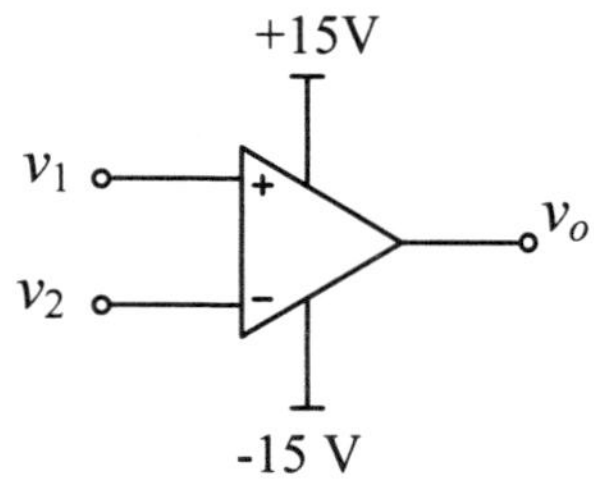

그림 P3.1.

3.2. 그림 P3.2의 연산 증폭기 회로에서 얻은 두 번의 측정을 기초로 하여 다음을 구하라.

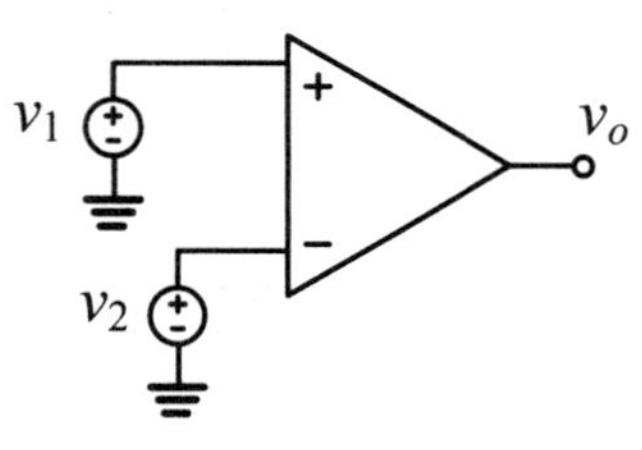

v_1	v_2	v_o
4 mV	2 mV	20.03 V
1 mV	3 mV	-19.98V

그림 P3.2.

(a) 차동이득 A_d과 동상이득 A_c를 구하라.

(b) CMRR을 dB로 나타내어라.

(c) $v_1 = 1$ mV, $v_2 = -2$ mV를 인가할 때 출력전압 v_o를 구하라.

3.3. UA741 연산 증폭기의 슬루율 SR은 0.5 V/μsec이다. UA741을 사용한 증폭기가 $f=10$ kHz의 정현파에 대한 출력전압에 대하여 왜곡이 생기지 않게 하려면 출력전압의 진폭을 얼마로 제한해야 하겠는가?

3.4. 단위이득주파수가 4 MHz이고 밴드폭이 100 Hz인 연산 증폭기에 부궤환을 걸어 폐루프 전압이득 A_{cl}이 60 dB인 증폭기 회로를 구성할 때 다음을 구하라.

(a) 사용된 연산 증폭기의 이득-대역폭곱을 구하라.

(b) 직류신호에 대한 연산 증폭기의 전압이득 A_{ol}을 dB로 나타내어라.

(c) 부궤환을 갖는 연산 증폭기 회로의 차단주파수 f_{cl}를 구하라.

Chapter 4

연산 증폭기 회로 : 선형회로

연산 증폭기는 차동입력을 수십만~수백만 배 증폭하는 매우 전압이득을 갖고 출력전압은 전원전압($\pm V_s$)으로 위아래의 출력범위가 제한되어 있으므로 만일 입력에 조금만 큰 정현파의 입력을 주면 출력은 곧바로 포화되어 $+V_s$ 또는 $-V_s$의 값이 되어 위아래가 깎여버린다 [그림 4.1 참조]. 이렇게 되면 선형 증폭기로서의 역할을 할 수 없게 된다.

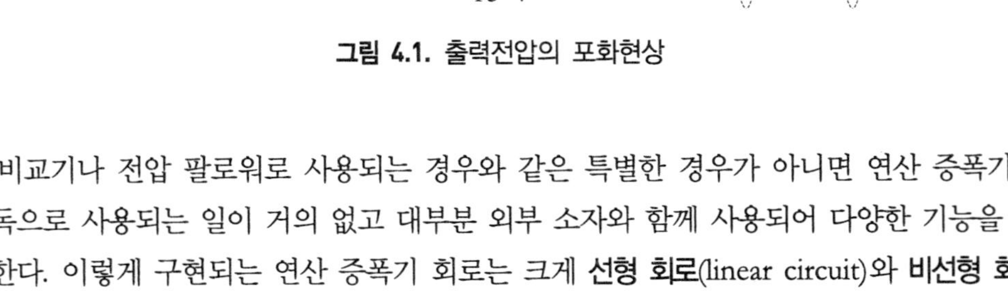

그림 4.1. 출력전압의 포화현상

비교기나 전압 팔로워로 사용되는 경우와 같은 특별한 경우가 아니면 연산 증폭기는 단독으로 사용되는 일이 거의 없고 대부분 외부 소자와 함께 사용되어 다양한 기능을 구현한다. 이렇게 구현되는 연산 증폭기 회로는 크게 **선형 회로**(linear circuit)와 **비선형 회로**(nonlinear circuit)로 나누어 볼 수 있다.

일반적으로 어떤 시스템이 '선형적이다'라고 하는 의미는 다음 두 가지를 의미한다. 첫째, 입력과 출력이 비례의 관계가 있다는 뜻이고 둘째, 전체 효과는 부분 효과의 합으로 나타내진다는 뜻이다. 첫 번째는 예를 들면 어떤 시스템의 입력이 2배 되면 출력도 2배가 된다는 뜻이다. 두 번째는 여러 개의 입력이 동시에 주어졌을 때의 출력은 각각의 입력에 대한 출력들의 합과 같다는 것이다. 이 두 가지 조건을 하나로 합쳐서 표현한 것이 **중첩의 원리**(superposition principle)이다. 다시 말해 선형 회로는 중첩의 원리가 적용되는 회로라고 보면 되겠다. 이에 반하여 비선형 회로는 선형 회로를 제외한 모든 나머지 회로이다.

선형 연산 증폭기 회로는 외부에 선형소자와 함께 사용되어 부궤환에 의해 전압이득은 줄이는 대신 보다 넓어진 대역폭을 확보하고 입력과 출력사이에 선형성(linearity)의 관계를 얻는다. 반면에 비선형 연산 증폭기 회로는 정궤환(positive feedback)에 의한 비선형 효과를 이용하거나 비선형 소자(예를 들면 다이오드)를 부궤환과 함께 사용하는 회로이다. 이 장에서는 선형 연산 증폭기 회로에 대하여 다루기로 한다.

4.1. 선형 연산 증폭기 회로 해석법

해석(analysis)과 설계(design)의 편의를 위하여 특별한 설명이 없는 한 지금부터 다루는 연산 증폭기는 모두 이상적인 것이라고 가정한다. 3.2절에서 언급한 이상적인 연산 증폭기의 특성 가운데 해석의 관점에서 중요한 특성을 다시 적어보면 다음과 같다.

① 차동이득 A_d가 무한대이다.

② 비반전 단자 전압(v_1)과 반전 단자 전압(v_2)가 같을 때 출력전압(v_o)은 0이다. 즉, $v_1 = v_2$일 때 $v_o = 0$이다.

③ 입력저항 r_i가 무한대이다.

④ 출력저항 r_o가 0이다.

■ 가상 접지

그림 4.2는 반전 증폭기 회로이다. 연산 증폭기가 이상적이라는 가정 하에 지금부터 이 회로를 들여다보기로 한다. 그림 4.2의 반전 증폭기 회로에서 연산 증폭기의 전원선과 전원은 생략되어 있다. 이 점 항상 잊지 않도록 한다.

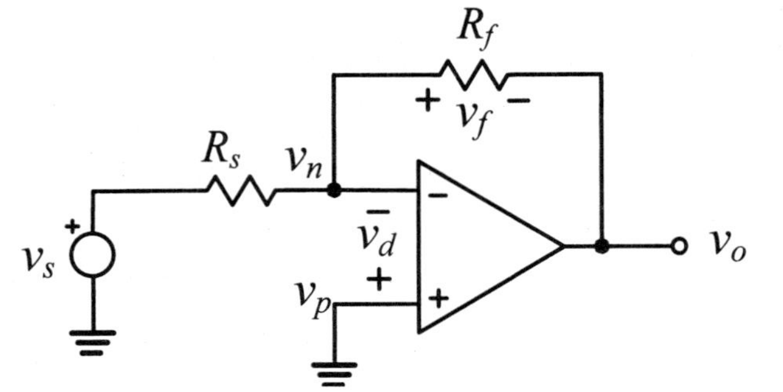

그림 4.2. 반전 증폭기

그림 4.2의 반전 증폭기 회로에서 연산 증폭기는 차동 입력전압 v_d $(=v_p - v_n)$를 A_d 배 증폭하여 출력전압 v_o를 발생하는 역할을 한다.

$$v_o = A_d v_d \tag{4.1}$$

R_f 저항은 출력단자와 입력 반전(−) 단자 사이에 연결되어 출력의 일부를 입력측으로 되먹임(feedback)하는 부궤환 저항이다. 부궤환 저항 양단의 전압 v_f는 $v_f = v_n - v_o$ 인데 반전 단자의 전압 $v_n = v_p - v_d$이고 비잔전(+) 단자의 전위는 $v_p = 0$이므로

$$v_f = -(v_d + v_o) \tag{4.2}$$

이고 $v_o = A_d v_d$이므로 식 (4.2)는

$$v_f = -(1 + A_d)v_d \tag{4.3}$$

가 된다. v_f와 v_o의 관계는 식 (4.1)과 (4.3)을 사용하면 다음과 같다.

$$\frac{v_o}{v_f} = \frac{A_d v_d}{-(1+A_d)v_d} = -\frac{A_d}{1+A_d} \tag{4.4}$$

식 (4.1)부터 (4.4)까지는 연산 증폭기의 차동이득 A_d가 얼마가 되던 성립하는 수식들이다. 그런데 이제 이상적인 연산 증폭기임을 고려하면 $A_d = \infty$ 이므로

$$v_o = -v_f \tag{4.5}$$

가 성립하고 식 (4.5)를 식 (4.2)에 대입하면 $v_f = -(v_d - v_f)$ 되어 다음의 관계식을 얻는다.

$$v_d = 0 \tag{4.6}$$

v_d가 0이라는 의미는 반전 단자와 비반전 단자 사이의 전압 차이가 0이라는 것으로 두 단자의 전위가 같다는 뜻이다. 이와 같이 부궤환이 걸린 연산 증폭기 회로에서 반전, 비반전 두 입력단자의 전위가 같게 되는 현상을 **가상접지**(virtual ground)라고 한다. 그림 4.2의 회로에서 비반전 단자는 실제로 접지(grounding)되어 있는 반면, 반전 단자는 부궤환에 의해 $v_d = 0$가 됨으로써 접지와 같은 효과, 즉 가상접지 되어 있다고 한다.

그림 4.2의 반전 증폭기에서 가상접지가 존재하는 이유는 개념적으로도 간단히 유추해 볼 수 있다. 연산 증폭기의 입출력 단자 사이에는 $v_o = A_d v_d$의 관계식이 성립하는데 어떠한 이유로 유한한 출력전압(v_o)을 갖는 경우 차동이득(A_d)이 점점 커진다면 마땅히 v_d는 점점 작아져야 하고, A_d가 무한대이면 v_d는 0이 되어야 한다.

가상접지의 개념은 부궤환이 걸린 선형 연산 증폭기 회로를 해석할 때 매우 중요한 개념으로 사용된다. 이 경우 유의할 점은 다음과 같다.

첫째, 가상접지라고 해서 두 입력단자 중의 하나가 반드시 접지로 연결되어 있다는 뜻이 아니라는 점이다. **가상접지는 어디까지나 두 입력단자 사이의 전위차이가 0이라는 뜻**임에 유의한다.

둘째, 가상접지의 개념은 반드시 **부궤환이 존재하는 연산 증폭기 회로에만 적용**가능하다는 점이다. 정궤환만 존재하는 연산 증폭기 회로에는 적용할 수 없다.

셋째, 가상접지의 개념을 이끌어 낼 때 이상적인 연산 증폭기의 조건 가운데 오로지 ①번의 조건, 즉 차동이득이 무한대라는 조건만 사용되었다는 점이다. 즉, ①번의 조건만 만족하면 나머지 조건을 만족하지 못하더라도 가상접지의 개념을 적용할 수 있다는 뜻이 된다.

■ 반전 증폭기의 해석

반전 증폭기를 해석하기 위하여 가상접지를 포함하여 각부의 전압 전류를 나타낸 그림 4.3의 회로를 사용한다.

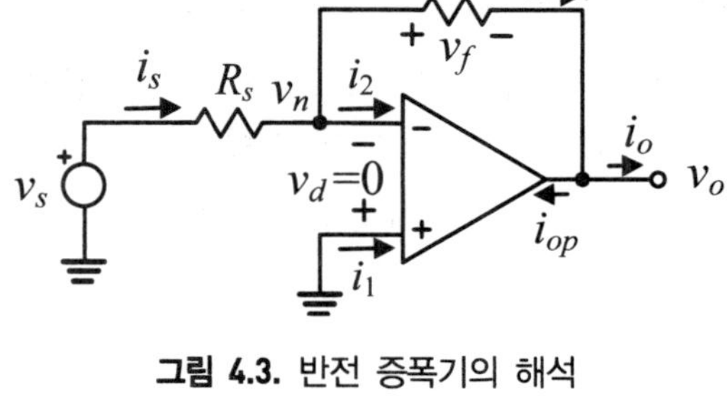

그림 4.3. 반전 증폭기의 해석

가상접지에 의하여 $v_n = 0$이고 신호 입력전원 v_s로부터 반전 증폭기로 유입되는 전류 i_s는 다음과 같다.

$$i_s = \frac{v_s - v_n}{R_s} = \frac{v_s}{R_s} \tag{4.7}$$

연산 증폭기가 입력저항이 무한대인 이상적인 것이라고 하면 반전, 비반전 입력단자로 유입되는 전류가 0이므로 $i_1 = i_2 = 0$이다. 따라서 $i_f = i_s - i_2 = i_s$이고 출력전압 v_o는 $v_o = v_n - R_f i_f = -R_f i_f$가 되는데 $i_f = i_s$이므로

$$v_o = -R_f i_s = -\frac{R_f}{R_s} v_s \tag{4.8}$$

식 (4.8)에서 음(−)의 부호는 입력과 출력전압의 부호가 반대로 되어 입력전압과 출력전압 사이에 180° 위상차가 발생한다는 것을 나타내며 반전 증폭기라는 명칭도 그래서 붙여진 것이다. 그림 4.4는 $R_f / R_s = 3$되어 3배 증폭하는 반전 증폭기의 입력전압 v_s과 출력전압 v_o의 일례를 나타낸다.

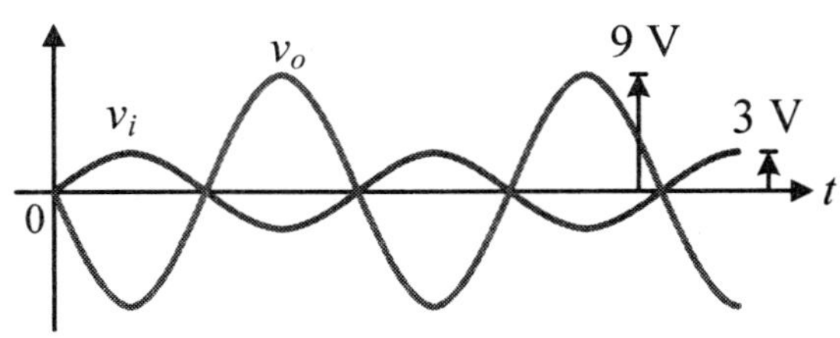

그림 4.4. 반전 증폭기의 입력 전압과 출력전압

부궤환 저항 R_f에 흐르는 전류 i_f는 연산 증폭기의 출력단자에서 $i_f = i_{op} + i_o$가 되는데 출력에 아무런 부하가 연결되어 있지 않고 개방(open)되어 있으면 $i_o = 0$이고 $i_f = i_{op}$가 된다. 부궤환 저항에 흐르는 전류가 모두 연산 증폭기 출력단자로 흘러 들어가면 그 전류는 어디로 가는 걸까? 그림 4.3에 보인 연산 증폭기에 흐르는 전류는 i_1, i_2, i_{op}의 3가지 뿐이다. 해답은 그림 4.3에 나타내지 않은 $\pm V_s$의 전원선에 있다. 즉, 연산 증폭기 내부로 흘러들어간 i_{op} 전류는 $+V_s$ 또는 $-V_s$의 전원선을 통하여 나와서 전원과 접지를 거쳐 다시 신호 입력전원 v_s로 흐른다 [그림 4.5 참조].

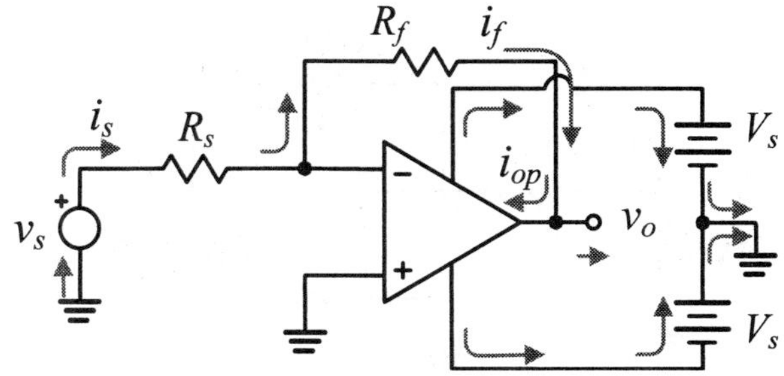

그림 4.5. 반전 증폭기의 전류의 흐름

입력 신호원 v_s에서 바라본 반전 증폭기의 입력저항 R_i는 $R_i = v_s/i_s$이므로 $R_i = R_s$가 된다. 입력저항을 선정된 외부 저항에 따라 정할 수 있다는 것은 비반전 증폭기의 장점 가운데 하나이다. 신호원 v_s에 반전 증폭기를 연결할 때 반전 증폭기의 입력저항은 신호원 저항보다 충분히 커야 한다. 여기서 '충분히'란 적어도 수십 배 이상의 크기를 말한다.

반전 증폭기의 두 저항 R_s와 R_f를 정할 때는 먼저 필요한 입력저항에 따라 R_s를 결정 후 이어서 요구되는 전압증폭률[식 (4.8) 참조]에 따라 (전압증폭률$\times R_s$) 값에 해당하는 R_f값을 선정한다. 큰 입력저항과 전압 증폭율이 요구되면 먼저 큰 R_s 값을 선정하고 그 보다 훨씬 더 큰 R_f 값을 정하게 되는데 여기에 한계가 있다. 저항 값이 너무 커지면 저항값이 표시된 것과 다르게 부정확하기도 하고 열잡음[4]도 커진다. 저항에서의 열잡음은 저항값의 제곱근에 비례한다. 그러므로 일반적으로 반전 증폭기의 전압 증폭률은 수십 배 정도로 제한된다.

예제 4.1. 그림 E4.1의 회로에서 다음을 구하라. 단, 연산 증폭기는 이상적이라고 가정한다.

(a) 입력전류 i_s

(b) 피드백 저항(20 kΩ) 양단에 인가되는 전압 v_f

(c) 출력전압 v_o

(d) 연산 증폭기 출력단자의 전류 i_{op}

(e) 입력저항 R_i

(f) 출력저항 R_o

---

[4] 저항 소자에서 전자의 불규칙한 운동에 의해서 발생하는 잡음

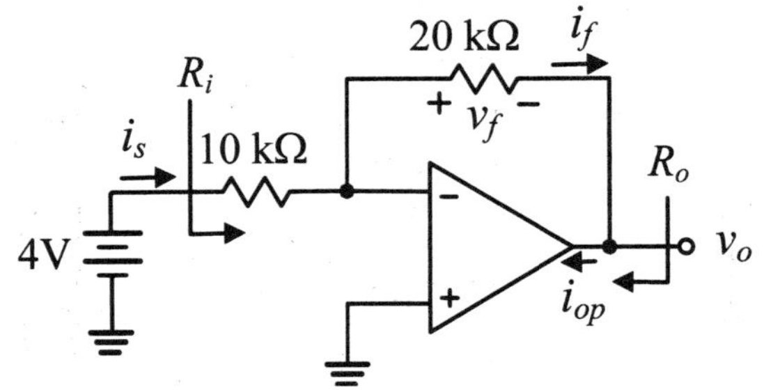

그림 E4.1. 예제 4.1의 회로

풀 이

(a) $i_s =$ 4 V/10 kΩ = 0.4 [mA]

(b) $i_f = i_s =$0.4 [mA]이고 $v_f =$20 kΩ × 0.4 mA = 8 [V]

(c) $v_o = - v_f =$-8 [V]

(d) $i_{op} = i_f =$ 0.4 [mA]

(e) 가상접지에 의하여 반전 단자는 접지(= 0 V) 이므로 $R_i = 10$ kΩ

(f) 이상적인 연산 증폭기의 출력저항은 0 Ω이고 $R_o = 20$ kΩ ∥ 0 Ω = 0 Ω. ▣

▪ 밀만의 정리

연산 증폭기가 포함된 선형 회로를 해석할 때 손쉬운 접근 방법이 없을까? 있다. 가상접지의 원리와 밀만(Millman)의 정리를 사용하면 편리하게 해석의 결과를 얻을 수 있다. 가상접지의 원리는 본 절의 앞에서 설명하였으므로 여기서는 밀만의 정리에 대하여 설명한다.

밀만의 정리 : 내부 저항(컨덕턴스로 표현)을 갖는 여러 개의 전원이 병렬로 접속되어 있을 때 양쪽의 병렬 접속점 사이의 전압은, 각각의 전원을 개별적으로 단락하였을 때 흐르는 전류의 총합을 각 전원의 내부 컨덕턴스의 총합으로 나눈 것과 같다.

위에서 설명한 밀만의 정리가 도대체 무슨 말인지 한 번에 이해가 가지 않을 수도 있다. 그래서 그림 4.6의 회로에서 v_x를 구하는 문제를 예로 들어 밀만의 정리가 어떻게 적용되는지 살펴보면서 밀만의 정리를 이해하도록 한다.

그림 4.6의 회로는 내부저항을 갖는 3개의 전압원과 1개의 전류원이 병렬로 연결된 형태이다. 여기서 '양쪽의 병렬 접속점 사이의 전압'이란 a점과 b점 사이의 전압 v_x를 말한다. 그림 4.6에서 각각의 전압원 전원을 전류원 전원으로 등가변환 하면 그림 4.7과 같다.

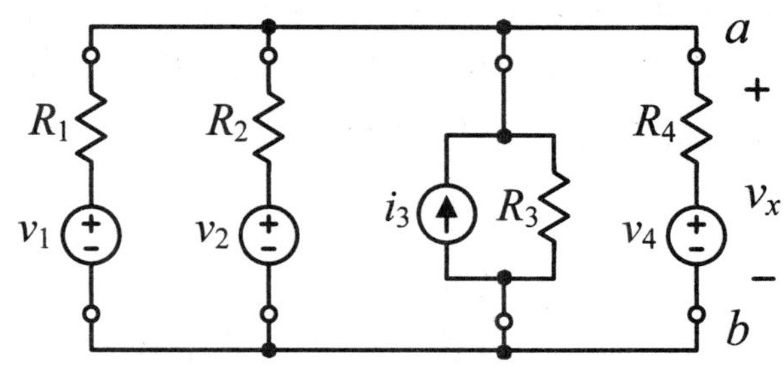

그림 4.6. 밀만 정리의 적용회로

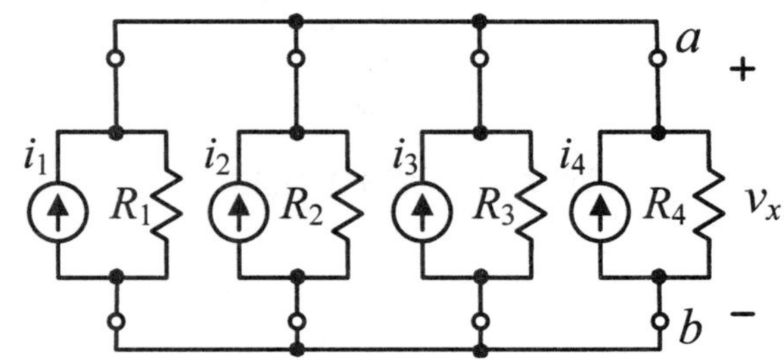

그림 4.7. 전압원 전원을 전류원 전원으로 치환

그림 4.7에서 $G_1 = 1/R_1$, $G_2 = 1/R_2$, $G_3 = 1/R_3$, $G_4 = 1/R_4$라고 할 때

$$i_1 = \frac{v_1}{R_1} = G_1 v_1, \ i_2 = \frac{v_2}{R_2} = G_2 v_2, \ i_4 = \frac{v_4}{R_4} = G_4 v_4 \tag{4.9}$$

이고, 병렬로 연결된 모든 저항과 모든 전류원을 각각 합친 후 v_x를 구한다. 즉,

$$v_x = \frac{i_1 + i_2 + i_3 + i_4}{G_1 + G_2 + G_3 + G_4} \tag{4.10}$$

b점을 기준으로 하는 a점의 전압을 구하려고 할 때 밀만의 정리는 다음과 같이 정리될 수 있다.

$$v_{ab} = \frac{\Sigma(a\text{점에 유입되는 전류})}{\Sigma(a\text{점과 }b\text{점 간 컨덕턴스})} \tag{4.11}$$

밀만의 정리를 사용하면 내부저항을 갖는 전압원 또는 전류원이 병렬로 연결된 경우 양 단자에 나타나는 전압을 한 줄의 식으로 깔끔하게 구할 수 있다.

예제 4.2. 그림 E4.2의 회로에서 $v_1=2$ V, $v_2=4$ V, $i_3=$ 2 A, $v_4=6$ V 이고 $R_1=$ 2 Ω, $R_2=1$ Ω, $R_3=4$ Ω, $R_4=3$ Ω 이라고 할 때 v_x의 전위를 구하라. (그림 4.6과 그림 E4.2는 회로 형상(topology)이 같음에 유의한다.)

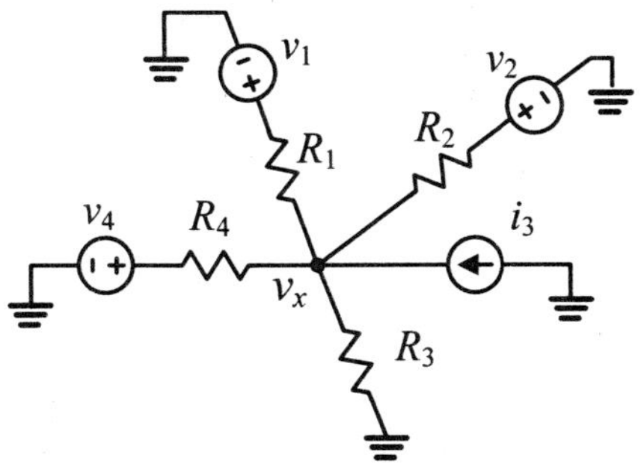

그림 E4.2. 예제 4.2의 회로

풀 이

$$v_x=\frac{\frac{v_1}{R_1}+\frac{v_2}{R_2}+i_3+\frac{v_4}{R_4}}{\frac{1}{R_1}+\frac{1}{R_2}+\frac{1}{R_3}+\frac{1}{R_4}}=\frac{\frac{2}{2}+\frac{4}{1}+2+\frac{6}{3}}{\frac{1}{2}+\frac{1}{1}+\frac{1}{4}+\frac{1}{3}}=\frac{108}{25}=4.32\ [\mathrm{V}]\quad ■$$

예제 4.3. 그림 E4.3의 회로에서 다음을 구하라.

(a) v_x의 전위

(b) v_y 전압

(c) i_a, i_b, i_c 전류

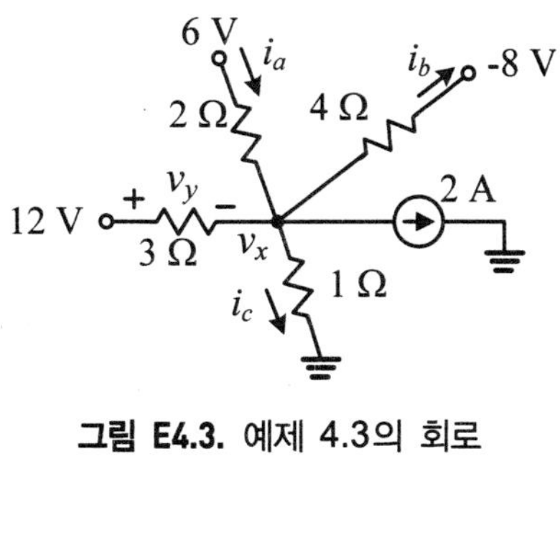

그림 E4.3. 예제 4.3의 회로

풀 이

(a) $v_x = \dfrac{\dfrac{6}{2}+\dfrac{-8}{4}-2+\dfrac{12}{3}}{\dfrac{1}{2}+\dfrac{1}{4}+\dfrac{1}{1}+\dfrac{1}{3}} = \dfrac{36}{25} = 1.44\ \ [\mathrm{V}]$

(b) $v_y = 12 - v_x = 12 - 1.44 = 10.56\ \ [\mathrm{V}]$

(c) $i_a = \dfrac{6-v_x}{2} = \dfrac{6-1.44}{2} = 2.28\ \ [\mathrm{A}]$, $i_b = \dfrac{v_x-(-8)}{4} = \dfrac{1.44+8}{4} = 2.36\ \ [\mathrm{A}]$,

$i_c = \dfrac{v_x}{1} = 1.44\ \ [\mathrm{A}]$, ▣

■ 비반전 증폭기

그림 4.8은 비반전 증폭기 회로이다. 이 회로를 가상접지의 원리와 밀만의 정리를 사용하여 해석해보자.

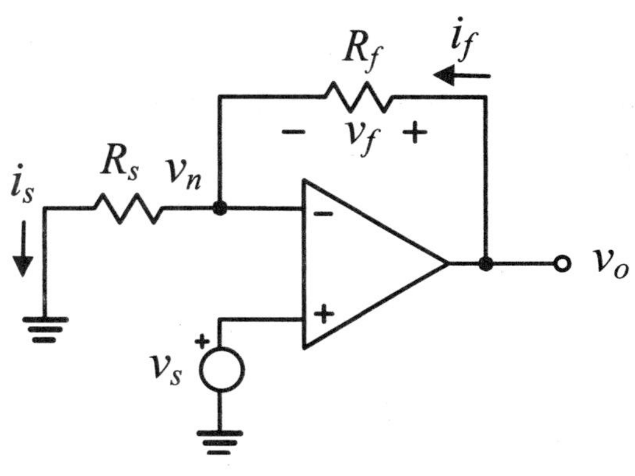

그림 4.8. 비반전 증폭기

가상접지 : $v_n = v_s$ (4.12)

밀만의 정리 : $v_n = \dfrac{\dfrac{v_o}{R_f}}{\dfrac{1}{R_s}+\dfrac{1}{R_f}}$ (4.13)

식 (4.12)와 (4.13)으로부터 $\left(\dfrac{1}{R_s}+\dfrac{1}{R_f}\right)v_s = \dfrac{v_o}{R_f}$ 이고

$$v_o = \left(1 + \frac{R_f}{R_s}\right) v_s \tag{4.14}$$

비반전 증폭기의 입력저항은 신호원이 연산 증폭기에 직접 연결되어 있기 때문에 연산 증폭기의 입력저항과 같다. 입력저항의 측면에서 반전 증폭기는 외부 저항에 의해서 정해지는 반면 비반전 증폭기는 사용된 연산 증폭기의 특성에 의해 정해지는 점이 다르다. 또한 반전 증폭기는 1보다 크거나 작은 전압 증폭률을 얻는 것이 가능한 반면 비반전 증폭기는 식 (4.14)에서 알 수 있듯이 전압 증폭률을 1 이하로 만들 수 없다는 단점이 있다.

4.2. 저항만을 포함하는 연산 증폭기 회로

■ 전압 팔로워

비반전 증폭기(그림 4.8)에서 $R_s = \infty$, $R_f = 0$으로 두면 식 (4.14)에서 $v_o = v_s$가 되어 출력전압은 입력전압과 같게 되는데 이러한 회로를 출력전압이 입력전압을 추종한다는 뜻에서 **전압 팔로워**(voltage follower)(그림 4.9)라고 한다.

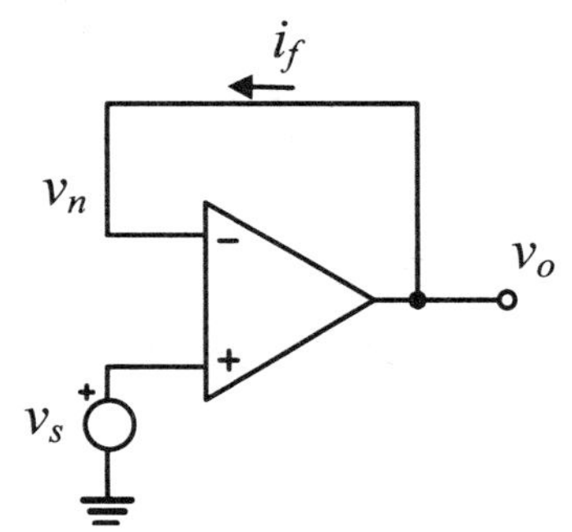

그림 4.9. 전압 팔로워

그림 4.9의 전압 팔로워 회로에서 $v_o = v_n$이고 가상접지에 의해 $v_o = v_n = v_s$가 됨을 직관적으로 알 수 있다. 전압 팔로워는 전압이득, 즉 증폭율이 1인 증폭기인데 그것이 증폭기로서 무슨 소용이 있을까? 실제로 회로설계를 하다보면 회로의 임피던스에 영향을 받지 않고 신호를 전달하고 싶을 때가 있다. 이때 전압 팔로워는 입력저항이 무한대(∞)이고 출력저항이 영(0)이므로 **임피던스 변환기**나 **버퍼**(buffer)로서 주로 사용된다.

예를 들어 그림 4.10 (a)와 같이 4 Ω의 출력저항(=신호원 저항)을 갖는 전압원의 신호원 v_i를 2 Ω의 부하저항에 연결하는 경우를 보자. 이 경우 부하저항 양단의 전압은

$$v_L = (2/8)v_i \tag{4.15}$$

되어 v_L은 v_i의 25%에 지나지 않는다. 이는 v_i의 전압을 신호원 저항과 부하저항이 나누어 갖기 때문이다. 특히 부하저항이 신호원 저항보다 작으면 전압이 50 % 이하만 부하저항에 걸린다. 이러한 부하저항에 의한 신호원 전압의 감쇄효과를 **부하효과**(loading effect)라고 한다.

그림 4.10 (b)와 같이 신호원과 부하 사이에 전압 팔로워를 삽입하면 전압 팔로워의 입력저항이 매우 크므로 신호원 v_i가 전압 팔로워의 입력으로 전부 인가되고, 전압 팔로워의 출력저항이 부하저항보다 매우 작으므로 전압 팔로워의 출력전압이 모두 부하저항에 전달된다. 이 경우

$$v_L = v_i \tag{4.16}$$

가 되어 신호원 저항과 부하저항의 크기에 관계없이 신호원 전압이 그대로 부하저항에 전달된다.

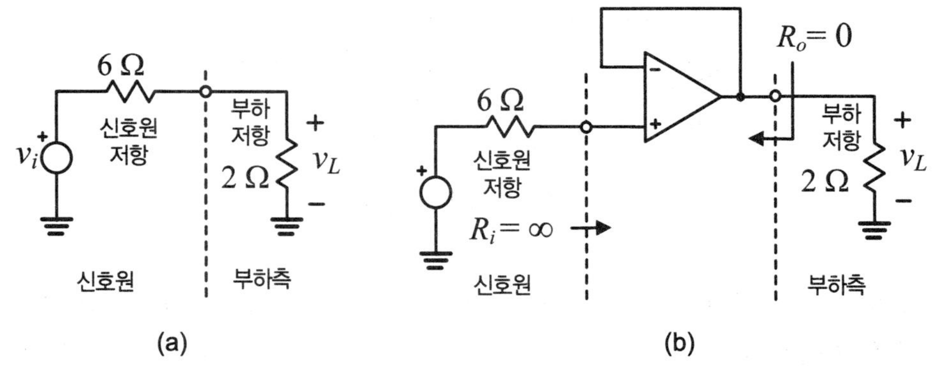

그림 4.10. 전압 팔로워의 버퍼링

■ 고입력저항 증폭기

그림 4.11은 고입력저항 증폭기라고 하는 회로이다.

$$\text{가상접지 : } v_y = 0 \tag{4.17}$$

$$\text{밀만의 정리 : } v_y = \frac{\dfrac{v_s}{R_s} + \dfrac{v_x}{R_{f1}}}{\dfrac{1}{R_s} + \dfrac{1}{R_{f1}}}, \quad v_x = \frac{\dfrac{v_y}{R_{f1}} + \dfrac{v_o}{R_{f2}}}{\dfrac{1}{R_{f1}} + \dfrac{1}{R_g} + \dfrac{1}{R_{f2}}} \tag{4.18}$$

식 (4.17)을 (4.18)에 대입하면 $\dfrac{v_s}{R_s} + \dfrac{v_x}{R_{f1}} = 0$ (즉, v_s와 v_x의 관계식)과 $\left(\dfrac{1}{R_{f1}} + \dfrac{1}{R_g} + \dfrac{1}{R_{f2}}\right)v_x = \dfrac{v_o}{R_{f2}}$ (즉, v_x와 v_o의 관계식)을 얻을 수 있고 따라서

$$v_o = \left(\frac{R_{f2}}{R_{f1}} + \frac{R_{f2}}{R_g} + 1\right)v_x = \left(\frac{R_{f2}}{R_{f1}} + \frac{R_{f2}}{R_g} + 1\right)\left(-\frac{R_{f1}}{R_s}\right)v_s$$

$$= -\left(\frac{R_{f1} + R_{f2}}{R_s} + \frac{R_{f1}R_{f2}}{R_sR_g}\right)v_s \tag{4.19}$$

가 된다.

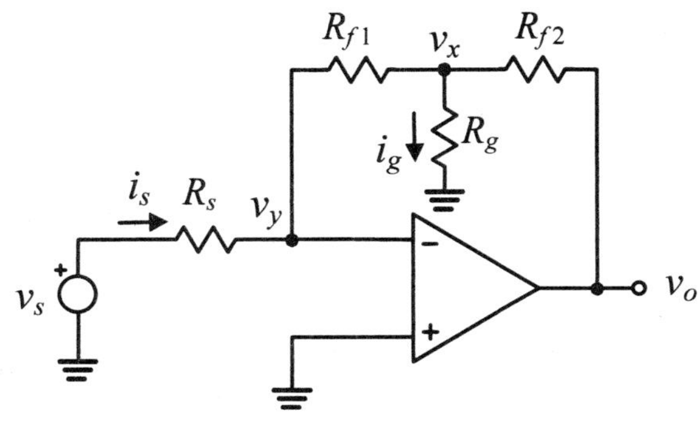

그림 4.11. 고입력저항 증폭기

그림 4.2와 같은 반전 증폭기의 입력저항은 예제 4.1(e)에서 살펴보았듯이 R_s와 같다. 반전 증폭기에서 전압이득은 $-R_f/R_s$이므로 전압이득을 키우기 위하여 R_s는 작게 R_f는 크게 설정하게 된다. R_s를 줄이면 입력저항을 줄이는 것이 되기 때문에 통상 R_s를 10 kΩ 이상으로 먼저 정하여 적절한 입력저항이 되도록 하고 다음으로 R_f를 조절하여 전압이득을 조절한다. 그런데 R_f의 값이 너무 커지면 잡음의 영향을 받기 때문에 수백 kΩ 이상으로 취할 수 없게 되고 증폭도는 10~20 배 정도로 제한되게 된다.

그림 4.11에 보인 고입력저항 증폭기는 증폭도를 높이면서 입력저항도 높은 증폭기를 얻기 위해 사용한다. 그림 4.11의 회로에서 $R_g = \infty$라면 그림 4.2의 반전 증폭기가 되는데 식 (4.19)에서 알 수 있듯이 R_g가 추가 됨으로써 전압이득의 두 번째 항 $(R_{f1}R_{f2})/(R_sR_g)$

이 추가 됨으로써 전압이득이 증가되는 것이다. 그러므로 설계과정에서 높은 입력저항을 보장하는 R_s를 설정 후 적절한 전압이득을 얻을 수 있는 부궤환 저항 R_f를 정한다음 이러한 R_f를 R_{f1}과 R_{f2}로 나누고 상대적으로 작은 값의 R_g를 설정하면 입력저항을 높이면서도 높은 전압증폭도를 얻을 수 있다.

예제 4.4. 그림 E4.4의 회로에서 다음을 구하라. 단, 사용된 연산 증폭기는 이상적인 것이라고 가정한다.

(a) v_x의 전위

(b) v_o 전압

(c) 전압이득을 dB로 나타내어라.

(d) i_s, i_g 전류

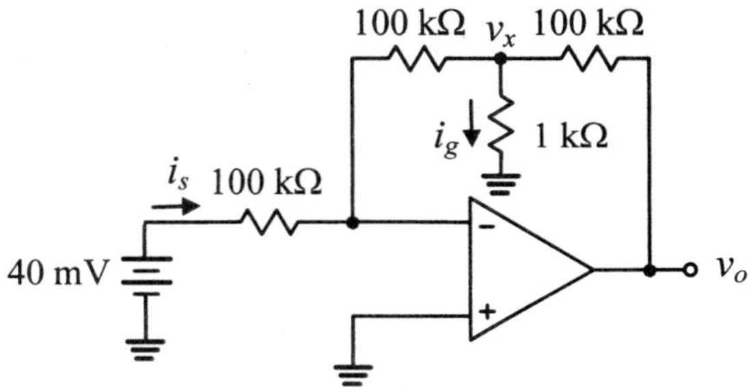

그림 E4.4. 예제 4.4의 회로

풀 이

(a) 반전단자에 밀만의 정리를 적용하면 $0 = \dfrac{\dfrac{0.04}{100} + \dfrac{v_x}{100}}{\dfrac{1}{100} + \dfrac{1}{100}}$ 이므로 $v_x = -0.04$ [V]

(b) $v_x = \dfrac{\dfrac{v_o}{100}}{\dfrac{1}{100} + \dfrac{1}{1} + \dfrac{1}{100}} = \dfrac{v_o}{102}$ 이므로 $v_o = 102 \times (-0.04) = -4.08$ [V]

(c) 전압이득은 $-4.08/0.04 = 102$ 배이다. 따라서 $20\ \log_{10}(102)=40.172$ dB

(d) $i_s = \dfrac{0.04}{100 \times 10^3} = 4 \times 10^{-7} = 0.4$ [μA], $i_g = \dfrac{-0.04}{1 \times 10^{-3}} = -4 \times 10^{-5} = -40$ [μA]

■

■ 반전 가산기

그림 4.12는 연산 증폭기로 구성된 반전 가산기 회로이다.

가상접지 : $v_n = 0$ (4.20)

$$\text{밀만의 정리 : } v_n = \frac{\dfrac{v_1}{R_1} + \dfrac{v_2}{R_2} + \dfrac{v_3}{R_3} + \dfrac{v_o}{R_f}}{\dfrac{1}{R_1} + \dfrac{1}{R_2} + \dfrac{1}{R_3} + \dfrac{1}{R_f}} \tag{4.21}$$

식 (4.20)을 (4.21)에 대입하여 정리하면 출력전압은 다음과 같다.

$$v_o = -\left(\frac{R_f}{R_1}v_1 + \frac{R_f}{R_2}v_2 + \frac{R_f}{R_3}v_3\right) \tag{4.22}$$

만일 $R_1 = R_2 = R_3$ 되는 저항을 사용하면 $v_o = -(R_f/R_1)(v_1 + v_2 + v_3)$된다. 또 모든 저항을 같은 값을 사용한다면 $v_o = -(v_1 + v_2 + v_3)$가 되어 출력전압은 입력 전압의 합(summation)으로 표시됨을 알 수 있다.

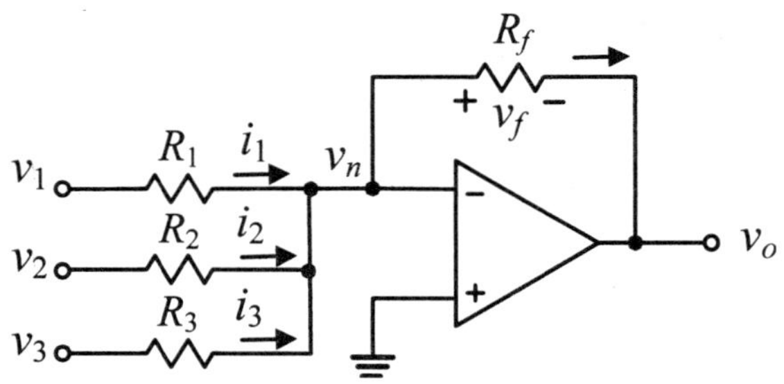

그림 4.12. 가산기

■ 차동 증폭기

그림 4.13은 두 입력신호의 차이(difference)를 증폭할 수 있는 차동 증폭기이다.

가상접지 : $v_n = v_p$ (4.23)

$$\text{밀만의 정리 : } v_p = \frac{\dfrac{v_1}{R_1}}{\dfrac{1}{R_1} + \dfrac{1}{R_g}},\quad v_n = \frac{\dfrac{v_2}{R_2} + \dfrac{v_o}{R_f}}{\dfrac{1}{R_2} + \dfrac{1}{R_f}} \tag{4.24}$$

식 (4.23)과 (4.24)의 관계식을 정리하면 출력전압은

$$v_o = \left(\frac{1+R_f/R_2}{1+R_g/R_1}\right)\frac{R_g}{R_1}v_1 - \frac{R_f}{R_2}v_2 \tag{4.25}$$

이고, 만일 $R_f/R_2 = R_g/R_1$이면 출력전압은 다음과 같다.

$$v_o = \frac{R_f}{R_2}(v_1 - v_2) \tag{4.26}$$

식 (4.26)으로부터 차동 증폭기는 두 입력전압의 감산기(subtracter)로 사용될 수 있음을 알 수 있다. 특히 차동 증폭기의 모든 저항이 같은 경우 $v_o = v_2 - v_1$이 된다.

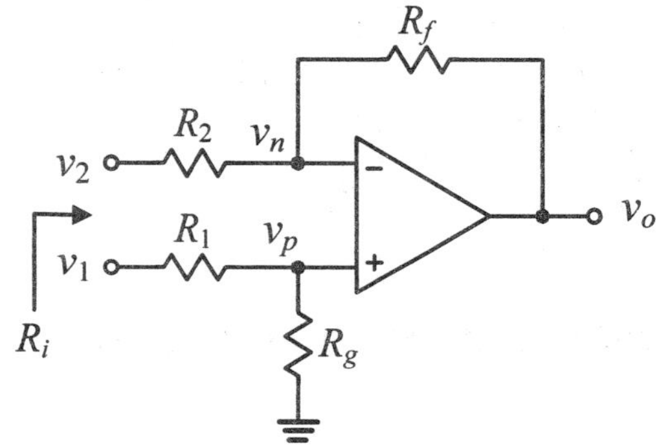

그림 4.13. 차동 증폭기

식 (4.25)를 $v_o = A_1 v_1 - A_2 v_2$로 나타내면

$$A_1 = \left(\frac{1+R_f/R_2}{1+R_g/R_1}\right)\frac{R_g}{R_1} \quad , \quad A_2 = \frac{R_f}{R_2} \tag{4.27}$$

이고, 차동이득 $A_d = (A_1 + A_2)/2$, 동상이득 $A_c = A_1 - A_2$이므로 [예제 3.2의 참조]

$$A_d = \frac{1}{2}\left\{\left(\frac{1+R_f/R_2}{1+R_g/R_1}\right)\frac{R_g}{R_1} + \frac{R_f}{R_2}\right\} \quad , \quad A_c = \left(\frac{1+R_f/R_2}{1+R_g/R_1}\right)\frac{R_g}{R_1} - \frac{R_f}{R_2} \tag{4.28}$$

만일 $R_f/R_2 = R_g/R_1$의 조건을 정확히 만족하면 $A_d = R_f/R_2$, $A_c = 0$가 되므로 CMRR이 큰 증폭기를 구현할 수 있다.

이상적인 연산 증폭기의 반전, 비반전 단자로는 전류가 흐르지 않고 가상접지에 의하여 연결된 것으로 볼 수 있으므로 차동 증폭기에서 연산 증폭기를 제거하고 그림 4.14와 같이 나타낼 수 있다. 그림 4.14에서 입력전류 i_s는

$$i_s = \frac{v_2 - v_1}{R_1 + R_2} \tag{4.29}$$

와 같고 따라서 입력저항 R_i는

$$R_i = \frac{v_2 - v_1}{i_s} = R_1 + R_2 \tag{4.30}$$

이 된다.

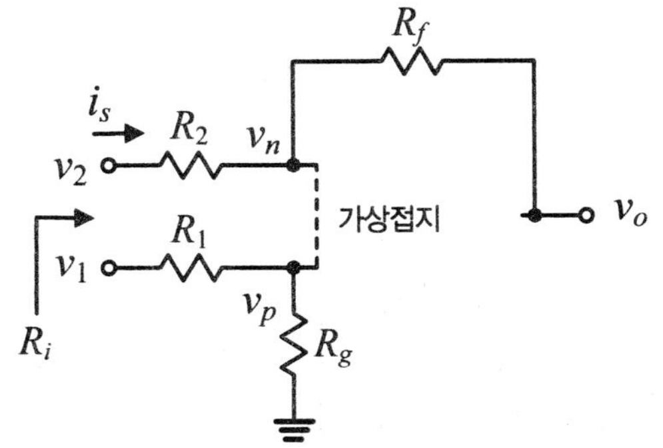

그림 4.14. 차동 증폭기의 입력전류와 입력저항

R_1, R_2를 증가시키면 차동 증폭기의 입력저항은 증가하지만 높은 차동이득을 원할 경우 R_f와 R_g 값이 지나치게 크게 될 우려가 있으므로 차동이득에 제한이 있게 된다. 차동이득을 높이기 위하여 R_s를 낮게 잡을 경우에는 입력저항을 높이기 위하여 그림 4.15와 같이 전압 팔로워를 통하여 신호 입력을 받아들이는 방법을 사용할 수도 있다. 차동이득을 잘 맞추기 위하여 4개의 저항을 정확히 잘 매칭시켜야 하기 때문에 차동 증폭기에는 매우 정밀도가 높은 저항을 사용한다. INA2132, INA157처럼 저항과 연산 증폭기를 포함하는 하나의 단일 IC도 있다.

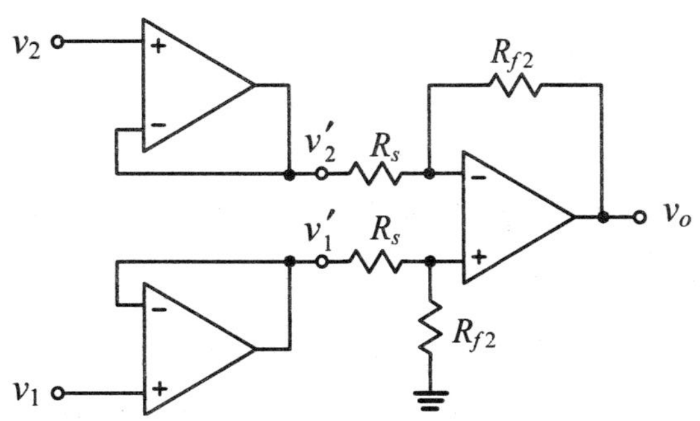

그림 4.15. 입력저항이 증가된 차동 증폭기

예제 4.5. 그림 E4.5의 차동 증폭기에서 다음을 구하라. 단 사용된 연산 증폭기는 이상적인 것이라고 가정한다.

(a) 전류 i_s를 구하라.

(b) 2 V의 전원에서 차동 증폭기 쪽을 보았을 때의 입력저항 R_i를 하라.

(c) v_1, v_2, v_p, v_n의 전위를 구하라.

(d) 출력전압 v_o를 구하라.

(e) 차동 증폭기의 차동이득 A_d와 동상이득 A_c를 구하라.

(f) 차동 증폭기의 CMRR을 dB의 단위로 구하라.

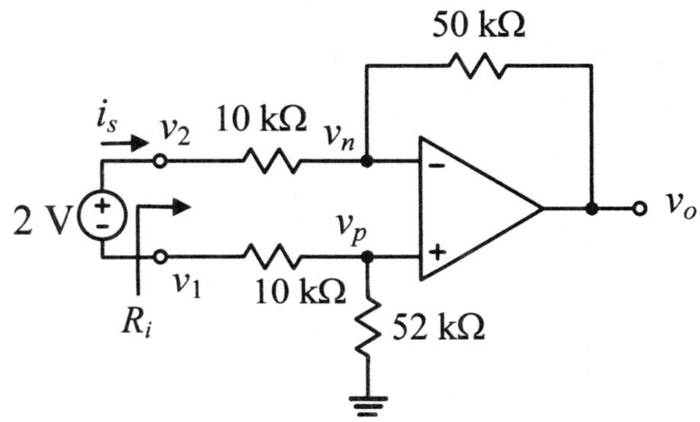

그림 E4.5. 예제 4.5의 회로

풀 이

(a) $v_p = v_n$이므로 $i_s = 2/(10+10) = 0.1$ [mA]

(b) $R_i = 2/i_s = 2/0.1 = 20$ [kΩ]

(c) $v_1 = (10+52)(-i_s) = -62\times 0.1 = -6.2$ [V], $v_2 = v_1 + 2 = -6.2+2 = -4.2$ [V]

$v_n = v_p = 52\times(-i_s) = -52\times 0.1 = -5.2$ [V],

(d) $v_o = v_n - 50\times i_s = -5.2 - 50\times 0.1 = -0.2$ [V]

(e) 가상접지와 밀만의 정리에 의하여

$$v_p = \frac{\dfrac{v_1}{10}}{\dfrac{1}{10}+\dfrac{1}{52}} = v_n = \frac{\dfrac{v_2}{10}+\dfrac{v_o}{50}}{\dfrac{1}{10}+\dfrac{1}{50}}$$

가 된다. 위 식을 정리하면 $v_o = (312/62)v_1 - 5v_2 \cong 5.03v_1 - 5v_2$이다. 차동신호 v_d, 동

상신호 v_c라할 때 $v_1 = v_c + v_d/2$, $v_2 = v_c - v_d/2$이므로

$$v_o = 5.03\left(v_c + \frac{v_d}{2}\right) - 5\left(v_c - \frac{v_d}{2}\right) = 5.015v_d + 0.03v_c = A_d v_d + A_c v_c$$

따라서 $A_d = 5.015$, $A_c = 0.03$

(f) CMRR=$A_d/A_c = 5.015/0.03 = 167.17$. 따라서 20 $\log_{10}(167.17)$=44.46 dB ▣

■ 계측용 증폭기

그림 4.15의 차동 증폭기는 입력저항은 높겠지만 차동이득의 측면에서 볼 때 증폭률도 수십 배 정도로 그다지 높지 않고 더구나 차동이득을 가변하려고 할 때 적어도 두 개의 저항을 동시에 변화시켜야 한다는 문제점이 있다.

그림 4.16은 센서 신호의 계측에 많이 사용되는 계측용 증폭기이다. 그림 4.16에서 v_1'와 v_2'는 R_s와 R_{f2} 저항과 연산 증폭기로 이루어진 차동 증폭기의 입력이 된다.

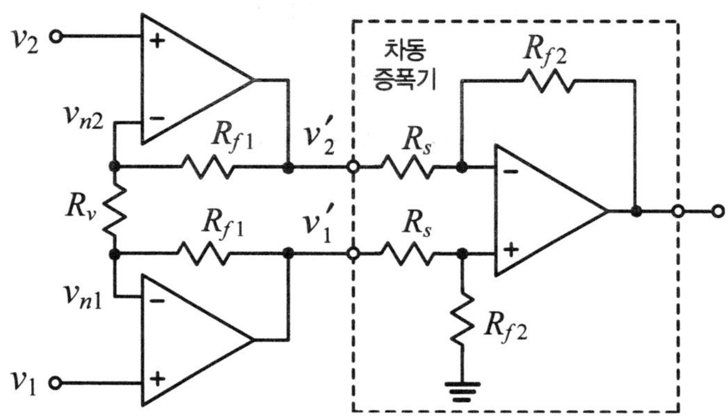

그림 4.16. 계측용 증폭기

그림 4.16의 회로에 대하여 차동 증폭기 부분을 제외한 나머지 부분에 가상 접지의 원리와 밀만의 정리를 적용하면

가상접지 : $v_1 = v_{n1}$, $v_2 = v_{n2}$ (4.31)

밀만의 정리 : $v_{n1} = \dfrac{\dfrac{v_{n2}}{R_v} + \dfrac{v'_1}{R_{f1}}}{\dfrac{1}{R_v} + \dfrac{1}{R_{f1}}}$, $v_{n2} = \dfrac{\dfrac{v_{n1}}{R_v} + \dfrac{v'_2}{R_{f1}}}{\dfrac{1}{R_v} + \dfrac{1}{R_{f1}}}$ (4.32)

차동 증폭기 : $v_o = \frac{R_{f2}}{R_s}(v'_1 - v'_2)$ (4.33)

식 (4.31)을 식 (4.32)에 각각 대입하여 정리하면 다음과 같다.

$$v'_1 = \left(1 + \frac{R_{f1}}{R_v}\right)v_1 - \frac{R_{f1}}{R_v}v_2 \ , \ v'_2 = \left(1 + \frac{R_{f1}}{R_v}\right)v_2 - \frac{R_{f1}}{R_v}v_1 \quad (4.34)$$

식 (4.34)를 식 (4.33)에 대입하면

$$v_o = \frac{R_{f2}}{R_s}\left(1 + \frac{2R_{f1}}{R_v}\right)(v_1 - v_2) \quad (4.35)$$

식 (4.35)에서 특성상 서로 정합을 시켜야 하는 R_s, R_{f1}, R_{f2}는 고정하여 변경할 수 없도록 하고 R_v를 조정하면 전압증폭률을 조정할 수 있다.

그림 4.17은 INA163 계측용 증폭기의 내부 구조와 핀 접속 방법을 나타낸다. INA163을 사용할 때 필요한 소자는 R_G로 나타낸 저항 하나뿐인데 R_G의 값을 조절하면 차동이득 G는 $G = 1 + 6000/R_G$의 식에 따라 결정된다. 예를 들어 601배의 이득을 원한다면 R_G=10 Ω의 정밀 저항을 3번 핀과 12번 핀 사이에 달면 된다.

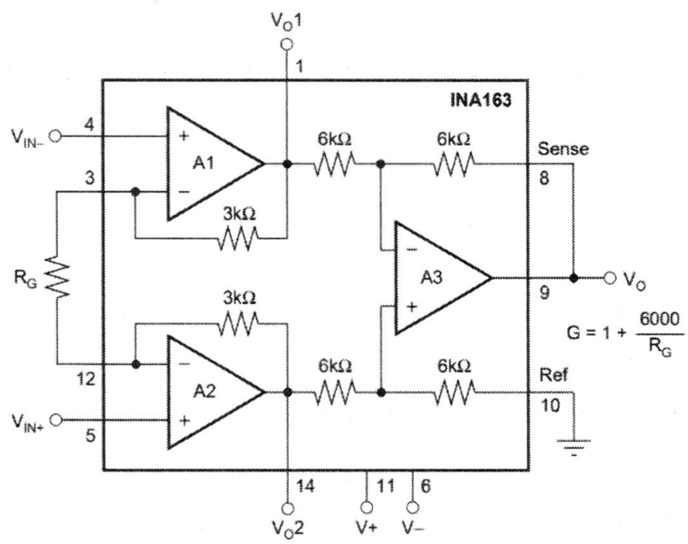

그림 4.17. INA163의 내부구조와 외부 저항의 접속

4.3. ▌연산 증폭기 회로의 주파수 응답

■ 미분기와 적분기

그림 4.18 (a)는 미분기 회로를 나타낸다. 커패시터에 흐르는 전류는 커패시터 양단에 인가된 전압에 따라 정해지며 $i_s = C(dv_C/dt)$ 이다. 가상접지의 원리에 의해 커패시터의 한쪽이 접지된 것으로 볼 수 있으므로 $v_C = v_s$ 가 된다.

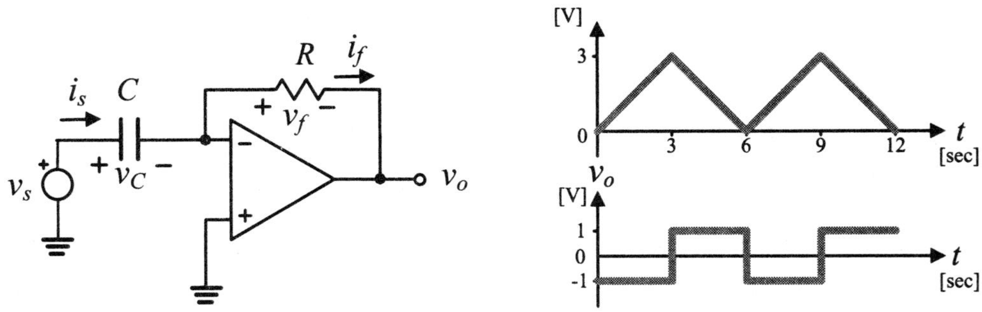

(a) 미분기　　　　(b) 동작 파형

그림 4.18. 미분기

이상적인 연산 증폭기라면 반전단자로 출입하는 전류는 없으므로 $i_s = i_f$ 되어 출력전압 v_o는 다음과 같다.

$$v_o = -v_f = -Ri_f = -Ri_s = -RC\frac{dv_s}{dt} \tag{4.36}$$

미분기 동작 파형의 예시로 그림 4.18 (b)는 $R = 1\ \text{M}\Omega$, $C = 1\,\mu\text{F}$일 때 미분기의 입력파형 v_s와 출력파형 v_o를 나타낸다. 식 (4.36)에서 음(−)의 부호가 있으므로 미분기의 출력은 입력 전압 기울기와 반대 부호를 갖는다.

그림 4.19 (a)는 **무손실 적분기**(lossless integrator) 회로를 나타낸다. 가상접지의 원리에 의해 연산 증폭기의 반전 단자는 접지된 것으로 볼 수 있으므로 $i_s = v_s/R$ 이 되고, 이상적인 연산 증폭기라면 입력저항이 무한대이므로 $i_f = i_s = v_s/R$ 가 된다. 커패시터 양단의 전압 v_f는 커패시터에 흐르는 전류는 i_f에 의해 정해진다. 즉,

$$v_f = \frac{1}{C}\int_0^t i_f\,dt + v_f(0^+) \qquad (4.37)$$

따라서 출력전압 v_o는 다음과 같다.

$$v_o = -v_f = -\frac{1}{C}\int_0^t i_f\,dt - v_f(0^+) = -\frac{1}{RC}\int_0^t v_s\,dt - v_f(0^+) \qquad (4.38)$$

여기서 $v_f(0^+)$는 커패시터 전압의 초기값(시간 $t=0^+$인 순간의 값)으로 적분 초기값에 해당된다.

적분기 동작 파형의 예시로 그림 4.19 (b)는 $R=1$ MΩ, $C=1\,\mu$F이고 커패시터의 초기전압이 0일 때 적분기의 입력파형 v_s와 출력파형 v_o를 나타낸다. 식 (4.38)에서 음(−)의 부호가 있으므로 적분기의 출력은 입력 전압을 적분한 값과 반대 부호를 갖는다.

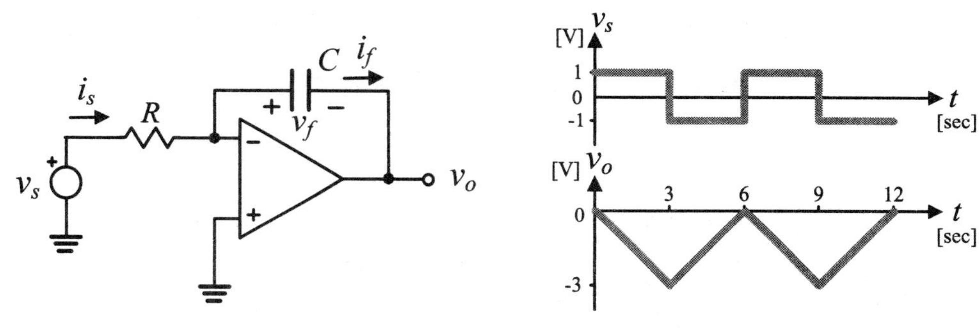

(a) 회로도 (b) 동작 파형

그림 4.19. 무손실 적분기

■ 미분기와 적분기의 주파수 영역에서의 해석

커패시터나 인덕터 같은 에너지 저장소자를 포함하는 회로를 해석할 때 시간영역에서의 미분 또는 적분의 식을 사용할 수도 있으나 s-영역에서 라플라스 변환된 회로를 해석하면 미분, 적분을 사용하지 않고 대수적으로 수식을 전개할 수 있으므로 다루기 쉽고 이해하기가 쉽다. 또 일반 선형 회로에 적용되던 회로망의 법칙(중첩의 원리. 밀만의 정리 등)을 직접 적용할 수 있다는 장점이 있다.

커패시터와 인덕터의 전압-전류 방정식을 각각 라플라스 변환하면 다음과 같다.

$$i_C = C\frac{dv_C}{dt} \;\Rightarrow\; I_C = C\left[s V_C - v_C(0^+)\right] \Leftrightarrow V_C = \frac{1}{sC}I_C + \frac{v_C(0^+)}{s} \qquad (4.39)$$

$$v_L = L\frac{di_L}{dt} \quad \Rightarrow \quad V_L = L\left[sI_L - i_L(0^+)\right] \Leftrightarrow I_L = \frac{1}{sL}V_L + \frac{i_L(0^+)}{s} \qquad (4.40)$$

그림 3.20은 식 (4.39)와 (4.40)을 등가회로로 표현한 것이다. 그림 4.20에서 $1/(sC)$와 sL은 커패시터와 인덕터의 임피던스를 각각 나타내고, $v_C(0^+)$는 커패시터의 초기전압을, $i_L(0^+)$는 인덕터의 초기전류를 각각 나타낸다.

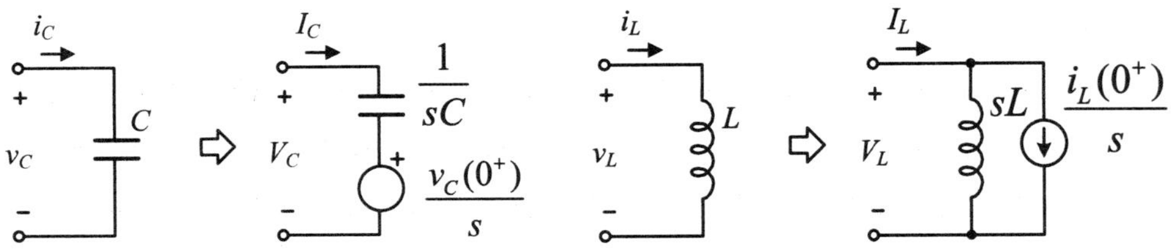

(a) 커패시터의 변환 (b) 인덕터의 변환

그림 4.20. 초기조건을 포함하는 라플라스 변환된 회로

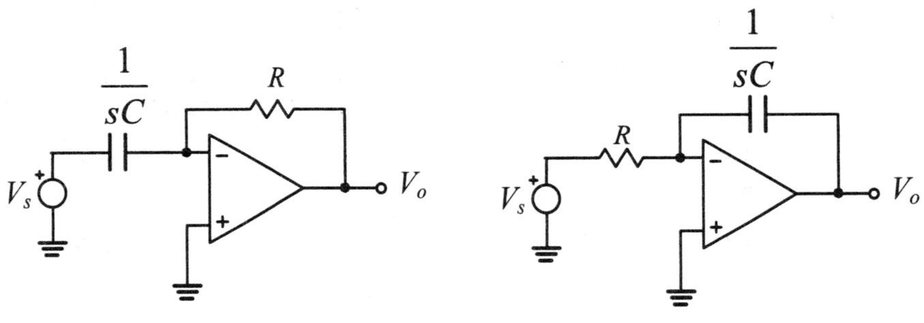

(a) 미분기 (b) 무손실 적분기

그림 4.21. s-영역에서의 미분기와 무손실 적분기 회로(초기조건 0)

그림 4.21은 초기조건이 0일 때 s-영역에서의 미분기와 적분기의 회로를 나타낸다. 그림 4.21에서 임피던스를 저항처럼 취급하여 미분기와 적분기의 전달함수를 구하면 각각 다음과 같다.

$$\frac{V_o(s)}{V_s(s)} = -RCs \quad (\text{미분기}) \qquad (4.41)$$

$$\frac{V_o(s)}{V_s(s)} = -\frac{1}{RC}\cdot\frac{1}{s} \quad (\text{무손실 적분기}) \qquad (4.42)$$

전달함수로 주어진 시스템의 주파수 응답을 구하기 위하여 s대신 $j\omega$ 를 대입한다. **미분기의 주파수 응답**은 다음과 같다.

$$\left|\frac{V_o(j\omega)}{V_s(j\omega)}\right| = |-jRC\omega| = RC\omega \quad \text{(진폭응답)} \tag{4.43}$$

$$\angle\left[\frac{V_o(j\omega)}{V_s(j\omega)}\right] = \angle(-jRC\omega) = -90^\circ \quad \text{(위상응답)} \tag{4.44}$$

식 (4.43)에 보인 미분기의 진폭응답은 주파수가 높아질수록 이득이 무한히 증가하여 발진(oscilation)과 같은 불안정한 동작이 발생하고 잡음과 같은 고주파 성분이 크게 증폭되어 나타나므로 **잘 사용되지 않는다.**

한편, **무손실 적분기의 주파수 응답**은 다음과 같다.

$$\left|\frac{V_o(j\omega)}{V_s(j\omega)}\right| = \left|-\frac{1}{jRC\omega}\right| = \frac{1}{RC\omega} \quad \text{(진폭응답)} \tag{4.45}$$

$$\angle\left[\frac{V_o(j\omega)}{V_s(j\omega)}\right] = \angle\left(-\frac{1}{jRC\omega}\right) = 90^\circ \quad \text{(위상응답)} \tag{4.46}$$

무손실 적분기의 진폭응답은 주파수가 낮아질수록 이득이 반비례하여 증가하며 주파수가 0 (즉, $\omega = 0$)인 직류성분의 경우 무한히 크게 증폭된다. 이상적인 연산 증폭기가 아닌 실제의 연산 증폭기는 입력옵셋전압이 직류입력으로 작용하여 결국 출력이 포화되므로 **정상적인 동작이 불가능하다.** 이러한 문제점을 해결하기 위하여 그림 4.22 (a)처럼 커패시터와 병렬로 저항을 추가한 적분기를 고려할 수 있는데 이러한 적분기를 **손실 적분기**(lossy integrator)라고 한다. 손실 적분기에서 입력전압에 대한 출력전압의 전달함수를 구하면 다음과 같다.

$$\frac{V_o(s)}{V_s(s)} = -\frac{R_f \parallel (1/Cs)}{R_s} = -\frac{1}{R_s}\cdot\frac{1}{\frac{1}{R_f}+Cs} = -\frac{R_f}{R_s}\cdot\frac{1}{1+R_fCs} \tag{4.47}$$

그러므로 **손실 적분기의 주파수 응답**은 다음과 같다.

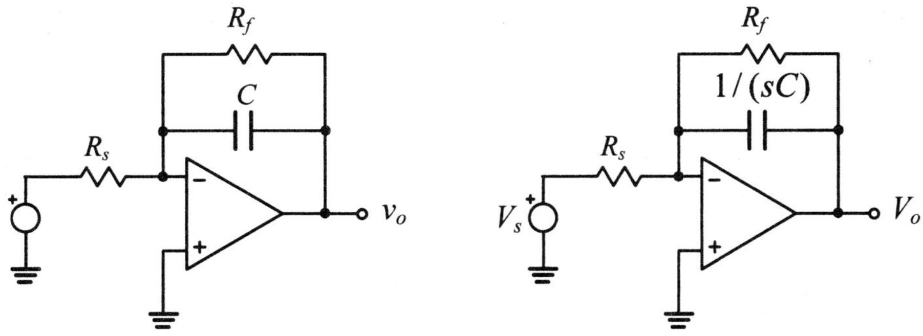

(a) 회로구성 (b) s-영역에서의 회로

그림 4.22. 손실 적분기

$$\left|\frac{V_o(j\omega)}{V_s(j\omega)}\right| = \frac{R_f/R_s}{\sqrt{1+(\omega R_f C)^2}} \quad \text{(진폭응답)} \tag{4.48}$$

$$\angle\left[\frac{V_o(j\omega)}{V_s(j\omega)}\right] = 180^\circ - \tan^{-1}(\omega R_f C) \quad \text{(위상응답)} \tag{4.49}$$

손실 적분기와 무손실 적분기의 주파수 응답을 비교하면 그림 4.23과 같다. 그림 4.23에서 신호의 주파수가 $1/(R_f C)$ 보다 높은 경우 손실 적분기와 무손실 적분기는 주파수 응답이 동일함을 알 수 있다.

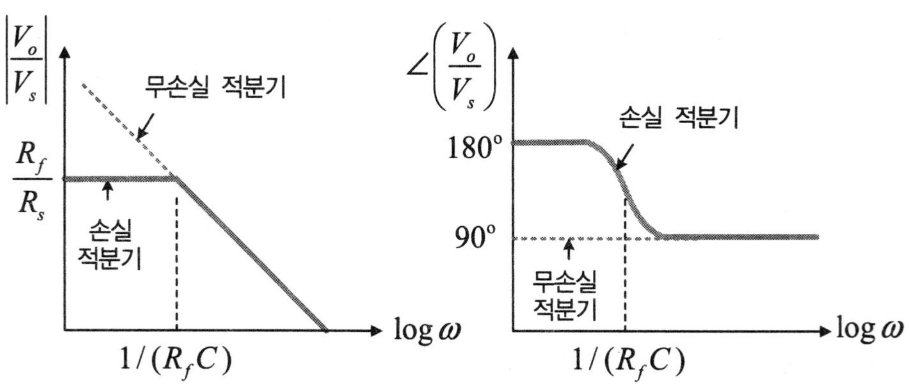

(a) 진폭응답 (b) 위상응답

그림 4.23. 적분기의 주파수 응답

■ 다양한 미분 및 적분 회로

이상적인 미분기(그림 4.18)는 고주파 영역에서 불안정하므로 실제로 사용할 수 없다. 그림 4.24는 이상적인 미분기를 개선한 실제적인 미분기의 회로이다. 그림 4.24에서 피드백 저항 R 과 병렬로 삽입한 작은 값의 커패시터 C_f는 미분기가 불안정해지는 것을 막고 커패시터 C와 직렬로 삽입한 저항 R_s는 미분기의 최대 이득을 R/R_s로 제한하는 역할을 한다.

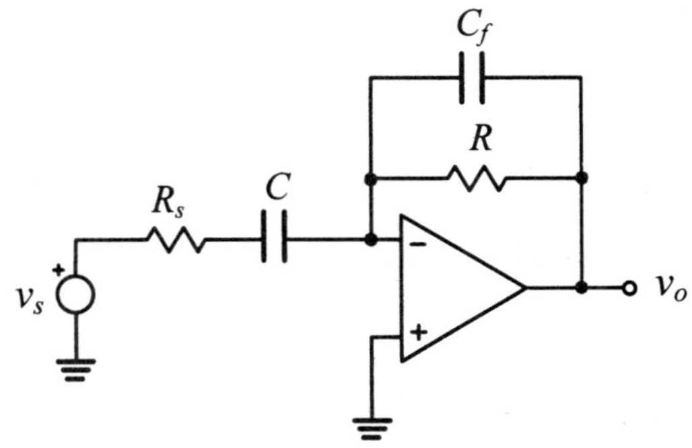

그림 4.24. 실제적인 미분기

그림 4.24의 회로에서 입력 전압에 대한 출력전압의 전달함수를 구하면 다음과 같다.

$$\frac{V_o}{V_s} = -\frac{R \parallel \dfrac{1}{sC_f}}{R_s + \dfrac{1}{sC}} = -\frac{1}{R_s + \dfrac{1}{sC}} \cdot \frac{1}{\dfrac{1}{R} + sC_f} = -\frac{sRC}{\left(1 + \dfrac{s}{\omega_s}\right)\left(1 + \dfrac{s}{\omega_f}\right)} \qquad (4.50)$$

여기서,

$$\omega_s = \frac{1}{R_s C}\ ,\ \omega_f = \frac{1}{R_f C} \qquad (4.51)$$

이다.

그림 4.25 (a)는 $\omega_s < \omega_f$인 경우 실제적인 미분기의 진폭응답을 나타낸다. 그림 4.25 (a)에서 보듯이 주파수가 낮은 영역($\omega < \omega_s$)에서는 미분기처럼 동작하며, 중간 주파수 대역($\omega_s < \omega < \omega_f$)에서는 이득이 R/R_s인 선형 증폭기처럼 동작하고, 주파수가 높은 영역($\omega > \omega_f$)에서는 적분기처럼 동작한다. 그림 4.24의 실제적인 미분기에서 $R_s = R$이고 $C_f = C$ 이면 $\omega_s = \omega_f \equiv \omega_c$되어 그림 4.25 (b)와 같은 미분기와 적분기로 사용될 수 있

는 진폭응답을 나타낸다. 즉, 그림 4.24의 실제적인 미분기회로는 입력 신호의 주파수에 따라 미분 또는 적분 동작을 수행할 수 있음에 유의한다.

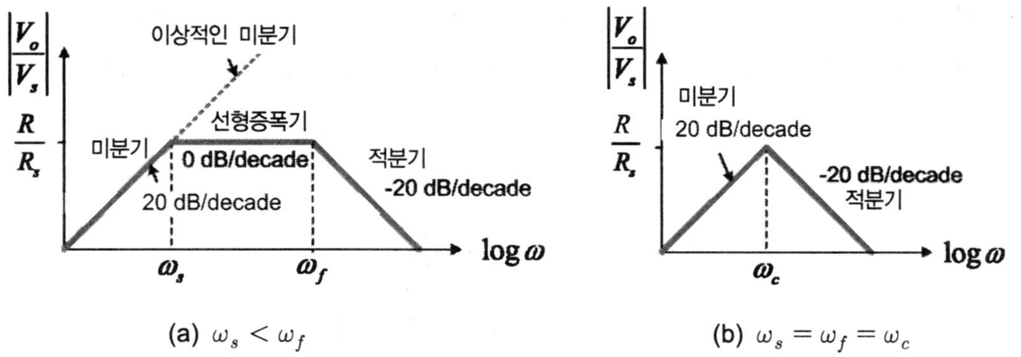

그림 4.25. 실제적인 미분기의 진폭응답

지금까지 다룬 미분기와 적분기 회로에서 커패시터는 플로팅(floating) 커패시터를 사용한다. 미분기와 적분기를 단일 칩(chip)의 아날로그 IC로 제작할 때 저항이나 커패시터도 칩안에 집적되는데 이 경우 접지된 커패시터(grounded capacitor)가 구현에 더 유리하다. 그림 4.26은 접지로 연결된 커패시터를 갖는 미분기이다. 그림 4.26의 회로에 가상접지와 밀만의 정리를 적용하면

가상 접지 : $V_p = V_n$

$$\text{밀만의 정리 : } V_p = \frac{\frac{V_s}{R}}{\frac{1}{R}+\frac{1}{R}}, \quad V_n = \frac{\frac{V_s}{R}+\frac{V_o}{R}}{\frac{1}{R}+sC+\frac{1}{R}} \tag{4.52}$$

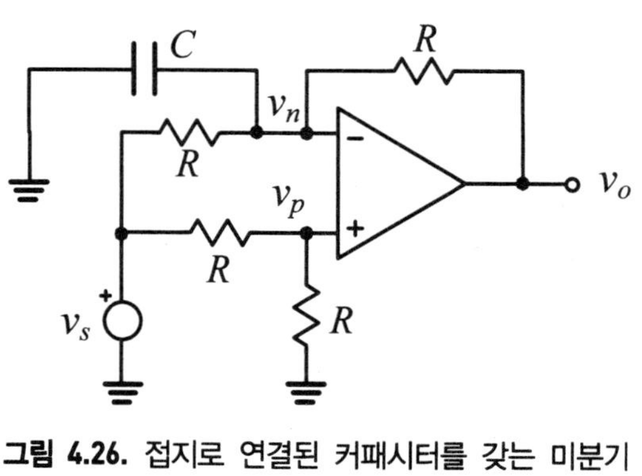

그림 4.26. 접지로 연결된 커패시터를 갖는 미분기

따라서 그림 4.26에 보인 접지로 연결된 커패시터를 갖는 미분기의 전달함수는 다음과 같다.

$$\frac{V_o(s)}{V_s(s)} = \frac{1}{2}RCs \tag{4.53}$$

식 (4.53)에서 알 수 있듯이 그림 4.26의 미분기의 전달함수는 음(−)의 부호를 갖지 않으므로 출력신호가 입력신호의 미분에 대하여 반전(inversion)되지 않는다는 장점도 있다.

그림 4.27은 접지로 연결된 커패시터를 갖는 적분기이다. 그림 4.27의 회로에 가상접지와 밀만의 정리를 적용하면

가상 접지 : $V_p = V_n$

$$\text{밀만의 정리 : } V_p = \frac{\dfrac{V_s}{R} + \dfrac{V_o}{R}}{\dfrac{1}{R} + sC + \dfrac{1}{R}}, \quad V_n = \frac{\dfrac{V_o}{R}}{\dfrac{1}{R} + \dfrac{1}{R}} \tag{4.54}$$

따라서 그림 4.27에 보인 접지로 연결된 커패시터를 갖는 적분기의 전달함수는 다음과 같다.

$$\frac{V_o(s)}{V_s(s)} = \frac{2}{RCs} \tag{4.55}$$

식 (4.55)에서 보듯이 그림 4.27의 적분기의 전달함수는 음(−)의 부호를 갖지 않으므로 출력신호가 입력신호의 미분에 대하여 반전되지 않음에 유의한다.

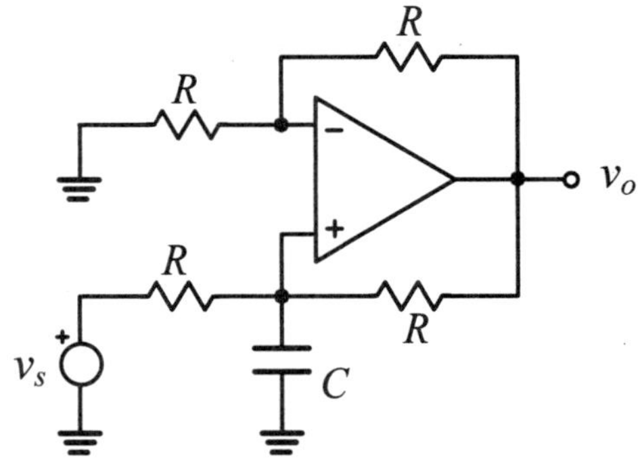

그림 4.27. 접지로 연결된 커패시터를 갖는 적분기

그림 4.28은 이중 적분기이다. 그림 4.28의 회로에 v_x, v_y 전압을 구하기 위해 s-영역에서 밀만의 정리를 적용하면

$$V_x = \frac{\dfrac{V_s}{R_s}}{\dfrac{1}{R_s} + sC_s + \dfrac{1}{R_s}}, \quad 0 = \frac{\dfrac{V_x}{R_s} + sC_f V_y}{\dfrac{1}{R_s} + sC_f}, \quad V_y = \frac{sC_f V_o}{sC_f + \dfrac{1}{R_g} + sC_f} \tag{4.56}$$

따라서 그림 4.28에 보인 이중 적분기의 전달함수는 다음과 같다.

$$\frac{V_o}{V_s} = -\frac{(2sC_fR_g + 1)}{(sC_fR_g)^2(sC_sR_s + 2)} \tag{4.57}$$

만일 $C_f = \dfrac{1}{2}C_s$, $R_g = \dfrac{1}{2}R_s$이면

$$\frac{V_o}{V_s} = -\frac{8}{(sC_fR_g)^2} \tag{4.58}$$

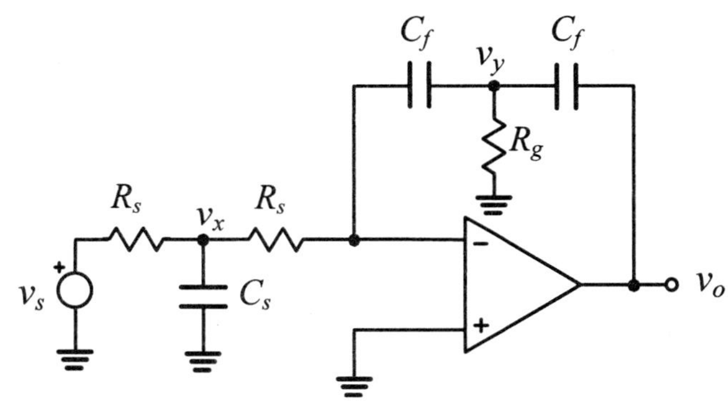

그림 4.28. 이중 적분기

연습문제

4.1. 그림 P4.1의 회로에서 다음을 구하라. 단, 연산 증폭기의 차동이득 A_d는 40 dB이고 나머지 특성을 이상적이라고 가정한다.

(a) 입력전류 i_s

(b) 피드백 저항(20 kΩ) 양단에 인가되는 전압 v_f

(c) 출력전압 v_o

(d) 연산 증폭기 출력단자의 전류 i_{op}

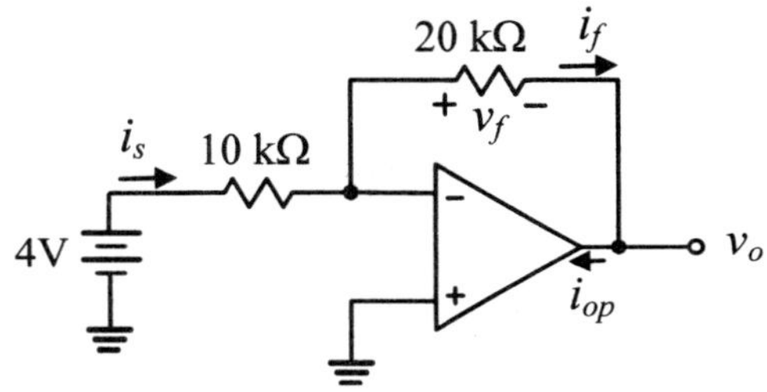

그림 P4.1.

4.2. 그림 P4.2의 회로에서 다음을 구하라. 단 연산 증폭기는 이상적이라고 가정한다.

(a) 전압 증폭률 $A_{cl} = v_o/v_s$

(b) 입력저항 R_i

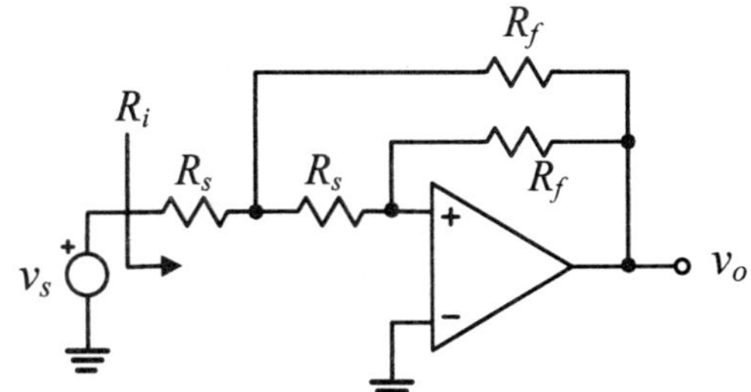

그림 P4.2.

4.3. 그림 P4.3의 회로에서 전압 증폭률 $A_{cl} = v_o/v_i$를 구하라. 단 연산 증폭기는 이상적이라고 가정한다.

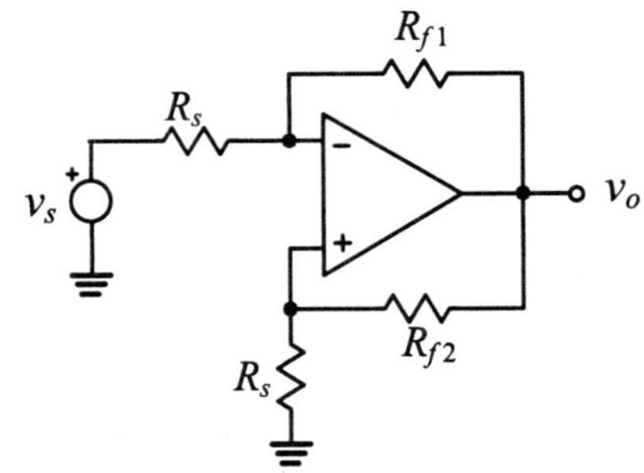

그림 P4.3.

4.4. 그림 P4.4의 회로에서 다음을 구하라. 단 연산 증폭기는 이상적이라고 가정한다.

(a) $A_{c1} = v_o/v_s$를 구하라.

(b) β의 값을 구하라.

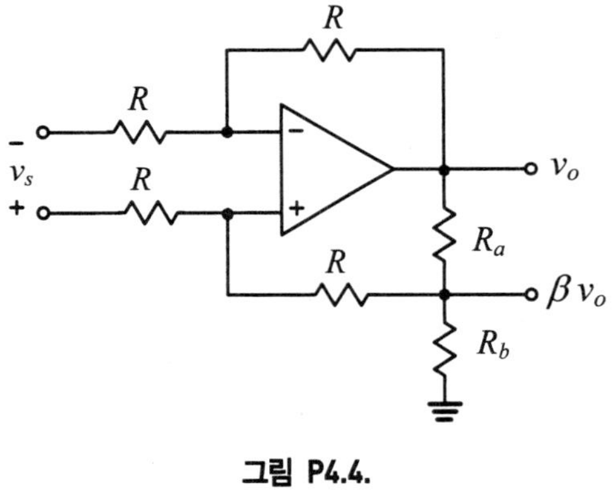

그림 P4.4.

4.5. 그림 P4.5의 회로에서 다음을 구하라. 단 연산 증폭기는 이상적이라고 가정한다.

(a) $A_{cl} = v_o/v_s$를 구하라.

(b) v_x를 구하라.

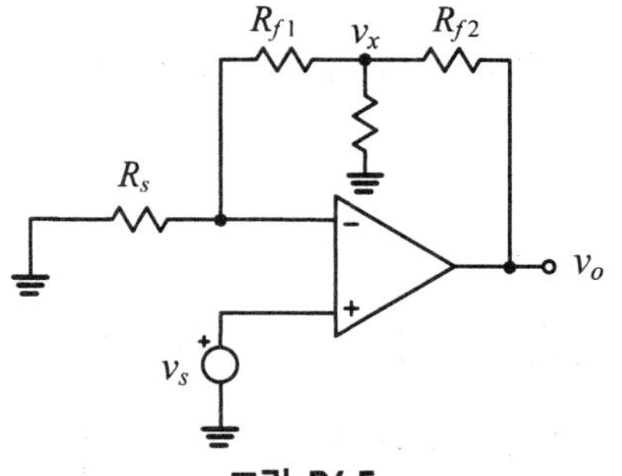

그림 P4.5.

4.6. 그림 P4.6의 회로에서 i_o를 구하라. 단 연산 증폭기는 이상적이라고 가정한다.

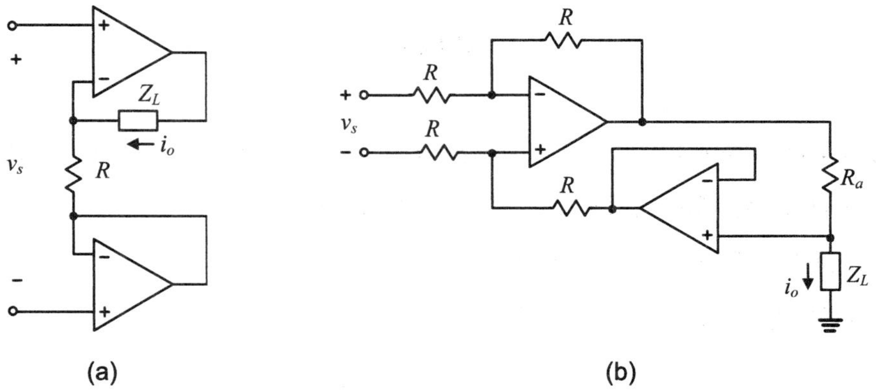

그림 P4.6.

4.7. 그림 P4.7의 (a)와 (b) 회로에서 $A_{cl} = v_o/v_s$을 구하라. 단 연산 증폭기는 이상적이라고 가정한다.

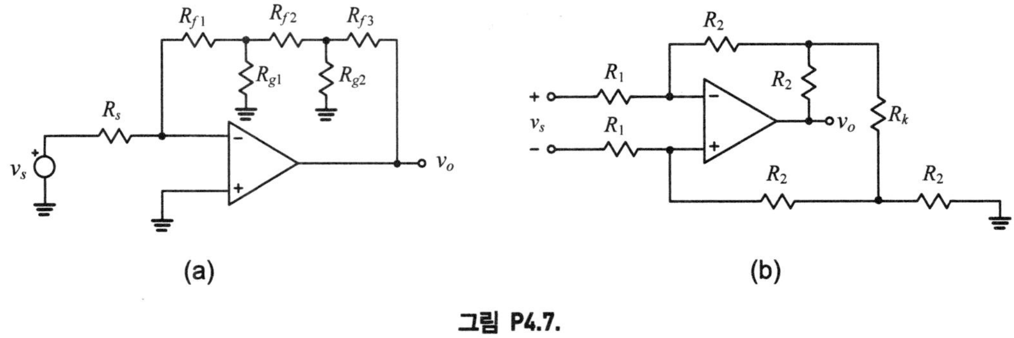

그림 P4.7.

4.8. 그림 P4.8의 회로에서 출력전압 v_o에 대한 식을 구하라. 단 연산 증폭기는 이상적이라고 가정한다.

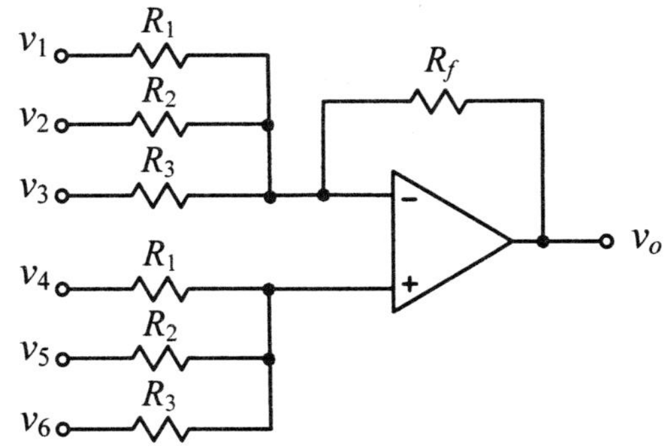

그림 P4.8.

4.9. 그림 P4.9의 회로에서 다음을 구하라. 단 연산 증폭기는 이상적이라고 가정한다.

(a) 입력전압에 대한 출력전압의 전달함수를 구하라.

(b) 진폭응답에 대한 식을 구하라.

(c) 위상응답에 대한 식을 구하라.

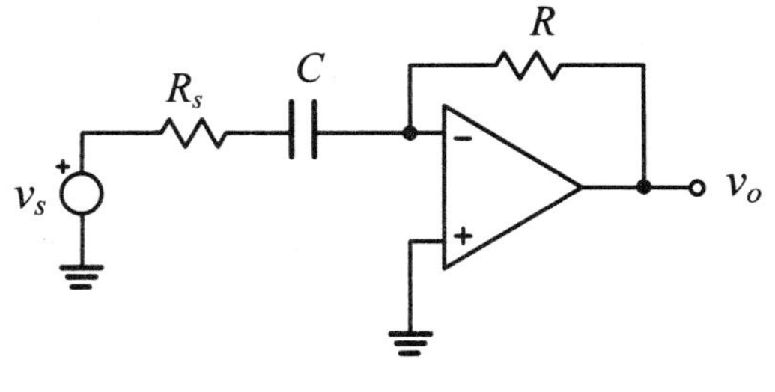

그림 P4.9.

Chapter

5 연산 증폭기 회로 : 비선형회로

연산 증폭기 자체는 전압이득이 매우 큰 선형 증폭기이지만 비선형소자와 함께 사용되거나 정궤환을 사용하면 전체 회로는 비선형 특성을 나타낼 수 있다. 예를 들면, 부궤환(negative feedback) 경로를 갖는 연산 증폭기 회로에서 다이오드와 같은 비선형 소자가 사용되면 전체 특성은 비선형 특성을 나타낸다. 또 연산 증폭기와 선형소자만 사용된 회로라 하더라도 정궤환(positive feedback)이 존재하면 비선형 특성을 나타낼 수 있다.

5.1. 다이오드와 연산 증폭기의 만남

연산 증폭기의 부궤환 경로에 다이오드를 연결하면 연산 증폭기의 높은 이득에 의해 비이상적인 다이오드의 성질이 은폐되어 이상적인 다이오드와 같은 동작을 얻게 된다. 또 다이오드만의 특성을 이용하여 **대수 증폭기**(logarithmic amplifier)와 같은 특수한 전달 특성을 갖는 증폭기를 설계할 수 있다.

■ 정밀 반파 정류회로

pn-접합 실리콘 다이오드의 순방향 바이어스 특성을 보면 약 0.5 V 정도에 도달하기 전에는 애노드에서 캐소드로 전류가 거의 흐르지 않다가 0.5 V를 지나 문턱전압(V_T)을 넘어서면 비로소 순방향 전류가 흐른다. 그러므로 반파 정류회로에서 신호를 정류하고자

할 때 만일 입력 신호의 크기가 문턱전압보다 작은 경우 다이오드에 전류가 흐르지 않아서 정류동작이 제대로 이루어지지 않는다. 신호의 크기가 작으면 작을수록 순방향 바이어스 0 V 근처에서 이상적인 다이오드와 같이 동작하는 다이오드가 요구된다. 그런데 상용의 실리콘 pn-접합 다이오드와 연산 증폭기를 사용하면 이러한 이상적인 다이오드의 특성에 근접한 다이오드를 구현할 수 있다. 이와 같이 이상적인 다이오드의 특성에 근접한 다이오드를 **슈퍼다이오드**(superdiode)라고 하자.

그림 5.1 (a)는 연산 증폭기와 다이오드로 구성된 슈퍼다이오드와 슈퍼다이오드를 사용하여 구성한 반파 정류회로를 나타낸다. 이 회로의 동작을 설명하면 다음과 같다. 먼저 초기조건으로서 연산 증폭기의 비반전 단자 입력인 v_s가 0인 상태라면 반전 단자 입력인 v_o도 0의 상태를 유지할 것이다.

양(+)의 입력전압 : 연산 증폭기의 v_s가 0보다 약간 큰 (+)가 되면 연산 증폭기의 출력전압 v_A는 연산 증폭기에 의하여 증폭된 큰 값의 (+)로 되어 다이오드가 도통하고 연산 증폭기의 출력단자와 (−) 입력단자 사이에 부궤환 경로가 만들어진다. 이 부궤환 경로 때문에 연산 증폭기의 두 입력단자 사이에 가상 단락회로가 형성되고 연산 증폭기의 출력전압은 비반전 입력전압과 같아지며 전압 팔로워처럼 동작하게 된다. 즉, $v_o = v_s$가 된다.

음(−)의 입력전압 : 연산 증폭기의 v_s가 0보다 약간 작은 (−)가 되면 연산 증폭기의 출력전압 v_A는 연산 증폭기에 의하여 증폭된 큰 값의 (−)로 되어 다이오드에 역전압이 인가되어 오프상태가 되고 연산 증폭기의 출력은 개방 상태가 된다. 그러므로 저항 R에는 전류가 흐르지 않고 v_o는 0을 유지하게 된다.

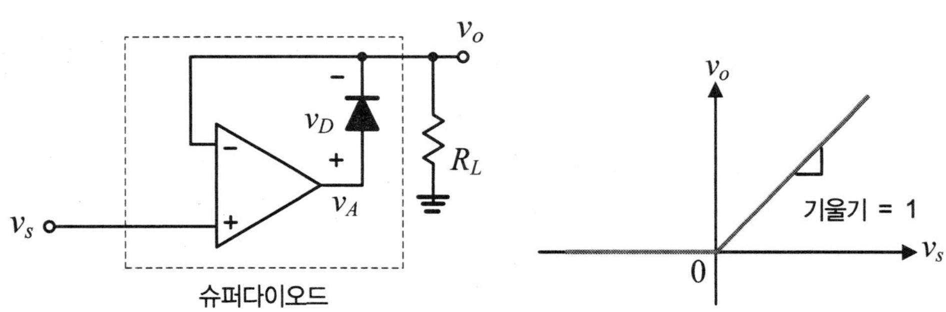

(a) 반파 정류 회로　　(b) 전달 특성

그림 5.1. 슈퍼다이오드로 구현된 양의 반파 정류회로

그림 5.1 (b)는 그림 5.1 (a)에 보인 반파 정류회로의 전달 특성을 나타낸다. 그림 5.1의 슈퍼다이오드에서 $v_D = v_A - v_o = A_d(v_s - v_o) - v_o = A_d v_s - (1 + A_d)v_o$인데 초기상태

에서 $v_o = 0$이라면 $v_D = A_d v_s$가 되고 연산 증폭기의 부궤환이 동작하려면 $v_D > V_T$ 즉, $v_s > V_T/A_d$이어야 한다. 다시 말해 연산 증폭기의 부궤환을 동작시키기 위해서는 v_s가 다이오드의 전압강하를 연산 증폭기의 개방루프 이득으로 나눈 값, 즉 V_T/A_d보다 반드시 커야 한다. 그런데 V_T/A_d의 값은 매우 작은 값이므로 전달 특성은 거의 원점을 지난다. 이러한 특성 때문에 이 회로는 매우 작은 신호를 수반하는 응용에 적절하게 사용될 수 있다.

그림 5.2 (a)의 회로는 앞서 그림 5.1 (a)의 회로에서 다이오드의 방향만 바꾼 것이다. 이 회로의 전달특성은 그림 5.2 (b)와 같다.

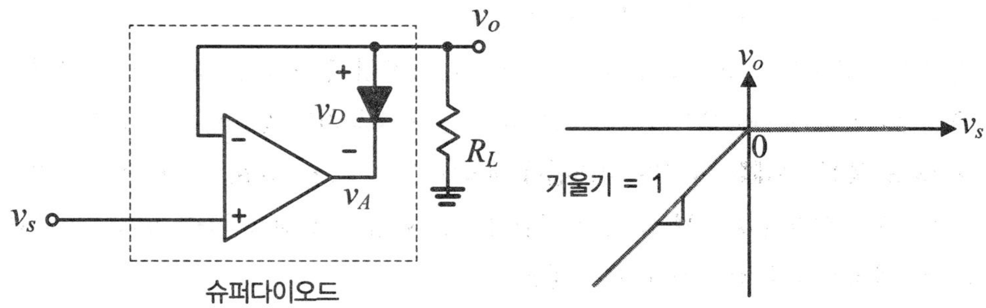

(a) 반파 정류 회로 (b) 전달 특성

그림 5.2. 슈퍼다이오드로 구현된 음의 반파 정류회로

그림 5.2 (a)의 회로의 동작은 그림 5.1 (a)의 회로의 동작과 거의 유사하다.

양(+)의 입력전압 : 연산 증폭기의 v_s가 0보다 약간 큰 (+)가 되면 연산 증폭기의 출력전압 v_A는 연산 증폭기에 의하여 증폭된 큰 값의 (+)로 되어 다이오드가 오프상태가 된다. 그러므로 저항 R에는 전류가 흐르지 않고 v_o는 0을 유지하게 된다.

음(−)의 입력전압 : 연산 증폭기의 v_s가 0보다 약간 작은 (−)가 되면 연산 증폭기의 출력전압 v_A는 연산 증폭기에 의하여 증폭된 큰 값의 (−)로 되어 다이오드가 도통하고 연산 증폭기의 출력단자와 (−) 입력단자 사이에 부궤환 경로가 만들어진다. 이 부궤환 경로 때문에 연산 증폭기의 두 입력단자 사이에 가상 단락회로가 형성되고 전압 팔로워처럼 동작하게 된다. 즉, $v_o = v_s$가 된다.

그림 5.1과 그림 5.2의 회로에서 단점은 무엇일까? 첫째는 그림 5.1의 회로에서는 $v_s < 0$일 때 그림 5.2의 회로에서는 $v_s > 0$일 때 각각 $v_o = 0$이 되어 연산 증폭기의 두 입력단자에 입력전압 v_s가 그대로 인가된다는 점이다. 이때 그 크기가 수볼트보다 크게 되면 과전압 보호회로를 갖지 않는 연산 증폭기라면 연산 증폭기는 손상을 입게 된다.

둘째는 연산 증폭기가 포화영역에서 동작한다는 점이다. 그림 5.1의 회로에서 $v_s < 0$일 때 연산 증폭기는 포화되어 연산 증폭기의 출력이 (−) 전원 레벨과 비슷해지고 마찬가지로 그림 5.2의 회로에서 $v_s > 0$일 때 연산 증폭기는 포화되어 연산 증폭기의 출력이 (+) 전원 레벨과 비슷해진다. 이 때문에 연산 증폭기가 포화영역에서 벗어나 선형영역에서 동작하게 하는데 어느 정도의 시간을 필요로 하게 되며 이 시간지연으로 인하여 그림 5.1과 그림 5.2의 의 반파 정류회로가 동작하는 주파수가 제한 받게 된다.

그림 5.3 (a)는 그림 5.1과 그림 5.2의 반파 정류회로의 단점을 개선한 회로이다. 그림 5.3에서 (b)는 입력신호 v_s에 대한 v_{o1}의 전달특성을 (c)는 입력신호 v_s에 대한 v_{o2}의 전달특성을 각각 나타낸다. 입력신호 v_s가 0보다 큰 경우와 작은 경우로 나누어 그림 5.3 (a)의 회로의 동작을 설명하면 다음과 같다.

양(+)의 입력전압 : 그림 5.4 (a)를 참조한다. $v_s > 0$인 경우 연산 증폭기의 출력단자가 (−)의 전압이 되어 다이오드 D_2는 도통되어 연산 증폭기의 반전단자에서 출력단자로 R_2와 D_2를 통한 부궤환 경로가 마련된다. 따라서 $v_{o2} = (-R_2/R_s)v_s$가 된다. 또한 D_1은 오프상태가 되고 궤환저항 R_1에는 전류가 흐르지 않아서 전압강하가 0이므로 출력전압 v_{o1}은 가상접지의 전압 0 V로 고정된다.

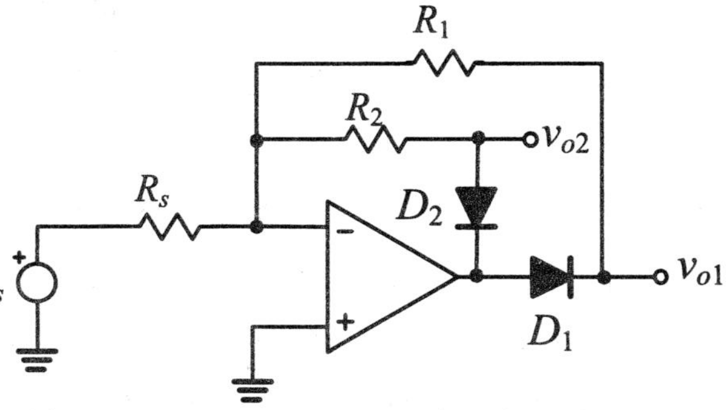

(a)

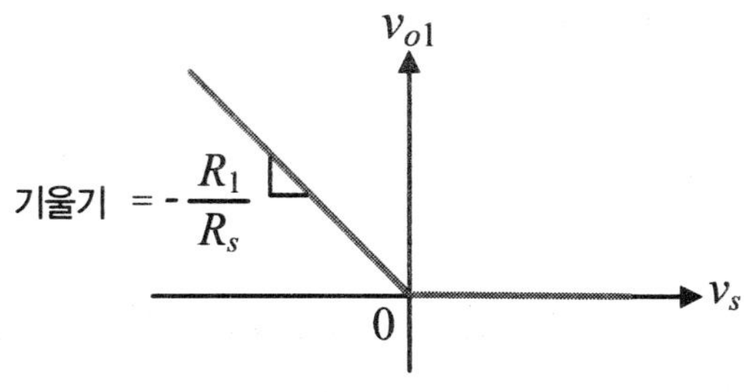

(b)

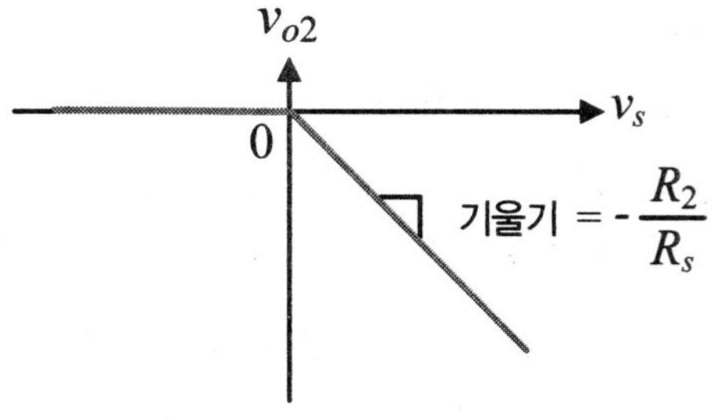

(c)

그림 5.3. 반전 반파 정류회로

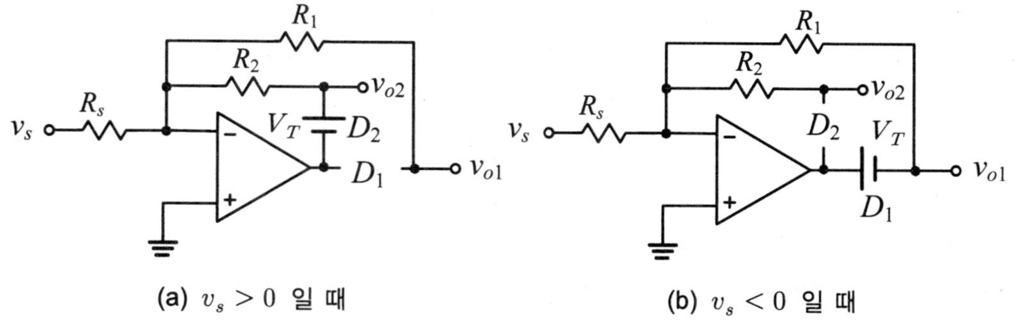

그림 5.4. 반전 반파 정류회로의 등가회로

음(−)의 입력전압 : 그림 5.4 (b)를 참조한다. $v_s < 0$인 경우 반전입력 단자전압은 음(−)이 되고 따라서 연산 증폭기의 출력전압은 양(+)이 된다. 이러한 조건은 다이오드 D_2에 역방향 전압이 걸리게 하여 D_2를 오프상태로 만든다. 그러나 다이오드 D_1의 애노드는 양(+)의 전압이 캐소드는 음(−)의 전압이 인가되어 다이오드 D_1은 R_1를 통하여 도통하게 된다. 따라서 D_1과 R_1를 통한 부궤환 경로가 형성되어 반전입력 단자에 가상접지가 나타나게 된다. 이 경우 출력신호는 $v_{o2} = 0$, $v_{o1} = (-R_1/R_s)v_s$가 된다.

▪ 정밀 전파 정류회로

각종 계측회로나 신호처리 회로에서 입력 교류 신호의 절대값을 출력으로 내보내고자 할 때 전파 정류회로가 요구된다. 그림 5.5는 전파 정류회로의 동작원리를 나타낸다. 전파 정류회로는 입력 신호를 반전시킨 다음 원래의 신호와 반전된 신호 각각을 반파 정류하여 더해주는 원리를 이용한다. 주어진 입력신호를 반전시키기 위하여 (−1)배 증폭기를 사용한다.

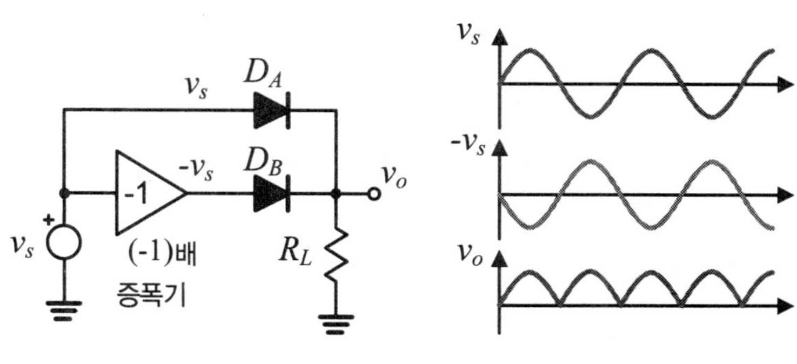

그림 5.5. 전파 정류회로의 동작원리

그림 5.6은 전파 정류회로의 구성의 일례를 보인다. 그림 5.6 (a)의 회로구성에서는 증폭률이 1인 반전 증폭기를 사용하여 (−1)배 증폭기를 구현하였다. 이 회로에서 단점은 신호원의 입장에서 볼 때 입력저항이 부하에 따라 변하고 양(+)과 음(−)의 파형을 정류할 때 비대칭이 존재할 수 있다는 점이다. 그림 5.6 (b)는 전압 팔로워(=버퍼)를 사용함으로써 입력과 출력사이에 완충작용을 하도록 하고 입력이 출력전류를 직접 공급하지 않아도 된다는 장점이 있다. 그림 5.6에 보인 회로의 가장 큰 단점은 다이오드의 문턱전압 때문에 영(0)점 근처에서 불완전한 정류작용을 한다는 점이다.

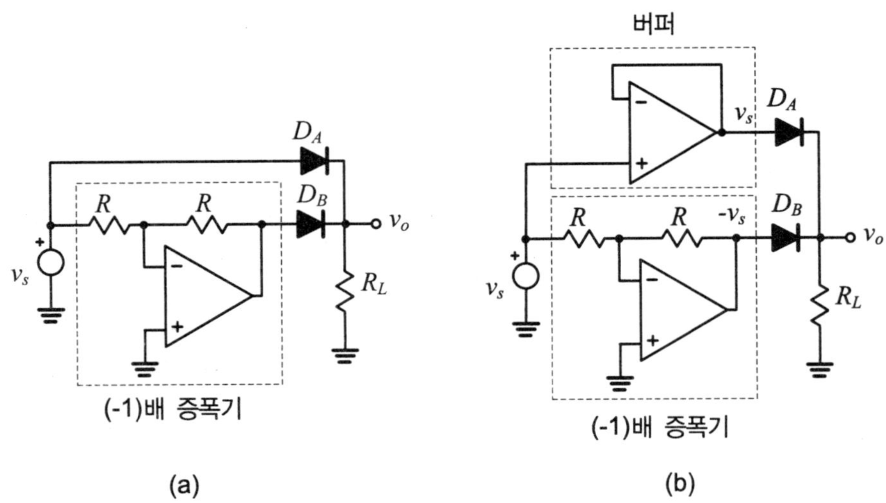

그림 5.6. 전파 정류회로의 구성 일례

그림 5.7은 부궤환 경로에 다이오드를 사용한 전파 정류회로를 나타낸다. 이 회로에 사용된 소자의 개수는 그림 5.6 (b)의 회로에 사용된 소자의 개수와 동일하나 정류회로로서의 특성은 상당히 개선된 특성을 나타낸다.

양(+)의 입력전압 : 입력 신호 v_s가 (+)인 경우 연산 증폭기 A의 출력이 (+)가 되므로 D_A가 도통하고 R_L을 통하여 전류가 흐르게 된다. 이 경우 연산 증폭기 A 주위에 부궤환 경로가 형성되고 가상접지의 원리에 의해 연산 증폭기 A의 반전단자와 비반전 단자의 전압은 같게 된다. 따라서 $v_o = v_s$가 된다. 또 연산 증폭기 B가 포화되어 연산 증폭기 B의 출력은 (−)가 되므로 D_B는 오프상태가 된다.

음(−)의 입력전압 : 입력 신호 v_s가 (−)인 경우 연산 증폭기 B의 출력전압이 상승되어 D_B를 도통시키고 R_L에 전류를 공급해준다. 이 경우 연산 증폭기 B의 둘레에 부궤환 경로가 형성되고 $v_o = -v_s$가 된다. 또 연산 증폭기 A의 출력전압은 (−)가 되므로 다이오드 D_A는 오프 상태가 된다.

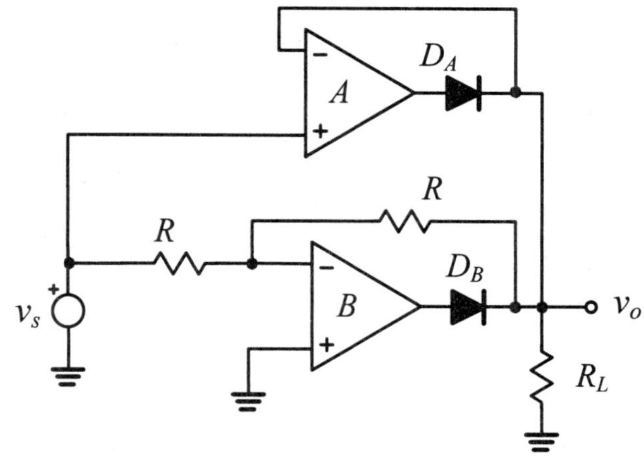

그림 5.7. 궤환루프에 다이오드를 사용한 전파 정류회로

그림 5.7의 전파 정류회로는 거의 원점을 지나는 전달특성을 나타내지만 연산 증폭기 A와 B가 포화된다는 단점이 있다. 이러한 단점을 개선한 회로가 그림 5.8 (a)의 전파 정류회로이다. 그림 5.8의 회로에서 적어도 연산 증폭기 B는 반전 가산 증폭기를 구성하고 있으므로 항상 포화되지 않은 상태에서 동작한다는 것을 알 수 있다. 입력신호 v_s가 0보다 큰 경우와 작은 경우로 나누어 그림 5.8의 회로의 동작을 설명하면 다음과 같다.

양(+)의 입력전압 : 입력 신호 v_s가 (+)인 경우 연산 증폭기 A의 출력전압은 (−)가 되므로 D_1은 오프상태가 되고 D_2는 온상태가 된다 [그림 5.9참조]. 이 경우 연산 증폭기 A는 반전 증폭기로 동작하고 $v_2 = -v_s$가 되고, $v_o = -v_1 - 2v_2$이므로 출력전압은 다음과 같다. 즉,

$$v_o = -v_1 - 2v_2 = -v_s - 2(-v_s) = v_s \tag{5.1}$$

음(−)의 입력전압 : 입력 신호 v_s가 (−)인 경우 연산 증폭기 A의 출력전압은 (+)가 되므로 D_1은 온상태가 되고 D_2는 오프상태가 된다 [그림 5.10참조]. 이 경우 연산 증폭기 A는 전압 팔로워로 동작하며 연산 증폭기 A의 비반전 단자 입력전압이 0이므로 연산 증폭기 A의 출력단자의 전압도 0이 된다. 연산 증폭기 B의 반전 단자의 전위도 가상접지의 원리에 의해서 0이므로 $v_2 = 0$이다. 따라서 출력전압은 다음과 같다.

$$v_o = -v_1 - 2v_2 = -v_s - 2(0) = -v_s \tag{5.2}$$

식 (5.1)과 (5.2)로부터 그림 5.8의 전파 정류회로는 그림 5.8 (b)와 같은 전달특성을 갖는다.

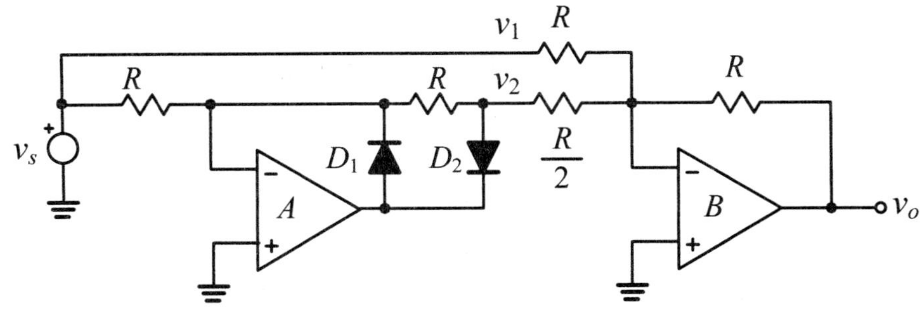

(a) 회로도

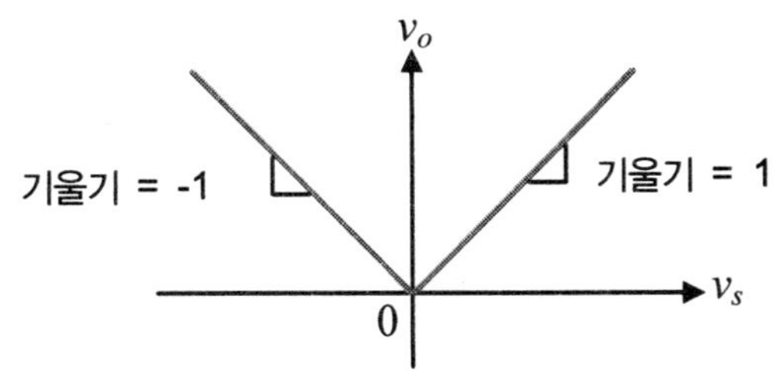

(b) 전달특성

그림 5.8. 포화되지 않는 연산 증폭기를 갖는 전파 정류회로

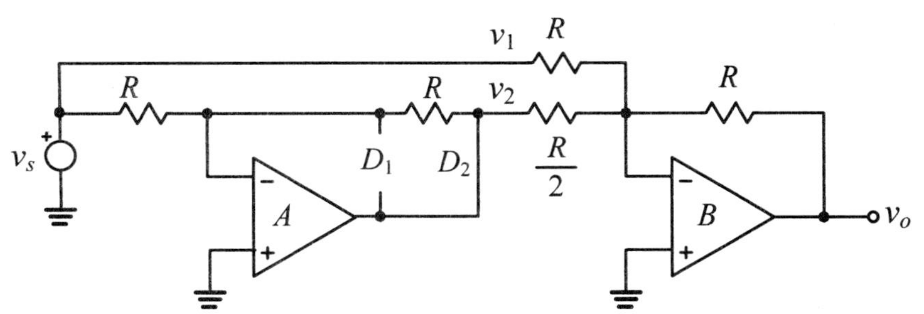

그림 5.9. $v_s > 0$인 경우 그림 5.8의 등가회로

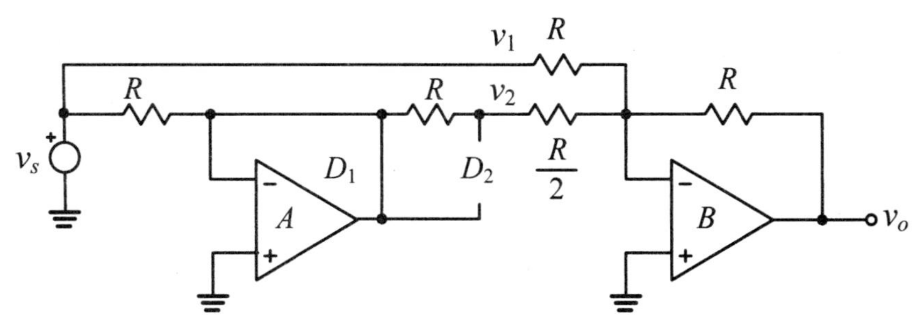

그림 5.10. $v_s < 0$인 경우 그림 5.8의 등가회로

■ 지수함수 회로와 로그함수 회로

그림 5.11은 피드백을 갖는 일반적인 연산 증폭기 회로를 나타낸다. 그림 5.11에서 소자 B는 부궤환 요소로서 소자 B에 전류가 흐르면 연산 증폭기의 출력단자와 반전단자를 연결하는 부궤환 경로가 생성된다. 일단 부궤환 경로가 생성되면 비반전단자와 반전단자는 서로 전위가 같아지는 가상접지의 원리에 의해 반전단자도 접지로 연결된 것으로 가정할 수 있다. 소자 A의 한쪽에는 입력전압 v_s가 인가되고 다른 한쪽에는 접지로 연결되었다고 볼 수 있으므로 소자 A에 흐르는 전류 i_s는 오로지 입력전압 v_s와 A의 특성식에 의해서 정해지게 된다. 즉, 소자 A는 입력전압 v_s가 주어졌을 때 이를 전류 i_s로 변환하는 기능을 하며 이 경우 독립변수는 v_s이며 종속변수는 i_s라고 볼 수 있다.

연산 증폭기의 반전단자로 유출입하는 전류는 거의 0이라고 볼 수 있으므로 소자 A에 흐르는 전류는 모두 소자 B로 흐르게 된다. 소자 B에 전류 i_s가 흐르면 소자 B 양단의 전압 v_f는 전류 i_s와 소자 B의 특성식에 의해 정해지게 된다. 즉, 소자 B는 전류 i_s가 주어졌을 때 이를 전압 v_f로 변환하는 기능을 하며 이 경우 독립변수는 i_s이며 종속변수는 v_f라고 볼 수 있다. 최종적인 출력전압은 $v_o = -v_f$로 표현된다.

연산 증폭기와 다이오드를 사용한 회로 가운데 지수함수 회로와 로그함수 회로는 그림 5.11의 소자 A 또는 B의 위치에 다이오드를 사용하여 다이오드의 전압-전류 특성을 이용한 것이다.

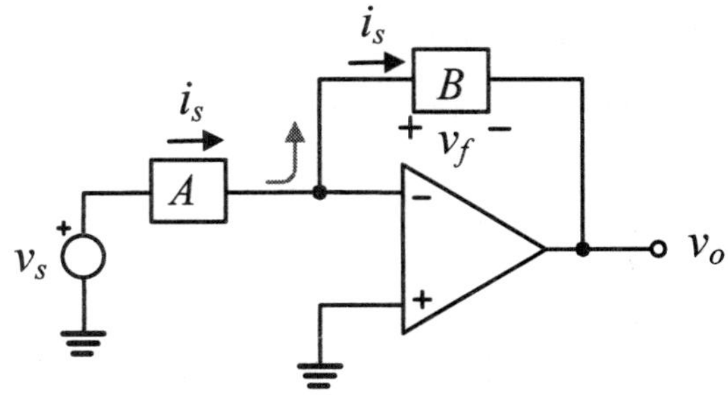

그림 5.11. 연산 증폭기의 전압-전류 변환 작용

그림 5.12는 입력신호의 지수함수를 출력으로 발생하는 회로이다. 그림 5.12에서 $v_s = v_D$이며 앞서 2장의 식 (2.1)에 주어진 다이오드의 특성식에 의하여 다이오드 전류 i_D가 결정된다. 즉, $i_D = I_s\left[e^{v_D/(\eta V_t)} - 1\right]$이며 이 전류는 모두 R_f로 흘러서 저항 R_f에서의 전압강하를 발생한다. 따라서 출력전압 v_o는 다음과 같다.

$$v_o = -R_f i_D = -R_f I_s\left[e^{v_s/(\eta V_t)} - 1\right] \tag{5.3}$$

여기서 I_s는 다이오드의 역방향 누설전류이며, V_t는 열전압((27 °C 에서 약 26 mV)이고 η는 재료에 따라 정해지는 상수로 $\eta = 1 \sim 2$의 값을 갖는데 전류가 큰 실리콘 다이오드의 경우 $\eta = 1$ 정도이다. 그림 5.12 (b)는 지수함수 회로의 전달특성을 나타낸다.

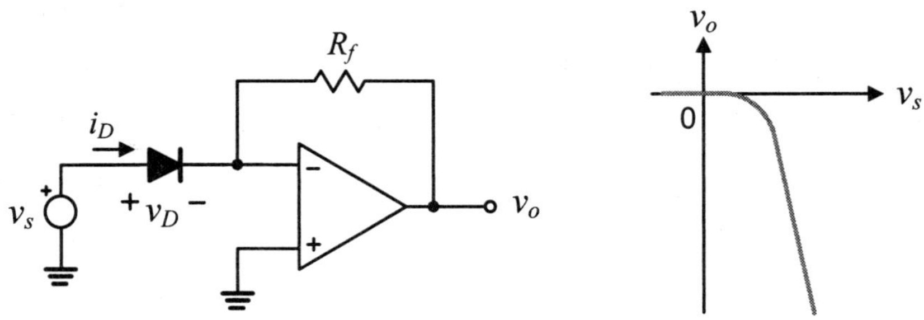

(a) 회로도 (b) 전달특성

그림 5.12. 지수함수 회로

그림 5.13은 입력신호의 로그함수를 출력으로 발생하는 회로이다. 그림 5.13에서 $v_s > 0$인 경우 연산 증폭기의 출력이 (−)가 되어 다이오드가 오프상태로 됨으로써 부궤환 경로가 형성되지 않으며 연산 증폭기는 (−) 전원전압으로 포화된다. $v_s < 0$일 때 연산 증폭기 출력이 (+)가 되면서 다이오드가 온상태가 되어 i_D 전류가 흐르게 되는데 다이오드에 흐르는 전류 i_D의 크기는 입력신호 v_s와 저항 R_s에 의하여 $i_D = -v_s/R_s$로 정해진다. i_D가 정해지면 다이오드 양단의 전압 v_D는 다이오드의 특성식에 의해 정할 수 있다. 즉, $i_D = I_s\left[e^{v_D/(\eta V_t)} - 1\right] = -v_s/R_s$가 되고 그림 5.13의 회로에서 출력전압 $v_o = v_D$가 된다. 따라서 출력전압 v_o는 다음과 같다.

$$v_o = \eta V_t \ln\left(1 - \frac{v_s}{R_s I_s}\right) \tag{5.4}$$

그림 5.13 (b)는 로그함수 회로의 전달특성을 나타낸다.

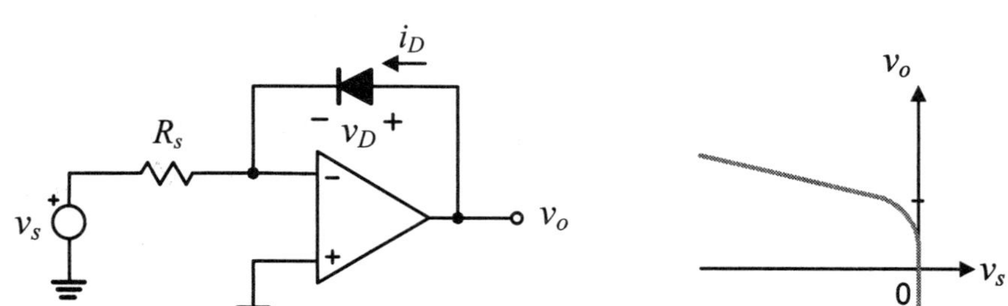

(a) 회로도 (b) 전달특성

그림 5.13. 로그함수 회로

▪ 연산 증폭기를 사용한 리미터

신호처리를 하는 전자회로에서 리미터(limiter)는 신호의 크기를 제한하고자 할 때 사용한다 그림 5.14는 리미터의 전달특성을 나타낸다. 최대 신호의 크기를 L_H로 제한하고 최저 신호의 크기를 L_L로 제한하는 리미터는 원점을 중심으로 임의의 범위의 입력 v_s (즉, $L_L/k < v_s < L_H/k$)에 대하여 이득이 k인 증폭기로 동작한다. 리미터의 입력이 이득이 k인 증폭기의 동작범위를 벗어날 만큼 크거나 작으면 리미터는 포화되어 출력은 L_H 또는 L_L로 입력에 관계없이 일정한 값이 된다.

그림 5.14에서 (a)는 리미터의 선형 동작영역과 포화영역사이의 경계가 뚜렷한 **하드 리미터**(hard limiter)의 전달특성을 보이고 (b)는 선형영역에서 포화영역으로 넘어가는 변화가 부드러운 **소프트 리미터**(soft limiter)의 전달특성을 나타낸다.

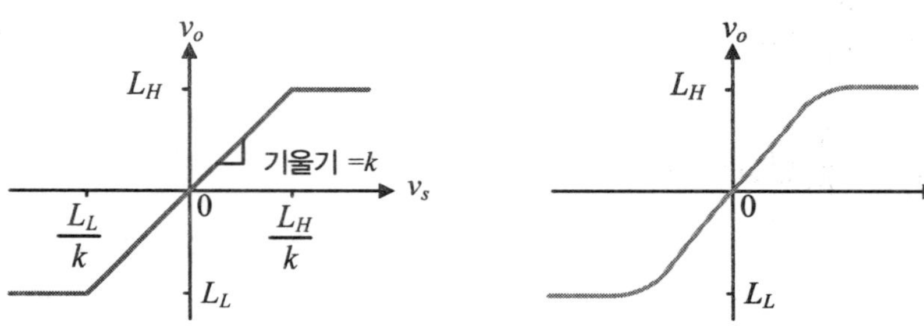

(a) 하드 리미터　　　(b) 소프트 리미터

그림 5.14. 리미터의 전달특성

앞서 2장의 다이오드 응용에서 다룬 클리퍼 회로는 리미터 회로의 일종으로 다이오드의 비선형적 특성에 따라 출력이 부정확한 영역이 존재한다. 또 다이오드 사용 클리퍼 회로만으로는 원하는 이득 k를 갖는 리미터를 구현할 수 없다. 여기서는 다이오드 또는 제너 다이오드와 연산 증폭기를 결합하여 보다 유연성 있는 리미터를 실현할 수 있음을 보인다.

그림 5.15는 제너 다이오드를 사용한 리미터 회로를 보인다. 제너 다이오드 Z_1의 제너 전압을 V_{Z1}, 제너 다이오드 Z_2의 제너 전압을 V_{Z2}라고 하고 모든 제너 다이오드는 동일한 순방향 문턱전압 V_T (≈ 0.7 V)를 갖는다고 하자. 그림 5.15의 회로는 항상 저항 R_f를 통하여 부궤환 경로가 형성되어 있으므로 연산 증폭기의 반전단자는 항상 0 V의 전위 즉, 접지되어 있다고 볼 수 있고 출력전압 $v_o = -v_f$이다.

만일 v_s가 일정한 기준 이상 크기의 (+)의 전압이 되어서 v_o가 $-(V_{Z1} + V_T)$의 값을 넘어서 더 감소하려고 하면 제너 다이오드 Z_2는 문턱전압으로 순방향 바이어스 되고 Z_1은 항복영역에서 동작하게 되어 출력전압 v_o는 $-(V_{Z1}+V_T)$로 일정하게(즉 클램핑 되게) 된다. 또 v_s가 일정한 기준 이상 크기의 (−)의 전압이 되어 v_o가 $V_{Z2}+V_T$의 값을 넘어서 더 증가하려고 하면 제너 다이오드 Z_1은 순방향 바이어스 되고 Z_2는 항복영역에서 동작하게 되어 출력전압 v_o는 더 이상 증가하지 않고 $V_{Z2}+V_T$로 일정하게 된다.

v_s의 절대값이 작아서 v_o가 $-(V_{Z1}+V_T)$ 또는 $V_{Z2}+V_T$의 값에 도달하지 않을 정도의 크기라면 제너 다이오드를 통하여 흐르는 전류가 존재하지 않게 되어 제너 다이오드는 없는 것과 마찬가지로 동작하며 $v_o=(-R_f/R_s)v_s$가 된다. 그러므로 그림 5.15의 리미터가 음(−)으로 포화되는 입력전압의 경계값 V_H와 양(+)으로 포화되는 입력전압의 경계값 V_L은 다음과 같다.

$$V_H=\frac{R_s}{R_f}(V_{z1}+V_T) \tag{5.5}$$

$$V_L=-\frac{R_s}{R_f}(V_{z2}+V_T) \tag{5.6}$$

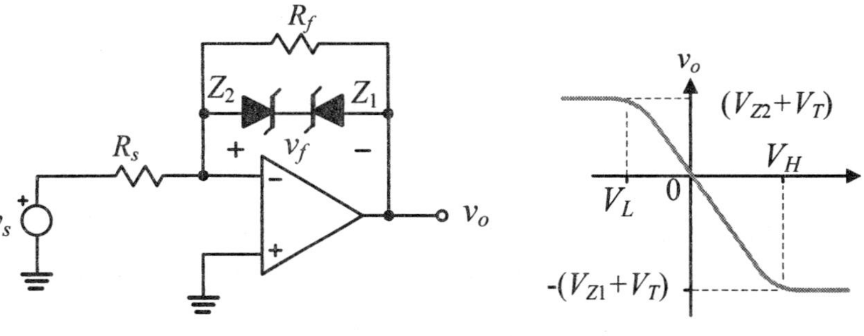

그림 5.15. 제너 다이오드를 사용한 리미터

그림 5.16은 다이오드와 연산 증폭기를 사용한 실용적인 리미터 회로를 보인다. 여기서는 설명의 편의를 위하여 두 다이오드가 이상적이라고 가정한다. 그림 5.16의 회로에서 적어도 저항 R_f는 연산 증폭기의 부궤환 경로를 구성하므로 연산 증폭기의 반전단자는 항상 가상접지 되어 있다. 다이오드 D_1이 오프상태인 경우 v_a의 전압과 다이오드 D_2가 오프상태인 경우 v_b의 전압의 전압은 밀만의 정리에 의하여 각각 다음과 같다.

$$v_a = \frac{\frac{V_s}{R_2} + \frac{v_o}{R_3}}{\frac{1}{R_2} + \frac{1}{R_3}} \tag{5.7}$$

$$v_b = \frac{\frac{v_o}{R_4} + \frac{(-V_s)}{R_5}}{\frac{1}{R_4} + \frac{1}{R_5}} \tag{5.8}$$

그림 5.16에서 저항 R_1과 R_f는 연산 증폭기와 함께 반전 증폭기를 이루고 있음에 주목한다. 따라서 입력전압 $v_s = 0$인 초기 상태에서 출력전압 $v_o = 0$이 된다. 또 $v_o = 0$일 때 식 (5.7)과 (5.8)에서 $v_a = R_3 V_s/(R_2 + R_3)$, $v_b = -R_4 V_s/(R_4 + R_5)$가 되어 $v_a > 0$, $v_b < 0$이므로 두 다이오드는 모두 역바이어스되어 오프상태가 된다.

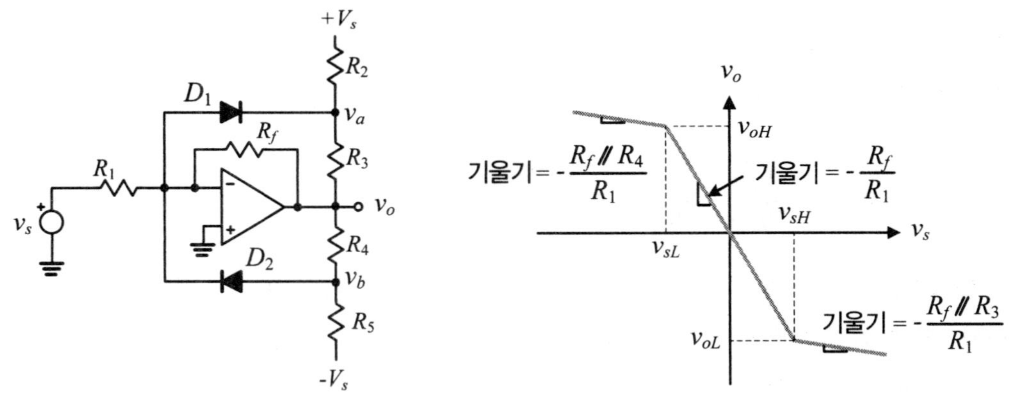

(a) 회로도　　　　　　　　　　(b) 전달특성

그림 5.16. 다이오드를 이용한 실용적인 리미터

양(+)의 입력전압 : 두 다이오드가 모두 오프상태인 경우 그림 5.16 회로의 등가회로는 그림 5.17 (a)와 같고 출력전압 v_o는 반전 증폭기에서처럼 구할 수 있다. 즉,

$$v_o = -\frac{R_f}{R_1} v_s \tag{5.9}$$

입력신호 v_s를 0부터 증가시키면 출력전압 v_o는 0에서 (−)쪽으로 증가한다. v_o가 (−)쪽으로 증가되면 식 (5.7)에 의하여 v_a는 초기값 $R_3 V_s/(R_2 + R_3)$부터 감소하고 식

(5.8)에서 보듯이 v_b는 (−)쪽으로 더 큰 값이 된다. 즉, v_s를 증가시키면 v_a와 v_b는 모두 감소한다. 입력신호 v_s가 더욱 증가하여 마침내 $v_a = 0$에 이르면 다이오드 D_1이 순방향 바이어스 되기 시작하면서 도통하기 시작한다. 이때의 입력신호 v_s의 값을 상한 문턱전압 v_{sH}라고 하고 출력신호 v_o의 값을 리미팅이 시작될 때의 하한 출력레벨 v_{oL}이라고 하자.

하한 출력레벨 v_{oL}의 값은 식 (5.7)에서 $v_a = 0$인 조건을 고려하여 구한다. 즉,

$$\frac{\frac{V_s}{R_2} + \frac{v_{oL}}{R_3}}{\frac{1}{R_2} + \frac{1}{R_3}} = 0 \tag{5.10}$$

으로부터,

$$v_{oL} = -\frac{R_3}{R_2} V_s \tag{5.11}$$

가 된다. 하한 출력레벨 v_{oL}을 발생하는 상한 문턱전압 v_{sH}는 식 (5.11)을 (5.9)에 대입하여 구한다. 즉, $v_{oL} = (-R_f/R_1)v_{sH}$ 로부터

$$v_{sH} = \left(-\frac{R_1}{R_f}\right)\left(-\frac{R_3}{R_2}\right)V_s = \frac{R_1 R_3}{R_f R_2} V_s \tag{5.12}$$

입력전압 v_s가 상한 문턱전압 v_{sH}보다 크게 되면 다이오드 D_1이 도통하고 이상적인 다이오드를 가정하면 $v_a = 0$이 된다. 이 경우 등가회로를 그리면 그림 5.17 (b)와 같다. 즉, 부궤환 경로의 구성이 변하는데 원래 있던 저항 R_f에 저항 R_3가 병렬로 더해지게 된다. 또 전원전압 $+V_s$가 연산 증폭기의 입력으로 참가하게 된다. 그림 5.17 (b)의 회로는 반전 가산기이며 $v_s > v_{sH}$ 인 경우 출력전압 v_o는 다음과 같다.

$$v_o = -\frac{R_f \parallel R_3}{R_1} v_s - \frac{R_f \parallel R_3}{R_2} V_s = -\frac{R_f R_3}{R_f + R_3}\left(\frac{v_s}{R_1} + \frac{V_s}{R_2}\right) \tag{5.13}$$

음(−)의 입력전압 : 입력신호 v_s를 0부터 감소시키면 출력전압 v_o는 0에서 (+)쪽으로 증가한다. v_o가 (+)쪽으로 증가되면 식 (5.7)과 (5.8)에서 알 수 있듯이 v_a와 v_b는 모두 증가한다. 따라서 다이오드 D_1은 계속 오프상태를 유지하고, 입력신호 v_s가 더욱 증가하여 마침내 $v_b = 0$에 이르면 다이오드 D_2가 순방향바이어스 되기 시작하면서 도통하기 시작한다. 이때의 입력신호 v_s의 값을 하한 문턱전압 v_{sL}라고 하고 출력신호 v_o의 값을

리미팅이 시작될 때의 상한 출력레벨 v_{oH}이라고 하자.

상한 출력레벨 v_{oH}의 값은 식 (5.8)에서 $v_b = 0$인 조건을 고려하여 구한다. 즉,

$$\frac{\dfrac{v_{oH}}{R_4} + \dfrac{(-V_s)}{R_5}}{\dfrac{1}{R_4} + \dfrac{1}{R_5}} = 0 \tag{5.14}$$

으로부터,

$$v_{oH} = \frac{R_4}{R_5} V_s \tag{5.15}$$

가 된다. 상한 출력레벨 v_{oH}를 발생하는 하한 문턱전압 v_{sL}은 식 (5.15)를 (5.9)에 대입하여 구한다. 즉, $v_{oH} = (-R_f/R_1)v_{sL}$ 로부터

$$v_{sL} = \left(-\frac{R_1}{R_f}\right)\left(\frac{R_4}{R_5}\right) V_s = -\frac{R_1 R_4}{R_f R_5} V_s \tag{5.16}$$

입력전압 v_s가 하한 문턱전압 v_{sL}보다 작게 되면 다이오드 D_2가 도통하고 이상적인 다이오드를 가정하면 $v_b = 0$으로 유지 된다. 이 경우 등가회로를 그리면 그림 5.17 (c)와 같다. 즉, 부궤환 경로의 구성이 변하는데 원래 있던 저항 R_f에 저항 R_4가 병렬로 더해지게 된다. 또 전원전압 $-V_s$가 연산 증폭기의 입력으로 참가하게 된다. 그림 5.17 (c)의 회로는 반전 가산기이며 $v_s < v_{sL}$인 경우 출력전압 v_o는 다음과 같다.

$$v_o = -\frac{R_f \parallel R_4}{R_1} v_s - \frac{R_f \parallel R_4}{R_5}(-V_s) = -\frac{R_f R_4}{R_f + R_4}\left(\frac{v_s}{R_1} - \frac{V_s}{R_5}\right) \tag{5.17}$$

그림 5.16 (b)는 그림 5.16 (a)에 보인 회로의 전달특성을 각 동작영역에서의 기울기와 함께 나타내었다. 그림 5.16의 회로가 리미터로 적절히 동작하기 위하여 선형영역이 아닌 영역에서 전달특성의 그래프의 기울기가 작아야 하는데 그러기 위해서 안쪽의 저항 R_3, R_4를 R_1보다 훨씬 작게 설계하여야 한다.

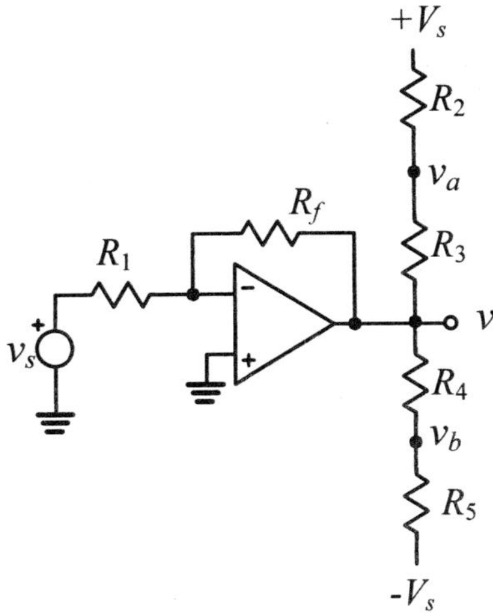

(a) $v_{sL} < v_s < v_{sH}$ 인 경우

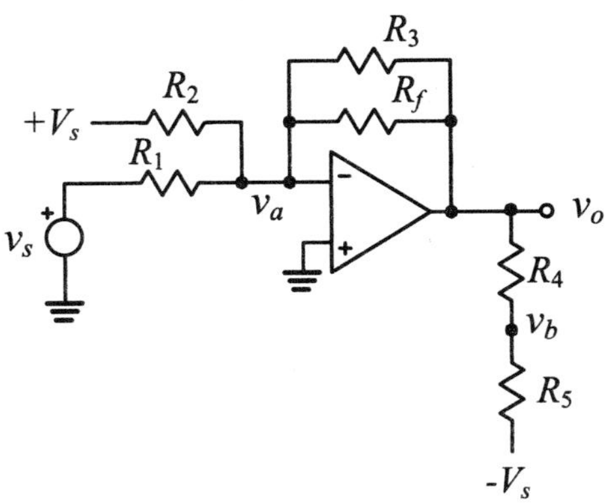

(b) $v_s > v_{sH}$ 인 경우

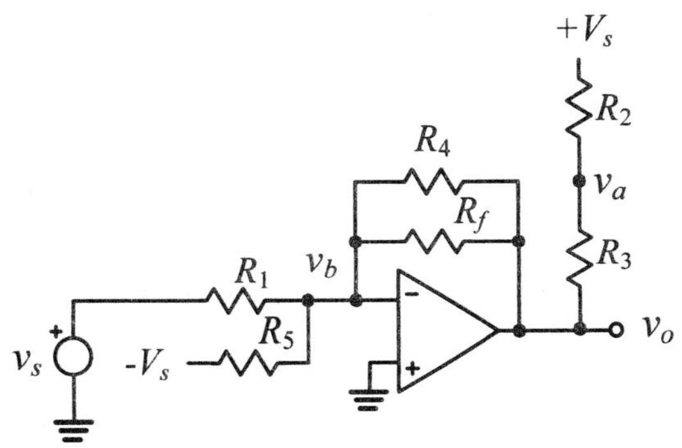

(c) $v_s < v_{sL}$ 인 경우

그림 5.17. 리미터 회로의 등가회로

예제 5.1. 그림 5.16 (a)의 회로가 리미터로 동작하도록 R_1, R_2, R_3, R_4, R_5의 값을 정하라. 단, 상한 문턱전압 $v_{sH} = 2.5$ V, 하한 문턱전압 $v_{sL} = -2.5$ V, 상한 출력레벨 $v_{oH} = 5$ V, 하한 출력레벨 $v_{oL} = -5$ V이며 리미팅 영역에서의 기울기는 선형영역에서의 기울기의 4.75 %라고 하자. 전원전압 $V_s = \pm 15$ V이고 $R_f = 60$ kΩ이고 연산 증폭기와 다이오드는 이상적이라고 가정한다.

풀 이

선형영역에서의 기울기 S_L은 $S_L=(v_{oL}-v_{oH})/(v_{sH}-v_{sL})=(-5-5)/(2.5-(-2.5))$ $=-2$이고 따라서 리미팅 영역에서의 기울기 $S_{LM}=0.0475\times S_L=0.0475\times(-2)=-0.095$이다. 또, 선형영역에서의 기울기 S_L은 $-R_f/R_1$이므로 $R_1=-R_f/S_L=-60/(-2)=30$ kΩ이 된다.

$v_s>v_{sH}$ 인 경우와 $v_s<v_{sL}$ 인 경우의 기울기는 서로 같다. 즉

$$S_{LM}=-\frac{R_fR_3}{R_f+R_3}\cdot\frac{1}{R_1}=-\frac{R_fR_4}{R_f+R_4}\cdot\frac{1}{R_1}$$

따라서, $R_3=R_4$가 만족되어야 한다.

또 $S_{LM}=-\dfrac{R_fR_3}{R_f+R_3}\cdot\dfrac{1}{R_1}$이므로 $-0.095=-(60R_3)/[(60+R_3)\times30]$으로부터 $R_3=R_4=3$ kΩ이 된다. 끝으로 $v_{oL}=-\dfrac{R_3}{R_2}V_s$로부터 $R_2=-(V_s/v_{oL})\times R_3=-[15/(-5)]\times3=9$ kΩ이고, $v_{oH}=\dfrac{R_4}{R_5}V_s$ 로부터 $R_5=(V_s/v_{oH})\times R_4=(15/5)\times3=9$ kΩ이다. ▣

■ 연산 증폭기를 사용한 비교기

전자회로에서 **비교기**(comparator)는 두 신호를 비교하여 비교의 결과에 따라 출력을 결정할 때 사용한다. 경우에 따라 비교하는 두 신호 가운데 하나를 일정한 기준레벨의 **기준신호**(reference signal)로 설정하기도 하는데 이런 경우 주어진 입력신호를 **기준레벨**(reference level)과 비교했을 때 큰가 작은가에 따라 서로 다른 출력값을 갖는다. 그림 5.18은 기준레벨 V_R을 갖는 비교기의 전달특성을 나타낸다.

그림 5.18 (a)에서 $v_s>V_R$일 때는 $v_o=L_H$, $v_s<V_R$일 때는 $v_o=L_L$이며 이를 포지티브형(positive-type) 비교기라고 한다. 반면에 그림 5.18 (b)는 $v_s>V_R$일 때는 $v_o=L_L$, $v_s<V_R$일 때는 $v_o=L_H$이며 이를 네가티브형(negative-type) 비교기라고 한다. 출력레벨 L_H나 L_L은 응용에 따라 다양한 값으로 설정한다. 비교기는 임의의 신호 파형이 0을 지나는 것을 검출하거나 또는 정현파를 구형파(square wave)로 변환시키는데도 사용될 수 있으며 그 밖의 다양하게 응용된다.

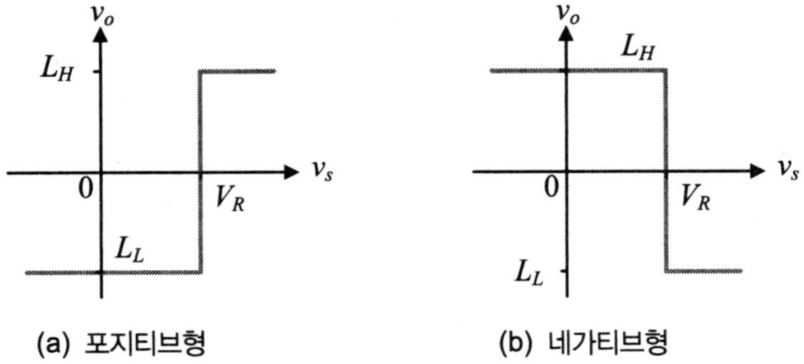

그림 5.18. 비교기의 전달특성

비교기 기능을 구현하기 위하여 특별한 IC가 사용되기도 하지만 연산 증폭기와 다이오드 또는 제너 다이오드를 사용하여 다양한 형태의 비교기를 구현할 수 있다. 그림 5.19는 연산 증폭기의 부궤환 경로에 제너 다이오드를 사용한 비교기 회로를 나타낸다. 그림 5.19의 회로를 하나씩 살펴보자.

그림 5.19 (a)의 회로에서 입력신호 v_s가 (+)가 되면 제너 다이오드에 v_s/R_s의 전류가 주입되고 제너 다이오드는 일정한 제너전압(V_Z)을 갖는 항복영역에서 동작하게 된다. 따라서 출력전압은 $v_o = -v_f = -V_Z$로 제한된다. 반면에 입력신호 v_s가 (−)로 되면 제너 다이오드는 순방향 바이어스 되어 $v_f = -V_T$가 되어 출력전압을 문턱전압 V_T, 즉 약 0.7 V로 제한한다. 이러한 비교기는 네가티브형 비교기로서 비교하는 기준레벨 $V_R = 0$이고 $L_H \approx 0.7\,\text{V}$, $L_L = -V_Z$이다.

그림 5.19 (a)의 회로의 전달특성에서 출력레벨의 상한, 하한은 그대로 두고 기준레벨만 0에서 $-V_x$로 바꾸려면 그림 5.19 (b)의 회로에서처럼 연산 증폭기의 반전단자에 저항 R_s를 통해 바이어스 전원 V_x를 인가한다. 그림 5.19 (b)에서 제너 다이오드의 캐소드로 주입되는 전류는 $v_s/R_s + V_x/R_s = (v_s + V_x)/R_s$인데 이 전류는 $v_s = -V_x$일 때 0이 되므로 비교하는 기준레벨은 $V_R = -V_x$이고, $L_H \approx 0.7\,\text{V}$, $L_L = -V_Z$이다.

이번에는 그림 5.19 (b)의 전달측성에서 기준레벨은 그대로 두고 출력레벨의 상한과 하한을 변경한 회로를 그림 5.19 (c)에 보인다. 여기서 제너 다이오드 Z_1은 제너전압 V_{Z1}을, Z_2는 제너전압 V_{Z2}를 갖고 순방향 문턱전압은 V_T로 둘 다 같다고 하자. 그림 5.19 (c) 회로의 부궤환 경로에 놓인 제너 다이오드에서 Z_2에서 Z_1쪽으로 전류가 흐를 때 $v_f = V_{Z1} + V_T$이고 Z_1에서 Z_2쪽으로 흐르면 $v_f = -(V_{Z2} + V_T)$인데 $v_o = -v_f$이므로 출력레벨의 상한은 $V_{Z2} + V_T$, 하한은 $-(V_{Z1} + V_T)$가 된다.

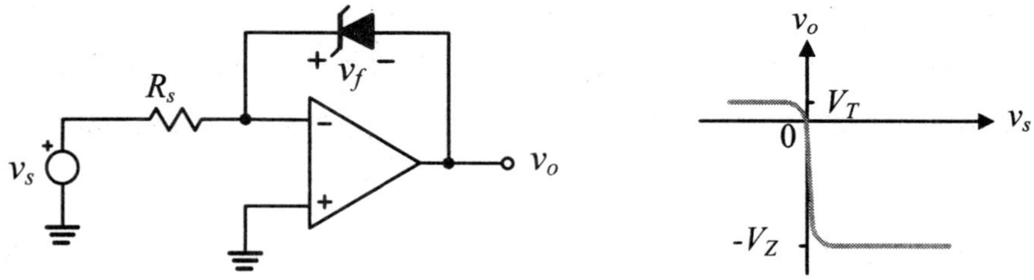

(a)

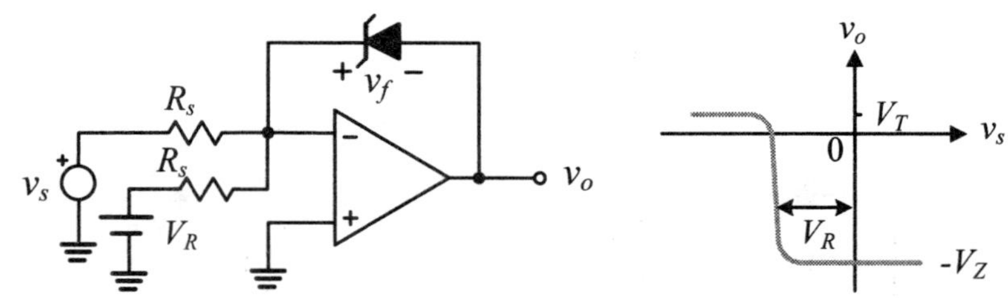

(b)

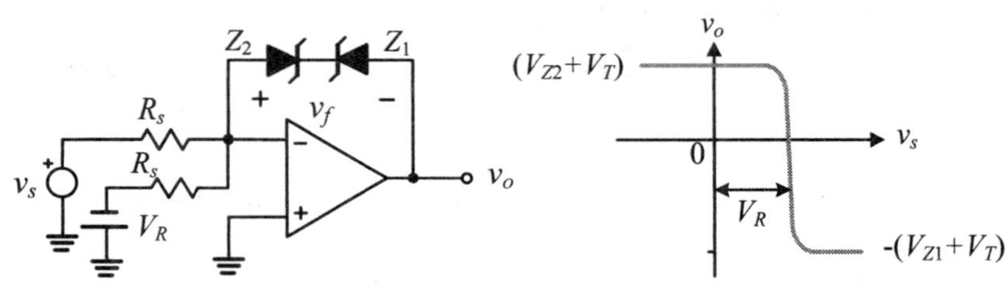

(c)

그림 5.19. 제너 다이오드를 사용한 비교기

그림 5.20 (a)는 다이오드와 연산 증폭기를 이용한 비교기의 회로도를 나타낸다. 다이오드가 이상적이라고 가정할 때 전달특성은 그림 5.20 (b)와 같다. 입력신호 v_s 극성에 따라 회로의 동작을 설명하면 다음과 같다.

양(+)의 입력전압 : 입력신호 $v_s > 0$일 때 저항 R_1에 흐르는 전류는 다이오드 D_1을 통해 흐르고 다이오드 D_1은 온상태가 된다. 이 경우 다이오드가 이상적이라면 v_a는 연산 증폭기의 반전단자에 연결되고 회로의 상태는 그림 5.21 (a)와 같다. 즉 연산 증폭기는 반전 가산기로 동작하며 출력전압 v_o는 다음과 같다.

$$v_o = -\frac{R_3}{R_1}v_s - \frac{R_3}{R_2}V_s = -R_3\left(\frac{v_s}{R_1} + \frac{V_s}{R_2}\right) \tag{5.18}$$

식 (5.18)에서 $v_s > 0$인 경우 v_s를 증가시킴에 따라 출력전압 v_o는 $(-)$으로 커지고

v_o의 기울기는 $-R_3/R_1$임을 알 수 있다. 또 v_o가 (−)의 값을 가지므로 v_b도 (−)의 값을 갖고 따라서 다이오드 D_2는 오프상태에 놓이게 된다. 한편 입력전압을 큰 값으로부터 점차 줄여서 0에 가깝게 줄이는 경우 $v_s \approx 0$에서의 출력전압을 v_{oL}이라고 하면

$$v_{oL} = -\frac{R_3}{R_2} V_s \tag{5.19}$$

가 된다.

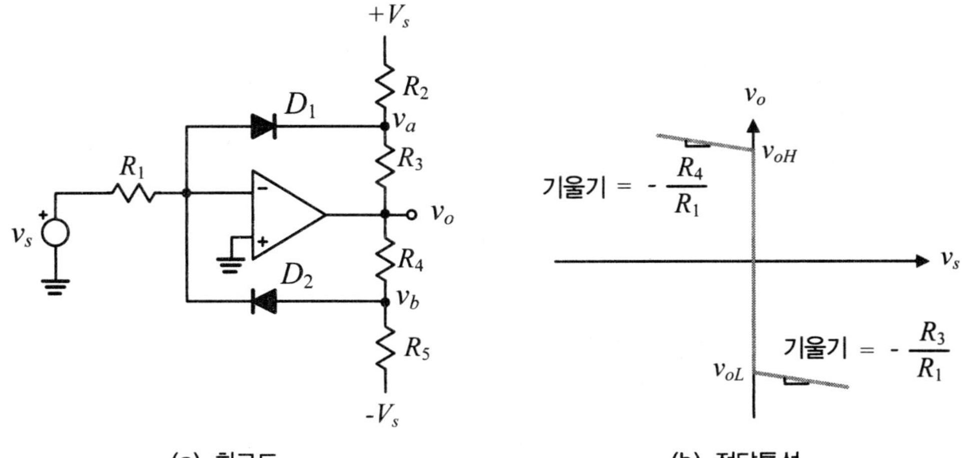

(a) 회로도 (b) 전달특성

그림 5.20. 다이오드와 연산 증폭기를 이용한 실용적인 비교기

음(−)의 입력전압 : 입력신호 $v_s < 0$일 때 저항 R_1에 흐르는 전류는 다이오드 D_2을 통해 흐르고 다이오드 D_2는 온상태가 된다. 이 경우 다이오드가 이상적이라면 v_b는 연산 증폭기의 반전단자에 연결되고 회로의 상태는 그림 5.21 (b)와 같다. 즉 연산 증폭기는 반전 가산기로 동작하며 출력전압 v_o는 다음과 같다.

$$v_o = -\frac{R_4}{R_1} v_s - \frac{R_4}{R_5}(-V_s) = R_4\left(-\frac{v_s}{R_1} + \frac{V_s}{R_5}\right) \tag{5.20}$$

식 (5.20)에서 $v_s < 0$인 경우 v_s를 (−)의 값으로 증가시킴에 따라 출력전압 v_o는 (+)으로 커짐을 알 수 있다. 또 v_o가 (+)이므로 v_a도 (+)가 되어 다이오드 D_1은 오프상태가 된다. 식 (5.20)에서 출력전압의 기울기는 $-R_4/R_1$임을 알 수 있다. 입력전압을 (−)의 큰 값으로부터 점차 증가시켜서 0에 가깝게 만드는 경우 $v_s \approx 0$에서의 출력전압을 v_{oH}이라고 하면

$$v_{oH} = -\frac{R_4}{R_5} V_s \tag{5.21}$$

가 된다.

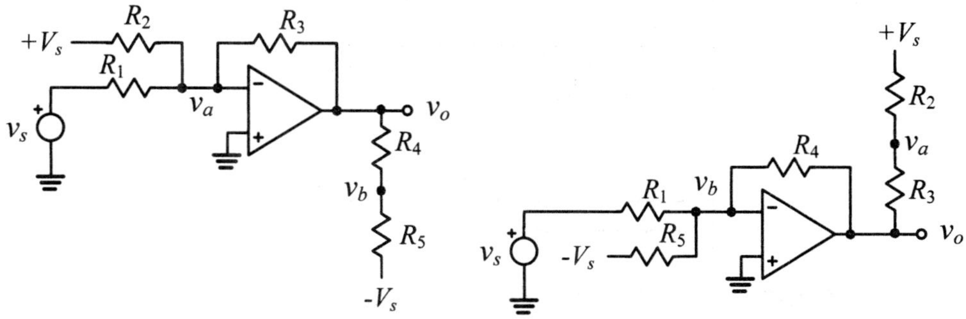

(a) $v_s > 0$ 인 경우 (b) $v_s < 0$ 인 경우

그림 5.21. 비교기 회로의 등가회로

5.2. 멀티바이브레이터

멀티바이브레이터(multivibrator)에는 두 가지 출력 상태가 모두 안정적인 **쌍안정 멀티바이브레이터**(bistable multivibrator), 두 가지 출력 상태가 모두 불안정해서 주기적으로 상태를 바꾸는 **비안정 멀티바이브레이터**(astable multivibrator), 한쪽 상태에서는 안정적이고 다른 상태에서는 불안정한 **단안정 멀티바이브레이터**(monostable multivibrator)의 3 가지 종류가 있다. 멀티바이브레이터는 연산 증폭기를 선형소자와 함께 사용하지만 정궤환 회로구성 때문에 비선형적인 특성을 가지며 히스테리시스(hysteresis)를 갖는 비교기, 삼각파나 구형파의 파형발생기, 펄스 발생기 등의 응용에 중요하고 다양하게 사용된다.

▪ 히스테리시스를 갖는 비교기의 필요성

일반적으로 비교기는 기준레벨 V_R에 대하여 처리될 신호가 큰가 작은가에 따라 서로 다른 출력레벨을 갖는다. 이러한 비교기를 사용하여 정현파의 신호파형을 구형파로 만드는 경우를 고려해 보자. 이 경우 정현파와 구형파의 주파수는 같을 것이다. 그러나 그림 5.22에 보이는 것처럼 비교기의 입력신호에 잡음이 섞이던지 불필요한 고조파가 포함되게 되면 0 교차점 근처에서 출력신호는 여러 번 상태가 변하면서 마치 떨리는 것과 같은 모습을 나타내게 된다. 이와 같이 입력신호가 비교레벨 근처에 있을 때 비교기 출력에서 고조파의 출력이 나타나는 현상을 **채터링**(chattering)이라고 한다. 채터링을 막기 위해서 비교기의 비교레벨을 2단계로 두어서 일정한 레벨을 넘어서지 않으면 현재의 출력의 상태를 그대로 유지하는 방법이 사용되는데 이러한 특성을 **히스테리시스**라고 한다.

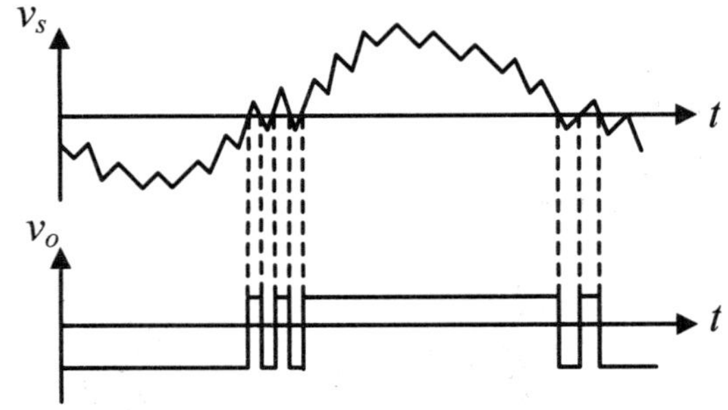

그림 5.22. 고조파를 많이 함유하는 파형과 채터링을 보이는 비교기 출력

그림 5.23 (a)는 히스테리시스를 포함하는 비교기의 전달특성을 나타낸다. 히스테리시스 특성을 보면 입력신호 v_s축에 존재하는 V_U, V_D와 출력신호 v_o축에 존재하는 V_H, V_L의 4가지 파라미터가 있다.

그림 5.23 (b)에 주어진 입력파형을 예로 들어 히스테리시스 특성을 설명하면 다음과 같다. 입력신호가 V_U를 넘어서기 전까지는 출력은 V_L을 유지한다. t_U 시각에 처음으로 v_s가 V_U를 넘어서는데 이때 출력이 V_L에서 V_H로 상태를 바꾼다. 일단 출력의 상태가 V_H로 바뀌면 입력이 다시 V_U 아래로 내려가더라도 V_D 보다 작아지지 않는다면 출력은 여전히 V_H를 유지한다. t_D 시각에 처음으로 입력이 V_D 보다 작아지는데 이때 비로소 출력이 V_H에서 V_L로 상태가 변한다. 그 결과 그림 5.23 (b)에 보인 출력파형은 고조파나 노이즈의 영향 없이 채터링이 없는 파형이 된다.

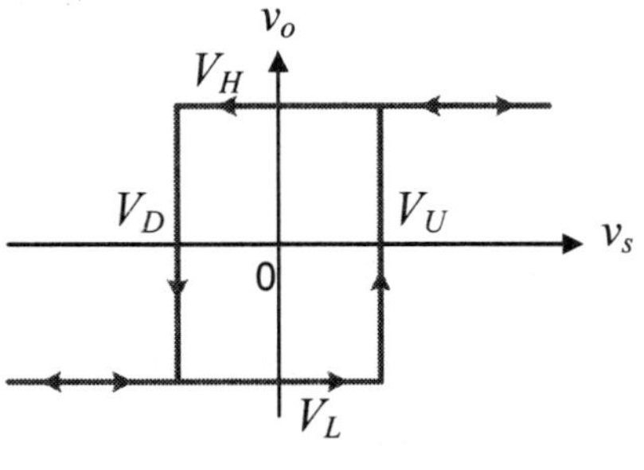

(a) 히스테리시스 특성

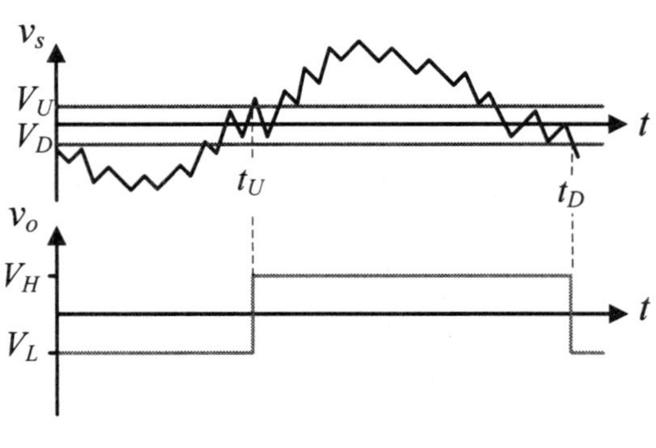

(b) 입출력 파형

그림 5.23. 히스테리시스를 갖는 비교기의 입출력 파형

■ 비반전 쌍안정 멀티바이브레이터 : 비반전 슈미트 트리거(Schmitt trigger)

그림 5.24 (a)는 비반전 전달특성을 갖는 쌍안정 멀티바이브레이터의 회로도이다. 여기서 저항 R_f는 출력과 비반전 단자 사이에 연결되어 정궤환을 걸어주는 소자이다. 그림 5.24 (b)는 반전단자의 기준전압 V_R 대신 $(+V_s)$와 $(-V_s)$의 두 전원 사이에 가변저항을 사용하여 필요한 크기의 전압으로 조절하거나 트리밍(trimming) 하도록 구현한 것이다. 그림 5.24 (b)에서 $V_R = (R_{v1} - R_{v2})V_s/(R_{v1} + R_{v2})$이 된다.

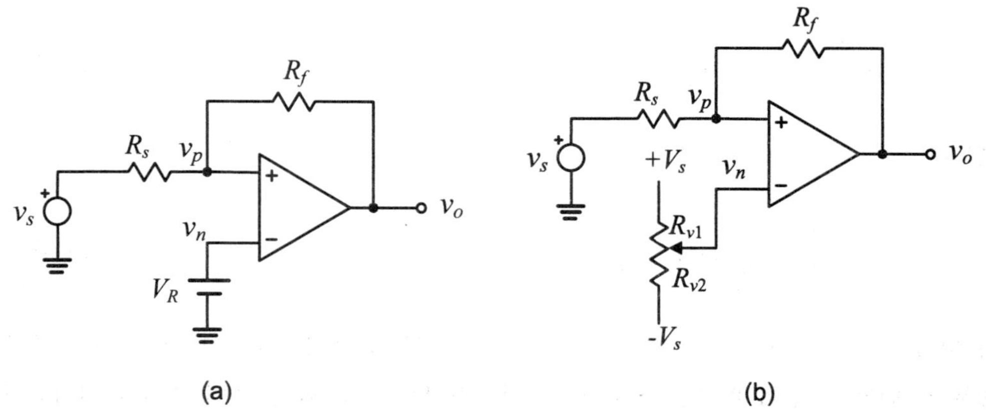

그림 5.24. 비반전 전달특성을 갖는 쌍안정 멀티바이브레이터

그림 5.24 (a)의 회로에서 연산 증폭기 비반전 단자의 전압 v_p와 반전 단자의 전압 v_n은 각각 다음과 같다.

$$v_p = \frac{\dfrac{v_s}{R_s} + \dfrac{v_o}{R_f}}{\dfrac{1}{R_s} + \dfrac{1}{R_f}} = \frac{R_f}{R_s + R_f} v_s + \frac{R_s}{R_s + R_f} v_o \tag{5.22}$$

$$v_n = V_R \tag{5.23}$$

연산 증폭기의 출력은 2가지 상태를 갖는데 $v_p > v_n$이면 $v_o = V_H$, $v_p < v_n$이면 $v_o = V_L$이 된다. 여기서 V_H, V_L은 각각 연산 증폭기의 상단 출력레벨과 하단 출력레벨이며 $V_H > V_L$이다. 통상 V_H, V_L은 연산 증폭기의 두 전원전압이 $\pm V_s$이 경우 $V_H = +V_s$, $V_L = -V_s$이지만 여기서는 V_H와 V_L이 독립적이며 크기가 서로 다른 일반적인 경우를 가정한다.

먼저, 연산 증폭기의 출력이 $v_o = V_H$인 상태에 있다고 가정하자. 이러한 가정이 성립하기 위해서 $v_p > v_n$인 상태이어야 한다. 즉, 식 (5.22)와 (5.23)으로부터

$$\frac{R_f}{R_s+R_f}v_s+\frac{R_s}{R_s+R_f}V_H>V_R \tag{5.24}$$

가 만족되는 입력신호 v_s가 인가되는 한 연산 증폭기의 출력은 V_H를 유지할 것이다.

식 (5.24)에서 v_s를 감소시키면 어느 경계점(즉, $v_s = V_D$라고 하자)에서부터 식 (5.24)의 부등호 관계가 만족되지 않게 된다는 것을 알 수 있다. 이러한 경계점은 식 (5.24)에서 구할 수 있다. 즉,

$$\frac{R_f}{R_s+R_f}V_D+\frac{R_s}{R_s+R_f}V_H=V_R \tag{5.25}$$

로부터,

$$V_D=\left(1+\frac{R_s}{R_f}\right)V_R-\frac{R_s}{R_f}V_H \tag{5.26}$$

가 된다. $v_s < V_D$이면 연산 증폭기 출력은 $v_o = V_L$이 유지된다. 그림 5.25 (a)는 연산 증폭기 출력이 V_H일 때 입력신호 v_s를 감소시키는 경우 출력 v_o의 변화를 나타낸다.

이번에는 연산 증폭기의 출력이 $v_o = V_L$인 상태에 있다고 할 때, $v_p < v_n$인 조건을 만족하고 있어야 한다. 즉, 식 (5.22)와 (5.23)으로부터

$$\frac{R_f}{R_s+R_f}v_s+\frac{R_s}{R_s+R_f}V_L<V_R \tag{5.27}$$

가 만족되는 입력신호 v_s가 인가되는 한 연산 증폭기의 출력은 V_L을 유지할 것이다.

식 (5.27)에서 v_s를 증가시키면 어느 경계점(즉, $v_s = V_U$라고 하자)에서부터 식 (5.27)의 부등호 관계가 만족되지 않게 된다는 것을 알 수 있다. 이러한 경계점은 식 (5.27)에서 구할 수 있다. 즉,

$$\frac{R_f}{R_s+R_f}V_U+\frac{R_s}{R_s+R_f}V_L=V_R \tag{5.28}$$

로부터,

$$V_U=\left(1+\frac{R_s}{R_f}\right)V_R-\frac{R_s}{R_f}V_L \tag{5.29}$$

이 된다. $v_s > V_U$이면 연산 증폭기 출력은 $v_o = V_H$가 유지된다. 그림 5.25 (b)는 연산

증폭기 출력이 V_L일 때 입력신호 v_s를 증가시키는 경우 출력 v_o의 변화를 나타낸다.

그림 5.25 (c)는 v_s를 증가시키거나 감소시키면서 구한 전달특성을 한꺼번에 나타낸 것으로 그림 5.24 (a)의 회로는 히스테리시스 특성을 나타냄을 볼 수 있다. 그림 5.25 (c)에서 ΔH $(=V_U - V_D)$를 **히스테리시스 밴드폭**(hysteresis band width)이라고 한다. 식 (5.26)과 (5.29)로부터

$$\Delta H = V_U - V_D = \frac{R_s}{R_f}(V_H - V_L) \tag{5.30}$$

이 된다.

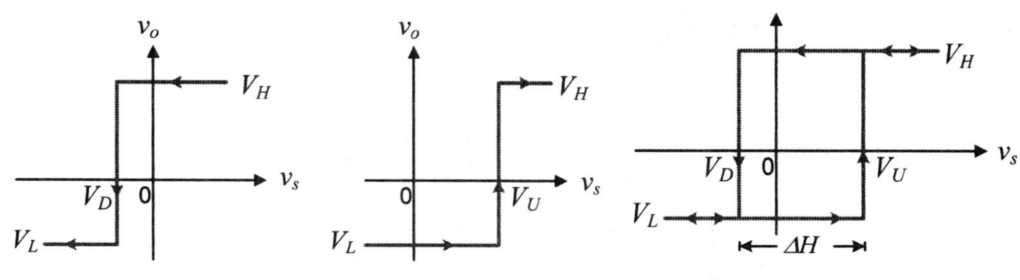

(a) (b) (c)

그림 5.25. 비반전 히스테리시스 전달특성

그림 5.26 (a)는 $V_R = 0$이고 연산 증폭기의 출력레벨이 연산 증폭기의 전원전압 ($\pm V_s$)에 의해서 정해져서 $V_H \approx + V_s$, $V_L \approx - V_s$인 경우를 나타낸다. 이 경우

$$V_D = -\frac{R_s}{R_f}V_s \quad V_U = \frac{R_s}{R_f}V_s \tag{5.31}$$

가 된다.

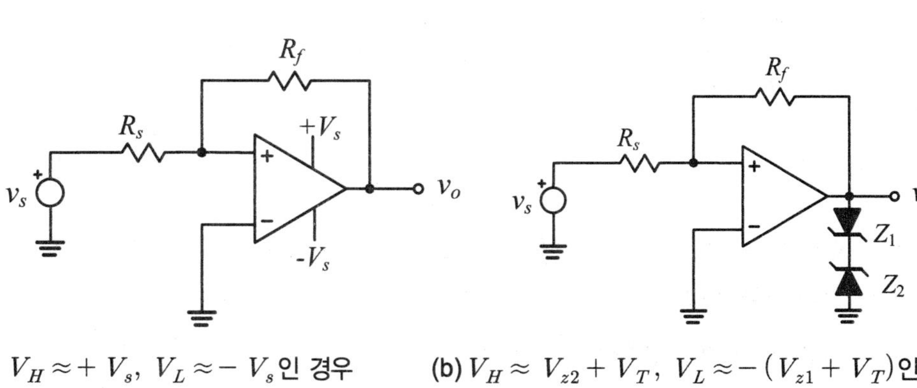

(a) $V_H \approx + V_s$, $V_L \approx - V_s$인 경우 (b) $V_H \approx V_{z2} + V_T$, $V_L \approx -(V_{z1} + V_T)$인 경우

그림 5.26. 출력전압 레벨

그림 5.26 (b)는 제너전압이 V_{Z1}인 제너 다이오드 Z_1과 제너전압이 V_{Z2}인 제너 다이오드 Z_2를 직렬로 연산 증폭기의 출력 단자에 사용하여 연산 증폭기의 출력전압 레벨을 $V_H \approx V_{z2} + V_T$, $V_L \approx -(V_{z1} + V_T)$로 제한한 경우이다. 여기서 V_T는 제너 다이오드의 순방향 문턱전압이다.

■ 반전 쌍안정 멀티바이브레이터 : 반전 슈미트 트리거(Schmitt trigger)

그림 5.27은 반전 전달특성을 갖는 쌍안정 멀티바이브레이터의 회로도이다. 반전 전달특성을 갖는 쌍안정 멀티바이브레이터가 비반전 전달특성을 갖는 멀티바이브레이터[그림 5.24 (a)]와 다른 점은 입력신호 v_s와 기준레벨 V_R을 인가하는 위치가 서로 바뀌어 있다는 점이다. 그러므로 전달특성을 구하는 방법은 거의 유사하다.

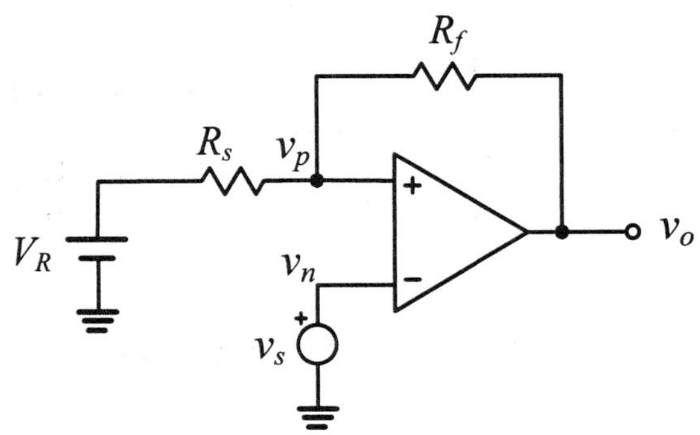

그림 5.27. 반전 전달특성을 갖는 쌍안정 멀티바이브레이터

그림 5.27의 회로에서 연산 증폭기 비반전 단자의 전압 v_p와 반전 단자의 전압 v_n은 각각 다음과 같다.

$$v_p = \frac{\dfrac{V_R}{R_s} + \dfrac{v_o}{R_f}}{\dfrac{1}{R_s} + \dfrac{1}{R_f}} = \frac{R_f}{R_s + R_f} V_R + \frac{R_s}{R_s + R_f} v_o \tag{5.32}$$

$$v_n = v_s \tag{5.33}$$

연산 증폭기의 출력은 2가지 상태를 갖는데 $v_p > v_n$이면 v_o는 상단 출력레벨 V_H가 되고, v_o는 하단 출력레벨 V_L이 된다. 여기서 $V_H > V_L$이고 V_H와 V_L이 독립적이며 크기가 서로 다른 일반적인 경우를 가정한다.

먼저, 연산 증폭기의 출력이 $v_o = V_H$인 상태에 있다고 가정하자. 이러한 가정이 성립

하기 위해서 $v_p > v_n$인 상태이어야 한다. 즉, 식 (5.32)와 (5.33)으로부터

$$\frac{R_f}{R_s + R_f} V_R + \frac{R_s}{R_s + R_f} V_H > v_s \tag{5.34}$$

가 만족되는 입력신호 v_s가 인가되는 한 연산 증폭기의 출력은 V_H를 유지할 것이다.

식 (5.34)에서 v_s를 증가시키면 어느 경계점(즉, $v_s = V_U$라고 하자)에서부터 식 (5.34)의 부등호 관계가 만족되지 않게 된다는 것을 알 수 있다. 이러한 경계점은 식 (5.34)에서 구할 수 있다. 즉,

$$\frac{R_f}{R_s + R_f} V_R + \frac{R_s}{R_s + R_f} V_H = V_U \tag{5.35}$$

가 된다. v_s가 V_U를 넘어서서 더 크게 증가해도 연산 증폭기 출력은 $v_o = V_L$로 유지된다. 그림 5.28 (a)는 연산 증폭기 출력이 V_H일 때 입력신호 v_s를 증가시키는 경우 출력 v_o의 변화를 나타낸다.

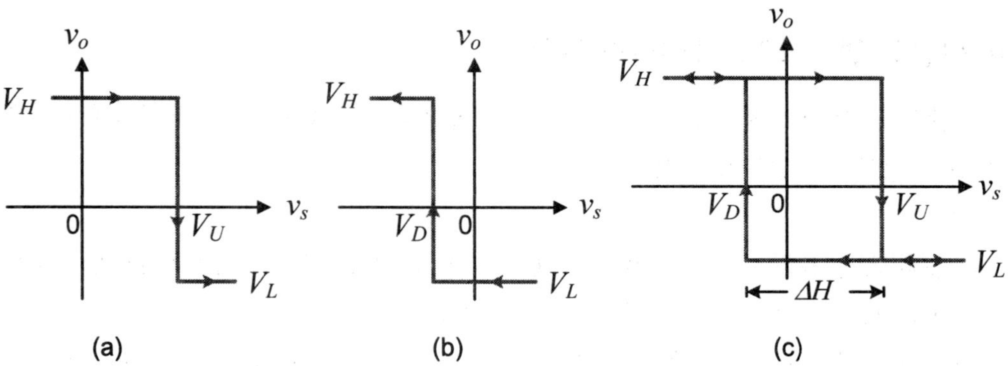

그림 5.28. 반전 히스테리시스 전달특성

이번에는 연산 증폭기의 출력이 $v_o = V_L$인 상태에 있다고 하자. 이 경우 $v_p < v_n$인 조건을 만족하고 있어야 한다. 즉, 식 (5.32)와 (5.33)으로부터

$$\frac{R_f}{R_s + R_f} V_R + \frac{R_s}{R_s + R_f} V_L < v_s \tag{5.36}$$

가 만족되는 입력신호 v_s가 인가되는 한 연산 증폭기의 출력은 V_L을 유지할 것이다.

식 (5.36)에서 v_s를 감소시키면 어느 경계점(즉, $v_s = V_D$라고 하자)에서부터 식 (5.36)

의 부등호 관계가 만족되지 않게 된다는 것을 알 수 있다. 이러한 경계점은 식 (5.36)에서 구할 수 있다. 즉,

$$\frac{R_f}{R_s+R_f}V_R+\frac{R_s}{R_s+R_f}V_L=V_D \tag{5.37}$$

이 된다. $v_s < V_D$이면 연산 증폭기 출력은 $v_o = V_H$가 유지된다. 그림 5.28 (b)는 연산 증폭기 출력이 V_L일 때 입력신호 v_s를 감소시키는 경우 출력 v_o의 변화를 나타낸다.

그림 5.28 (c)는 v_s를 증가시키거나 감소시키면서 구한 비반전 히스테리시스 전달특성을 나타낸다. 그림 5.28 (c)에서 히스테리시스 밴드폭 ΔH $(= V_U - V_D)$는 식 (5.35)과 (5.37)로부터

$$\Delta H = V_U - V_D = \frac{R_s}{R_s+R_f}(V_H - V_L) \tag{5.38}$$

이 된다.

■ 쌍안정 멀티바이브레이터의 특성

쌍안정 멀티바이브레이터는 두 가지 안정한 상태를 갖는 회로로서 신호처리에서 다음과 같은 의미에서 중요성을 갖는다.

히스테리시스 특성 : 쌍안정 멀티바이브레이터는 반전 및 비반전 히스테리시스 특성을 갖는 비교기로 동작할 수 있다. 잡음이나 고조파 레벨보다 큰 히스테리시스 밴드폭을 갖는 쌍안정 멀티바이브레이터를 사용하면 잡음이나 고조파의 간섭을 배제한 비교기 출력 파형을 얻을 수 있다는 장점이 있다.

트리거 특성 : 쌍안정 멀티바이브레이터는 두 개의 안정상태를 갖는다. 하나는 출력이 V_H일 때이고 다른 하나는 출력이 V_L일 때이다. 회로는 둘 중의 하나의 안정상태를 계속 유지할 수 있다. 상태를 바꾸기 위해서는 적당한 값의 입력신호를 공급해야 한다. 만일 비반전 히스테리시스 전달특성을 갖는 회로가 V_L 상태에 있다면 그림 5.29에서처럼 짧은 순간이라도 크기가 $v_s > V_U$인 신호를 가하면 회로의 상태가 V_H로 바뀌게 된다. 이러한 출력의 변화를 촉발하는 입력신호의 동작을 **트리거링**(triggering)이라고 한다. 쌍안정 멀티바이브레이터에서 입력신호는 단지 스위칭 상태의 변환을 개시시키는 역할을 하며 출력의 전환 과정은 정궤환 작용에 의해서 진행된다.

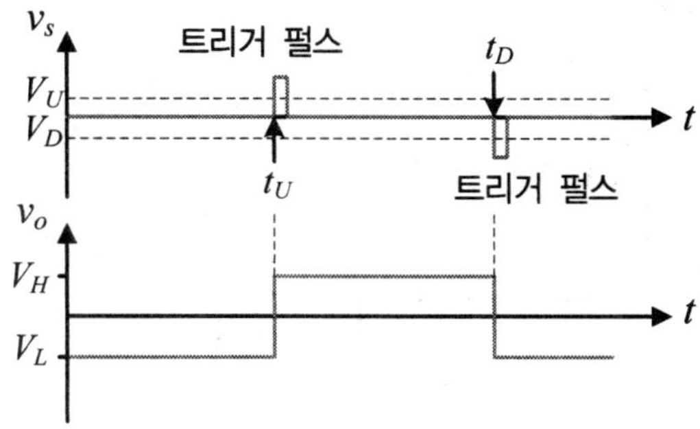

그림 5.29. 쌍안정 멀티바이브레이터의 트리거 특성

메모리 특성 : 쌍안정 멀티바이브레이터의 중요한 성질 가운데 하나는 **메모리 효과**(memory effect)를 갖는다는 점이다. 이것은 어떠한 순간의 응답이 오로지 그 순간의 입력신호의 값에 의해서만 결정되는 것이 아니라, 입력신호의 값뿐만 아니라 회로의 현재 상태에 의해서 결정되어진다는 것을 말한다. 예를 들면 그림 5.29에서 보듯이 입력이 $V_D < v_s < V_U$일 때 출력은 현재 상태에 따라 V_H 또는 V_L을 출력한다.

▪ 비안정 멀티바이브레이터

비안정 멀티바이브레이터는 두 가지 출력 상태가 모두 불안정해서 주기적으로 상태를 바꾸며 입력신호 없이 동작하고 출력신호만 존재하는 회로이다. 이러한 비안정 멀티바이브레이터는 쌍안정 멀티바이브레이터를 활용하여 구현할 수 있다. 즉, 쌍안정 멀티바이브레이터의 출력 v_o를 사용하여 주기적으로 자신의 상태를 스스로 바꾸도록 자신의 입력신호 v_s를 만들어 되먹인다.

그림 5.30은 쌍안정 멀티바이브레이터와 RC회로를 사용하여 구성하는 비안정 멀티바이브레이터의 동작원리를 나타낸다. 그림 5.30의 (a)의 구성도와 (b)의 동작파형을 참조하여 비안정 멀티바이브레이터의 동작을 설명하면 다음과 같다.

초기상태에서 쌍안정 멀티바이브레이터의 출력 v_o가 V_H라고 가정하자. RC회로에 V_H의 전압이 입력으로 주어지면 커패시터는 V_H 전압을 향해서 지수함수적으로 시정수 $\tau(=RC)$의 속도로 충전을 한다. 커패시터의 전압은 쌍안정 멀티바이브레이터의 입력으로 되먹여진다. 이러한 v_s가 V_U를 넘어서는 순간 쌍안정 멀티바이브레이터는 상태를 바꾸어 출력이 V_H로부터 V_L로 변경된다. 이제 새로운 전압 V_L이 RC회로의 입력으로 인가되었으므로 커패시터는 V_L 전압을 향해 지수함수적으로 시정수 $\tau = RC$의 속도로 방전을 한다. 커패시터의 전압이 감소하여 V_D에 이르면 쌍안정 멀티바이브레이터는 다시 상태를 바꾸어 출력이 V_L로부터 V_H로 변경될 것이다. 바로 이 순간은 처음에 가정했던

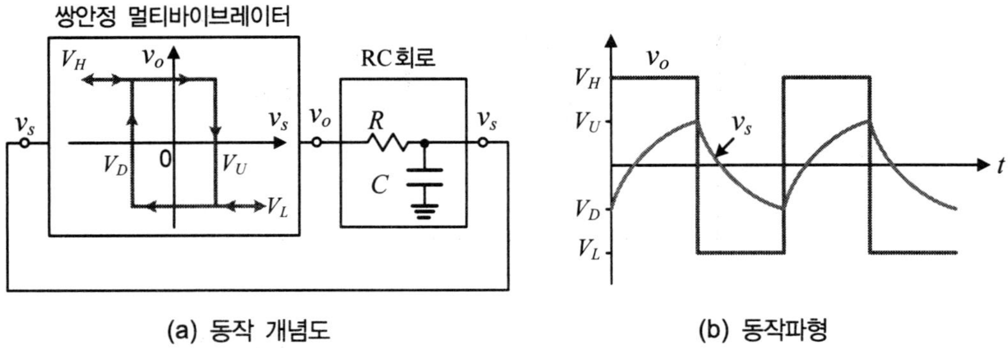

그림 5.30. 비안정 멀티바이브레이터의 동작원리

초기조건과 같으므로 한 사이클(cycle)이 완성된 것으로 볼 수 있다.

비안정 멀티바이브레이터에는 RC 적분회로가 사용되므로 RC 적분회로의 계단응답에 관해서 먼저 살펴본다. 그림 5.31 (a)는 $t=0$에서의 초기전압 $v_c(0^+)=V_i$를 갖는 커패시터에 $t=0$인 순간 스위치 S를 닫음으로써 V_f의 직류전압을 인가하는 경우를 나타낸다. 이러한 회로를 라플라스 변환하면 그림 5.31 (b)와 같은 회로를 얻는다 [그림 4.20 참조].

$$V_c(s)=\frac{\frac{(V_f/s)}{R}+sC\frac{V_i}{s}}{\frac{1}{R}+sC}=\frac{\frac{1}{\tau}}{s+\frac{1}{\tau}}\cdot\frac{V_f}{s}+\frac{1}{s+\frac{1}{\tau}}V_i \tag{5.39}$$

여기서 $\tau=RC$ 이다.

식 (5.39)를 라플라스 역변환하면 커패시터 전압은 다음과 같다.

$$v_c(t)=V_f-(V_f-V_i)e^{-t/\tau} \tag{5.40}$$

커패시터 전압은 초기전압 V_i로부터 최종전압 V_f를 향하여 그림 5.31 (c)에서처럼 지수함수적으로 증가 또는 감소한다. 여기서 τ의 값은 **시상수**(time constant)라고 한다.

그림 5.32 (a)는 그림 5.30에 보인 동작원리를 갖는 비안정 멀티바이브레이터의 회로구성을 나타낸다. 그림 5.32 (a)의 회로에서 연산 증폭기의 비반전 단자 전압 v_p는

$$v_p=\frac{\frac{v_o}{R_f}}{\frac{1}{R_s}+\frac{1}{R_f}}=\frac{R_s}{R_s+R_f}v_o=\beta v_o \quad (0<\beta<1) \tag{5.41}$$

이다. 여기서 $\beta\equiv R_s/(R_s+R_f)$이다.

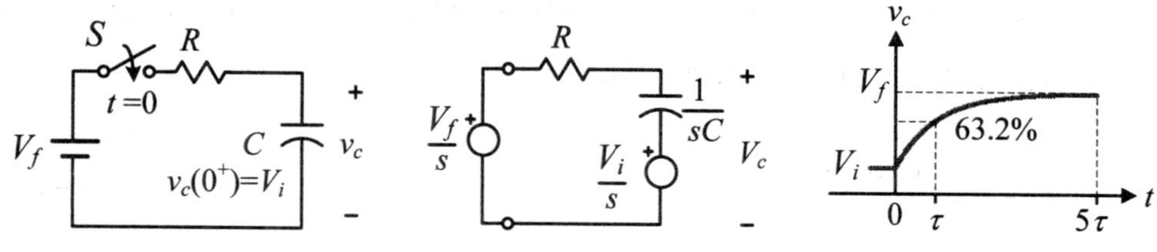

(a) 시간영역 회로　(b) 라플라스영역 회로　(c) 시간응답 파형

그림 5.31. RC 적분회로의 계단응답

먼저 현재의 상태가 $v_p > v_n$, 즉 $\beta v_o > v_n$이라면 $v_o = V_H$이고 따라서 $\beta V_H > v_n$의 상태가 된다. 그런데 출력전압(V_H)이 v_n보다 높으므로 커패시터는 충전 동작을 하며 이러한 충전동작은 $\beta V_H = v_n$이 될 때까지(즉, t_1까지) 지속된다. v_n이 βV_H를 넘어서는 순간 $v_p < v_n$이 되어 출력은 V_H로부터 V_L로 바뀌게 되며 $v_p = \beta v_o = \beta V_L$이 된다.

이제 회로의 상태는 출력이 V_L이 되고 커패시터는 βV_H로부터 V_L을 향하여 시상수 τ의 속도로 방전을 개시한다. 그림 5.32 (b)에서 T_1이 시작되는 곳을 $t = 0$으로 가정하면 커패시터의 초기전압 $V_i = \beta V_H$이고 최종전압 $V_f = V_L$이라고 할 때 v_n은 다음 식으로 표현된다.

$$v_n = V_L - (V_L - \beta V_H)e^{-t/\tau} \ (T_1 \text{ 동안}) \tag{5.42}$$

$\beta V_L < v_n$인 동안 커패시터는 방전을 계속하여 v_n 전압은 지수함수적으로 감소하는데 이러한 방전동작은 $\beta V_L = v_n$이 될 때까지(즉, t_2까지) 지속된다. v_n이 βV_L보다 더 작아지는 순간 $v_p > v_n$이 되어 출력은 V_L로부터 V_H로 바뀌게 되며 $v_p = \beta v_o = \beta V_H$이 된다.

이제 회로의 상태는 출력이 V_H이 되고 커패시터는 βV_L로부터 V_H를 향하여 시상수 τ의 속도로 충전을 개시한다. 그림 5.32 (b)에서 T_2가 시작되는 곳을 $t = 0$으로 가정하면 커패시터의 초기전압 $V_i = \beta V_L$이고 최종전압 $V_f = V_H$라고 할 때 v_n은 다음 식으로 표현된다.

$$v_n = V_H - (V_H - \beta V_L)e^{-t/\tau} \ (T_2 \text{ 동안}) \tag{5.43}$$

식 (5.42)에서 $t = T_1$일 때 $v_n = \beta V_L$이므로 $\beta V_L = V_L - (V_L - \beta V_H)e^{-T_1/\tau}$이 되고 이 식을 정리하면 T_1은 다음과 같다.

$$T_1 = \tau \ln \frac{1 - \beta(V_H / V_L)}{1 - \beta} \tag{5.44}$$

또 식 (5.43)에서 $t = T_2$일 때 $v_n = \beta V_H$이므로 $\beta V_H = V_H - (V_H - \beta V_L)e^{-T_2/\tau}$가 되고 이 식을 정리하면 T_2는 다음과 같다.

$$T_2 = \tau \ln \frac{1 - \beta(V_L/V_H)}{1 - \beta} \tag{5.45}$$

구형파인 출력전압의 주기 $T = T_1 + T_2$인데 통상 $V_H = -V_L$이므로 다음과 같다.

$$T = 2\tau \ln \frac{1 + \beta}{1 - \beta} \tag{5.46}$$

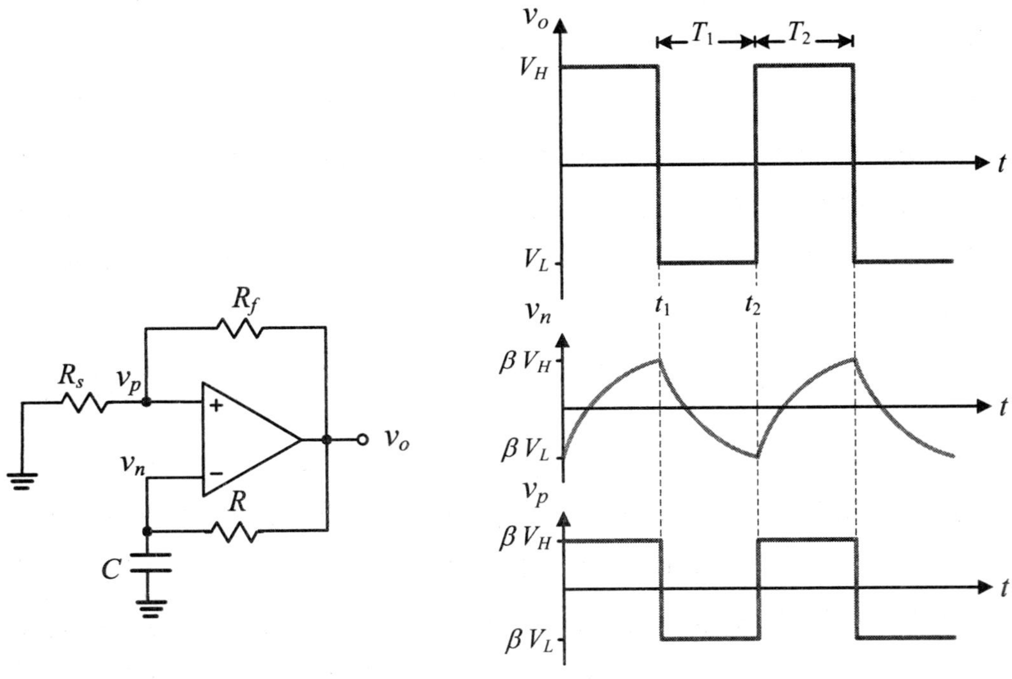

(a) 회로도 (b) 각부의 동작파형

그림 5.32. 비안정 멀티바이브레이터

■ 단안정 멀티바이브레이터 : 회로 1

단안정 멀티바이브레이터는 **원샷 멀티바이브레이터**(one-shot multivibrator)라고도 하며 트리거 작용을 하는 입력신호가 주어질 때 단 한 개의 출력펄스를 발생하는 회로이다. 단안정 멀티바이브레이터는 한없이 머무를 수 있는 하나의 안정상태와 특별한 조건하에서만 잠시 존재하는 **준안정상태**를 갖는다. 준안정상태에서는 미리 정해진 시간동안만 회로가 머물며 일단 이 기간이 끝나면 단안정 멀티바이브레이터는 안정상태로 돌아올 것이고 준안정상태동안 출력에 단 하나의 펄스가 발생한다.

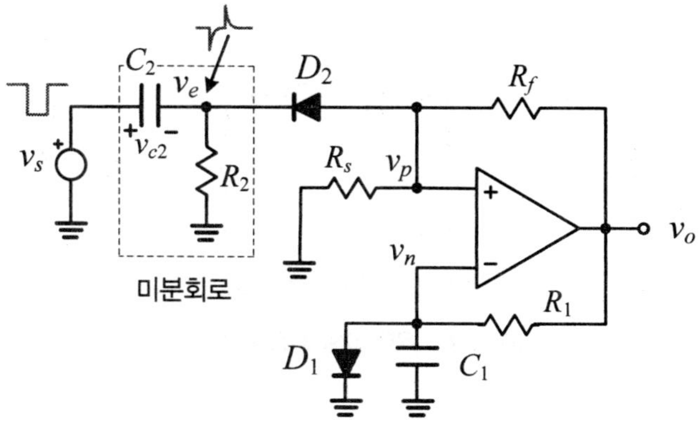

그림 5.33. 단안정 멀티바이브레이터 : 회로 1

그림 5.33은 단안정 멀티바이브레이터 회로를 나타낸다. 이 회로를 자세히 들여다보면 비안정 멀티바이브레이터에 두 개의 다이오드 D_1, D_2와 미분회로(R_2, C_2)가 추가되었음을 알 수 있다. 커패시터 C_1과 병렬로 연결된 다이오드 D_1은 연산 증폭기의 반전단자 전압을 다이오드 드롭 V_{D1}(약 0.7 V)으로 클램핑 하는 역할을 하므로 **클램핑 다이오드**(clamping diode)라고 한다. 또 입력신호 v_s는 (−)의 트리거 펄스인데 다이오드 D_2는 (+)의 트리거 펄스가 실수로 비반전 단자에 인가되는 것을 방지하는 의미에서 **블로킹 다이오드**(blocking diode)라고 한다.

단안정 멀티바이브레이터에는 RC 미분회로가 사용되므로 RC 미분회로의 계단응답에 관해서 먼저 살펴본다. 그림 5.34 (a)는 v_s의 신호로 $t=0$에서 V_f의 계단파형[그림 5.34 (c)참조]을 미분회로에 인가할 때 저항 양단의 전압을 구하려 한다. 여기서 커패시터 초기 전압 $v_c(0^+)=V_i$다. 그림 5.34 (a) 회로를 라플라스 변환하면 그림 5.34 (b)와 같은 회로를 얻는다.

$$V_E(s)=\frac{R}{R+\frac{1}{sC}}\left(\frac{V_f}{s}-\frac{V_i}{s}\right)=\frac{V_f-V_i}{s+\frac{1}{RC}}=-\frac{V_f-V_i}{s+\frac{1}{\tau}} \tag{5.47}$$

여기서 $\tau=RC$ 이다.

식 (5.47)을 라플라스 역변환하면 미분회로의 출력전압 v_e는 다음과 같다.

$$v_e(t)=(V_f-V_i)e^{-t/\tau} \tag{5.48}$$

그림 5.34 (c)에 v_e의 파형을 나타내었다. 즉 v_e의 파형은 $t=0$인 순간 $(V_f - V_i)$만큼 점프하고 그 이후로 시상수 τ의 속도로 감소하여 시간이 지나면 0의 값으로 수렴한다.

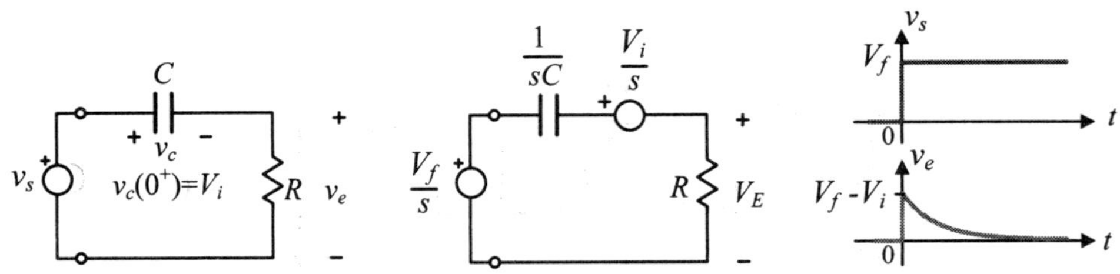

(a) 시간영역 회로 (b) 라플라스영역 회로 (c) 시간응답 파형

그림 5.34. RC 미분회로의 동작

그림 5.35는 초기조건이 0인(즉, 커패시터 충전전압이 0) RC 미분회로에 폭이 t_p이고 V_s 깊이인 $(-)$의 펄스를 인가한 경우 미분회로의 출력파형을 나타낸다. $(-)$의 펄스가 시작되는 곳을 $t=0$으로 가정하면 식 (5.48)에서 $V_f = -V_s$, $V_i = 0$인 경우이므로

$$v_e(t) = -V_s e^{-t/\tau} \tag{5.49}$$

이고 $(-)$의 펄스가 끝나는 $t = t_p$인 시각에 $v_e(t_p) = -V_s e^{-t_p/\tau}$의 값을 갖는다. 그러므로 펄스가 끝나는 시각$(t = t_p)$에 커패시터의 전압은

$$v_c(t_p) = v_s(t_p) - v_e(t_p) = -V_s - (-V_s e^{-t_p/\tau}) = -V_s\left(1 - e^{-t_p/\tau}\right) \tag{5.50}$$

가 된다. $(-)$의 펄스가 끝난 시각 이후의 RC 미분회로의 출력파형은 t_p가 끝난 시각을 다시 $t=0$으로 가정할 때 식 (5.48)에서 $V_f = 0$, $V_i = -V_s\left(1 - e^{-t_p/\tau}\right)$[식 (5.50) 참조]인 경우이므로

$$v_e(t) = V_s(1 - e^{-t_p/\tau})e^{-t/\tau} \tag{5.51}$$

이 된다.

그림 5.35 (a)는 입력신호 파형이 t_p동안 $-V_s$의 펄스인 경우 RC 미분회로의 응답을 나타낸다. 그림 5.35 (a)에서 보듯이 펄스는 t_p가 시작되는 지점과 끝나는 지점에서 V_s 만큼의 불연속을 갖는데, 응답파형인 v_e에서도 동일하게 t_p가 시작되는 지점과 끝나는 지점에서 V_s 만큼의 불연속을 갖는다는 점에 유의한다. 그림 5.35 (b)는 $t_p \gg \tau$인 경우 v_e 파형에서 v_s의 펄스가 시작되는 지점에서 $(-)$부분의 펄스가 나타나고 끝나는 지점에서

(+)부분의 펄스가 나타나는 모습을 보인다.

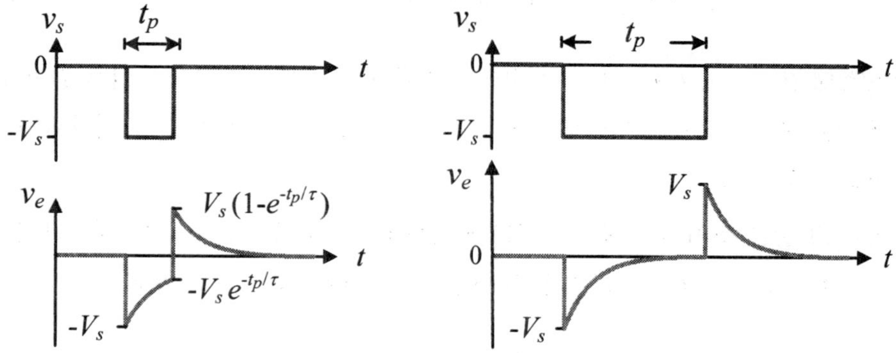

(a) 일반적인 경우 (b) $t_p \gg \tau$ 인 경우

그림 5.35. RC 미분회로의 응답

그림 5.33 회로의 연산 증폭기는 2개의 포화상태를 갖는데 전원전압 $\pm V_s$로 구동될 때 해석의 편의를 위하여 상단 포화전압 $V_H = + V_s$이고 하단 포화전압 $V_L = - V_s$라고 하자. 또 다이오드 D_1과 D_2의 순방향 문턱전압(즉, 다이오드 드롭)을 각각 V_{D1}, V_{D2}라고 한다. 단안정 멀티바이브레이터의 동작을 이해하기 위하여 그림 3.36의 동작파형을 참조하도록 한다.

음(−)의 펄스가 인가되기 전의 안정상태 ($0 < t < t_1$) : 먼저, 입력 트리거 신호 v_s가 $v_s = 0$인 초기 상태에서 출력 v_o가 안정한 상태인 V_s라고 가정한다. $v_o = V_s$일 때 연산 증폭기의 반전단자 전압 v_n과 비반전 단자의 전압 v_p를 구하면 다음과 같다. 즉, R_1을 통하여 흐르는 전류는 D_1을 도통시키므로 연산 증폭기의 반전단자 전압 v_n은

$$v_n = V_{D1} \tag{5.52}$$

이고 비반전 단자의 전압 v_p는 $R_2 \gg R_s$라고 하면 R_2에 의한 부하효과를 무시할 수 있으므로

$$v_p = \frac{R_s}{R_s + R_f} v_o = \beta v_o = \beta V_s \tag{5.53}$$

가 된다. 식 (5.52)와 (5.53)에서 $\beta V_s > V_{D1}$, 즉 $v_p > v_n$이므로 출력전압은 (+)로 포화되며 이 안정상태는 계속하여 유지될 것이다. 이 상태 동안 v_e는

$$v_e = v_p - V_{D2} = \beta V_s - V_{D2} \tag{5.54}$$

가 되고 따라서 커패시터 C_2의 충전상태는 다음과 같다.

$$v_{c2} = v_s - v_e = 0 - (\beta V_s - V_{D2}) = -\beta V_s + V_{D2} \tag{5.55}$$

준안정상태 ($t_1 < t < t_2$) : 이제 이 회로의 입력신호 v_s에 지속시간 t_p이고 깊이가 V_s인 (−)의 펄스가 인가된 경우를 생각해본다. 설명의 편의를 위하여 t_p가 시작되는 시각을 $t=0$으로 놓는다.

식 (5.55)와 같은 초기 충전된 커패시터를 갖는 RC 미분회로에 $-V_s$의 펄스가 인가되면 $V_f = -V_s$, $V_i = -\beta V_s + V_{D2}$인 경우이므로 응답은 식 (5.48)로부터

$$v_e = -\left[(1-\beta)V_s + V_{D2}\right]e^{-t/\tau_2} \tag{5.56}$$

과 같다. 여기서 $\tau_2 = R_2 C_2$이다.

식 (5.56)에서 $t=0^+$인 순간 $v_e = (\beta V_s - V_{D2}) - V_s$가 되므로 다이오드 D_2는 도통하게 되고 $v_p(0^+) = -(1-\beta)V_s$의 전압이 된다. 또 v_n은 커패시터 C_1 양단의 전압이기도 하므로 순간적으로 변할 수 없고 따라서 $v_n(0^+) = V_{D1}$이 된다. 그런데 $-(1-\beta)V_s < V_{D1}$ 즉, $v_p < v_n$이므로 연산 증폭기의 출력의 상태는 $-V_s$로 바뀌게 된다. 따라서 이번에는 v_p가 βV_s로부터 $-\beta V_s$로 변경될 것이고 이 때문에 회로는 이 새로운 상태에 머물게 될 것이다.

$v_o = -V_s$일 때 커패시터 C_1은 $\tau_1(=R_1 C_1)$의 시정수로 V_{D1}으로부터 $-V_s$를 향해 지수함수적으로 방전을 계속한다. 따라서 v_n의 식은 식 (5.40)에서 $V_i = V_{D1}$, $V_f = -V_s$인 경우에 해당하며 다음과 같다.

$$v_n(t) = -V_s + (V_s + V_{D1})e^{-t/\tau_1} \tag{5.57}$$

이 준안정상태는 감소하고 있는 v_n 전압이 $v_p(=-\beta V_s)$전압보다 더 낮아지는 순간까지 계속될 것이다. v_n 전압이 $-\beta V_s$ 전압보다 더 낮아지는 순간 연산 증폭기의 출력은 $+V_s$로 돌아올 것이고 v_p의 전압은 βV_s로 복귀할 것이다. 이때부터 커패시터 C_1은 다시 $+V_s$를 향해 시상수 τ_1의 속도로 충전을 할 것이며 충전동작은 다이오드 D_1이 도통하여 클램핑 작용을 할 때까지 지속될 것이다.

준안정상태의 지속시간 T는 식 (5.57)에서 $v_n(T) = -\beta V_s$의 조건에서 구한다. 즉,

$$v_n(T) = -\beta V_s = -V_s + (V_s + V_{D1})e^{-T/\tau_1} \tag{5.57}$$

이 식을 정리하면,

$$T = \tau_1 \ln\left(\frac{V_s + V_{D1}}{(1-\beta)V_s}\right) \tag{5.58}$$

이 된다. $V_{D1} \ll V_s$인 경우에 식 (5.58)은 다음과 같이 근사화 된다.

$$T = \tau_1 \ln\left(\frac{1}{1-\beta}\right) \tag{5.59}$$

회복기간 $(t_2 < t < t_3)$: 준안정상태가 끝나고 연산 증폭기의 출력전압이 $+V_s$로, v_p의 전압은 βV_s로 복귀하더라도 v_n의 전압은 커패시터 C_1의 충전이 필요하기 때문에 순간적으로 V_{D1}으로 복귀하지 못한다. T의 시간이 끝나는 지점을 $t=0$인 시간으로 가정하고 커패시터 C_1의 전압의 식을 구하면 다음과 같다. 즉 v_n의 식은 식 (5.40)에서 $V_i = -\beta V_s$, $V_f = V_s$인 경우에 해당하며 다음과 같다.

$$v_n(t) = V_s\left[1-(1+\beta)e^{-t/\tau_1}\right] \tag{5.60}$$

회복시간 T_r은 식 (5.60)에서 $v_n(T_r) = V_{D1}$의 조건에서 구한다. 즉,

$$v_n(T_r) = V_{D1} = V_s\left[1-(1+\beta)e^{-T_r/\tau_1}\right] \tag{5.61}$$

이를 정리하면,

$$T_r = \tau_1 \ln\left[\frac{V_s(1+\beta)}{V_s - V_{D1}}\right] \tag{5.62}$$

이고, $V_{D1} \ll V_s$인 경우에 식 (5.62)은 다음과 같이 근사화 된다.

$$T_r = \tau_1 \ln(1+\beta) \tag{5.62}$$

참고로 커패시터 C_1이 재충전되어 V_{D1}에 이를 때까지 그림 5.33의 단안정 멀티바이브레이터를 또다시 트리거 시키면 안된다. 즉 회복기간 중에 트리거하는 경우에는 정상적인 것보다 폭이 짧은 펄스가 발생할 것이다.

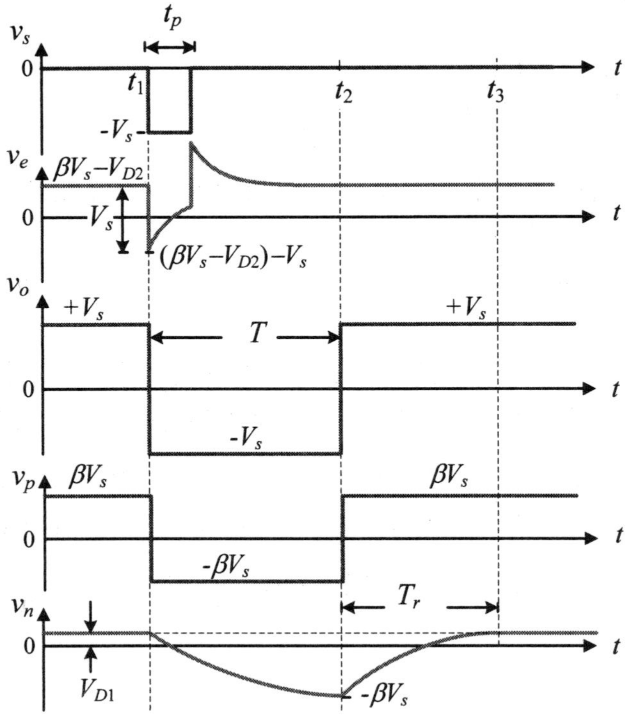

그림 5.36. 단안정 멀티바이브레이터의 각부의 파형

■ 단안정 멀티바이브레이터 : 회로 2

그림 5.37은 다이오드를 사용하지 않는 단안정 멀티바이브레이터 회로이고 그림 5.38은 동작파형을 나타낸다. 그림 5.37의 회로에서 트리거 입력신호는 (+)의 트리거 신호를 사용하고 출력 펄스는 준안정상태에서 (−)의 값을 갖는다. 여기서 연산 증폭기의 포화레벨은 연산 증폭기의 전원전압($\pm V_s$)과 같다고 가정한다.

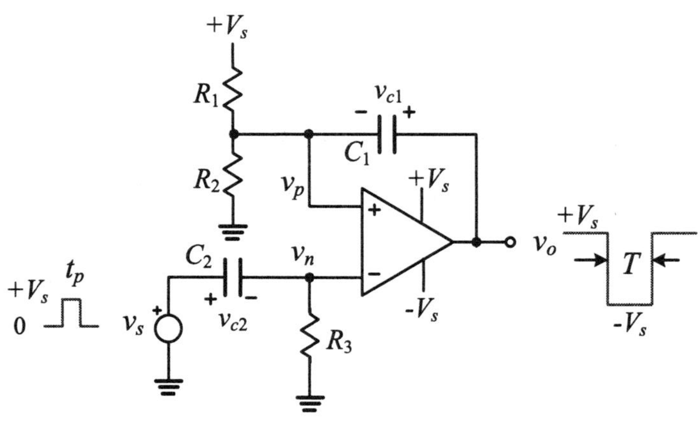

그림 5.37. 단안정 멀티바이브레이터: 회로2

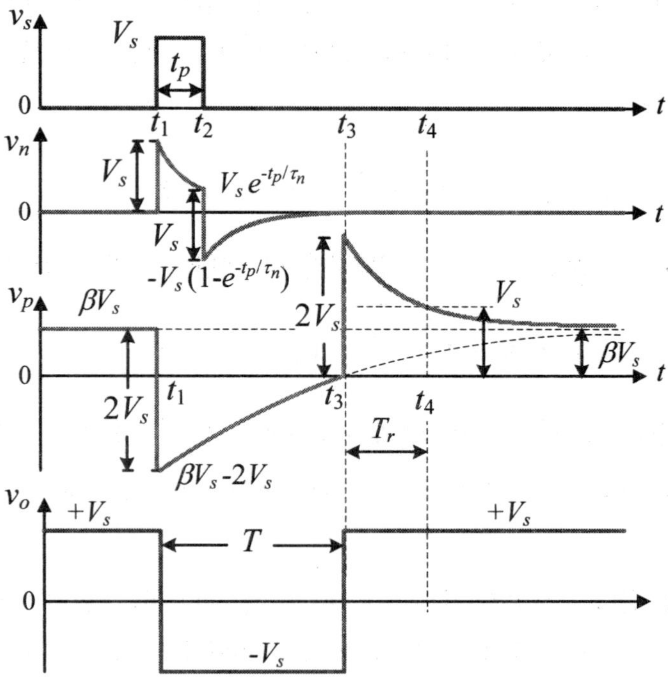

그림 5.38. 단안정 멀티바이브레이터(회로 2)의 동작파형

초기의 안정상태 $(0 < t < t_1)$: 그림 5.37의 회로에서 $v_s = 0$인 초기상태에서 커패시터에 흐르는 전류는 모두 0이며 v_p와 v_n은 다음과 같다.

$$v_n = 0 \tag{5.63}$$

$$v_p = \frac{R_2}{R_1 + R_2} V_s = \beta V_s \tag{5.64}$$

여기서 $\beta \equiv R_2/(R_1 + R_2)$이다. 이 경우 $v_p > v_n$이므로 출력은 $v_o = + V_s$를 유지한다. 두 커패시터 초기 충전전압은 다음과 같다.

$$v_{c1} = v_o - v_p = V_s - \beta V_s = (1-\beta) V_s \tag{5.65}$$

$$v_{c2} = 0 \tag{5.66}$$

준안정상태 $(t_1 < t < t_3)$: 입력신호 v_s에 $t_p(= t_2 - t_1)$동안 지속되며 크기가 V_s인 (+)의 트리거 펄스를 인가하는 시점부터 준안정상태가 시작된다.

먼저 연산 증폭기의 반전단자의 전압 v_n에 대하여 살펴보면 다음과 같다. 여기서 설명의 편의를 위하여 t_p의 시작점을 $t=0$으로 가정한다. R_3와 C_2로 이루어진 RC 미분회로의 응답 v_n은 식 (5.48)에서 커패시터의 초기조건 $V_i=0$이고 스텝입력의 최종상태 $V_f=V_s$인 경우이므로

$$v_n(t)=(V_f-V_i)e^{-t/\tau_n}=V_s e^{-t/\tau_n} \quad (0<t<t_p) \tag{5.67}$$

가 된다. 여기서 $\tau_n=R_3C_2$ 이다. 또 커패시터 C_2 양단의 전압 v_{c2}는 다음과 같다.

$$v_{c2}(t)=v_s-v_n=V_s-V_s e^{-t/\tau_n}=V_s(1-e^{-t/\tau_n}) \tag{5.68}$$

반전단자의 전압 v_n은 $t=0^+$(펄스의 개시점)일 때 $v_n(0^+)=V_s$이고 이후 시상수 τ_n의 속도로 지수함수적으로 감소하다가 $t=t_p$(펄스가 끝나는 시점)일 때 $v_n(t_p)=V_s e^{-t_p/\tau_n}$이 된다.

트리거 펄스가 끝나는 시점(t_2)이후 R_3와 C_2로 이루어진 RC 미분회로의 응답은 t_p가 끝나는 시점을 $t=0$으로 가정하고 구한다. 이 경우 커패시터의 초기조건은 식 (5.68)에서 $V_i=v_{c2}(t_p)=V_s(1-e^{-t_p/\tau_n})$이고 스텝입력의 최종상태 $V_f=0$인 경우이므로 v_n은 식 (5.48)로부터 다음과 같다.

$$v_n(t)=-V_s\left(1-e^{-t_p/\tau_n}\right)e^{-t/\tau_n} \tag{5.69}$$

그러므로 반전단자의 전압 v_n은 $t=0^+$(펄스의 종점)일 때 $v_n(0^+)=-V_s+V_s e^{-t_p/\tau_n}$이고 이후 시상수 τ_n의 속도로 지수함수적으로 증가하다가 $t=\infty$ 일 때 $v_n(\infty)=0$에 수렴한다. 그림 5.38에 v_n의 파형이 도시되어 있다. 여기서는 시상수 $\tau_n \ll T$, $t_p \ll T$의 조건이 되도록 회로의 파라미터를 선정하면 준안정상태가 끝나는 시점에 정상상태값인 $v_n \approx 0$이 된다. 통상 1차시스템에서 시상수의 5배의 시간이 경과하면 정상상태에 수렴했다고 볼 수 있으므로 다음과 같이 정한다.

$$t_p=\frac{T}{10},\ T>5\tau_n \tag{5.70}$$

지금까지 준안정상태에서 연산 증폭기의 반전단자의 전압 v_n에 대하여 살펴보았다. 다음으로 연산 증폭기의 비반전 단자의 전압 v_p에 대하여 설명한다. 먼저 설명의 편의를 위하여 t_p의 시작점을 $t=0$으로 가정한다. 앞서 살펴보았듯이 $t=0^+$(펄스의 개시점)일 때 $v_n(0^+)=V_s$이고 $v_p(0^-)=v_p(0^+)=\beta V_s$이어서 $v_p(0^+)<v_n(0^+)$이므로 출력 v_o는

$+V_s$에서 $-V_s$로 상태를 바꾼다.

그림 5.39는 준안정상태에서 비반전 단자에 연결된 소자로 구성된 등가회로를 나타낸다. 이 경우 출력의 변화가 입력처럼 작용한다. 식 (5.65)에서 커패시터 C_1의 초기조건은 다음과 같다.

$$v_{c1}(0^+) = v_{c1}(0^-) = (1-\beta)V_s \tag{5.71}$$

그림 5.39 (b)에서 밀만의 정리를 적용하여 V_p를 구하면 다음과 같다.

$$V_p = \frac{\frac{1}{R_1}\left(\frac{V_s}{s}\right) + sC_1\left(-\frac{V_s}{s} - \frac{1-\beta}{s}V_s\right)}{\frac{1}{R_1} + \frac{1}{R_2} + sC_1} = \left(\frac{\beta}{s} - \frac{2}{s+\frac{1}{\tau_p}}\right)V_s \tag{5.72}$$

여기서 $\tau_p = C_1(R_1 \parallel R_2) = C_1R_1R_2/(R_1+R_2)$ 이다.

식 (5.72)를 라플라스 역변환하면 v_p는 다음과 같다.

$$v_p = V_s\left(\beta - 2e^{-t/\tau_p}\right) \tag{5.73}$$

따라서 $t=0^+$일 때와 $t=\infty$일 때 v_p의 값은 각각 다음과 같다.

$$v_p(0^+) = (\beta-2)V_s \tag{5.74}$$

$$v_p(\infty) = \beta V_s \tag{5.75}$$

준안정상태가 끝나는 조건은 시간 T의 끝점에서 $v_p > v_n$이 되어 다시 회로의 출력이 $-V_s$에서 $+V_s$로 상태를 바꾸는 시점이다. 식 (5.70)의 조건에서 $v_n = 0$이므로 식 (5.73)에 표시된 v_p가 0을 넘어서는 순간 출력의 상태는 바뀐다고 볼 수 있다. 따라서 $v_p(T) = V_s\left(\beta - 2e^{-T/\tau_p}\right) = 0$ 으로부터

$$T = \tau_p \ln\left(\frac{2}{\beta}\right) \tag{5.76}$$

가 된다.

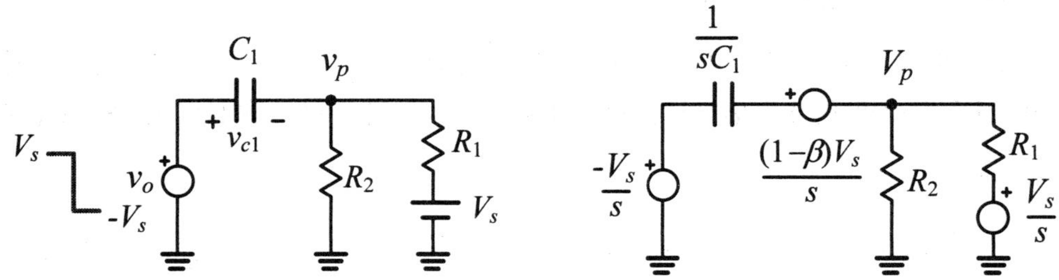

(a) 시간영역 회로 (b) 라플라스 변환된 회로

그림 5.39. 준안정상태에서 비반전 단자에서의 등가회로

회복기간 ($t_3 < t < t_4$) : 준안정상태가 끝나고 연산 증폭기의 출력전압이 $+V_s$로 복귀하더라도 v_p의 전압은 커패시터 C_1의 방전이 필요하기 때문에 순간적으로 βV_s로 복귀하지 못한다. 준안정상태가 끝난 이후 회로가 다시 트리거 입력신호에 반응하기 위해서는 적어도 v_p가 v_n의 점프 높이인 V_s보다 작아야 한다.

T의 시간이 끝나는 지점을 $t=0$인 시간으로 가정하고 커패시터 C_1의 전압의 식을 구하면 다음과 같다.

$$v_{c1}(0^-) = v_o(0^-) - v_p(0^-) = -V_s - 0 = -V_s = v_{c1}(0^+) \tag{5.77}$$

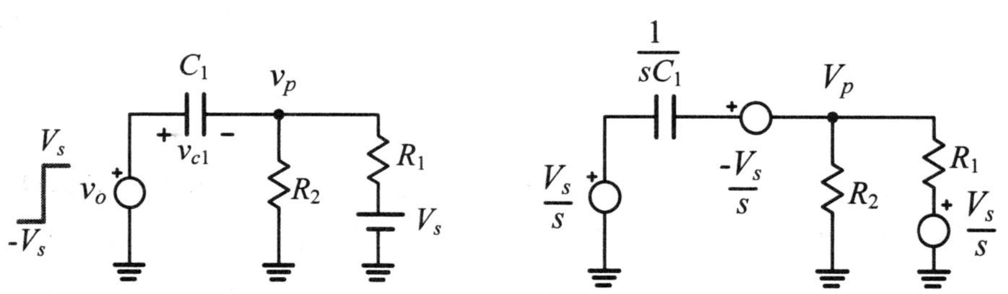

(a) 시간영역 회로 (b) 라플라스 변환된 회로

그림 5.40. 회복기간 동안 비반전 단자에서의 등가회로

그림 5.40은 회복기간중 비반전 단자에 연결된 소자로 구성된 등가회로를 나타낸다. 이 경우 출력의 변화가 입력처럼 작용한다. 그림 5.40 (b)에서 밀만의 정리를 적용하여 V_p를 구하면 다음과 같다.

$$V_p = \frac{\frac{1}{R_1}\left(\frac{V_s}{s}\right) + sC_1\left(\frac{V_s}{s} + \frac{V_s}{s}\right)}{\frac{1}{R_1} + \frac{1}{R_2} + sC_1} = \left(\frac{\beta}{s} + \frac{2-\beta}{s + \frac{1}{\tau_p}}\right) V_s \tag{5.78}$$

식 (5.78)을 라플라스 역변환하면 v_p는 다음과 같다.

$$v_p = \left[\beta + (2-\beta)e^{-t/\tau_p}\right] V_s \tag{5.79}$$

따라서 $t=0^+$일 때와 $t=\infty$일 때 v_p의 값은 각각 다음과 같다.

$$v_p(0^+) = 2V_s \tag{5.80}$$

$$v_p(\infty) = \beta V_s \tag{5.81}$$

회복기간 T_r이 끝날 무렵 v_p가 V_s보다 작게 되면 v_n의 점프 높이인 V_s보다 작아져서 다시 트리거 될 수 있다. 따라서 회복기간 T_r은 식 (5.79)에서

$$v_p(T_r) = \left[\beta + (2-\beta)e^{-T_r/\tau_p}\right] V_s = V_s \tag{5.82}$$

로부터 다음과 같다.

$$T_r = \tau_p \ln\left(\frac{2-\beta}{1-\beta}\right) \tag{5.83}$$

연습문제

5.1. 그림 P5.1의 회로에 대하여 다음을 구하라.

(a) 각각의 전달특성을 도시하여라.

(b) 두 회로를 비교하여 장단점에 대하여 논하라.

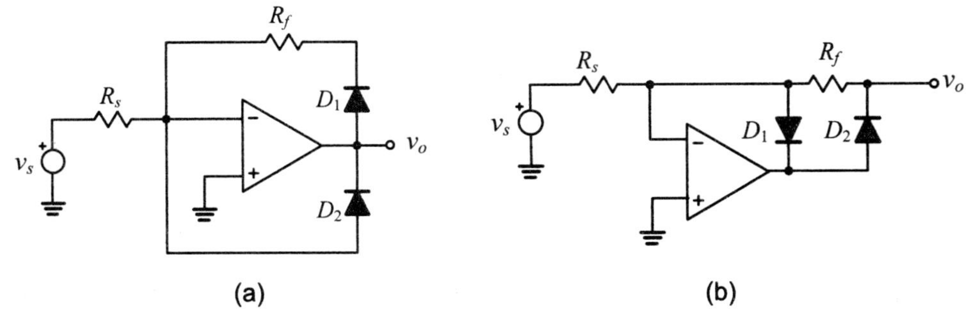

그림 P5.1.

5.2. 그림 P5.2의 회로에 대하여 다음을 구하라.

(a) 입력신호 v_s에 대한 출력신호 v_o의 관계식을 구하라.

(b) 전달특성을 도시하여라.

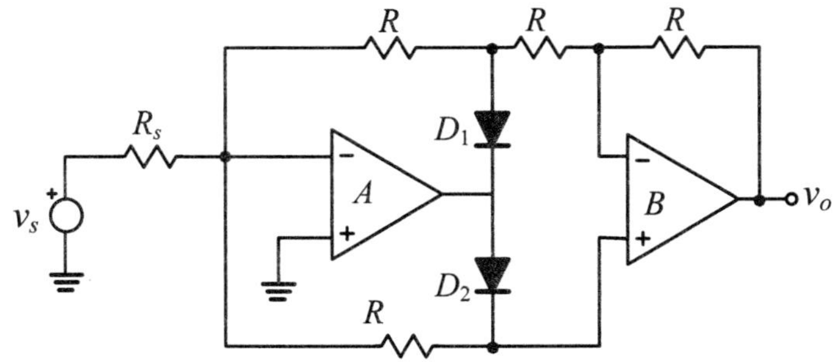

그림 P5.2.

5.3. 그림 P5.3은 리미터로 동작하는 회로이다. 다이오드 D_1과 D_2가 온상태일 때 문턱전압 V_{th}를 갖는다고 할 때 다음을 구하라. 단, 연산 증폭기는 이상적이라고 가정한다.

(a) 상한 문턱전압 v_{sH}의 식을 구하라.

(b) 하한 출력레벨 v_{oL}의 식을 구하라.

(c) 하한 문턱전압 v_{sL}의 식을 구하라.

(d) 상한 출력레벨 v_{oH}의 식을 구하라.

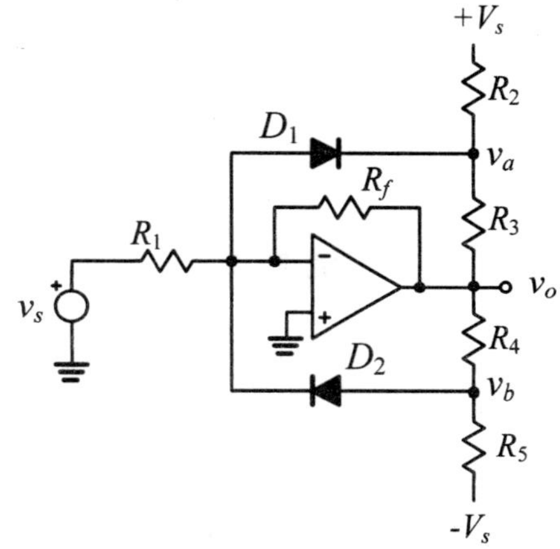

그림 P5.3.

5.4. 그림 P5.4 (a)의 회로에 (b)와 같은 파형의 입력신호 v_s가 인가되었을 때 출력파형 v_o를 도시하여라. 단 연산 증폭기와 다이오드는 이상적이라고 가정한다.

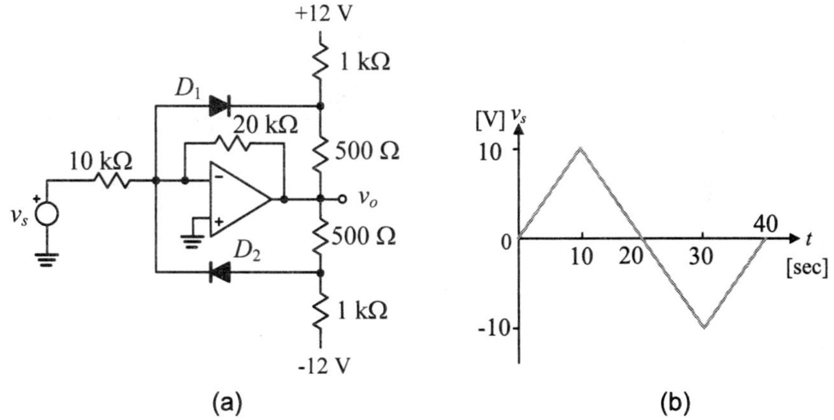

그림 P5.4.

5.5. 그림 P5.5 (a)의 회로의 입력에 (b)와 같은 파형의 입력신호 v_s가 인가되었을 때 출력파형을 도시하여라. 단, $R_s = 1\ \text{k}\Omega$, $R_f = 5\ \text{k}\Omega$, $V_R = 5\ \text{V}$이고 연산 증폭기는 $\pm 15\ \text{V}$의 포화전압을 갖고 이상적이라고 가정한다.

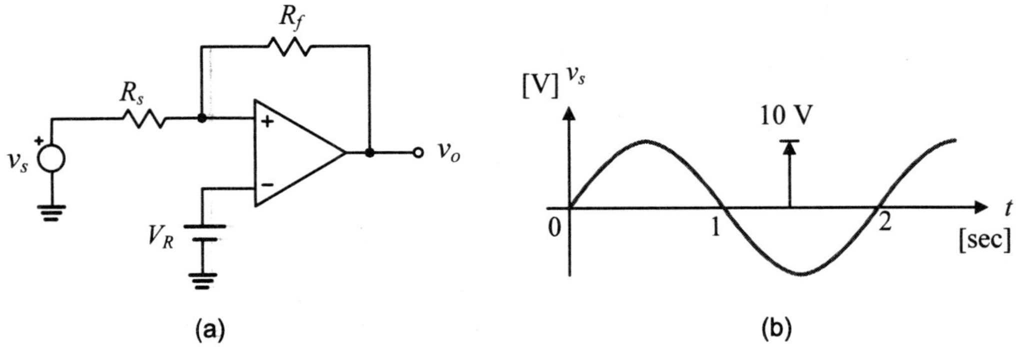

그림 P5.5.

5.6. 그림 P5.6 (a)의 회로의 입력에 (b)와 같은 파형의 입력신호 v_s가 인가되었을 때 출력파형을 도시하여라. 단, $R_s = 1\ \text{k}\Omega$, $R_f = 4\ \text{k}\Omega$, $V_R = 5\ \text{V}$이고 연산 증폭기는 $\pm 15\ \text{V}$의 포화전압을 갖고 이상적이라고 가정한다.

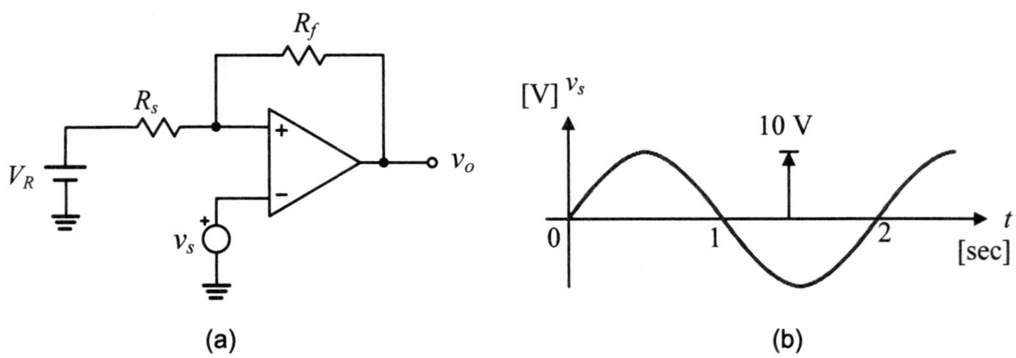

그림 P5.6.

5.7. 그림 P5.7 (a)의 회로의 출력 v_o가 (b)와 같다고 할 때 R, R_f, R_s, C의 값을 정하라. 단, $T_1 = 1\,\text{msec}$, $T_2 = 2\ \text{msec}$이고 연산 증폭기는 $\pm 15\ \text{V}$의 포화전압을 갖기 때문에 $V_H = 15\ \text{V}$, $V_L = -15\ \text{V}$라고 가정한다.

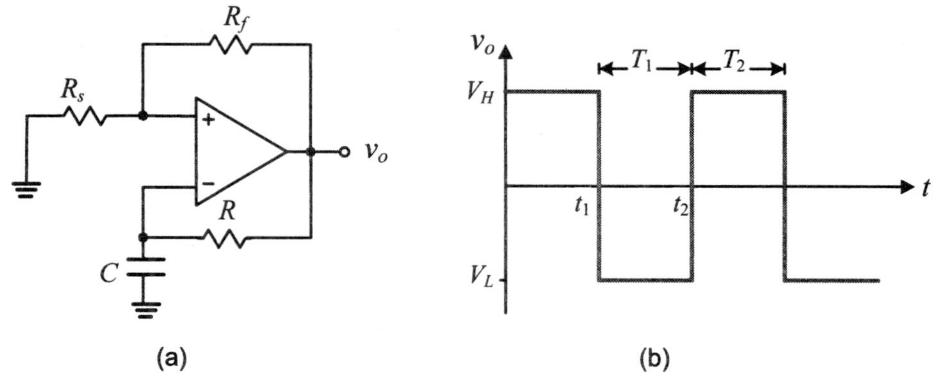

그림 P5.7.

Chapter 6

트랜지스터

트랜지스터(transistor)는 전류와 전압의 증폭작용 또는 스위칭 작용을 위하여 고안된 **3단자**(three-terminal) 반도체 전자소자를 통칭하는 용어이다. 트랜지스터는 오늘날 전자공학에 사용되는 각종 아날로그 및 디지털 집적회로(IC: Integrated Circuit)와 CPU, 메모리의 핵심적인 기초 단위 구성요소이다. 앞장에서 다룬 연산 증폭기도 수십 개의 트랜지스터로 구성된 IC이다.

트랜지스터는 3개의 단자를 갖는데 그 중 한 개는 제어기능을 갖는 **제어단자**이며 제어단자의 신호로 나머지 두 단자 사이에 흐르는 전류를 제어하는 데 이용된다. 만일 제어단자의 제어신호와 나머지 두 단자 사이의 전류가 서로 비례하도록 동작시키면 증폭기를 구현할 수 있다. 또 제어신호는 나머지 두 단자 사이의 전류를 0에서부터 매우 큰 값으로 변화시킬 수 있으므로 트랜지스터를 스위치로 동작시킬 수도 있다.

이 책에서는 많은 종류의 트랜지스터 가운데 2종류의 트랜지스터를 다룬다. 즉, **쌍극성 접합 트랜지스터**(BJT : bipolar junction transistor)와 **전계효과 트랜지스터**(FET : field effect transistor)이다. 전계효과 트랜지스터는 다시 2종류로 나눌 수 있는데 접합형 전계효과트랜지스터 (JFET : junction field effect transistor)와 금속산화물반도체 전계효과트랜지스터 (MOSFET : metal oxide semiconductor field effect transistor)이다[5]. 한글로 소자의 이름을 나타내면 이름이 너무 길다. 앞으로는 영문약자를 사용하여 각각의 소자

---

5 트랜지스터의 종류에는 이밖에도 박막트랜지스터(TFT:thin film transistor), UJT(uni-junction transistor), MESFET(metal-semiconductor FET), HEMT(high electron mobility transistor), HJT(hetero-junction transistor), IGBT(insulated gate bipolar transistor) 등이 있다.

를 나타내기로 한다.

그림 6.1은 이 책에서 다루는 트랜지스터의 종류를 트리 형식으로 나타낸다. 이 장에서는 각각의 트랜지스터의 동작원리 및 특징, 단자 전류-전압 특성, 회로기호, DC 및 AC 등가모델 등을 설명한다. 이를 바탕으로 7장에서는 트랜지스터 증폭기의 해석에 대하여 다룰 것이다.

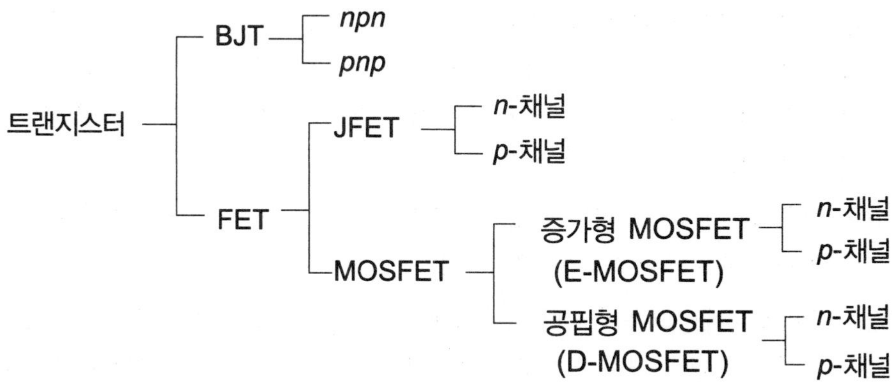

그림 6.1. 이 책에서 다루는 트랜지스터의 종류

6.1. BJT

BJT는 Bell 전화연구소의 월터 브래튼(Walter. H. Brattain), 존 바딘(John Bardeen), 윌리엄 쇼클리(William Bradford Shockley)가 1947년 처음으로 개발하였다[6]. BJT의 출현으로 인해 전자장치는 더욱 저전력화, 소형, 경량화되면서 이후 전자공학의 대변혁을 일으키게 되었다. 이 절에서는 BJT의 구조와 특성, 단자 전압-전류 특성, DC 및 AC 모델에 대하여 알아본다.

■ BJT의 구조와 회로 기호

그림 6.2 (a)는 *npn* BJT의 구조를 개념적으로 나타낸다. *npn* BJT는 n형 반도체와 p형 반도체, 그리고 또 다른 n형 반도체의 접합(junction)으로 구성되고 이들 세 부분의 반도체 영역은 각각의 단자를 통해 외부로 연결된다. 각각의 단자를 **에미터**(emitter), **베이스**(base), **컬렉터**(collector)라고 한다. 그림 6.3처럼 두 개의 p형 반도체와 한 개의 n형 반도체로

---

6 트랜지스터 개발자들은 이 공로로 1956년 노벨 물리학상을 수상하였다.

BJT를 구성할 수도 있는데 이를 pnp BJT라고 한다. 이 절에서는 특별한 언급이 없는 한 npn BJT를 중심으로 모든 설명을 하고 필요에 따라 pnp BJT를 추가적으로 설명한다.

그림 6.2 (a)에서 보듯이 BJT는 두 개의 pn접합을 갖는데 이러한 구성은 그림 6.2 (b)에서처럼 두 개의 다이오드가 서로 반대방향으로 연결된, 즉 두 다이오드의 애노드를 서로 공통으로 연결하고 그 공통점에서 베이스 단자를 인출한 구조로 간주할 수 있다. 그러면 2개의 개별 다이오드를 그림 6.2 (b)와 같이 연결하면 BJT처럼 동작할까? 답은 '아니오'이다. BJT가 두 개의 다이오드가 역방향으로 접속된 것처럼 보일지라도 두 개의 다이오드로 BJT를 만들 수 없는 이유는 BJT의 베이스 영역이 매우 얇은 층으로 구성되어 있다는 점에 있다. npn BJT 또는 pnp BJT의 경우 에미터, 베이스, 컬렉터 영역이 대칭적인 구조가 아니라는 점에 유의한다.

에미터 : 에미터는 강하게 도핑되어 있고 캐리어인 전자를 베이스쪽으로 **방출**(emission)한다는 의미에서 에미터라는 이름이 붙여졌다.

베이스 : 베이스는 에미터와 컬렉터 사이의 **얇은 층**의 p형 반도체로 구성된 층을 가리킨다. 에미터로부터 주입된 전자의 대부분(보통 95% 이상)은 베이스를 통과하여 컬렉터로 진행한다.

컬렉터 : 컬렉터는 베이스로부터 넘어오는 전자를 모으는, 즉 collect 한다는 의미에서 붙여진 명칭이다. 컬렉터는 에미터와 베이스의 중간 정도의 도핑농도를 가지며 구조적으로 가장 넓은 영역을 차지한다. 컬렉터에서는 열이 많이 발생하므로 방열판이 부착되는 단자가 컬렉터인 경우가 많다.

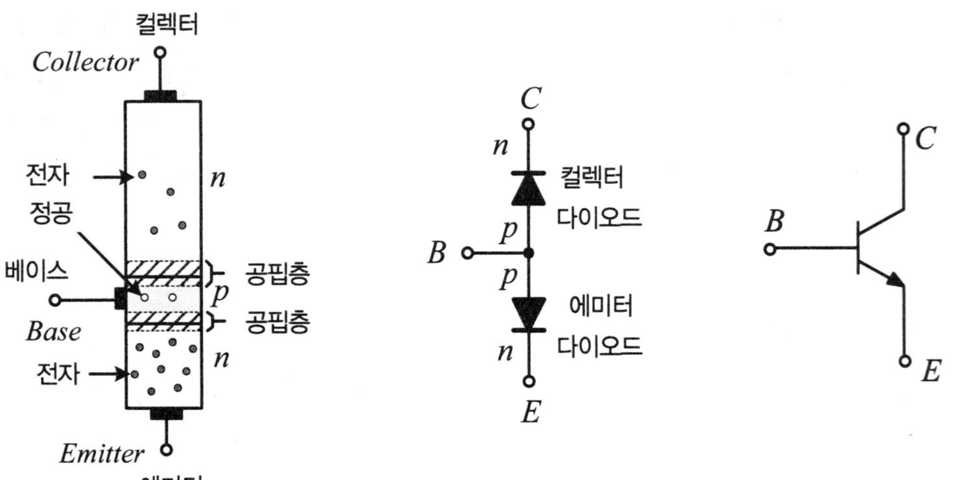

(a) 구조 (b) 다이오드 등가구성 (c) 회로기호(npn BJT)

그림 6.2. npn BJT의 구조 및 회로기호

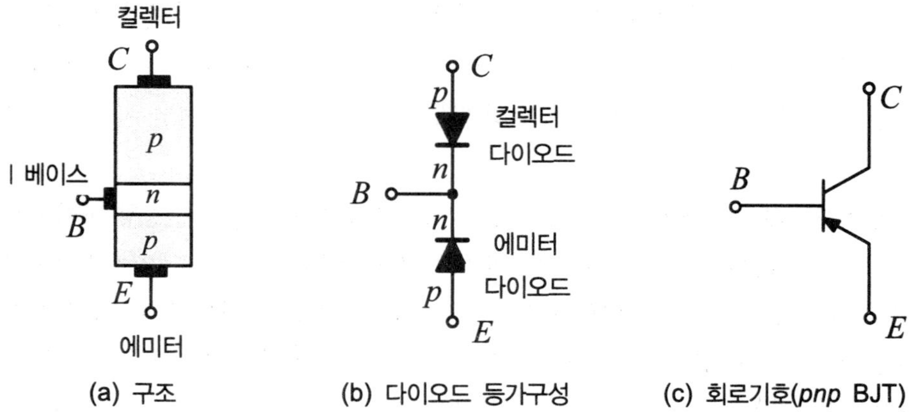

그림 6.3. *pnp* BJT의 구조 및 회로기호

■ BJT의 바이어스

BJT는 두 개의 다이오드를 갖는 것으로 볼 수 있는데, 각각의 다이오드가 순방향 바이어스 되어 있는지 역방향 바이어스 되어 있는지를 따져 보면 BJT에 인가된 외부전압의 상태는 그림 6.4에 보인 것처럼 4가지가 존재한다. 이러한 4가지 바이어스 상태 각각에 대하여 BJT의 어떤 동작특성을 갖는지 살펴보자.

순방향-순방향 바이어스 : 그림 6.4 (a)에서와 같이 B-E 접합과 B-C 접합이 모두 순방향 바이어스된 상태이다. 이 경우 i_C 전류는 R_C저항에 의해서 제한되고, i_E 전류는 R_E 저항에 의해서 제한되고 무엇보다 i_E 전류와 i_C 전류는 독립적으로 정해진다. 즉 **전류** i_E**와** i_C **전류는 서로 관련성이 없다.** 이러한 바이어스 상태에 놓인 BJT는 **포화영역**(saturation region)에서 동작한다고 한다.

역방향-역방향 바이어스 : 그림 6.4 (b)에서와 같이 B-E 접합과 B-C 접합이 모두 역방향 바이어스된 상태이다. 이 경우 BJT의 컬렉터 다이오드와 에미터 다이오드는 모두 역방향 바이어스 되어 있는 상태이므로 매우 작은 누설전류만 흘린다. 즉 i_E 전류와 i_C 전류는 거의 0이라고 봐도 무방하다. 이러한 바이어스 상태에 놓인 BJT는 **차단영역**(cutoff region)에서 동작한다고 한다.

순방향-역방향 바이어스 : 그림 6.4 (c)에서와 같이 B-E 접합은 순방향 바이어스 되고 B-C 접합은 역방향 바이어스 된 상태이다. 이 경우 에미터로부터 주입된 전자 중 일부(5 % 이하)는 베이스의 정공과 재결합하여 소멸되지만 대부분(95 % 이상)의 전자는 얇은 베이스 층을 통과하여 컬렉터로 이끌린다. 이러한 바이어스 상태에 놓인 BJT를 **능동영역**(active region) 또는 **활성영역**에서 동작한다고 한다. 능동영역에서 동작하는 BJT의 경우

전류 i_B, i_E, i_C는 서로 비례하는 관계에 있다. 반면에 능동영역에서 BJT의 컬렉터 전류 i_C의 크기가 v_{CB}와는 관계가 없음에 유의한다. 즉, 베이스에 비하여 컬렉터 전위가 높게 유지되는 한 베이스 영역의 컬렉터 측 경계에 도착한 전자는 컬렉터로 이끌려 컬렉터 전류로 나타난다.

역방향-순방향 바이어스 : 그림 6.4 (d)에서와 같이 B-E 접합은 역방향 바이어스, B-C 접합은 순방향 바이어스 된 상태이다. 이 바이어스 상태는 그림 6.4 (c)의 순방향-역방향 바이어스에서 컬렉터와 에미터의 역할을 서로 바꾼 것으로 동작원리는 능동영역의 경우와 비슷하다. 즉 에미터의 소수 전류 운반자인 정공이 베이스 영역으로 들어와 일부는 베이스 전류로 빠져 나가고 대부분 컬렉터에 인가된 (−)의 전위에 이끌려 컬렉터 전류가 된다. 이 경우 BJT의 동작영역은 **역방향 능동영역**(reverse active region)이라고 하는데 소수 전류 캐리어에 의하여 전류가 흐르므로 **실제로는 거의 사용하지 않는다.**

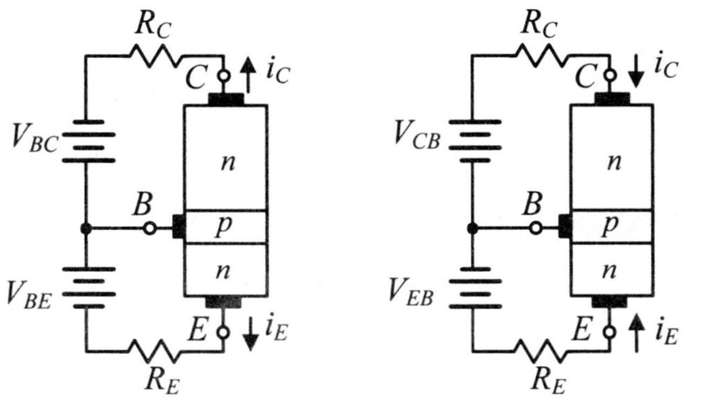

(a) 순방향-순방향 바이어스 (b) 역방향-역방향 바이어스

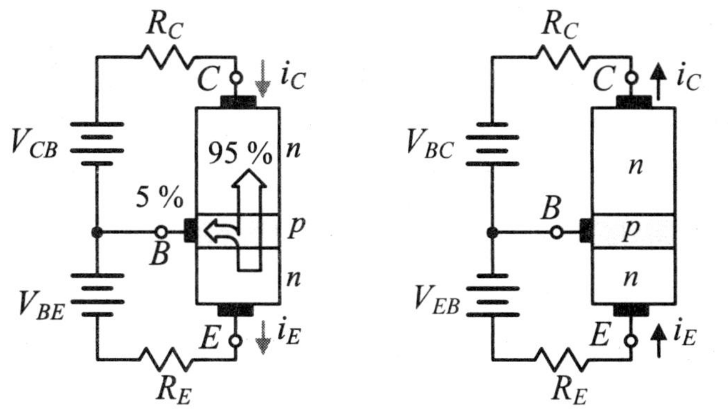

(c) 순방향-역방향 바이어스 (d) 역방향-순방향 바이어스

그림 6.4. BJT의 4가지 바이어스

■ BJT의 3가지 동작영역

앞에서 설명한 4개의 BJT 동작영역은 pn 접합의 문턱전압을 고려하지 않고 인가된 전압의 방향만을 고려하였으며 두 pn 접합에서의 상호간의 영향을 고려하지 않았으므로 실제 동작 영역의 경계를 정하는데 다소 차이가 있다. 그러므로 그림 6.5 (a)와 같은 회로를 사용하여 보다 일반적인 차단, 능동, 포화 영역의 특성을 구분해 본다. 그림 6.5의 회로에서 v_{BE}를 증가시켜가면서 회로의 동작영역이 어떻게 변하는지 살펴본다.

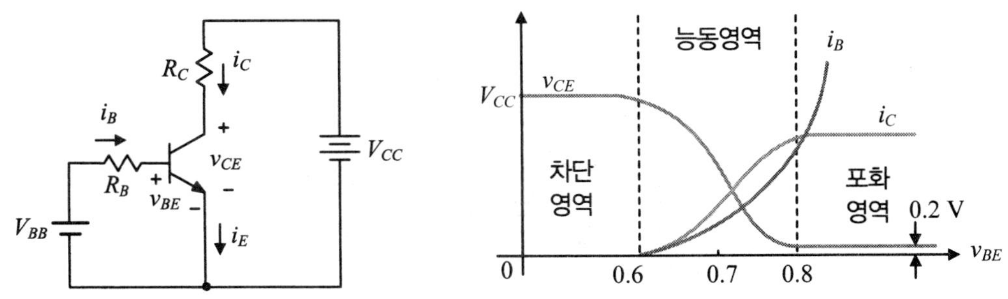

(a) 회로도　　　(b) v_{BE}의 변화에 대한 v_{CE}, i_B, i_C의 변화

그림 6.5. BJT의 3가지 동작영역의 구분

차단영역 : 그림 6.5의 회로에서 v_{BE}가 0이면 베이스에 주입되는 전류 i_B가 0이므로 $i_E = i_C = 0$이 된다. 즉 BJT는 차단영역에서 동작한다. v_{BE}를 증가시키더라도 에미터 다이오드의 전압이 문턱전압을 넘기 전까지는 오프상태를 유지하므로 $v_{BE} < 0.6$ V인 동안 이러한 차단영역은 지속된다. 그림 6.6 (a)는 $0 < v_{BE} < 0.6$인 동안 차단영역에서 동작하는 경우의 등가회로를 나타낸다. 차단영역에서 $v_{CE} = V_{CC}$이다.

능동영역 : 베이스-에미터 사이의 전압 v_{BE}가 0.6 V를 넘어서면 베이스 전류 i_B가 흐르기 시작하면서 BJT는 차단영역을 벗어나 능동영역에서 동작한다. 능동영역에서 i_B 전류는 i_E전류의 약 5 % 이내이고 i_C 전류는 i_E전류의 약 95 % 이상이 된다. 이와 같이 세 전류(i_B, i_E, i_C)가 비례관계에 있는 것은 능동영역의 특징이다. 여기서 i_B와 i_C의 비례상수를 β_{dc}라고 하면

$$\beta_{dc} = \frac{i_C}{i_B} \tag{6.1}$$

와 같이 정의한다. 통상 β_{dc}는 50~200 정도의 값을 갖는다.

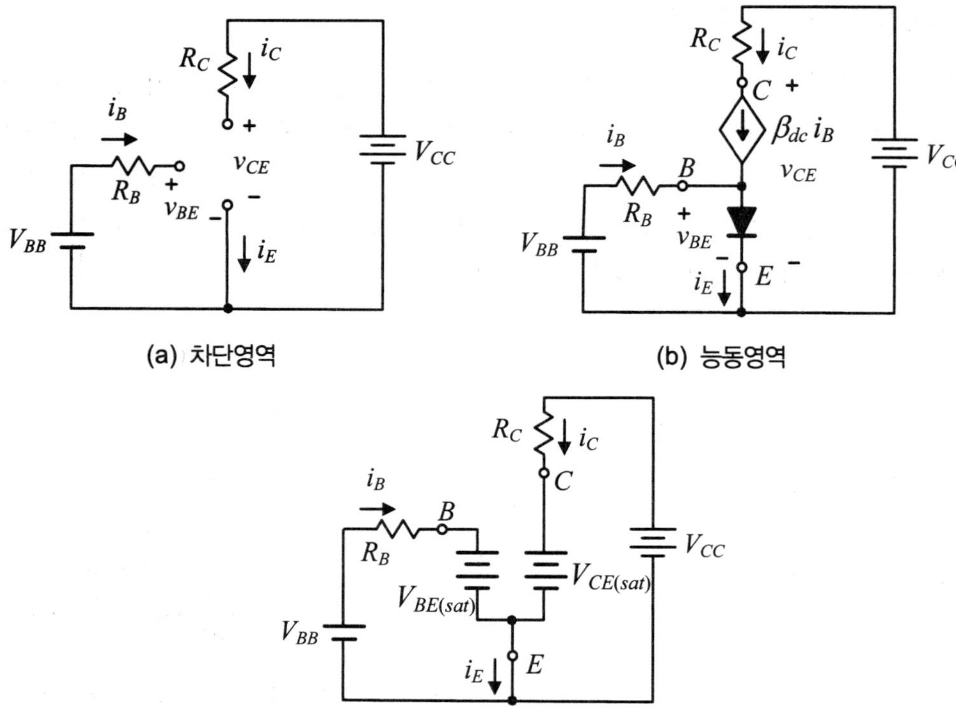

(c) 포화영역

그림 6.6. BJT 회로의 등가회로

β_{dc} 대신 i_E와 i_C의 비례관계를 나타내는 비례상수 α_{dc}를 정의하여 사용할 수도 있는데

$$\alpha_{dc} = \frac{i_C}{i_E} \tag{6.2}$$

와 같이 정의한다. $i_E = i_B + i_C$이고 양변을 i_C로 나누면

$$\frac{i_E}{i_C} = \frac{i_B}{i_C} + 1 \Rightarrow \frac{1}{\alpha_{dc}} = \frac{1}{\beta_{dc}} + 1 \tag{6.3}$$

따라서, α_{dc}와 β_{dc}의 관계는 다음과 같다.

$$\alpha_{dc} = \frac{\beta_{dc}}{\beta_{dc}+1},\ \beta_{dc} = \frac{\alpha_{dc}}{1-\alpha_{dc}} \tag{6.4}$$

그림 6.6 (b)는 회로가 능동영역에 있는 경우의 등가회로를 나타낸다. 능동영역에서 컬렉터 전류 i_C는 베이스 전류의 β_{dc}배가 흐르므로 전류제어 종속전류원(currentcontrolled dependent current source)을 사용하여 나타낸다. 능동영역에서 i_B가 증가하면 i_C도 증가하고 $v_{CE} = V_{CC} - R_C i_C$이므로 v_{CE} 전압은 감소한다. 그림 6.5 (b)에서 능동영역에서 i_B가 증가하면 v_{CE} 전압이 감소하는 모습을 볼 수 있다.

BJT가 능동영역에서 동작할 때 세 단자의 전류는 서로 비례관계에 있는 만큼 서로 연관되어 있으므로 **BJT의 3 단자에 흐르는 전류 가운데 하나만 알면 나머지 두 단자의 전류를 구할 수 있음**에 유의한다. i_B, i_C, i_E의 세 전류 가운데 i_B만 알고 있다면 식 (6.1)로부터

$$i_C = \beta_{dc} i_B \tag{6.5}$$

$$i_E = i_B + i_C = (1 + \beta_{dc}) i_B \tag{6.6}$$

가 되고, i_C만 알고 있다면 식 (6.5)로부터

$$i_B = \frac{i_C}{\beta_{dc}} \tag{6.7}$$

$$i_E = i_B + i_C = \frac{i_C}{\beta_{dc}} + i_C = \frac{1 + \beta_{dc}}{\beta_{dc}} i_C \tag{6.8}$$

이고, 끝으로 i_E만 알고 있다면 식 (6.6)과 (6.8)로부터

$$i_B = \frac{i_E}{1 + \beta_{dc}} \tag{6.9}$$

$$i_C = \frac{\beta_{dc}}{1 + \beta_{dc}} i_E = \alpha_{dc} i_E \tag{6.10}$$

가 된다. 그림 6.7은 식 (6.5)~(6.10)으로 정리한 능동영역에서 동작하는 BJT의 단자 전류의 상호연관성을 나타낸다.

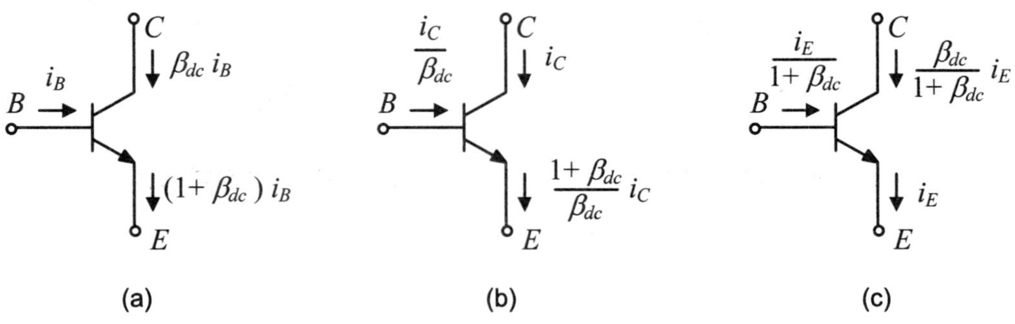

그림 6.7. 능동영역에서 동작하는 BJT의 단자 전류의 상호연관성

포화영역 : V_{BB}를 증가시켜서 v_{BE} 전압을 0.8 V 이상으로 증가시키면 i_B 전류는 계속 증가하지만 컬렉터 전류 i_C는 일정한 수준에 포화된다. 왜 그럴까? 그림 6.5의 회로에서 컬렉터 전류 i_C는 다음과 같다.

$$i_C = \frac{V_{CC} - v_{CE}}{R_C} \tag{6.11}$$

위 식에서 v_{CE}의 값은 음(−)이 될 수 없으므로 최소값은 0이다. 따라서 i_C의 최댓값은 V_{CC}/R_C가 된다. 실제로 v_{CE}의 최솟값은 그림 6.5 (b)에서 보듯이 0보다 약간 커서 약 0.2 V이다. 이제 i_B와 i_C의 관계를 정리해 보자. i_B가 증가해도 i_C는 일정한 값을 가진다는 의미는 두 전류가 관계가 없다는 뜻이다. 그림 6.6 (c)는 회로가 포화영역에 있는 경우의 등가회로를 나타낸다. 여기서 $v_{BE} = V_{BE(sat)} \approx 0.8$ V라고 가정하였고 v_{CE}는 포화전압인 0.2 V라고 가정하였다. 즉, $v_{CE} = V_{CE(sat)} \approx 0.2$ V 이다. 그림 6.6 (c)의 등가회로를 참조하면 i_B는 V_{BB}와 R_B에 의해서 정해지고, i_C는 V_{CC}와 R_C에 의해서 정해짐을 알 수 있다.

■ BJT의 DC 모델

그림 6.8은 능동영역과 포화영역에서 BJT의 등가모델을 나타낸다. BJT가 능동영역에서 동작할 때 베이스와 에미터 사이의 전압 v_{BE}는 0.6~0.8 V 정도인데 그 중간 값을 선택해서 $v_{BE} = V_{BE(act)} \approx 0.7$ V라고 가정한다. 그림 6.8의 BJT 모델은 직류 전원이 인가될 때 BJT의 전류-전압을 나타내는 **DC 모델**이며 BJT의 **동작점**(operating point)을 결정할 때 사용하다.

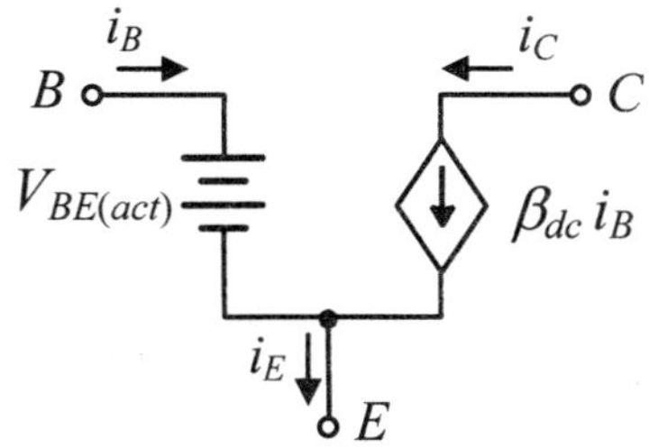

(a) BJT의 능동영역 모델

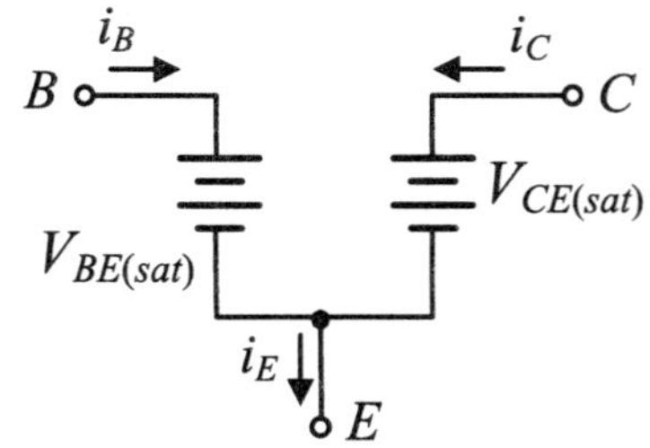

(b) BJT의 포화영역 모델

그림 6.8. BJT의 DC 모델

능동영역의 특징은 세 전류(i_B, i_E, i_C)가 서로 연관되어 있다는 점이고 포화영역의 특징은 세 단자간 전압(v_{BE},, v_{CE}, v_{CB})이 서로 연관되어 있다는 점이다. 능동영역에 있을 때 세 전류의 관련성은 β_{dc}나 α_{dc}로 나타낼 수 있는데 이러한 β_{dc}나 α_{dc}는 BJT의 고유의 값으로 BJT 소자의 특성에 따라 정해진다. β_{dc}는 i_C전류나 온도에 따라 변하는데 i_C 전류가 특정한 값에서 최댓값을 가지며 온도가 올라가면 β_{dc}도 증가한다[그림 6.9 (a) 참조]. 또 동일한 파트넘버(part number)의 소자라도 소자마다 제조과정에서의 편차가 큰 편이다. 대략 β_{dc}는 50~200의 범위인데 특별한 언급이 없을 때는 통상 $\beta_{dc} = 100$으로 놓아도 무방하다. 한편 BJT가 포화영역에서 동작할 때 세 전류는 각각 외부회로의 조건에 의해서 결정된다.

BJT의 동작영역을 고려하지 않고 무조건 i_C를 i_B로 나눈 값을 정의해서 사용할 수 있는데 이 값을 β_{forced}라고 한다. 즉,

$$\beta_{forced} = \frac{i_C}{i_B} \tag{6.12}$$

당연히 능동영역에서 $\beta_{forced} = \beta_{dc}$가 된다. 또 포화영역에서는 $\beta_{forced} < \beta_{dc}$가 됨에 유의한다. 그림 6.9 (b)는 동작영역에 따른 β_{forced}의 변화를 나타낸다.

표 6.1은 BJT의 동작영역에 따른 특성을 정리한 것이다. BJT는 3가지 동작영역 가운데 하나의 동작영역에서 동작하며 각 동작영역마다 외부회로에 대한 작동 원리나 반응이 다르게 나타남에 유의한다. BJT를 포함하는 회로를 설계할 때 BJT를 적당한 동작영역에서 동작하도록 조건을 만들어 주는 것이 첫 번째 작업이 된다.

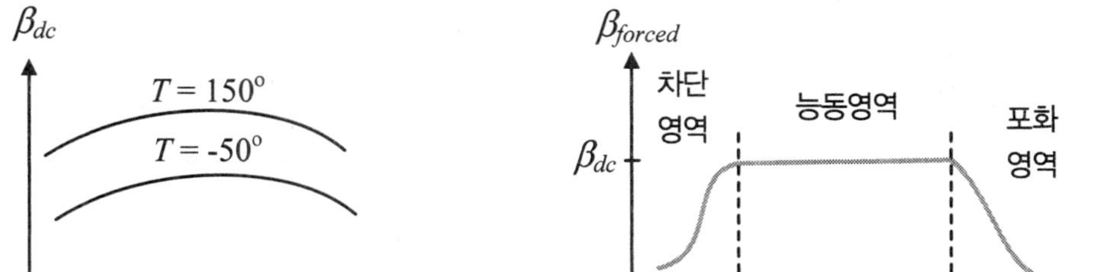

(a) 온도와 i_C에 따른 β_{dc}의 변화　　(b) 동작영역에 따른 β_{forced}의 변화

그림 6.9. β_{dc}와 β_{forced}

표 6.1. BJT의 3가지 동작영역의 특성 정리

동작영역	바이어스 상태	중요 전압	i_B 와 i_C 의 관계
차단영역	$V_{BE} < 0$ (역바이어스), $V_{CB} > 0$ (역바이어스)		$i_B = i_C = 0$
능동영역	$V_{BE} > 0$ (순바이어스), $V_{CB} > 0$ (역바이어스)	$V_{BE(act)}$=0.7 V	i_B 와 i_C 는 비례
포화영역	$V_{BE} > 0$ (순바이어스), $V_{CB} < 0$ (순바이어스)	$V_{CE(sat)}$=0.2 V $V_{BE(sat)}$=0.8 V	i_B 와 i_C 는 무관
비 고	차단 영역 / 능동 영역 / 포화 영역	포화영역 : $\beta_{forced} < \beta_{dc}$	

■ BJT의 입력특성과 출력특성

그림 6.10은 V_{BB}를 조절하여 v_{BE}를 0부터 점차 증가 시킬 때 i_B의 변화를 나타내는 $v_{BE} - i_B$ 곡선이며 BJT의 입력특성을 나타낸다. BJT의 베이스와 에미터는 pn 접합 다이오드를 구성하므로 $v_{BE} - i_B$ 곡선은 다이오드 특성 곡선과 같다. 그림 6.10의 그래프에는 $v_{CE} = 0$ V 인 경우와 $v_{CE} = 20$ V인 경우 두 가지 상황에 대하여 $v_{BE} - i_B$ 곡선을 나타내었다. v_{CE} 전압이 높으면 컬렉터는 베이스로부터 넘어오는 전자를 더 많이 모을 수 있고 이로 인해 i_B전류는 A점으로부터 B점으로 감소한다. 이러한 특성을 **얼리효과**(Early effect)라고 한다.

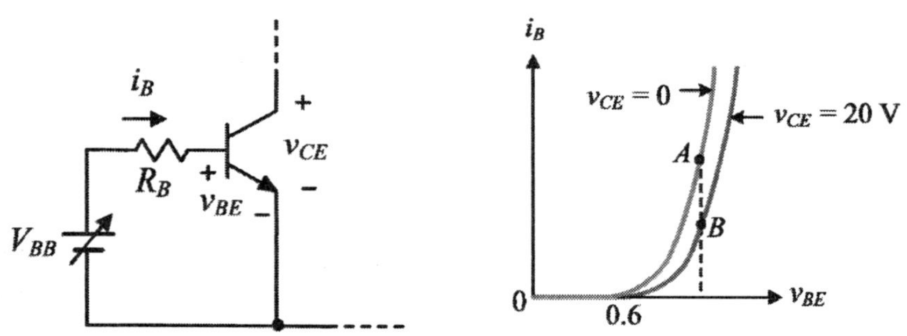

그림 6.10. BJT의 입력특성

그림 6.11은 일정한 i_B 전류가 흐르는 경우 V_{CC}를 조절하여 v_{CE}를 0부터 점차 증가시킬 때 i_C의 변화를 나타내는 $v_{CE} - i_C$ 곡선의 일례이며 BJT의 출력특성을 나타낸다. 먼저 $i_B = 0$인 경우 v_{CE}를 증가시켜도 컬렉터에는 매우 작은 누설전류 전류 I_{CEO}만 흐른다. i_B를 조금 증가시켜 $i_B = 10\mu$A가 되도록 하고 다시 처음부터 v_{CE}를 0부터 증가시키면 처음에는 i_C전류도 증가하지만 곧 1 mA 정도에서 포화된다. 이 경우 BJT의

$\beta_{dc} = i_C / i_B = 1\ \text{mA}/10\ \mu\text{A} = 100$이 된다. 그림 6.11에서 v_{CE}는 0 근처에서는 v_{CE}를 증가시키면 i_C도 따라서 증가하지만 어느 정도 이상의 v_{CE}가 되면 v_{CE}를 증가시켜도 i_C는 바로 포화되어 일정한 값이 된다는 점에 유의한다.

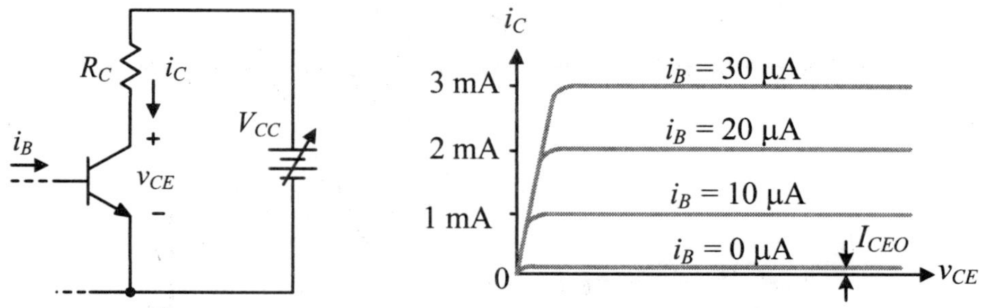

그림 6.11. BJT의 출력특성

▪ 증폭의 원리

BJT를 사용하여 증폭기를 설계할 때 증폭기의 입력신호는 (+)와 (−)의 값 사이에서 변하는 교류(AC)인 경우가 대부분이다. 그런데 BJT 증폭기는 대부분 1개의 직류 전원을 사용하고 **BJT 소자가 취급하는 전류나 전압도 엄격히 말하자면 직류**이다. 예를 들면 그림 6.5와 같은 간단한 회로에서 컬렉터 전류 i_C의 방향은 항상 컬렉터에서 에미터 쪽으로만 흐르며 방향을 바꿀 수 없다. 그렇다면 BJT 증폭기는 어떻게 교류를 증폭하는 것일까?

그림 6.12에서 A의 파형 i_b는 증폭하기를 원하는 교류신호이며 D의 파형 i_c는 i_b가 증폭된 결과인 교류신호라고 하자. 앞서 언급한 것처럼 BJT 소자는 직류만 흘릴 수 있으므로 교류를 직접 증폭할 수 없다. 그러나 교류신호 i_b에 직류성분 I_B를 더하여 직류이지만 리플(ripple)을 갖는 i_B를 인가하면 BJT 소자가 정상 동작하는데 무리가 없을 것이다. i_B가 BJT의 베이스 전류라고 하고 i_C가 컬렉터 전류라고 하면 BJT가 능동영역에서 동작하는 한 i_B와 i_C는 비례관계에 있으므로 BJT는 i_B를 잘 증폭할 것이다. i_C 파형은 직류성분인 I_C를 중심으로 스윙(swing)하는 파형인데 여기서 직류성분 I_C만 제거하면(즉, C에서 D의 과정을 거치면) 원래 얻으려고 했던 교류성분 i_c를 추출할 수 있다. 참고로 지금까지의 설명에서 자칫 혼동하기 쉬운 i_c와 i_C를 명확히 구별하도록 한다. i_c는 교류성분이며 i_C는 교류성분(i_c)에 직류성분(I_C)이 더해진 파형을 나타낸다.

BJT를 사용한 증폭기는 직류와 교류가 서로 뒤섞여 있으므로 전류와 전압을 나타내는 표기에서 이 신호가 교류인지 직류인지 아니면 둘 다 섞인 것인지 구분을 명확히 해 줄 필요가 있다. 통상 (대문자)+(대문자 아래첨자)이면 직류를 나타내고 (소문자)+(소문자 아래첨자)이면 교류를 나타낸다. 또 (소문자)+(대문자 아래첨자)이면 (교류+직류)인 신호를 나타낸다. 베이스 전류를 예로 들면 I_B는 베이스에 흐르는 직류전류이고 i_b는 교류전류이며 i_B는 $I_B + i_b$이다.

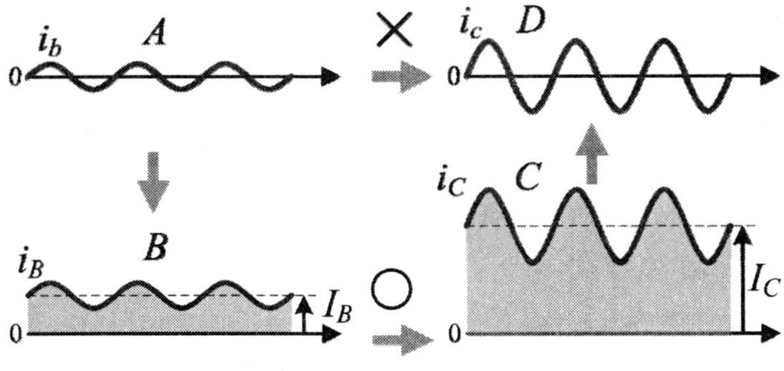

그림 6.12. 소신호의 증폭의 원리

■ BJT의 AC 모델 : 소신호 모델

BJT 증폭기에 신호가 인가되기 전에는 직류전원에 의한 전류만 흐르고 이 전류는 증폭기로서의 활동이 없을 때의 전류란 의미에서 **정지(무활동) 전류**(quiescent current) 또는 한쪽으로 편향된 직류전류란 의미에서 **바이어스 전류**(bias current)라고 한다. 바이어스 전류는 입력신호(=교류신호)가 있든 없든 흐르는 전류이며 증폭기의 요소로 사용되는 BJT를 능동영역에서 동작하도록 준비상태로 만든다. 이제 교류입력 신호가 인가되면 BJT의 베이스 전류나 컬렉터 전류는 바이어스 전류가 흐르던 상태에서 흔들리게 된다. 이것은 마치 잔잔한 호수에 물결을 일으키는 것과 같다. 호수에 수면의 높이는 바이어스 상태를 의미하고 물결이 일어나면 출렁이며 수면의 높이가 변하는데 이 물결이 일어난 원인은 교류의 입력신호가 인가되었기 때문으로 볼 수 있다.

BJT의 동작을 모델링할 때 DC 모델은 회로의 직류 전압, 전류 상태를 구할 때 사용한다. 예를 들면 베이스에 얼마만큼의 직류전류가 흐르면 컬렉터에 어느 만큼의 직류전류가 흐르는지 DC 모델을 이용하여 구할 수 있다. 그런데 교류인 입력신호가 인가되면 상황은 조금 복잡해진다. 교류 입력신호가 인가되면 BJT의 각부의 전압과 전류는 직류 바이어스 성분과 신호로부터 오는 교류성분으로 구성된다. 이 경우 매순간 베이스 전류가 변하기 때문에 컬렉터 전류도 변하는데 매 순간마다 DC 모델을 적용하며 컬렉터 전류를 구할 수는 없을 것이다. 이것을 해결하는 좋은 방법은 직류와 교류를 분리하여 생각하는 것이다. 즉 일반 회로망 이론에 사용되는 중첩의 원리를 적용하면 BJT의 직류에 대한 거동(behavior)과 교류에 대한 거동을 분리하여 취급하는 것이다. 그림 6.13은 BJT 소자의 전압과 전류를 DC 성분만 존재하는 DC 회로와 AC 성분만 존재하는 AC 회로로 나누어 도시한 것이다. 이 경우 BJT 회로에 대한 해석은 두 번에 걸쳐 이루어진다. 먼저 DC 회로를 사용하여 BJT의 전류나 전압의 DC 레벨을 결정하고 그 다음에 AC 회로를 사용하여 BJT의 전류나 전압의 AC 양을 결정한다.

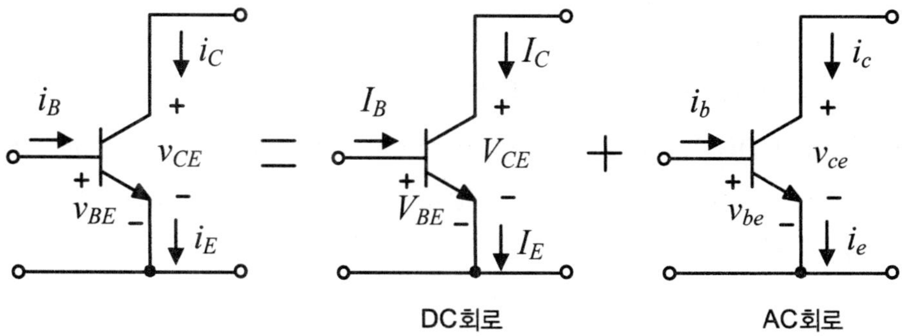

그림 6.13. DC 회로와 AC 회로의 분리

AC 회로에 대한 해석을 하려면 BJT의 직류에 대한 거동은 DC 모델로 나타내는 것처럼 교류에 대한 거동은 **AC 모델이 별도로 필요하게 된다**. AC 모델은 오로지 직류에 비하여 바이어스 전류를 중심으로 변하는 작은 크기의 교류의 변화에 대한 BJT의 반응을 나타내는 모델이므로 **소신호 모델**(small signal model)이라고도 한다.

[1] β_{ac}

BJT 소자가 능동 모드에서 동작할 때 컬렉터 전류를 베이스 전류로 나눈 값을 β_{dc}로 정의하였다[식 (6.1) 참조]. 여기서 β_{dc}의 정의에 사용된 컬렉터 전류와 베이스 전류는 DC 전류이다. BJT가 베이스 전류 I_{BQ}, 컬렉터 전류 I_{CQ} 그리고 컬렉터-에미터 전압 V_{CEQ}에서 동작할 때 이와 같은 동작상태를 BJT 출력특성을 나타내는 그래프에서 **동작점**(operating point) Q로 나타낸다(그림 6.14).

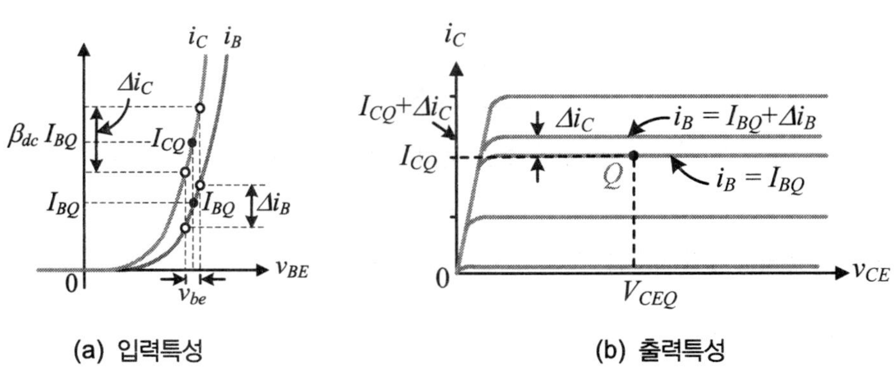

그림 6.14. i_B의 변화량에 대한 i_C의 변화량

동작점에서 베이스 전류를 Δi_B 만큼 변화시킬 때 컬렉터 전류가 Δi_C 만큼 변화하면 Q점에서의 β_{ac}는 다음과 같이 정의된다. 즉,

$$\beta_{ac} \equiv \frac{\Delta i_C}{\Delta i_B} = \frac{i_c}{i_b} \tag{6.13}$$

여기서 β_{ac}는 동작점에 동작점의 위치에 따라 달라질 수 있다는 점에 유의한다.

스위칭 회로나 DC 해석을 할 때는 β_{dc}가 사용되고 AC 해석(소신호 해석)을 할 때는 β_{ac}를 사용한다. 그러나 보통 β_{dc}와 β_{ac}의 값의 차이가 작으므로 이 둘을 구분하지 않고 β로 사용한다. 즉,

$$\beta_{dc} \approx \beta_{ac} = \beta \tag{6.13}$$

[2] 하이브리드-π 모델과 r_e 모델

그림 6.15는 직류와 교류가 섞여있는 BJT 소자의 전류와 전압을 나타낸다. BJT의 베이스와 에미터 사이에는 pn 접합 다이오드($\eta = 1$)가 존재하므로 v_{BE}와 i_B 사이에는 앞서 2장에서 살펴본 것과 같은 다이오드의 전류-전압 관계식이 성립한다[식 (2.1) 참조].

$$i_B = I_r\left(e^{v_{BE}/V_t} - 1\right) \approx I_r\, e^{v_{BE}/V_t} \tag{6.14}$$

여기서 I_r은 역방향 누설전류이며 V_t는 열전압(27 °C에서 약 26 mV)이다.

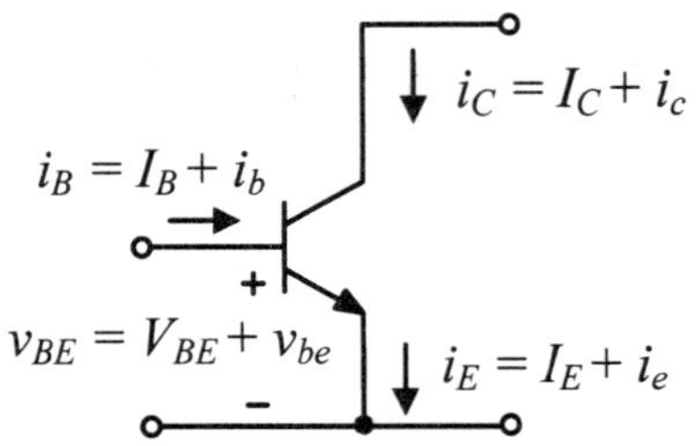

그림 6.15. BJT 소자의 전류와 전압

BJT가 능동영역에서 동작한다면 컬렉터 전류는 베이스 전류에 비례하므로

$$i_C = \beta i_B \tag{6.15}$$

이고 따라서

$$i_C = \beta i_B = \beta I_r e^{v_{BE}/V_t} = I_s e^{v_{BE}/V_t} \tag{6.16}$$

이 된다. 여기서 $I_s = \beta I_r$이며 I_s는 상수이다.

식 (6.14)에서 v_{BE}를 변경하면 i_B가 변함을 알 수 있고, 식 (6.15)에서 i_B가 변하면 i_C가 변한다는 것을 알 수 있다. 식 (6.16)은 v_{BE}에 대한 i_C의 직접적인 관계를 나타낸다.

그림 6.15에서 I_B, I_C, I_E, V_{BE} 등은 직류를 i_b, i_c, i_e, v_{be} 등은 교류를 나타낸다. 식 (6.5)~(6.10)와 식 (6.16)의 식을 사용하여 직류인 양들인 V_{BE}, I_B, I_C, I_E, 사이의 관계를 나타내면 다음과 같다.

$$I_C = \beta I_B \ (I_B\text{와 } I_C\text{의 관계}) \tag{6.17}$$

$$I_E = (1+\beta) I_B \ (I_E\text{와 } I_B\text{의 관계}) \tag{6.18}$$

$$I_C = \frac{\beta}{1+\beta} I_E = \alpha I_E \ (I_C\text{와 } I_E\text{의 관계}) \tag{6.19}$$

$$I_C = I_s e^{V_{BE}/V_T} \ (V_{BE}\text{와 } I_C\text{의 관계}) \tag{6.20}$$

위의 직류인 양들 사이의 관계식은 DC 해석을 할 때 필요하다. 이제 AC 해석을 할 때 필요한 교류인 양들 v_{be}, i_b, i_c, i_e 사이의 관계를 구하면 다음과 같다. 베이스 전압 $v_{BE} = V_{BE} + v_{be}$ 이므로 컬렉터 전류 i_C는 식 (6.12)와 식 (6.20)에서

$$i_C = I_s e^{(V_{BE}+v_{be})/V_t} = I_s e^{V_{BE}/V_t} e^{v_{be}/V_t} = I_C e^{v_{be}/V_t} \approx I_C\left(1 + \frac{v_{be}}{V_t}\right) \tag{6.22}$$

가 된다. 여기서 x가 매우 작을 때 $e^x \simeq 1+x$이 되는 근사식을 이용하였다. 즉, 이러한 근사는 $v_{be} \ll V_t$일 때 잘 들어맞는다. 열전압 V_t는 27 °C에서 약 26 mV, 25 °C에서 약 25 mV 정도이므로 교류인 v_{be}의 크기는 수 mV 이내일 경우에 해당한다. 식 (6.22)를 다시 쓰면

$$i_C = I_C + \frac{I_C}{V_t} v_{be} = I_C + i_c \tag{6.23}$$

이므로 $i_c = \frac{I_C}{V_t} v_{be}$가 되어 교류 신호 전압 v_{be}와 교류 전류 i_c의 관계를 다음과 같이 나타낼 수 있다.

$$g_m \equiv \frac{i_c}{v_{be}} = \frac{I_C}{V_T} \quad (v_{be}\text{와 } i_c\text{의 관계}) \tag{6.24}$$

여기서 g_m을 BJT의 **트랜스컨덕턴스**(transconductance)라고 하며 단위는 지멘스 [S] (Simens)이다. 그림 6.16은 g_m이 갖는 의미를 도식적으로 나타낸다. 그림 6.16에서 보듯이 g_m은 $v_{BE}-i_C$ 곡선에서 동작점 Q점에서의 기울기 $\Delta i_C/\Delta v_{BE}$를 나타낸다. 여기서 동작점에 따라 g_m의 값이 달라지며 g_m은 식 (6.24)에서 보듯이 직류 바이어스 전류 I_C의 함수라는 점에 유의한다.

한편 $i_B = i_C/\beta$이고 $i_C = I_C + g_m v_{be}$ 이므로

$$i_B = \frac{i_C}{\beta} = \frac{I_C}{\beta} + \frac{g_m}{\beta} v_{be} = I_B + i_b \tag{6.25}$$

가 된다. 식 (6.25)에서 $i_b = (g_m/\beta)v_{be}$가 되어 교류 전압 v_{be}와 교류 전류 i_b의 관계를 다음과 같이 나타낼 수 있다.

$$r_\pi \equiv \frac{v_{be}}{i_b} = \frac{\beta}{g_m} = \frac{\beta V_t}{I_C} \quad (v_{be}\text{와 } i_b\text{의 관계}) \tag{6.26}$$

여기서 r_π를 **베이스 입력저항**(base input rersistance)이라고 한다.

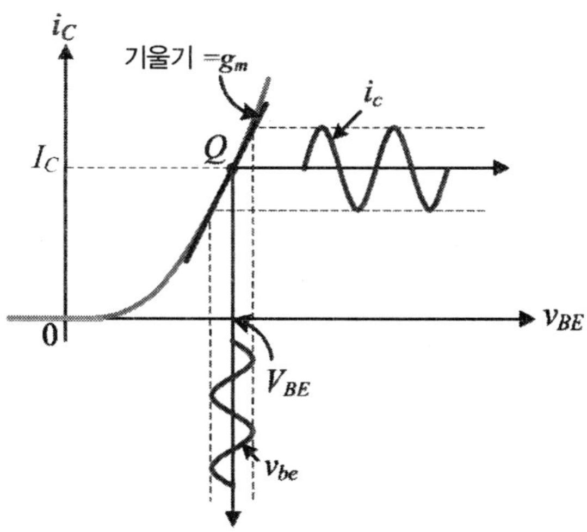

그림 6.16. 소신호 조건에서 BJT의 선형동작

그림 6.17 (a)는 여러 다양한 BJT의 소신호 모델 가운데 **하이브리드-π 모델**(hybrid-π model)을 나타낸다. 그림 6.17에서 $v_\pi = v_{be}$이다. 하이브리드-π 모델은 베이스 입력저항

을 나타내는 식 (6.26)과 컬렉터 전류를 나타내는 식 (6.26)를 회로의 형태로 나타낸 것이다. 하이브리드-π 모델에서

$$g_m v_\pi = g_m r_\pi i_b = \beta\, i_b \tag{6.27}$$

이므로 그림 6.17 (b)와 같이 나타낼 수 있다.

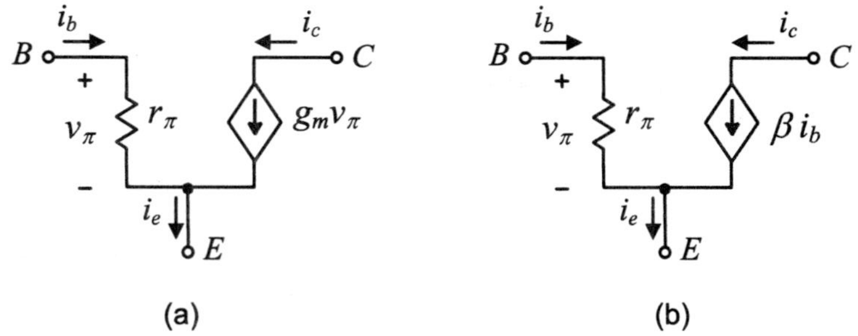

그림 6.17. 하이브리드-π 모델

한편, 에미터 전류 i_E는 다음과 같다.

$$i_E = \frac{i_C}{\alpha} = \frac{I_C + g_m v_{be}}{\alpha} = I_E + i_e \tag{6.28}$$

가 된다. 여기서 $I_E = I_C/\alpha$, $i_e = (g_m/\alpha)v_{be}$ 이다. 즉, 교류 전압 v_{be}와 교류 전류 i_e의 관계를 다음과 같이 나타낼 수 있다.

$$r_e \equiv \frac{v_{be}}{i_e} = \frac{\alpha}{g_m} = \frac{\alpha\, V_t}{I_C} = \frac{V_t}{I_E} \quad (v_{be}\text{와 } i_e\text{의 관계}) \tag{6.29}$$

여기서 r_e를 **에미터 저항**(emitter resistance)라고 하고 I_E 전류의 함수로 결정된다는 것을 알 수 있다. 또 r_e와 r_π의 관계는 다음과 같다.

$$r_e = \frac{v_{be}}{i_e} = \frac{r_\pi i_b}{(1+\beta)i_b} = \frac{r_\pi}{1+\beta} \;\Rightarrow\; r_\pi = (1+\beta)r_e \tag{6.30}$$

그림 6.18은 식 (6.29)를 이용하여 구성한 소신호 모델로서 r_e 모델이라고 한다.

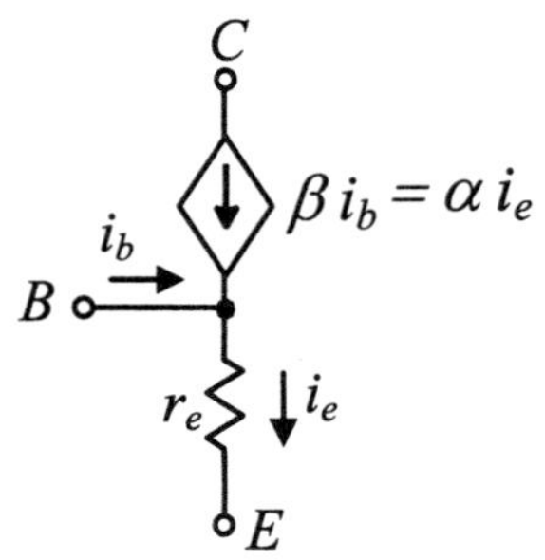

그림 6.18. r_e 모델

6.2. JFET

FET(junction field effect transistor)는 BJT처럼 하나의 제어 단자로 다른 두 단자의 전류를 제어하는 3단자 전자소자이다. 그러나 두 단자에 흐르는 전류를 제어하기 위하여 BJT는 제어 단자의 전류를 조절하는 반면 FET는 **제어 단자의 전압을 조절**한다는 점이 근본적으로 다르다. FET의 종류는 여러 가지가 있지만 JFET와 MOSFET가 가장 대표적인 것이고 이 절에서는 먼저 JFET를 중심으로 구조와 특징, DC 및 AC 모델에 대하여 다루기로 한다[7].

■ JFET의 구조와 회로 기호

그림 6.19는 n-채널 JFET의 구조와 회로기호를 나타낸다. 그림 6.19에서 n-채널 JFET는 n형 반도체 양쪽에 p형 반도체가 확산된 모습인데 두 p형 영역은 분리된 것이 아니라 3차원적으로 보면 마치 도넛처럼 같은 영역이며 전기적으로 서로 연결되어 있다. **채널**(channel)이라 부르는 n 영역의 양 끝단에 각각 단자를 만드는데 이 두 단자를 **소스**(source)와 **드레인**(drain)이라고 하며 p형 영역에 연결된 단자를 **게이트**(gate)라고 한다. n-채널 JFET의 p형과 n형 반도체 사이에는 pn-접합이 형성되어 공핍층이 존재하며 그림에는 빗금 친 부분으로 나타내었다.

---

7 JFET는 1945년 Heinrich Welker가 그 구조와 동작에 대해 최초의 특허를 제출했으며 1953년 George F. Dacey와 Ian M. Ross는 최초로 JFET를 제작하여 그 동작을 확인하였다.

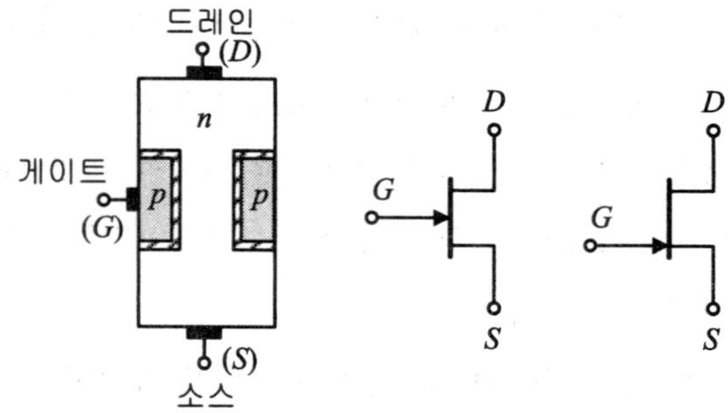

(a) 구조 (b) 회로기호

그림 6.19. *n*-채널 JFET의 구조와 회로기호

그림 6.19 (b)는 n-채널 JFET의 회로기호를 나타낸다. JFET는 그 구조가 대칭이므로 드레인과 소스를 서로 바꿀 수도 있지만 회로를 해석하고 설계할 때 어느 쪽이 소스 단지인지 지정하는 것이 편리하다. 이 경우 게이트 단자를 소스 쪽에 치우쳐 그림으로써 드레인과 소스를 구별한다.

BJT에 npn BJT와 pnp BJT가 있는 것처럼 JFET에도 n-채널 JFET와 p-채널 JFET가 있다. 그림 6.20은 p-채널 JFET의 구조와 회로기호를 각각 나타낸다. p-채널 JFET는 모든 전류와 전압의 극성이 반전되는 것을 제외하고는 n-채널 JFET와 동작특성이 유사하다. 그러므로 이 책에서는 n-채널 JFET의 동작에 대하여 상세히 설명하고 필요에 따라 p-채널 JFET에 대하여 보충적으로 설명하도록 한다.

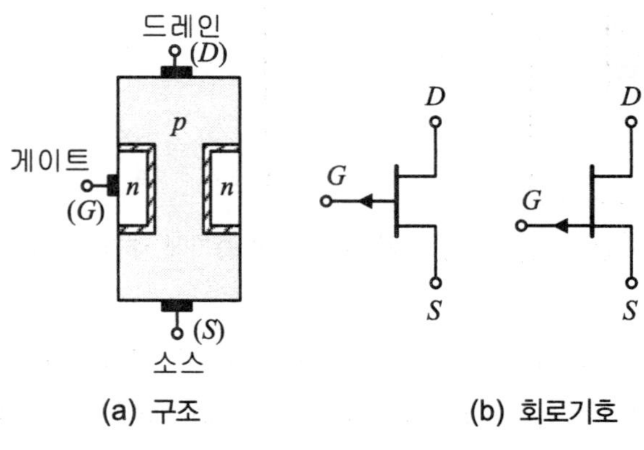

(a) 구조 (b) 회로기호

그림 6.20. *p*-채널 JFET의 구조와 회로기호

■ JFET의 특성

JFET는 게이트와 소스 사이의 전압 v_{GS}으로 드레인 전류 i_D를 제어하는 소자이다.

여기서는 v_{GS}가 각기 다른 3가지 경우의 회로에 대하여 JFET의 특성을 살펴보도록 한다.

$v_{GS} < V_P$ **인 경우** : 그림 6.21은 게이트와 소스 사이의 전압 $v_{GS} = V_P$ (여기서는 $V_P = -4$ V 임)로 고정하고 V_{DD}를 0부터 점차 증가시켜서 드레인과 소스 사이의 전압 v_{DS}를 증가시키는 경우 v_{DS} 전압에 대한 드레인 전류 i_D의 변화를 나타낸다. 여기서 V_P는 일정한 크기 이상의 음(−)의 값이다.

$v_{GS} < 0$이면 게이트와 소스 사이의 pn-접합에 역방향 바이어스가 인가되는데 v_{GS}의 절대적인 크기가 어느 이상이 되면 공핍층이 확대되어 마침내 그림 6.21의 회로에서 보는 것처럼 두 공핍층이 서로 닿게 된다. 이와 같이 JFET에서 pn-접합의 양쪽 공핍층이 서로 맞닿는 현상을 **핀치오프**(pinch off)라고 하고 핀치오프가 발생하는 pn-접합의 역방향 전압을 **핀치오프 전압**(pinch off voltage) V_P라고 한다. n-채널 JFET의 경우 V_P가 음(−)의 값을 갖고 JFET의 고유한 파라미터로서 JFET 마다 그 값이 다르다.

공핍층의 특징은 이온만 존재하며 캐리어가 없는 층이므로 도전채널이 사라지게 된다. 즉 $v_{GS} < V_P$ 인 경우 채널이 **완전 핀치오프**되어 v_{DS}를 증가시켜도 i_D 전류가 전혀 흐르지 않게 된다.

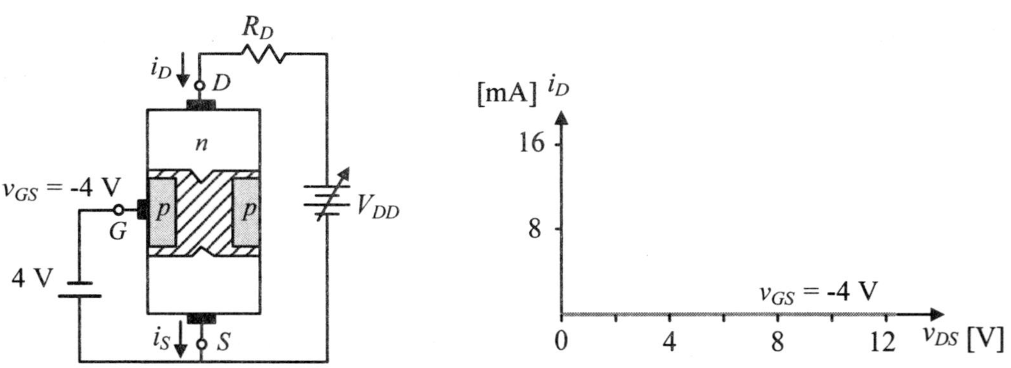

그림 6.21. $v_{GS} = -4$ V일 때 v_{DS}의 증가에 대한 i_D의 변화

$v_{GS} = 0$ **인 경우** : 그림 6.22는 $v_{GS} = 0$일 때 V_{DD}를 0부터 점차 증가시켜서 드레인과 소스 사이의 전압 v_{DS}를 증가시키는 경우 v_{DS} 에 대한 i_D의 변화를 나타낸다.

처음에 v_{DS}가 0에 가까운 작은 값일 때 v_{DS}를 증가시키면 i_D도 에 비례하여 증가한다. 이 경우 n-채널은 선형 저항처럼 동작한다. 그런데 6.22에서 공핍층의 두께를 보면 소스에서 드레인 쪽으로 갈수록 두꺼워지는 것을 볼 수 있다. 이것은 n-채널 JFET의 pn-접합 양단에 걸리는 역바이어스 전위가 드레인 쪽으로 갈수록 커지기 때문이다.

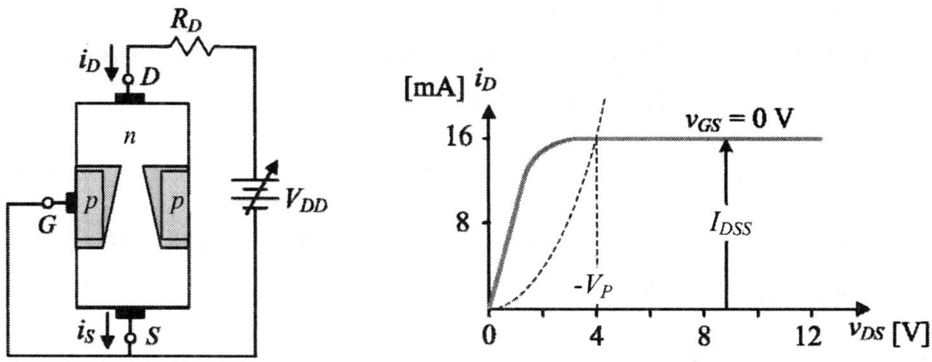

그림 6.22. $v_{GS} = 0$일 때 v_{DS}의 증가에 대한 i_D의 변화

그림 6.23 (a)는 드레인과 소스 사이에 2 V의 전위차가 존재하는 경우 이러한 2 V의 전위가 n-채널 내부에서 전압분배가 되는 모습을 보인다. 소스에 가까운 A 지점은 +0.5 V인 반면 드레인에 가까운 C 지점은 +1.5 V의 전위를 갖게 되어 C 지점에서 pn-접합에 더 큰 역방향 바이어스가 인가된다. $v_{GS} = 0$으로 고정시키는 경우 그림 6.23 (b)에서 보는 것처럼 pn-접합의 소스 쪽에서의 역바이어스 전압은 $v_{SG} = v_{GS} = 0$인 반면, 드레인 끝에서의 역바이어스 전압은 v_{DG}는 게이트 전위과 소스 전위가 같으므로 v_{DS}와 같다.

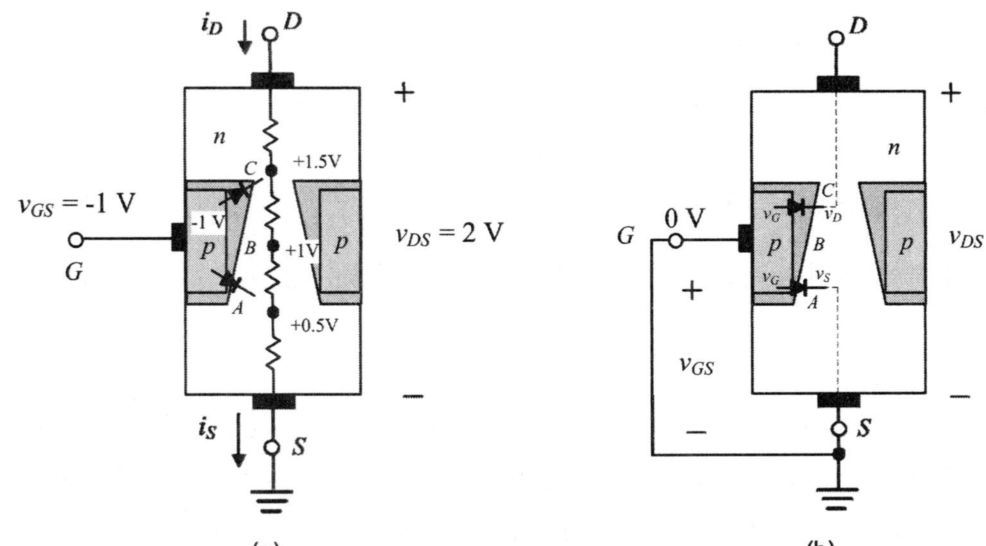

그림 6.23. *n*-채널 JFET의 *pn*-접합에 걸리는 역바이어스 전위

v_{DS}를 계속 증가시키면(여기서는 4 V) 마침내 채널이 드레인 끝에서 핀치오프(pinch off) 된다[8]. 핀치오프가 발생하는 것은 드레인 끝에서의 역바이어스 전압이 JFET의 핀치오프 전압 V_P와 같을 때 일어난다. 따라서

$$v_{DG} = -V_P \tag{6.31}$$

$v_{GS}=0$일 때 $v_{DG}=v_{DS}$이므로 v_{DS}가 다음과 같이 주어질 때 드레인 끝에서 핀치오프가 발생한다는 것을 의미한다.

$$v_{DS} = -V_P \tag{6.32}$$

핀치오프가 발생하면 드레인 전류 i_D는 더 이상 증가하지 않고 I_{DSS}로 포화된다(여기서는 16 mA로 포화됨). 드레인 전류가 포화되는 이유는 *n* 채널을 통과하는 캐리어의 수가 제한되기 때문이다.

$V_P < v_{GS} < 0$ **인 경우** : 그림 6.24는 게이트와 소스 사이가 $v_{GS} = -1$ V의 값으로 역방향 바이어스가 될 때 v_{DS}를 증가시키는 경우 v_{DS}에 i_D의 변화를 나타낸다.

처음에 v_{DS}를 0부터 증가시키면 i_D도 에 비례하여 증가하며 이 경우 n-채널은 선형 저항처럼 동작한다. v_{DS}가 증가할수록 드레인 쪽의 채널폭은 감소하고 식 (6.31)에 나타낸 것처럼 $v_{DG}=-V_P$일 때 핀치오프가 발생한다.

$$v_{DG} = v_{DS} - v_{GS} = v_{DS} - (-1) = -V_P \tag{6.33}$$

이므로

$$v_{DS} = -V_P - 1 \tag{6.34}$$

일 때 핀치오프가 발생한다. 핀치오프가 발생하는 v_{DS}를 $v_{DS(pin.off)}$라고 할 때

$$v_{DS(pin.off)} < (-V_P) \tag{6.35}$$

이다. 즉 v_{GS}에 어느 정도의 역방향 바이어스가 인가되어 있을 때 JFET에 v_{DS} 전압이 $-V_P$보다 작은 값에서 드레인 쪽에서 핀치오프가 발생한다. 일단 핀치오프가 발생하면 드레인 전류 i_D는 포화되어 일정한 값(그림 6.24에서는 8 mA)을 유지한다.

---

[8] 채널이 완전히 핀치오프된 경우와 부분적으로 핀치오프된 경우는 구별해야 한다. 후자의 경우 전류가 채널을 통해 계속 흐르는 반면 전자의 경우는 전류가 흐르지 않는다. 후자의 경우 채널을 통과하는 전자가 채널의 드레인 끝쪽의 핀치오프 영역을 통해 드리프트(drift)하여 드레인 단자에 도달한다.

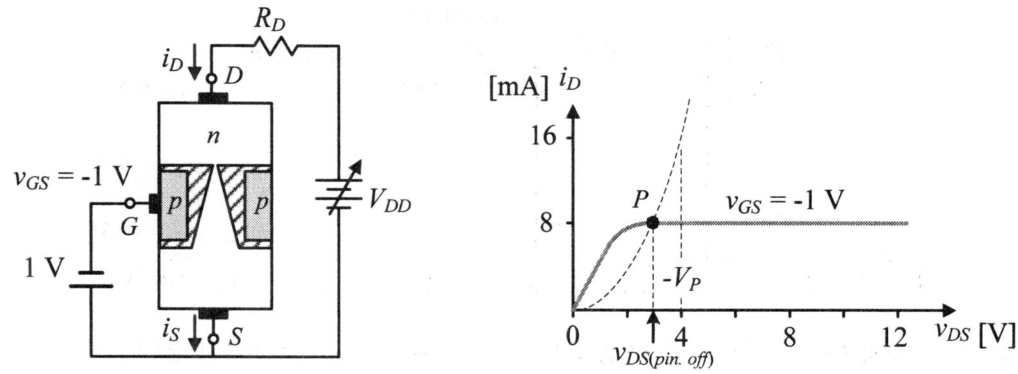

그림 6.24. $v_{GS}=-1$ V일 때 v_{DS}의 증가에 대한 i_D의 변화

그림 6.25는 n-채널 JFET의 정특성을 나타낸다. 그림 6.25에서 보듯이 동작영역은 두 부분으로 나뉘는데 **트라이오드 영역**(triode region)과 **핀치오프 영역**(pinch off region)이다.

트라이오드 영역 : 트라이오드 영역에서 JFET는 게이트-소스 간 전압 v_{GS}에 의해 그 값이 제어되는 저항처럼 동작한다. 트라이오드 영역에서 i_D와 v_{DS}의 관계는 다음의 포물선 식으로 주어진다. 즉,

$$i_D = I_{DSS}\left[2\left(1-\frac{v_{GS}}{V_P}\right)\frac{v_{DS}}{(-V_P)}-\left(\frac{v_{DS}}{V_P}\right)^2\right] \tag{6.36}$$

여기서 V_P와 I_{DSS}는 JFET의 파라미터이다. V_P는 $(-)$의 값을 갖고 게이트와 n 채널 접합은 항상 역바이어스 되므로 v_{GS}는 언제나 음수이다. 역바이어스된 pn-접합으로 인하여 게이트 전류는 실리콘 소자의 경우 이 값은 대략 10 nA 정도로 거의 0이다.

핀치오프 영역 : 핀치오프 영역에서 JFET는 그림 6.25에서 v_{GS}와 i_D의 관계에 보인 것처럼 v_{GS}에 의해 i_D의 전류값이 제어되는 전압제어 전류원(voltage-controlled current source)으로 동작한다. 그림 6.25에 보인 v_{GS}와 i_D의 관계는 다음 식으로 표현된다.

$$i_D = I_{DSS}\left(1-\frac{v_{GS}}{V_P}\right)^2 \tag{6.37}$$

JFET를 증폭기로 이용할 때 JFET를 핀치오프 영역에서 동작시키는데 이러한 이유로 핀치오프 영역을 JFET의 능동영역이라고 부르기도 한다.

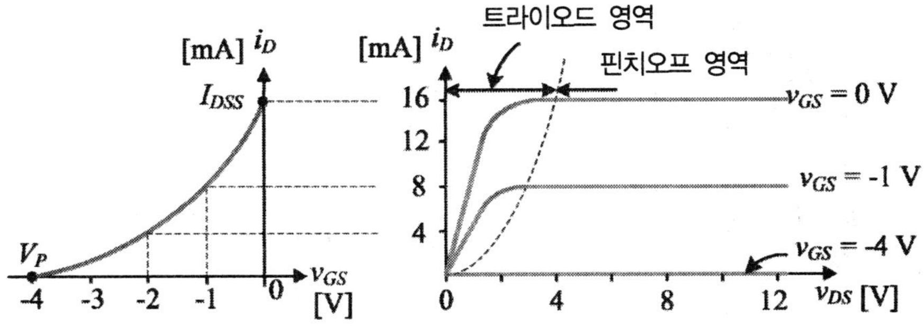

그림 6.25. *n*-채널 JFET의 정특성($V_P = -4$ V, $I_{DSS} = 16$ mA인 경우)

트라이오드 영역과 핀치오프 영역의 경계 : 핀치오프는 식 (6.31)에서처럼 드레인 끝에서의 역바이어스 전압 v_{DG}가 핀치오프 전압 V_P와 같을 때 발생한다. 식 (6.31)은 트라이오드 영역과 핀치오프 영역의 경계를 나타내는데, $v_{DG} = v_{DS} - v_{GS}$ 이므로

$$v_{DS} = v_{GS} - V_P \tag{6.38}$$

이 되고 식 (6.36)에 식 (6.38)을 대입하면

$$i_D = I_{DSS}\left(\frac{v_{DS}}{V_P}\right)^2 \tag{6.39}$$

이 된다. 이 식은 그림 6.25에 보인 점선으로 표시된 포물선의 식이다.

JFET가 트라이오드 영역에서 동작하기 위해서는 드레인-게이트 사이의 전압이 $-V_P$보다 작아야 한다. 즉,

$$v_{DG} < -V_P \ (\text{트라이오드 영역}) \tag{6.40}$$

또 핀치오프 영역에서의 동작은

$$v_{DG} > -V_P \ (\text{핀치오프 영역}) \tag{6.41}$$

을 만족할 때 얻어진다. 이 식은 핀치오프 영역에서 동작하기 위해서는 v_{DS} 전압이 v_{GS} 전압보다 최소한 $|V_P|$ 만큼 커야 한다는 것을 의미한다.

■ *p*-채널 JFET의 정특성

그림 6.26은 *p*-채널 JFET의 단자 전류와 전압의 기준 방향을 나타낸다. 회로기호를

그릴 때 전류가 위에서 아래로 흐르도록 소스를 위쪽에 드레인을 아래쪽에 도시하면 쉽게 회로의 기능을 파악하는데 도움이 된다. 여기서 v_{SD}는 드레인 전압 v_D에 대하여 소스 전압 v_S가 얼마나 높은가를 나타내는데 그림 6.26의 기준방향에 따르면 v_{SD}는 (+)이고 이것은 소스 전압이 드레인 전압보다 더 큰 양의 값을 갖는다는 것을 의미한다.

그림 6.27은 p-채널 JFET의 정특성을 나타낸다. p-채널 JFET의 $i_D - v_{SD}$ 특성은 n-채널 JFET의 $i_D - v_{DS}$ 특성과 동일하다. V_P가 양의 수, v_{GS}가 양의 수 그리고 v_{DS}가 음의 수라는 것을 제외하면 i_D, v_{GS}, v_{DS}를 나타내는 관계식들은 n-채널 소자와 마찬가지이다.

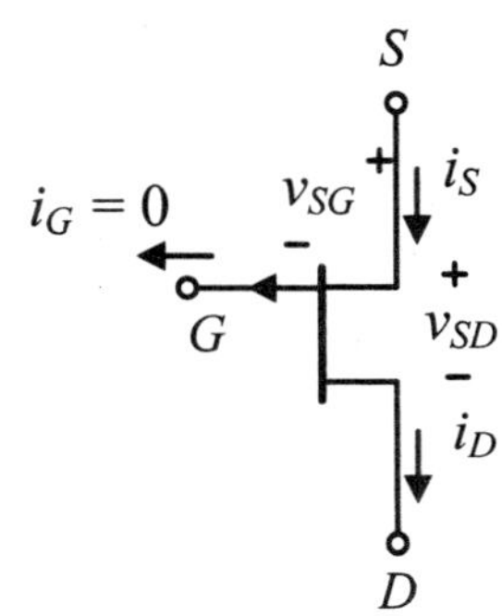

그림 6.26. p-채널 JFET의 단자 전류와 전압의 기준 방향

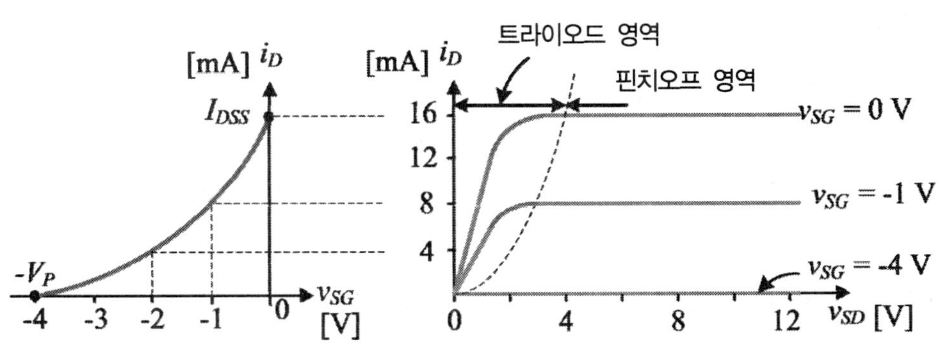

그림 6.27. p-채널 JFET의 정특성($V_P = +4$ V, $I_{DSS} = 16$ mA인 경우)

■ JFET의 DC 모델

JFET의 동작영역은 크게 2부분으로 나뉘어져 있기 때문에 DC 모델도 2가지로 나뉜다. 즉 트라이오드 영역에서의 모델과 핀치오프 영역에서의 모델이다.

트라이오드 영역에서의 모델 : 식 (6.40)이 만족되는 경우 JFET는 트라이오드 모델로 나타낼 수 있다. 트라이모드 영역에서 드레인 전류 i_D는 식 (6.36)과 같고 그림 6.28 (a)는 트라이모드 영역에서의 DC 모델을 나타낸다. 식 (6.36)에서 $v_{DS} \ll |V_P|$ 일 경우

$$i_D \approx 2I_{DSS}\left(1 - \frac{v_{GS}}{V_P}\right)\frac{v_{DS}}{(-V_P)} \tag{6.42}$$

이므로 i_D와 v_{DS}의 선형관계를 얻는다. 이러한 선형관계는 곧 선형 저항으로 나타낼 수 있다. 즉,

$$r_{DS} \equiv \frac{v_{DS}}{i_D} = \left[\frac{2I_{DSS}}{-V_P}\left(1 - \frac{v_{GS}}{V_P}\right)\right]^{-1} \tag{6.43}$$

그림 6.28 (b)는 $v_{DS} \ll |V_P|$ 일 경우 JFET는 게이트와 소스 사이의 전압 v_{GS}로 그 크기가 제어되는 선형 저항으로 모델링 될 수 있음을 보인다. 실제로 이러한 JFET의 전압제어 저항 특성은 통신기기의 수신기에 적용되는 자동이득제어(AGC : automatic gain control)와 같은 회로에 사용된다.

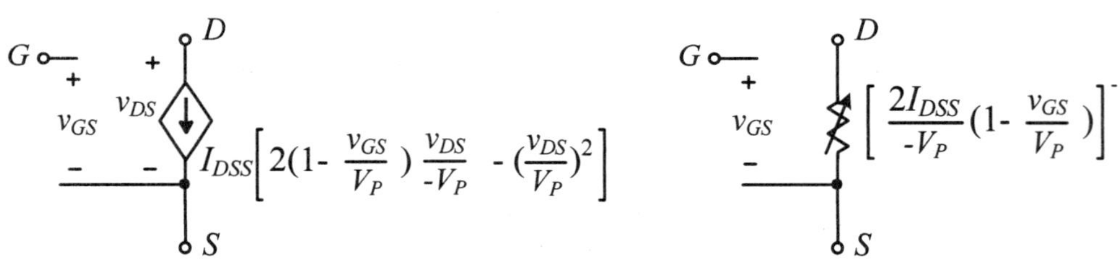

(a) (b)

그림 6.28. *n*-채널 JFET의 트라이오드 영역에서의 DC 모델

핀치오프 영역에서의 모델 : 식 (6.41)이 만족되는 경우 JFET는 핀치오프 모델로 나타낼 수 있다. 핀치오프 영역에서 드레인 전류 i_D는 식 (6.37)과 같고 그림 6.29는 핀치오프 영역에서의 전압제어 전류원으로 나타낸 DC 모델을 보인다. JFET를 증폭기로 동작시키려면 핀치오프 영역에서 동작시켜야 하며 먼저 그림 6.20의 DC 모델을 사용하여 동작점에서의 각부의 전류, 전압을 구해야 한다.

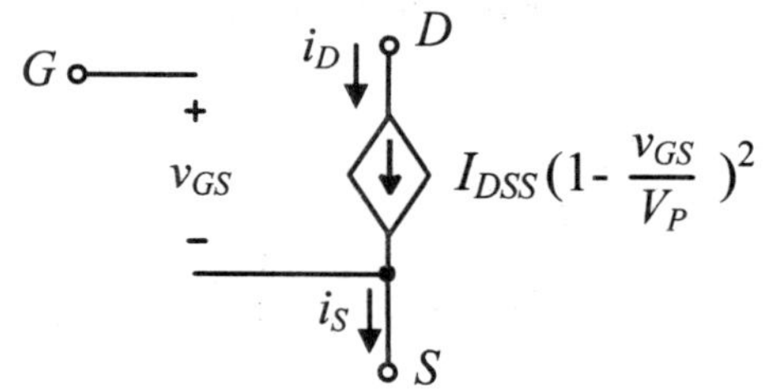

그림 6.29. *n*-채널 JFET의 핀치오프 영역에서의 DC 모델

▪ JFET의 AC 모델

JFET 증폭기에 대한 설계나 해석도 BJT 증폭기에서처럼 DC 성분만 존재하는 DC 회로와 AC 성분만 존재하는 AC 회로로 분리하는데서 시작한다. 그 후 먼저 DC 회로를 사용하여 JFET의 전류나 전압의 DC 레벨을 결정하고 그 다음에 AC 회로를 사용하여 JFET의 전류나 전압의 AC 양을 결정한다. AC 회로를 해석할 때는 동작점을 중심으로 작은 크기의 교류 변화에 대한 JFET의 반응을 나타내는 AC 모델, 즉 소신호 모델이 요구된다.

그림 6.30은 직류와 교류가 섞여있는 n-채널 JFET 소자의 드레인 전류와 게이트-소스 간 전압을 나타낸다. 그림 6.30에서 V_{GS}, I_D는 직류의 양이고 v_{gs}, i_d는 교류의 양이다. JFET를 항상 핀치오프 영역에서 동작시키려면 v_{DS}를 v_{GS}보다 최소한 $|V_P|$ 이상 크게 해주어야 한다. 즉,

$$v_{DS} \geq v_{GS} + |V_P| \tag{6.44}$$

이 경우에 드레인 전류 i_D는 다음과 같다.

$$i_D = I_{DSS}\left(1 - \frac{v_{GS}}{V_P}\right)^2 \tag{6.45}$$

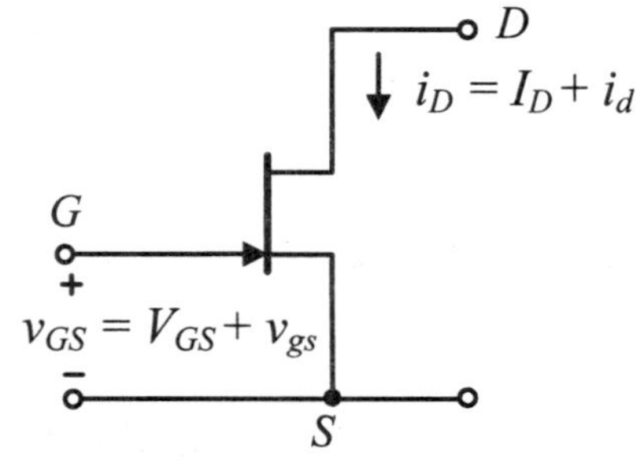

그림 6.30. *n*-채널 JFET 소자의 전류와 전압

식 (6.45)에 $v_{GS} = V_{GS} + v_{gs}$를 대입하여 정리하면

$$\begin{aligned} i_D &= I_{DSS}\left(1 - \frac{V_{GS} + v_{gs}}{V_P}\right)^2 \\ &= I_{DSS}\left(1 - \frac{V_{GS}}{V_P}\right)^2 - \frac{2I_{DSS}}{V_P}\left(1 - \frac{V_{GS}}{V_P}\right)v_{gs} + I_{DSS}\left(\frac{v_{gs}}{V_P}\right)^2 \\ &= I_D + i_d \end{aligned} \tag{6.46}$$

여기서 직류성분인 I_D와 교류성분이 i_d는 각각 다음과 같다.

$$I_D = I_{DSS}\left(1 - \frac{V_{GS}}{V_P}\right)^2 \tag{6.47}$$

$$i_d = -\frac{2I_{DSS}}{V_P}\left(1 - \frac{V_{GS}}{V_P}\right)v_{gs} + I_{DSS}\left(\frac{v_{gs}}{V_P}\right)^2 \tag{6.48}$$

교류성분인 소신호 v_{gs}에 대하여 다음 조건을 만족한다고 가정한다. 즉,

$$\frac{v_{gs}}{|V_P|} \ll 1 \tag{6.49}$$

식 (6.49)의 조건인 경우 식 (6.48)에서 마지막 항을 무시할 수 있다. 따라서

$$i_d = -\frac{2I_{DSS}}{V_P}\left(1 - \frac{V_{GS}}{V_P}\right)v_{gs} \tag{6.50}$$

식 (6.50)으로부터 드레인 전류의 교류성분 i_d는 입력신호 v_{gs}와 선형적인 관계를 갖는다는 것을 알 수 있다. 이러한 선형성은 식 (6.49)의 조건, 즉 $v_{gs} \ll |V_P|$ 일 때 성립함에 유의한다.

식 (6.50)에 보인 i_d와 v_{gs}와의 비례성을 나타내는 비례상수는 트랜스컨덕턴스 g_m으로 정의 되며 다음과 같다.

$$g_m \equiv \frac{i_d}{v_{gs}} = -\frac{2I_{DSS}}{V_P}\left(1 - \frac{V_{GS}}{V_P}\right) \tag{6.51}$$

g_m의 단위는 지멘스 [S] (Simens)이다. n-채널 JFET에서 V_P는 음수, V_{GS}도 음수이므로 g_m은 양수가 된다.

그림 6.31에서 (a)는 n-채널 JFET의 소신호 모델을 나타내고 (b)는 소신호 조건에서의 선형동작을 보인다.

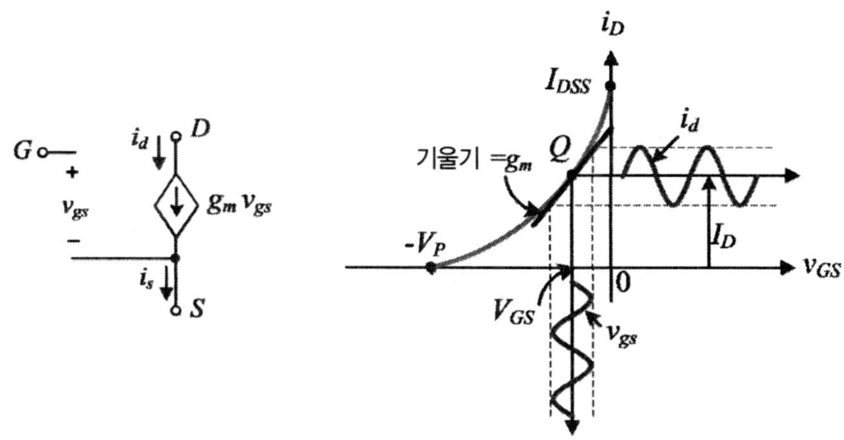

(a) 소신호 모델 (b) 소신호 조건에서의 선형 동작

그림 6.31. *n*-채널 JFET의 소신호 동작

그림 6.31에서 보듯이 g_m은 $v_{GS}-i_D$ 곡선에서 동작점 Q점에서의 기울기를 나타낸다. 여기서 동작점 (V_{GS}, I_D)에 따라 g_m의 값이 달라지며 g_m은 식 (6.51)에서 보듯이 직류 바이어스 전류 I_D의 함수라는 점에 유의한다.

V_{GS}와 I_D와의 관계를 나타내는 식 (6.47)을 다시 쓰면

$$1-\frac{V_{GS}}{V_P}=\sqrt{\frac{I_D}{I_{DSS}}} \tag{6.52}$$

인데, 이 식을 식 (6.51)에 대입하면 g_m을 I_D의 함수로 나타낼 수 있다. 즉,

$$g_m=-\frac{2I_{DSS}}{V_P}\sqrt{\frac{I_D}{I_{DSS}}} \tag{6.53}$$

식 (6.51)과 (6.53)에서 JFET가 $V_{GS}=0$(즉, $I_D=I_{DSS}$)에 바이어스 된다면 이때의 g_m 값이 가장 크다. g_m의 최댓값을 g_{m0}이라고 하면

$$g_{m0}=-\frac{2I_{DSS}}{V_P} \tag{6.54}$$

가 된다. 소신호 동작을 가정할 때 회로는 Q 점 주위의 좁은 공간에서만 동작한다. JFET 소자를 $V_{GS}=0$에 바이어스 시키면 안 되는데 소신호에 의하여 pn-접합이 순방향으로 바이어스 될 가능성이 있기 때문이다.

6.3. MOSFET

MOSFET는 칩 면적을 작게 차지하고 제조과정이 간단하기 때문에 집적회로의 구현에 있어서 집적도를 높일 수 있어서 VLSI 회로는 대부분 MOSFET 기반으로 만들어진다. 또 MOSFET는 아날로그 집적회로에도 적용되어 연산 증폭기, 아날로그 스위치, 정밀 필터 등에 폭넓게 사용된다. 이러한 MOSFET은 벨 연구소에 근무하던 한국인 강대원(Dawon David Khang)과 마틴 아탈라(Martin Atalla)가 1960년에 최초로 개발하였다[9].

MOSFET는 구조에 따라 **증가형**(enhancement type)과 **공핍형**(depletion type)으로 나뉜다. 또 도전 채널에 따라 n-채널형과 p-채널형으로 나뉘는데 n-채널 MOSFET를 NMOS, p-채널 MOSFET를 PMOS라고 간단히 줄여 말하기도 한다. 따라서 증가형 NMOS, 증가형 PMOS, 공핍형 NMOS, 공핍형 PMOS의 4가지로 나누어 볼 수 있다. 여기서는 증가형 NMOS와 공핍형 NMOS를 중심으로 각각의 MOSFET에 대하여 구조와 회로기호, 특성, DC 및 AC 모델에 대하여 자세히 설명하고 PMOS의 증가형과 공핍형은 필요에 따라 추가적으로 설명하도록 한다.

▪ 증가형 NMOS의 구조와 회로 기호

그림 6.32 (a)는 증가형 NMOS의 구조를 나타낸다. 증가형 NMOS는 p형 반도체 기판(substrate)위에 제조한다. 드레인과 소스 단자는 강하게 도핑된 n형 반도체, 즉 n^+형 반도체에 각각 금속 접촉을 두어 만들고 게이트 단자는 p형 기판위에 절연체인 얇은 산화막(SiO_2)을 덮은 후 그 위에 다시 금속(알루미늄)을 증착한 후 단자를 내어 만든다.

MOS라는 이름은 M(=metal, 금속), O(=oxide, 산화물), S(=semiconductor, 반도체)가 순서대로 배치된 것 때문에 생긴 것이다. MOSFET에는 산화막이 절연층으로 작용함으로써 게이트 전류는 거의 흐르지 않는다(약 10^{-15} A 정도 흐름). 따라서 MOSFET는 동작조건에 관계없이 매우 높은 입력저항을 갖는다.

MOSFET는 구조상 드레인과 소스의 구분이 없지만 증가형 NMOS에서는 주 캐리어가 전자이며 전자는 전위가 낮은 쪽에서 높은 쪽으로 이동하므로 전압이 낮은 쪽이 캐리어를 공급하는 소스(source)가 되며 전위가 높은 쪽이 캐리어(전자)가 빠져나가는 드레인(drain)이 된다.

그림 6.32 (a)에서 보듯이 기판도 외부로 인출되는 단자(B)를 갖는다. p형의 기판과 드

---

[9] 강대원 박사는 MOSFET을 최초로 개발한 공로로 2009년에 미국 상무부 산하 특허청의 발명가 명예의 전당(National Inventors Hall of Fame)에 올랐다.

레인과 소스의 n형 반도체는 각각 pn-접합을 형성하는데 MOSFET가 정상적으로 동작하기 위하여 이 pn-접합들은 항상 역바이어스로 유지되도록 한다. 즉, 드레인 전압 v_D, 소스 전압 v_S, 기판 전압 v_B라고 할 때 $v_D \geq v_B$이고 $v_S \geq v_B$가 되어야 하는데, 항상 $v_D \geq v_S$가 되도록 동작시킬 것이므로 기판 단자(B)를 소스 단자(S)에 연결하면 $v_D \geq v_S = v_B$의 관계가 되어 기판이 소자의 동작에 영향을 미치지 않는다고 가정하고 사용할 수 있다.

증가형 NMOS를 나타내는 회로기호는 그림 6.32와 그림 6.33에 보인 것처럼 여러 가지 방법이 있다 그림 6.32 (b)와 (c)는 기판 단자(B)를 포함하는 증가형 NMOS의 회로기호이다. 그림 6.33 (a)~(d)는 기판 단자를 소스 단자에 접속한 경우이다. 또 특별히 소스와 드레인을 구분할 필요가 없는 경우 그림 6.32 (c)나 그림 6.33 (d)처럼 나타낸다.

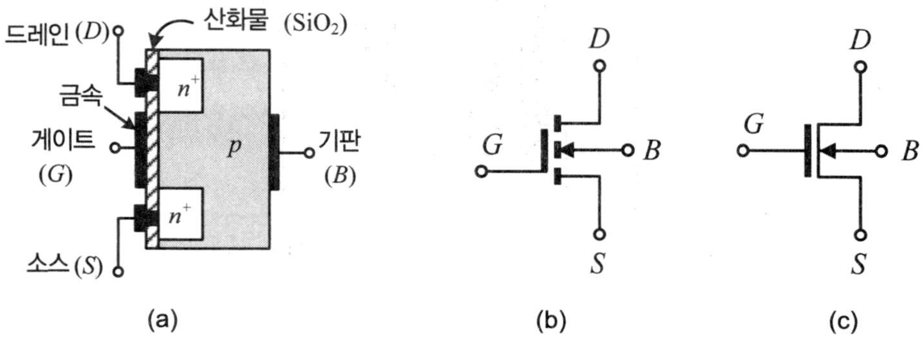

그림 6.32. 증가형 NMOS의 구조와 회로기호

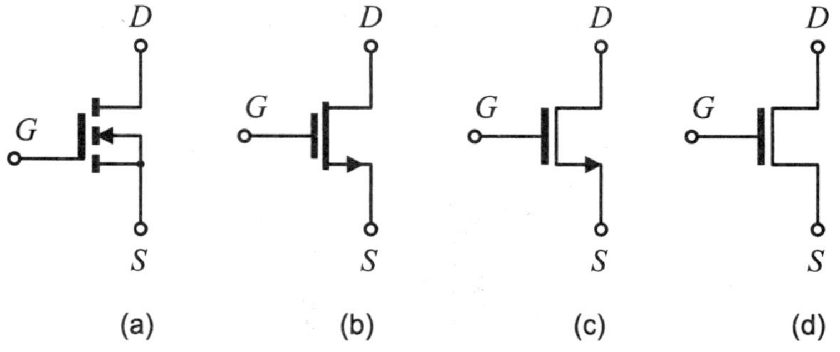

그림 6.33. 기판과 소스가 연결된 증가형 NMOS의 회로기호

■ 증가형 NMOS의 동작특성

JFET에서는 pn-접합을 역바이어스 시켜줌으로써 채널이 공핍(depletion)되는데 반하여 증가형 NMOS에서는 처음에는 없던 채널이 게이트 전압에 의해 생성되고 채널이 두께는 v_{GS} 전압 뿐만 아니라 v_{DS} 전압에 의해서도 달라진다.

$0 < v_{GS} < V_T$ 인 경우 : 게이트에 아무런 연결이 없는 플로팅(floating) 상태이거나 또는 게이트와 소스를 연결하여 $v_{GS} = 0$이라면 드레인에서 소스로 가는 통로에는 그림 6.34처럼 두 개의 다이오드가 서로 반대로 직렬 연결되어 있어 전류가 흐르지 못한다. i_D 전류가 흐르기 위해서는 드레인과 소스 사이에 n-채널의 도전경로를 만들어야 한다. 이것은 v_{GS}의 값을 일정한 크기(여기서는 V_T) 이상의 (+)로 함으로써 이루어질 수 있다. 즉 v_{GS}가 V_T보다 작으면 비록 v_{DS}를 증가시키더라도 i_D는 0을 유지한다.

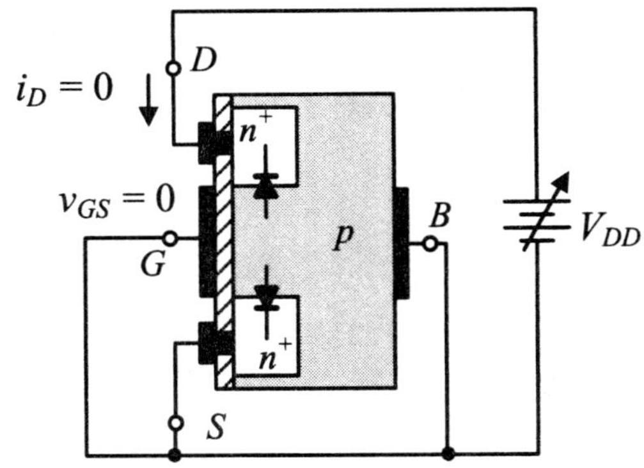

그림 6.34. $v_{GS} = 0$ 일 때 v_{DS}의 증가에 대한 i_D의 변화

$v_{GS} \geq V_T$ 이고 $v_{DS} = 0$ 또는 v_{DS}가 매우 작은 경우 : 게이트에 인가된 (+)의 전압은 p형 기판으로부터 전자를 끌어내고 이를 산화층 바로 아래의 표면에 축적시킨다. n-채널을 형성하기 위해 충분한 전자를 끌어 모으려면 v_{GS} 전압이 문턱전압 V_T 와 같거나 커야한다. 그림 6.35는 $v_{GS} \geq V_T$인 경우 게이트 아래의 산화층 밑에 n-채널이 형성된 모습을 보인다.

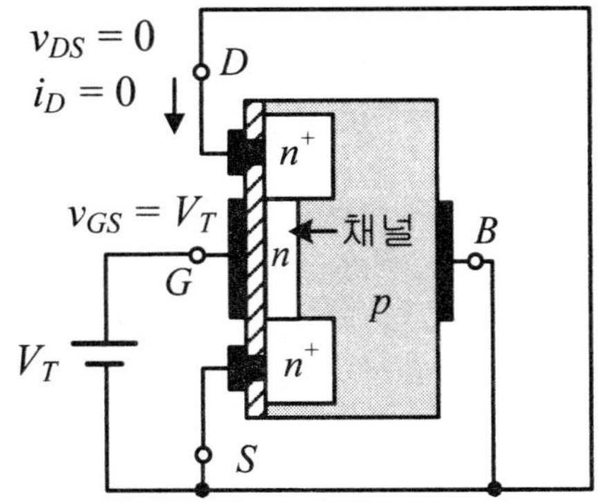

그림 6.35. $v_{GS} \geq V_T$ (여기서는 $v_{GS} = V_T$)일 때 채널의 형성

$v_{GS} \geq V_T$ 이면 채널이 형성되지만 $v_{DS} = 0$이면 채널을 통하여 흐르는 드레인 전류

$i_D=0$이 된다. $v_{DS}=0$이면 채널의 각 지점들의 전압은 0이고 산화물을 사이에 두고 게이트와 채널의 각 지점들과의 전압은 v_{GS}로 균일하다. 따라서 채널의 두께도 그림 6.35에서 보는 것처럼 모든 지점, 즉 소스 쪽부터 드레인 쪽까지 균일하다.

V_T에 대한 v_{GS}의 초과전압을 **과구동 전압**(overdrive voltage) v_{OV}라고 한다. 즉,

$$v_{OV} \equiv v_{GS} - V_T \tag{6.55}$$

과구동 전압 v_{OV}가 크면 클수록 채널 내부의 전하량 $|Q_{ch}|$은 비례하여 증가하며 채널의 깊이(d_{ch})도 증가한다. 또 채널의 컨덕턴스 g_{DS}도 v_{OV}에 비례한다. 즉,

$$g_{DS} = k_n v_{OV} \tag{6.56}$$

여기서 k_n은 비례상수이며 [mA/V^2]의 단위를 갖는다.

이제 $v_{GS} \geq V_T$ 인 조건에서 v_{DS}를 약간 증가시키되 그 크기가 매우 작은 경우를 고려한다. 이러한 조건하에서 게이트와 채널의 각 지점 사이의 전압은 $v_{DS}=0$일 때와 같이 근사적으로 일정하다고 가정한다. i_D는 다음과 같이 표현된다.

$$i_D = g_{DS} v_{DS} = k_n v_{OV} v_{DS} = k_n (v_{GS} - V_T) v_{DS} \tag{6.57}$$

그러므로 작은 v_{DS}의 경우 채널은 그 값이 과구동 전압 v_{OV}에 의해 크기가 조절되는 선형 저항으로 동작한다는 것을 알 수 있다.

$v_{GS} = V_T + V_{OV}$ 이고 $v_{DS} < V_{OV}$인 경우 : 그림 6.36은 $v_{GS} = V_T + V_{OV}$ 이고 $v_{DS} < V_{OV}$인 경우 채널 전압과 채널의 깊이를 나타낸다. 즉 NMOS를 일정한 과구동 전압 V_{OV}에서 동작하게 하되 드레인-소스 간 전압 v_{DS}의 크기가 V_{OV}보다 작은 경우이다.

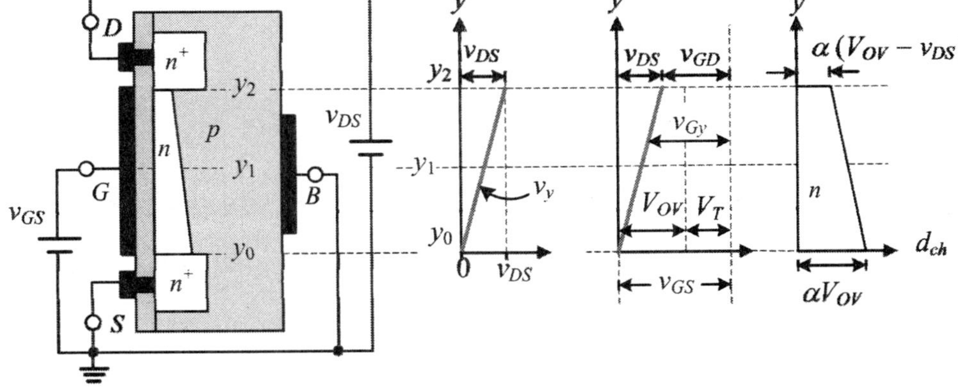

그림 6.36. $v_{GS} = V_T + V_{OV}$ 이고 $v_{DS} < V_{OV}$인 경우 채널 전압과 채널의 깊이

그림 6.36에서 y축은 채널의 소스에서 드레인 쪽을 향하는 공간좌표 축이고 y_0는 채널의 소스 끝단, y_2는 채널의 드레인 끝단의 위치를 가리킨다. 그림 6.36에서 v_y는 채널을 따라 y_0에서 y_2 쪽으로 진행하면서 소스를 기준으로 측정한 채널 내부의 전위를 나타내며 v_y는 0에서 v_{DS}까지 증가한다. 그러므로 y축의 임의의 위치에서 게이트와 채널 사이의 산화막에 인가되는 전압을 v_{Gy}라고 하면

$$v_{Gy} \equiv v_{GS} - v_y = V_T + V_{OV} - v_y \tag{6.58}$$

이 된다. $y = y_1$에서 $v_y = 0$이고 $y = y_2$에서 $v_y = v_{DS}$이므로

$$v_{Gy}(y_0) = V_T + V_{OV} \tag{6.59}$$

$$v_{Gy}(y_2) = V_T + V_{OV} - v_{DS} \tag{6.60}$$

즉 산화막의 양단에 인가되는 전압은 드레인 쪽으로 갈수록 감소한다. 따라서 채널은 균일한 깊이가 되지 않고 소스 쪽에서 깊으며 드레인 쪽으로 갈수록 얇아지는 모습이 된다. 소스 끝의 채널 깊이는 V_{OV}에 비례하는 반면 드레인 끝의 채널 깊이는 $(V_{OV} - v_{DS})$에 비례한다 (그림 6.36에서 비례상수를 α로 놓았다).

NMOS의 세 단자 사이의 전압의 관계식은 다음과 같다.

$$v_{GS} = v_{GD} + v_{DS} \tag{6.61}$$

그러므로 $v_{GS} = V_T + V_{OV}$로 일정할 때, v_{DS}를 증가시키면 곧 v_{GD} 전압이 감소하게 된다.

만일 $v_{DS} = V_{OV}$ 가 되면 $v_{GD} = V_T$가 되고 드레인 끝에서의 채널은 사라지게 된다.

채널의 모양이 그림 6.36에 보인 것처럼 쐐기 모양일 때 드레인 전류 i_D는 다음과 같이 표현된다.

$$i_D = k_n\left(V_{OV} - \frac{1}{2}v_{DS}\right)v_{DS} \tag{6.62}$$

위 식은 $v_{DS} = 0$부터 $v_{DS} = V_{OV}$에 이르는 전체 구간에 적용된다. 만일 $V_{OV} \gg (1/2)v_{DS}$이면 $(1/2)v_{DS}$가 생략되어 식 (6.62)는 식 (6.57)과 같아진다. 식 (6.62)에 $v_{GS} = V_T + V_{OV}$의 관계식을 사용하면

$$i_D = k_n\left[(v_{GS} - V_T)v_{DS} - \frac{1}{2}v_{DS}^2\right] \tag{6.63}$$

과 같이 나타낼 수 있다.

$v_{GS} = V_T + V_{OV}$ **이고** $v_{DS} \geq V_{OV}$**인 경우** : 게이트와 드레인 사이의 전압 v_{GD}가 V_T를 초과하도록 v_{DS}를 충분히 작게 유지하면 비록 채널은 경사졌지만 드레인 쪽에서 유한한 깊이의 채널이 존재하게 된다. 그림 6.37은 $v_{DS} = V_{OV}$에 도달하고 $V_{GD} = V_T$가 된 경우를 나타낸다. 드레인에서 채널 깊이가 0이 됨으로써 채널 핀치오프가 발생한다. v_{DS}를 이 값 이상으로 증가시켜도 채널의 모양에는 영향을 미치지 않고 채널에 흐르는 전류는 $v_{DS} = V_{OV}$일 때 도달한 값으로 일정하게 유지된다. 따라서 드레인 전류는 (6.62)에 $v_{DS} = V_{OV}$를 대입하여 구한 값으로 포화된다. 여기서 일정한 값 V_{OV}를 변수 v_{OV}로 대치하여 표현하면

$$i_D = k_n\left(\frac{1}{2}v_{OV}^2\right) \tag{6.64}$$

여기서 $v_{OV} = v_{GS} - V_T$로 대치하면 i_D에 대하여 다음과 같이 나타낼 수 있다.

$$i_D = \frac{1}{2}k_n(v_{GS} - V_T)^2 \tag{6.65}$$

또 포화가 일어날 때의 v_{DS} 전압을 $V_{DS(sat)}$로 표시하면 다음과 같다.

$$V_{DS(sat)} = V_{OV} = v_{GS} - V_T \tag{6.65}$$

v_{DS}를 $V_{DS(sat)}$이상으로 증가시키면 그 증분은 채널의 드레인 끝에 존재하는 공핍층 양단에 전압강하로 나타나고 따라서 채널을 통하는 전류와 그 양단의 전압강하는 포화에서 일정하게 유지된다.

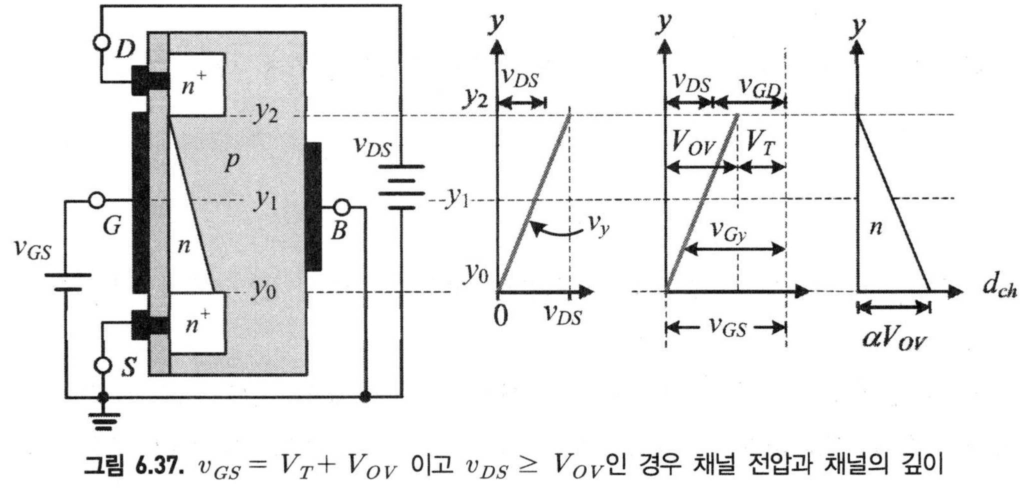

그림 6.37. $v_{GS} = V_T + V_{OV}$ 이고 $v_{DS} \geq V_{OV}$인 경우 채널 전압과 채널의 깊이

■ 증가형 NMOS의 정특성

그림 6.38은 증가형 NMOS의 정특성을 나타낸다. 그림 6.38에서 보듯이 동작영역은 두 부분으로 나뉘는데 **트라이오드 영역**(triode region)과 **핀치오프 영역**(pinch off region)이다. 두 영역 사이의 경계는 다음 식으로 결정된다. 즉,

$$v_{GD} = V_T \tag{6.66}$$

위의 식을 다시 쓰면 다음과 같다.

$$v_{DS} = v_{GS} - V_T \tag{6.67}$$

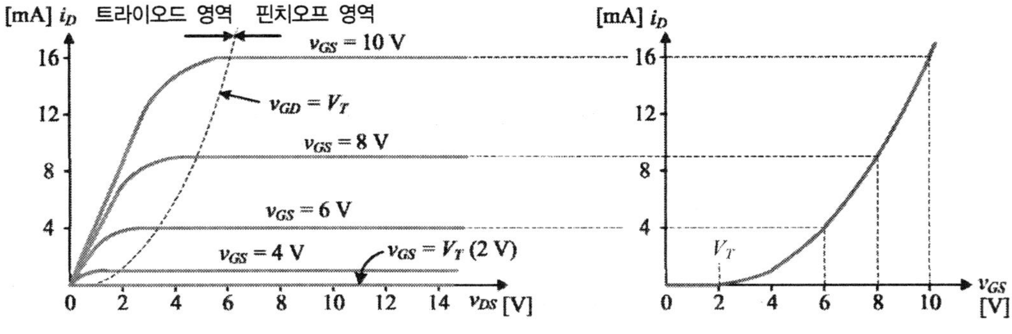

그림 6.38. 증가형 NMOS의 정특성($V_T = 2$ V, $k_n = 0.5$ mA/V²인 경우)

트라이오드 영역 : 트라이오드 영역에서 i_D는 식 (6.63)으로 표시된다. 여기에 다시 적으면

$$i_D = k_n\left[(v_{GS} - V_T)v_{DS} - \frac{1}{2}v_{DS}^2\right] \tag{6.68}$$

위 식이 성립하기 위해서 다음 두 가지 조건을 만족해야 한다. 즉,

$$v_{GS} \geq V_T \tag{6.69}$$

$$v_{DS} \leq v_{GS} - V_T \tag{6.70}$$

k_n은 소자의 기하학적 구조에 따라 정해지는 상수이며 V_T의 값은 1에서 3 사이의 값을 갖는다.

핀치오프 영역 : 핀치오프 영역에서는 주어진 v_{GS}값에 대해서 전류 i_D가 일정하므로 이 동작영역을 **포화영역**(saturation region)이라고도 한다. 핀치오프 영역에서 전류 i_D는

식 (6.65)로 표현되는데 여기에 다시 쓰면

$$i_D = \frac{1}{2}k_n(v_{GS} - V_T)^2 \tag{6.71}$$

증가형 NMOS가 핀치오프 영역에서 동작할 조건은 다음과 같다.

$$v_{GS} \geq V_T \tag{6.72}$$

$$v_{DS} \geq v_{GS} - V_T \tag{6.73}$$

핀치오프 영역에서 증가형 NMOS는 v_{GS}에 의해 i_D의 전류값이 제어되는 전압제어 전류원으로 동작한다. 그림 6.38의 우측 그래프는 식 (6.71)을 나타낸다.

트라이오드 영역과 핀치오프 영역의 경계를 나타내는 식은 식 (6.67)을 식 (6.71)에 대입하여 얻는다. 즉,

$$i_D = \frac{1}{2}k_n v_{DS}^2 \tag{6.74}$$

■ 증가형 NMOS의 DC 모델

증가형 NMOS의 동작영역은 크게 2부분으로 나뉘어져 있기 때문에 DC 모델도 2가지로 나뉜다. 즉 트라이오드 영역에서의 모델과 핀치오프 영역에서의 모델이다.

트라이오드 영역에서의 모델 : 트라이모드 영역에서 드레인 전류 i_D는 식 (6.68)과 같으므로 그림 6.39 (a)와 같이 증가형 NMOS의 트라이모드 영역에서의 DC 모델을 도시할 수 있다. 식 (6.68)에서 $(v_{GS} - V_T) \gg (1/2)v_{DS}$ 일 만큼 v_{DS}의 전압이 작은 경우

$$i_D = k_n(v_{GS} - V_T)v_{DS} \tag{6.75}$$

가 되므로 i_D와 v_{DS}의 선형관계를 얻는다. 이러한 선형관계는 곧 선형 저항으로 나타낼 수 있다. 즉,

$$r_{DS} \equiv \frac{v_{DS}}{i_D} = \left[k_n(v_{GS} - V_T)\right]^{-1} \tag{6.76}$$

그림 6.39 (b)는 v_{DS}의 전압이 작은 경우 증가형 NMOS는 게이트와 소스 사이의 전압 v_{GS}로 그 크기가 제어되는 선형 저항으로 모델링 될 수 있음을 보인다.

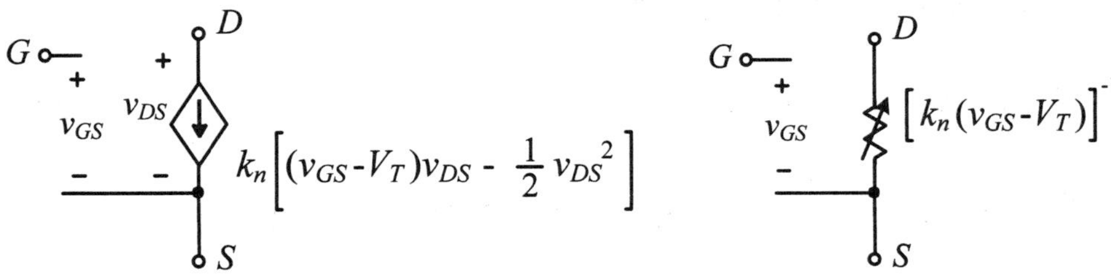

(a) (b)

그림 6.39. 증가형 NMOS의 트라이오드 영역에서의 DC 모델

핀치오프 영역에서의 모델 : 식 (6.72)와 (6.73)이 만족되는 경우 증가형 NMOS는 핀치오프 영역에서 동작하고 그림 6.40과 같이 나타낼 수 있다. 즉 핀치오프 영역에서 드레인 전류 i_D는 식 (6.71)과 같고 NMOS는 전압제어 전류원과 같이 동작한다.

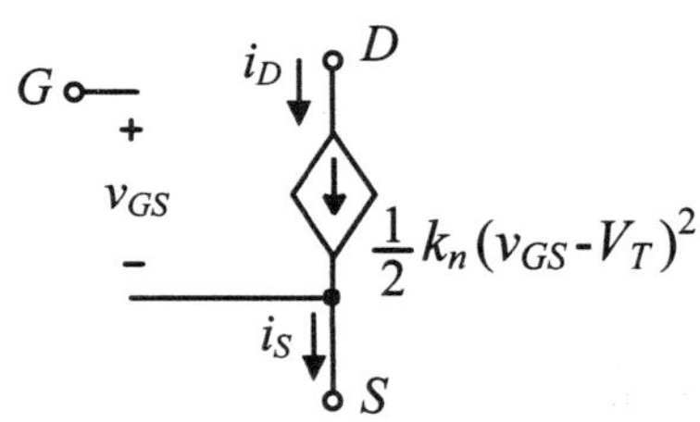

그림 6.40. 증가형 NMOS의 핀치오프 영역에서의 DC 모델

■ 증가형 NMOS의 AC 모델

그림 6.41 (a)은 직류와 교류가 섞여있는 증가형 NMOS 소자의 드레인 전류와 게이트-소스간 전압을 나타낸다. 그림 6.41에서 V_{GS}, I_D는 직류의 양이고 v_{gs}, i_d는 교류의 양이다. 그림 6.41 (b)는 DC 회로에서 DC의 양을 구하기 위한 DC 모델을 보인다. (c)는 AC 회로에서 AC의 양을 구하기 위한 AC 모델을 보인다. 이제 AC 모델의 파라미터인 g_m이 어떻게 정해지는지 유도한다.

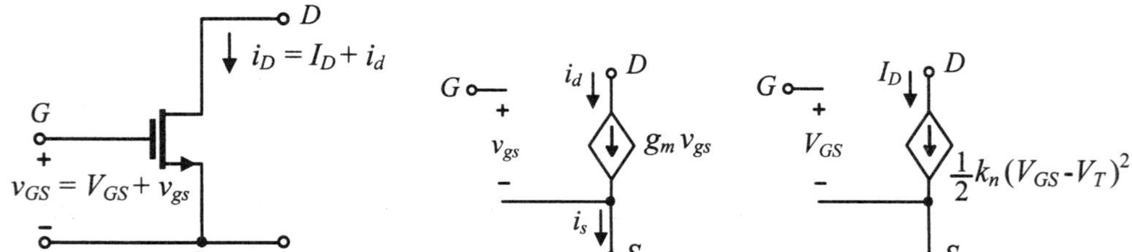

(a) 증가형 NMOS 소자의 전류와 전압 (b) DC 모델 (c) AC 모델

그림 6.41. 증가형 NMOS의 DC 및 AC 모델

증가형 NMOS 소자의 AC 모델 즉, 소신호 모델은 NMOS를 증폭기로 사용할 때 해석이나 설계를 할 때 필요하며 따라서 NMOS가 포화영역에서 동작하고 있다는 전제가 되어야 한다. 이 경우에 드레인 전류 i_D는 다음과 같다.

$$i_D = \frac{1}{2}k_n(v_{GS} - V_T)^2 \tag{6.77}$$

식 (6.77)에 $v_{GS} = V_{GS} + v_{gs}$를 대입하여 정리하면

$$\begin{aligned} i_D &= \frac{1}{2}k_n(V_{GS} + v_{gs} - V_T)^2 \\ &= \frac{1}{2}k_n(V_{GS} - V_T)^2 + k_n(V_{GS} - V_T)v_{gs} + \frac{1}{2}k_n v_{gs}^2 \\ &= I_D + i_d \end{aligned} \tag{6.78}$$

여기서 직류성분인 I_D와 교류성분이 i_d는 각각 다음과 같다.

$$I_D = \frac{1}{2}k_n(V_{GS} - V_T)^2 \tag{6.79}$$

$$i_d = k_n(V_{GS} - V_T)v_{gs} + \frac{1}{2}k_n v_{gs}^2 \tag{6.80}$$

교류성분인 소신호 v_{gs}에 대하여 $k_n(V_{GS} - V_T)v_{gs} \gg (1/2)k_n v_{gs}^2$ 의 조건을 만족한다고 가정한다. 즉,

$$v_{gs} \ll 2(V_{GS} - V_T) \tag{6.81}$$

식 (6.81)의 조건인 경우 식 (6.80)에서 마지막 항을 무시할 수 있다. 따라서

$$i_d = k_n(V_{GS} - V_T)v_{gs} = g_m v_{gs} \tag{6.82}$$

여기서 g_m은 i_d와 v_{gs}와의 비례성을 나타내는 비례상수는 트랜스컨덕턴스로

$$g_m \equiv \frac{i_d}{v_{gs}} = k_n(V_{GS} - V_T) \tag{6.83}$$

와 같이 정의된다. g_m의 단위는 지멘스 [S] (Simens)이다.

트랜스컨덕턴스 g_m은 식 (6.83)에서 보듯이 V_{GS}의 함수이다. 그런데 식 (6.79)에서

$$V_{GS} - V_T = \sqrt{\frac{2I_D}{k_n}} \tag{6.84}$$

이므로 식 (6.84)를 식 (6.83)에 대입하면

$$g_m = \sqrt{2k_n I_D} \tag{6.85}$$

와 같이 직류 바이어스 전류 I_D의 함수로 표현할 수도 있다.

간단한 회로변형을 통하여 증가형 NMOS의 또 다른 등가모델이 T형 AC 모델을 유도할 수 있다. 그림 6.42 (a)에 보인 NMOS의 AC 모델에서 (b)에서와 같이 드레인과 소스 사이에 $g_m v_{gs}$의 종속전류원을 하나 더 추가하더라도 단자 전류는 변하지 않는다. 또 (c)에서처럼 두 종속전류원의 연결점을 X라 할 때 게이트 단자를 X에 연결하더라도 게이트 전류는 $i_g = 0$을 유지한다. (c)에서 $i_s = g_m v_{gs}$인데 이 식을 다시 쓰면 $v_{gs}/i_s = 1/g_m$이 되어 게이트와 소스 사이의 종속전류원을 (d)에서와 같이 $1/g_m$의 저항으로 대치하는 것이 가능하다.

그림 6.42 (d)에 보인 T형 AC 모델은 구조상 BJT의 r_e 모델과 같다. 따라서 BJT와 FET의 증폭기 회로를 해석할 때 통일적이고 동일한 해석방법을 적용할 수 있을 것이다.

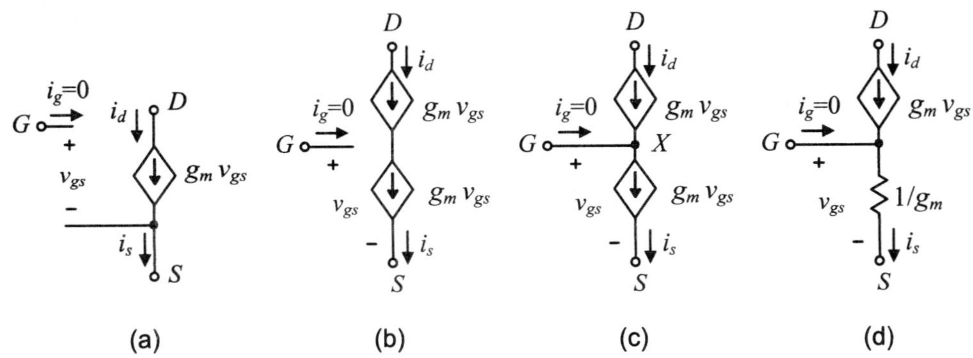

그림 6.42. 증가형 NMOS의 T형 AC 모델의 유도

▪ 증가형 PMOS

p-채널 증가형 MOSFET, 즉 증가형 PMOS의 구조와 동작은 증가형 NMOS와 마찬가지이다. 특성도 모든 전압과 전류의 극성이 반대라는 점 외에는 유사하다.

그림 6.42 (a)는 증가형 PMOS의 구조를 나타낸다. 이와 같은 p-채널 소자에서는 게이트와 소스 사이의 전압 v_{GS}가 음(−)의 값이 되도록 동작시키고 V_T도 음의 값을 갖는다. 증가형 PMOS를 나타내는 회로기호도 그림 6.42와 그림 6.43에 보인 것처럼 여러 가지 방법이 있다 그림 6.42 (b)와 (c)는 기판 단자(B)를 포함하는 증가형 PMOS의 회로기호이고 그림 6.43 (a)~(d)는 기판 단자를 소스 단자에 접속한 경우이다. 또 특별히 소스와 드레인을 구분할 필요가 없는 경우 그림 6.42 (c)나 그림 6.43 (d)처럼 나타낸다.

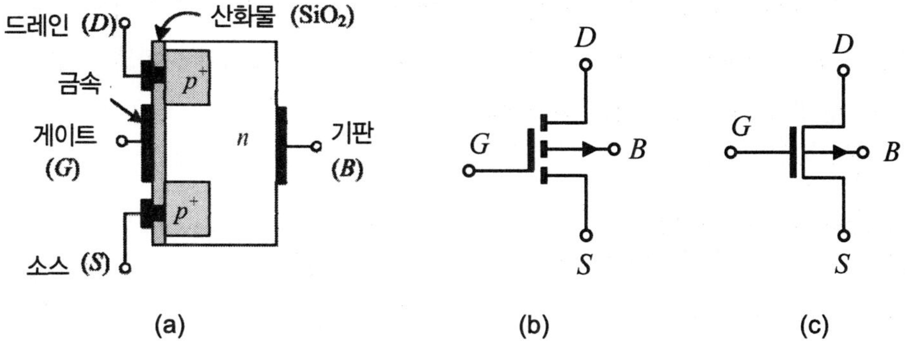

그림 6.42. 증가형 PMOS의 구조와 회로기호

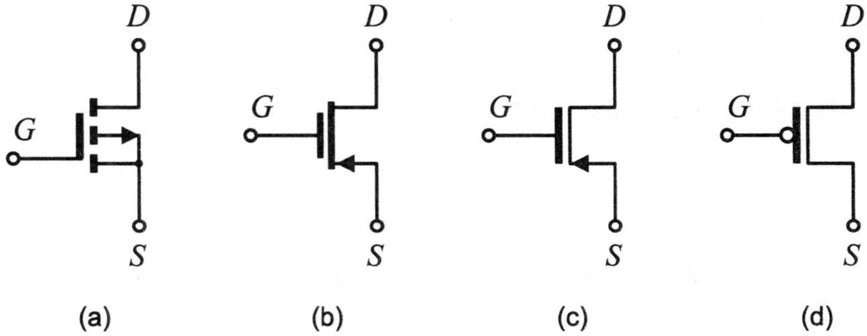

그림 6.43. 기판과 소스가 연결된 증가형 PMOS의 회로기호

PMOS의 회로도를 나타낼 때 그림 6.44에서처럼 전류가 위에서 아래로 흐르도록 소스를 위로 드레인을 아래로 배치하면 동작을 파악하기 쉽다. 그림 6.44에서

$$v_{SG} = v_{SD} + v_{DG} \tag{6.86}$$

이다.

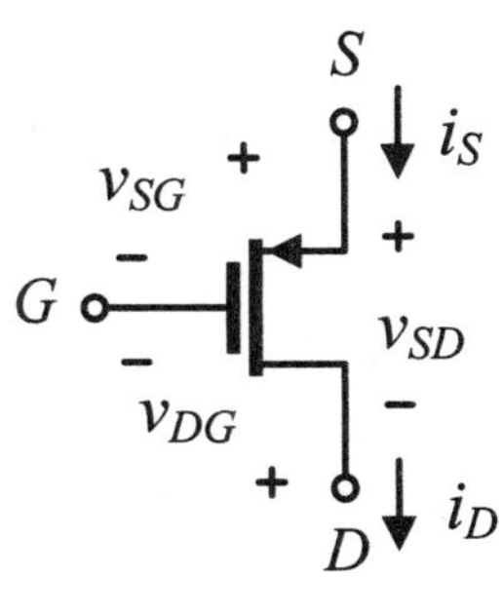

그림 6.44. 증가형 PMOS의 전압과 전류의 방향 표시

증가형 PMOS의 특성에 관련된 식은 증가형 NMOS의 특성에 관한 식에서 V_T 대신에 $|V_T|$를, v_{DS} 대신에 v_{SD}를, 그리고 v_{GS} 대신에 v_{SG}를 대입하여 나타낼 수 있다. 그림 6.45 증가형 PMOS의 정특성을 나타낸다.

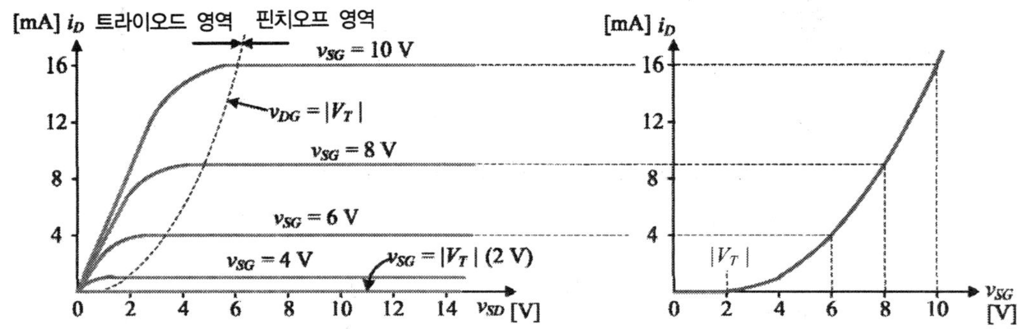

그림 6.45. 증가형 PMOS의 정특성($V_T = -2$ V, $k_n = 0.5$ mA/V²인 경우)

증가형 PMOS에서 $v_{SG} < |V_T|$이면 채널이 형성되지 않고, $v_{SG} = |V_T| + |v_{OV}|$이면 채널이 형성되는데 이때의 동작모드는 트라이오드 영역과 포화영역(핀치오프 영역)으로 나뉜다. 증가형 PMOS가 트라이오드 영역에서 동작할 조건은

$$v_{DG} > |V_T| \tag{6.87}$$

인데, 식 (6.86)의 식을 대입하면

$$v_{SG} > v_{SD} + |V_T| \tag{6.88}$$

이 된다. 또 $v_{SG} = |V_T| + |v_{OV}|$이므로 식 (6.88)은 다음과 같은 의미이다. 즉,

$$v_{SD} < |v_{OV}| \tag{6.89}$$

트라이오드 영역에서 증가형 PMOS의 드레인 전류 i_D는 식 (6.63)과 유사하다. 즉,

$$i_D = k_n\left[(v_{SG} - |V_T|)v_{SD} - \frac{1}{2}v_{SD}^2\right] \tag{6.90}$$

증가형 PMOS가 포화영역에서 동작할 조건은 다음과 같다.

$$v_{SD} > |v_{OV}| \tag{6.91}$$

포화영역에서 증가형 PMOS의 드레인 전류 i_D는 식 (6.65)와 유사하게

$$i_D = \frac{1}{2}k_n(v_{SG} - |V_T|)^2 \tag{6.92}$$

가 된다.

■ 공핍형 NMOS와 PMOS

공핍형 MOSFET는 특별한 소자이므로 증가형 MOSFET와 비교하여 흔히 사용되지는 않는다. 그림 6.46은 n-채널 공핍형 MOSFET(즉, 공핍형 NMOS)의 구조와 회로기호를 나타낸다. 공핍형 NMOS는 증가형 NMOS와 구조가 비슷하지만 미리 심어진 n-채널을 갖고 있다는 차이점이 있다. 따라서 게이트와 소스 사이에 아무런 연결이 없는 플로팅(floating) 상태이거나 단락상태($v_{GS} = 0$)일 때에도 i_D 전류가 흐를 수 있다 (이때의 i_D 전류를 I_{DSS}라고 한다). 즉, 증가형 MOSFET처럼 없던 채널을 만들어내는 것이 아니라 이미 있는 채널을 v_{GS} 전압에 의해서 조절하는 것이다.

공핍형 NMOS는 구조는 증가형 NMOS과 유사하지만 동작특성은 처음부터 채널이 존재하는 n-채널 JFET와 유사하다. 공핍형 NMOS에 (−)의 v_{GS}를 인가하면 채널에서 전자들이 밀려나므로 채널의 깊이가 얕아져 도전율이 감소한다. (−)의 v_{GS}를 인가했을 때 채널이 줄어든다는 것은 JFET와 같다. 캐리어(이 경우에는 전자)를 공핍시킨다는 의미에서 음(−)의 v_{GS}를 인가한 상태를 **공핍모드**(depletion mode)라고 한다. v_{GS}를 계속 음의 값으로 크기를 증가시켜 가면 어느 일정한 값(V_T) 이상에서 채널이 완전히 사라지게 되어 v_{DS}가 가해지더라도 드레인 전류 i_D가 전혀 흐르지 않게 된다.

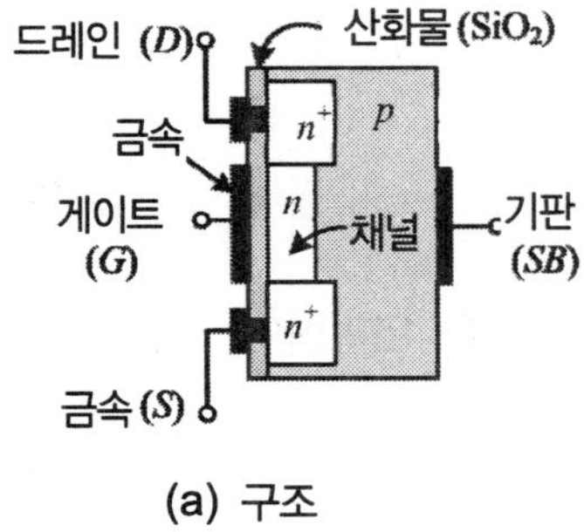

(a) 구조

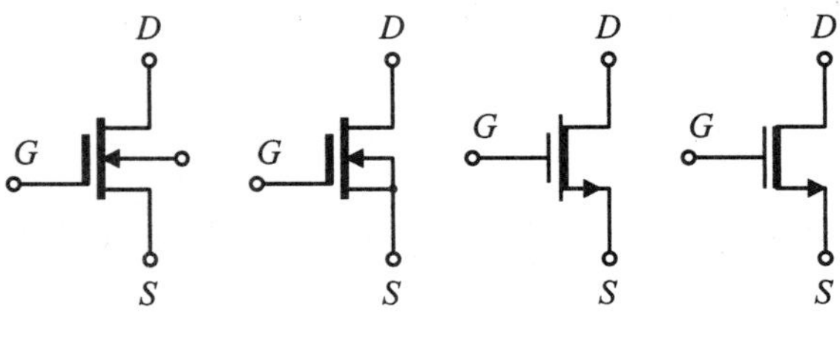

(b) 회로기호

그림 6.46. 공핍형 NMOS의 구조와 회로기호

다음으로 (+)의 v_{GS}를 인가하면 더 많은 전자(=캐리어)들을 채널로 끌어 들임으로써 채널 깊이가 증가한다. 따라서 도전율이 증가하고 더 큰 i_D 전류가 흐르게 된다. 이

러한 (+)의 v_{GS}를 인가한 상태를 채널이 증가(enhancement)한다는 의미에서 **증가모드** (enhancement mode)라고 한다.

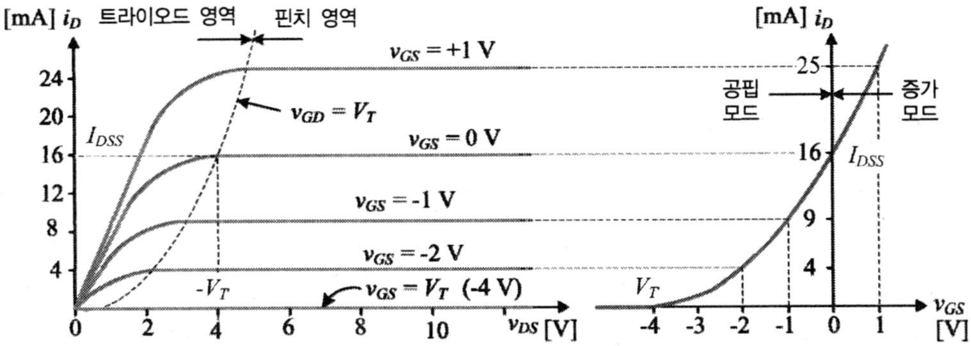

그림 6.47. 공핍형 NMOS의 정특성($V_T = -4$ V, $I_{DSS} = 16$ mA인 경우)

그림 6.47은 공핍형 NMOS의 특성곡선을 나타낸다. 공핍형 NMOS의 특성곡선은 증가모드가 있는 것을 제외하면 n-채널 JFET의 것과 같다. 공핍형 NMOS에서 $v_{GS} < V_T$ 이면 채널에서 캐리어(=전자)가 모두 밀려나 채널이 존재하지 않게 되므로 모든 v_{DS}에 대하여 $i_D = 0$이다. 여기서 V_T는 (−)의 값을 가짐에 유의한다. 이제 v_{GS}를 증가시켜 $v_{GS} = V_T + v_{OV}$ 이면 채널이 만들어지는데 이때의 동작모드는 v_{DS}의 크기에 따라 트라이오드 영역과 포화영역(핀치오프 영역)으로 나뉜다.

공핍형 NMOS가 트라이오드 영역에서 동작할 조건은

$$v_{GD} > V_T \tag{6.93}$$

인데, $v_{GS} = v_{GD} + v_{DS}$의 관계식을 대입하면

$$v_{GS} > v_{DS} + V_T \tag{6.94}$$

가 된다. 또 $v_{GS} = V_T + v_{OV}$ 이므로 식 (6.88)은 다음과 같은 의미이다. 즉,

$$v_{DS} < v_{OV} \tag{6.95}$$

트라이오드 영역에서 공핍형 NMOS의 드레인 전류 i_D는 식 (6.36)과 같다. 즉,

$$i_D = I_{DSS}\left[2\left(1 - \frac{v_{GS}}{V_T}\right)\frac{v_{DS}}{(-V_T)} - \left(\frac{v_{DS}}{V_T}\right)^2\right] \tag{6.96}$$

공핍형 NMOS가 핀치오프 영역에서 동작할 조건은 다음과 같다.

$$v_{DS} > v_{OV} \tag{6.97}$$

포화영역에서 공핍형 NMOS의 드레인 전류 i_D는 식 (6.37)과 같다. 즉,

$$i_D = I_{DSS}\left(1 - \frac{v_{GS}}{V_T}\right)^2 \tag{6.98}$$

또, 공핍형 NMOS의 소신호 모델에서 트랜스컨덕턴스 g_m은 식 (6.51) 또는 (6.53)과 같이 표현된다.

$$g_m \equiv \frac{i_d}{v_{gs}} = -\frac{2I_{DSS}}{V_T}\left(1 - \frac{V_{GS}}{V_T}\right) = -\frac{2I_{DSS}}{V_T}\sqrt{\frac{I_D}{I_{DSS}}} \tag{6.99}$$

n-채널 JFET는 $v_{GS} = 0$을 동작점으로 정할 수 없으나 공핍형 NMOS는 공핍모드와 증가모드를 모두 갖고 있으므로 $v_{GS} = 0$을 동작점으로 정하는 것이 가능하다.

그림 6.48은 공핍형 PMOS의 구조와 회로기호를 나타낸다. p-채널 MOSFET 소자의 동작원리는 n-채널 MOSFET와 같으며 다만 전압과 전류의 극성에만 주의를 기울이면 된다.

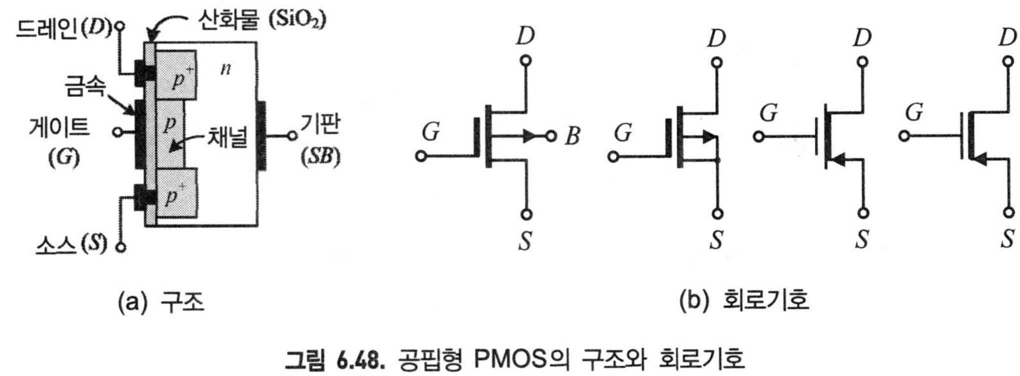

(a) 구조 (b) 회로기호

그림 6.48. 공핍형 PMOS의 구조와 회로기호

연습문제

6.1. 그림 P6.1의 회로에서 BJT는 $\beta = 100$이고 $i_C = 1$ mA 일 때 v_{BE}가 0.7 V이었다. 지금 2 mA의 컬렉터 전류가 흐를 때 5 V의 컬렉터 전압이 나타나도록 R_C와 R_E의 저항값을 결정하여라.

6.2. 그림 P6.2의 회로에서 BJT가 다음과 같이 동작하도록 V_{BB}의 값을 정하라.

(a) $V_{CE} = 5$ V인 활성모드

(b) $\beta_{forced} = 10$인 포화영역 동작

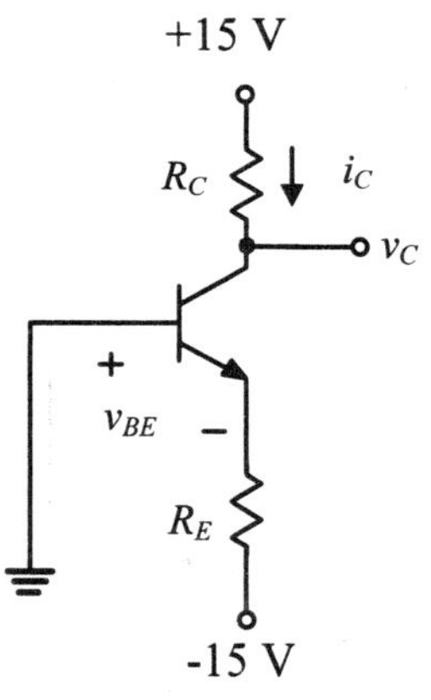

그림 P6.1.

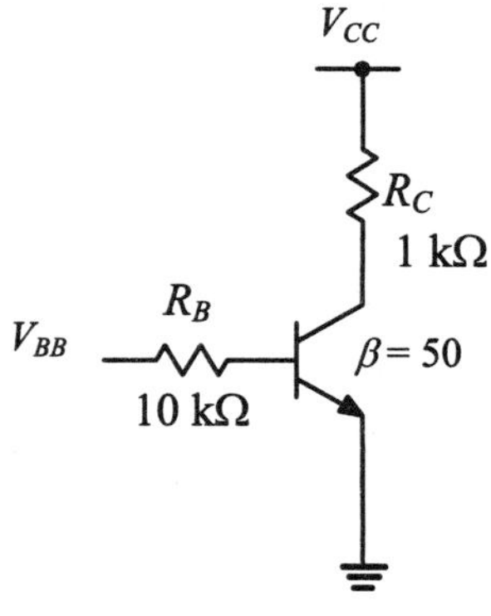

그림 P6.2.

6.3. JFET에서 발생하는 핀티오프 현상에 대하여 설명하여라.

6.4. 그림 P6.4의 회로에서 $I_D = (1/2)I_{DSS}$ 전류가 흐르도록 저항 R_S의 값을 결정하여라.

6.5. 그림 P6.5의 회로에서 $I_D = 1\ \text{mA}$, $V_{DS} = 10\ \text{V}$가 되도록 저항 R_D와 R_S의 값을 결정하여라.

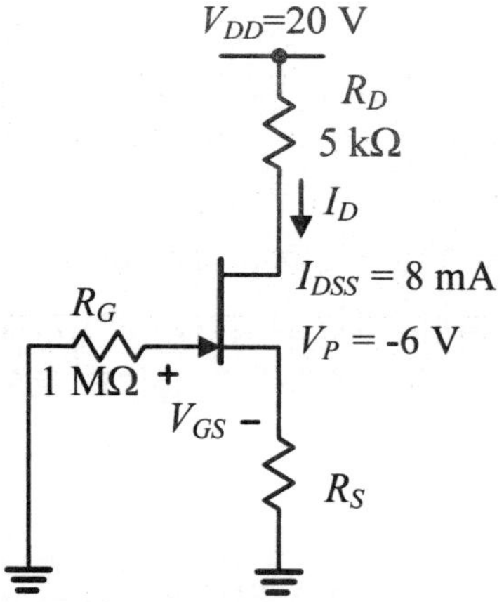

그림 P6.4.

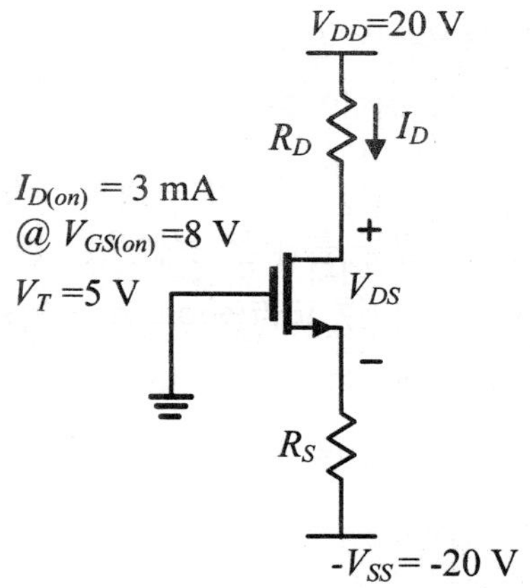

그림 P6.5.

Chapter

7 트랜지스터 증폭기

이 책의 6장에서는 BJT, JFET, MOSFET의 세 가지 기본적인 트랜지스터 소자를 살펴보았으므로 이제 이러한 트랜지스터 소자들을 이용한 가장 기본적인 응용인 증폭기 회로에 대하여 설명한다. 이 장에서 강조하고자 하는 것은 BJT, JFET, MOSFET 가운데 어떤 소자를 선택하든지 증폭기를 구성하는 방법이나 해석하는 방법은 유사하다는 점이다. 여기서는 트랜지스터 증폭기를 해석하는 체계적인 절차를 중심으로 설명한다.

7.1. 증폭기 해석의 기본

트랜지스터는 한 단자의 전압(또는 전류)로 나머지 두 단자 사이에 흐르는 전류를 제어하는 소자이다. 트랜지스터를 증폭기로 사용할 때 제어하는 전압(전류)과 제어되는 전류사이의 선형적인 관계를 이용한다. 트랜지스터 증폭기의 전제 조건은 교류 입력신호의 크기가 매우 작다는 것이다. 이 경우 방향이 바뀌는 **교류 입력신호가 들어와도 트랜지스터에 흐르는 전류나 전압의 방향은 바뀌지는 않는다.** 교류 입력신호가 충분히 작으면 트랜지스터 소자의 전압이나 전류가 크기만 약간 변할 뿐이다. 그 결과 트랜지스터 증폭기의 전압이나 전류는 직류(DC)에 리플(ripple)처럼 교류(AC)가 섞여있는 파형이 된다. 트랜지스터 증폭기를 해석한다는 것은 이와 같이 직류와 교류가 섞여 있는 회로에서 교류 신호만의 상호 관계를 구하는 것이다. 이 절에서는 트랜지스터 증폭기 해석을 위한 기본 지식에 대하여 설명한다.

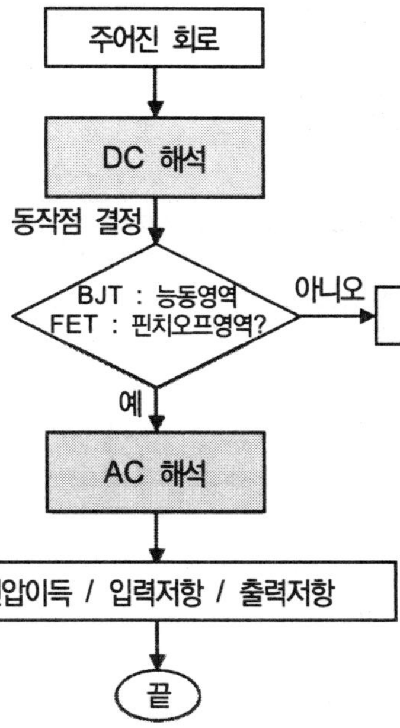

그림 7.1. 트랜지스터 회로 해석의 절차

■ 증폭기 해석을 위한 체계적인 절차

그림 7.1은 트랜지스터 회로를 해석하는 절차를 나타낸 흐름도이다. 트랜지스터 회로의 해석은 크게 DC 해석과 AC 해석의 두 단계의 과정을 거친다.

먼저 DC 회로를 추출한 후 DC 해석을 하는데 DC 해석의 결과 트랜지스터 소자의 동작점을 결정하고 트랜지스터 회로가 증폭기 회로로 사용될 수 있도록 바이어스 되어 있는지 판별한다. 트랜지스터를 증폭기로 사용하려면 전류제어 전류원(BJT의 경우) 또는 전압제어 전류원(FET의 경우)이 실현되는 동작영역에서 트랜지스터 소자가 동작해야 한다. 즉 BJT의 경우 능동영역에서 FET의 경우 핀치오프 영역에서 동작하는지 확인한다.

동작점을 판별하여 트랜지스터 소자가 능동영역 또는 핀치오프 영역에서 동작하면 이번에는 AC 회로를 추출한 후 AC 해석을 수행하여 최종적으로 전압이득, 입력저항, 출력저항 등을 구한다.

DC 해석 : 그림 7.2는 트랜지스터 회로의 DC 해석을 하는 절차를 나타낸다. DC 해석의 첫 번째 단계는 주어진 증폭기 회로가 있을 때 먼저 DC 회로를 추출하는 것이다. DC 회로는 회로 내에 직류 전압과 직류 전류만 존재하는 상태이며 아직 입력신호가 주어지지 않아서 증폭기가 비활동성인 상태이다.

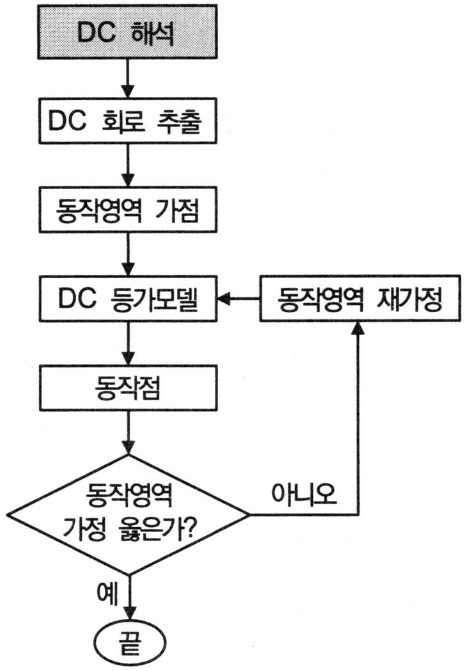

그림 7.2. DC 해석의 절차

다음, DC 회로를 사용하여 트랜지스터의 바이어스 상태를 결정한다. 이 때 몇 가지 가능한 트랜지스터의 동작영역 가운데 현재 트랜지스터가 어떤 영역에서 동작하는지 모르기 때문에 먼저 동작영역을 가정하고 그 동작영역에 해당하는 DC 등가모델을 사용하여 DC 회로를 해석한다.

DC 회로 해석의 결과 얻어진 동작점에 대하여 반드시 **동작영역을 검증하는 단계가 반드시 필요**한데 이는 처음에 임의로 트랜지스터의 동작영역을 가정했기 때문이다. 동작영역에 대한 검증의 결과 처음에 가정한 동작영역이 옳으면 회로 해석은 끝나지만 만일 그렇지 않으면 다른 동작영역으로 재가정하고 다시 새로운 DC 등가모델을 사용하여 회로를 해석하는 일을 되풀이 한다.

DC 해석의 결과로 얻는 산출물은 트랜지스터의 동작점에 대한 정보이다. 트랜지스터의 동작점은 다음에 이어지는 AC 해석에서 사용되는 AC 모델의 파라미터(r_π, r_e, g_m 등)를 정하는데 사용된다.

AC 해석 : 그림 7.3은 트랜지스터 회로의 AC 해석을 하는 절차를 나타낸다. AC 해석을 하는 첫 단계는 주어진 증폭기 회로에서 AC 회로를 추출하는 것이다. 그런 후에 AC 회로에서 트랜지스터를 AC 모델로 대치하는데 이 때 동작점으로부터 계산되는 AC 모델 파라미터가 필요하다. 일단 트랜지스터의 AC 모델까지 포함하는 완전한 AC 회로가 얻어지면 이를 해석하여 전압이득, 입력저항, 출력저항 같은 증폭기 파라미터를 구할 수 있다.

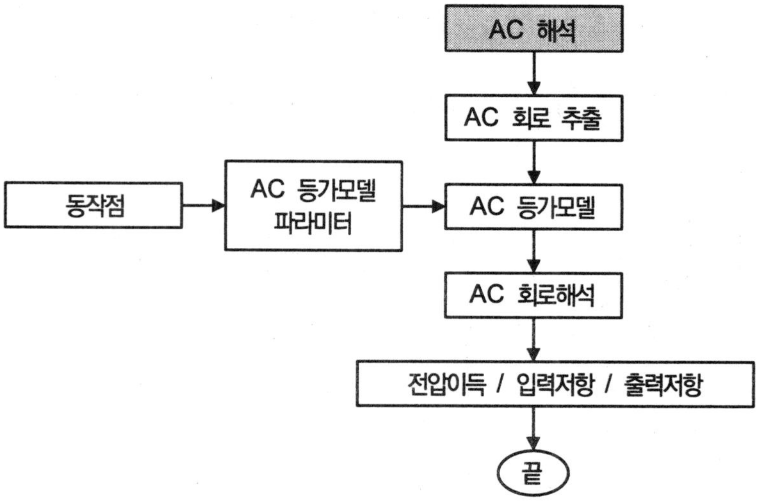

그림 7.3. AC 해석의 절차

■ DC 회로와 AC 회로의 추출

트랜지스터 증폭기가 동작할 때 각부의 전압과 전류는 직류와 교류가 섞여 있다. 그러므로 트랜지스터 증폭기의 해석에는 두 단계의 회로 해석이 필요한데 이때 적용되는 원리가 선형 회로이론에 사용되는 중첩의 원리이다. 즉, DC 해석과 AC 해석을 분리하여 각각의 답을 구한 후 실제의 전류나 전압은 DC 해석과 AC 해석의 결과를 합쳐서 구한다.

그림 7.4의 (a)는 직류 전원 V_I와 교류 전원 v_i에 의해서 각부의 전압이나 전류에 직류와 교류가 섞인 회로의 일례이다. 트랜지스터 증폭기 회로에서 커패시터는 교류 신호는 바이패스(bypass)하고 직류 바이어스 전류는 블로킹(blocking)하는데 이용된다. 통상 신호를 가능한 감쇄 없이 많이 바이패스 시키기 위하여 커패시터의 크기는 충분히 큰 값이라고 가정한다. 커패시터가 매우 큰 값($C_s=\infty$)이라고 가정하면 커패시터는 직류신호에 대하여 개방(open) 상태로 교류신호에 대하여 단락(short) 상태로 간주할 수 있다. 그러므로 트랜지스터 증폭기 회로에서 DC 회로와 AC 회로를 얻을 때는 다음과 같은 방법을 사용한다.

DC 회로 : ① 교류 신호원을 단락하여 제거한다.
② 커패시터를 개방하여 제거한다.

AC 회로 : ① 직류 전원을 단락하여 제거한다.
② 커패시터를 단락하여 제거한다.

그림 7.4에서 (b)와 (c)는 DC 회로와 AC 회로를 각각 나타낸다. DC 회로에서 $I_I = V_I/(R_s+R_L)$, $V_L = R_L V_I/(R_s+R_L)$이고, AC 회로에서 $i_i = v_i/R_L$, $v_l = v_i$이므

로, 실제의 전류 i_I와 v_L은 다음과 같이 중첩의 원리를 써서 구한다.

$$i_I = I_I + i_i = \frac{V_I}{R_s + R_L} + \frac{v_i}{R_L}, \quad v_L = V_L + v_l = \frac{R_L}{R_s + R_L} V_I + v_i \tag{7.1}$$

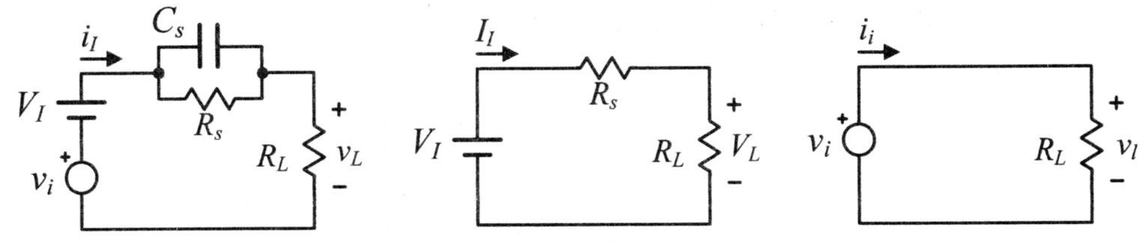

(a) 직류와 교류가 섞인 회로 (b) DC 회로 (c) AC 회로

그림 7.4. DC 회로와 AC 회로의 추출

▪ 트랜지스터의 DC 모델과 AC 모델

트랜지스터 증폭기 회로에서 DC 회로와 AC 회로를 추출하더라도 정작 트랜지스터의 적절한 DC 모델과 AC 모델이 없다면 회로를 더 이상 해석하는데 어려움이 있다. 이 책의 6장에 BJT, JFET, MOSFET의 각각에 대하여 DC 모델과 AC 모델을 유도하고 설명하였지만 내용 전개의 편의를 위하여 여기에 다시 정리하면 다음과 같다.

[1] BJT의 DC 모델과 AC 모델

그림 7.5는 *npn* BJT의 DC 모델을 나타낸다. 그림 7.5에서

$$V_{BE(act)} = 0.7 \ \ \text{V}, \ V_{BE(sat)} = 0.8 \ \ \text{V}, \ V_{CE(sat)} = 0.2 \ \ \text{V} \tag{7.2}$$

이며, β_{dc}는 BJT의 파라미터이며 $\beta_{dc} = \beta \approx 100$ 정도이다.

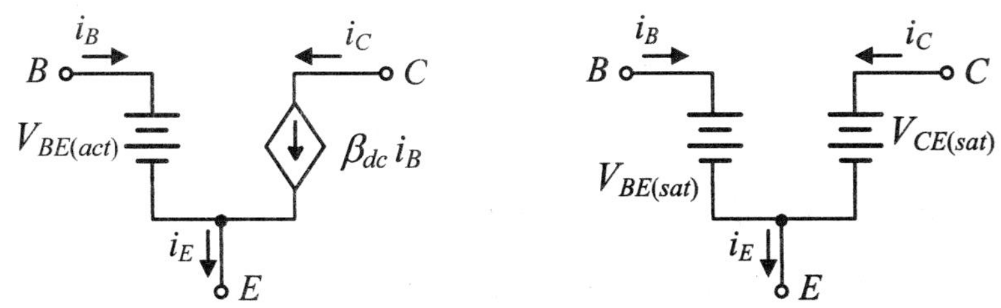

(a) 능동영역 모델 (b) 포화영역 모델

그림 7.5. *npn* BJT의 DC 모델

npn BJT가 능동영역에서 동작하기 위한 조건은 에미터 다이오드는 순방향 바이어스 되고 컬렉터 다이오드는 역방향 바이어스 된 상태이다. 즉,

$$v_{BE} > 0,\ v_{CB} > 0 \tag{7.3}$$

npn BJT가 포화영역에서 동작할 때

$$\beta_{dc} > \beta_{forced} \tag{7.4}$$

가 된다. 여기서 $\beta_{forced} = [i_C/i_B]_{(\text{포화영역})}$이다.

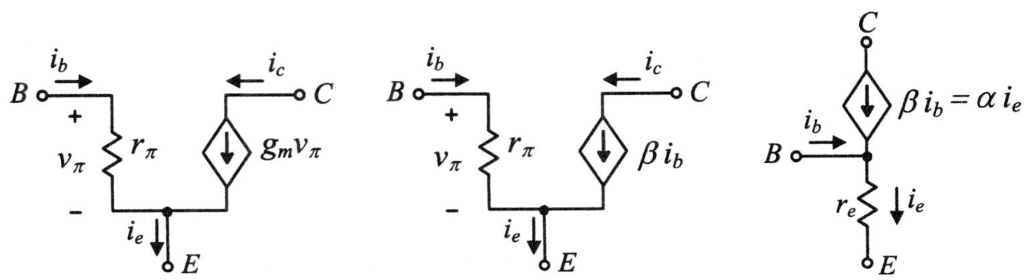

그림 7.6. BJT의 AC 모델

그림 7.6은 npn BJT의 AC 모델을 나타낸다. 그림 7.6에서 AC 모델의 파라미터는 다음과 같다.

$$g_m \equiv \frac{i_c}{v_{be}} = \frac{I_C}{V_t} \tag{7.5}$$

$$r_\pi \equiv \frac{v_{be}}{i_b} = \frac{\beta}{g_m} = \frac{\beta V_t}{I_C} \tag{7.6}$$

$$r_e \equiv \frac{v_{be}}{i_e} = \frac{\alpha}{g_m} = \frac{\alpha V_t}{I_C} = \frac{V_t}{I_E} \tag{7.7}$$

여기서 V_T는 열전압을 나타냄에 유의한다. 열전압 V_t는 27 °C에서 약 26 mV, 25 °C에서 약 25 mV 정도이다.

[2] JFET의 DC 모델과 AC 모델

그림 7.7 (a)는 n-채널 JFET의 트라이오드 영역에서의 DC 모델을 나타낸다. JFET가

트라이오드 영역에서 동작하기 위해서는 드레인-게이트 사이의 전압이 $-V_P$보다 작아야 한다. 즉,

$$v_{DG} < -V_P \text{ (트라이오드 영역)} \tag{7.8}$$

$v_{DS} \ll |V_P|$ 일 경우 JFET는 그림 7.7 (b)에서처럼 게이트와 소스 사이의 전압 v_{GS}로 그 크기가 제어되는 선형 저항으로 모델링된다.

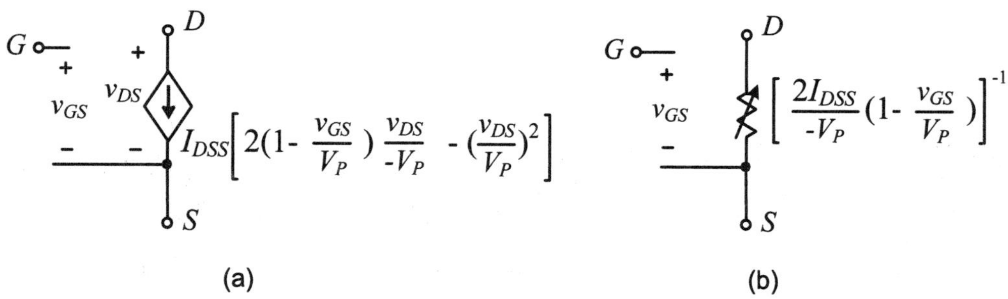

그림 7.7. *n*-채널 JFET의 트라이오드 영역에서의 DC 모델

그림 7.8 n-채널 JFET의 핀치오프 영역에서의 DC 모델을 나타낸다. 핀치오프 영역에서의 동작은

$$v_{DG} > -V_P \text{ (핀치오프 영역)} \tag{7.9}$$

을 만족할 때 얻어진다. 이 식은 핀치오프 영역에서 동작하기 위해서는 v_{DS} 전압이 v_{GS} 전압보다 최소한 $|V_P|$ 만큼 커야 한다는 것을 의미한다. 즉,

$$v_{DS} \geq v_{GS} + |V_P| \tag{7.10}$$

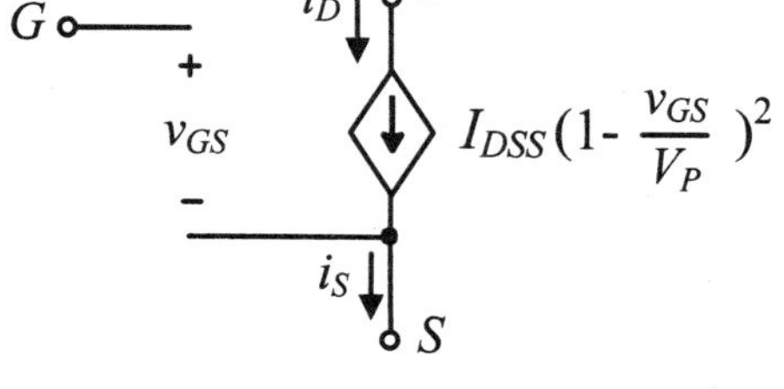

그림 7.8. *n*-채널 JFET의 핀치오프 영역에서의 DC 모델

그림 7.9 n-채널 JFET의 AC 모델을 나타낸다. 그림 7.9에서 g_m은 다음과 같다.

$$g_m \equiv \frac{i_d}{v_{gs}} = -\frac{2I_{DSS}}{V_P}\left(1-\frac{V_{GS}}{V_P}\right) = -\frac{2I_{DSS}}{V_P}\sqrt{\frac{I_D}{I_{DSS}}} \tag{7.11}$$

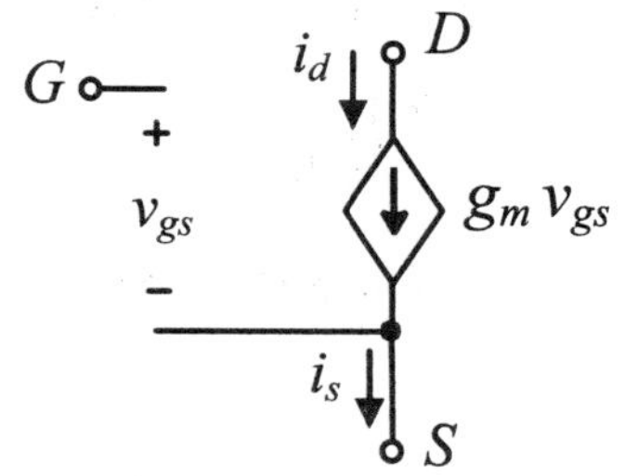

그림 7.9. n-채널 JFET의 AC 모델

[3] MOSFET의 DC 모델과 AC 모델

그림 7.10 (a)는 증가형 NMOS의 트라이오드 영역에서의 DC 모델을 나타낸다. 증가형 NMOS가 트라이오드 영역에서 동작하기 위한 조건은 다음과 같다.

$$v_{GS} \geq V_T,\ v_{DS} \leq v_{GS} - V_T \tag{7.12}$$

만일 $(v_{GS} - V_T) \gg (1/2)v_{DS}$ 일 만큼 v_{DS}의 전압이 작은 경우 증가형 NMOS는 그림 7.10 (b)에서처럼 게이트와 소스 사이의 전압 v_{GS}로 그 크기가 제어되는 선형 저항으로 모델링 된다.

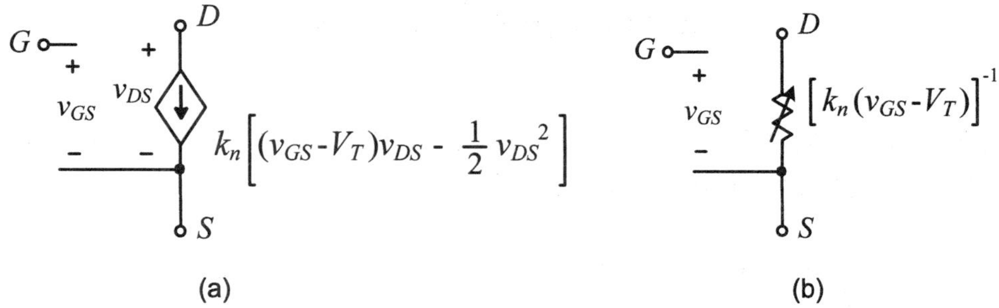

그림 7.10. 증가형 NMOS의 트라이오드 영역에서의 DC 모델

그림 7.11은 증가형 NMOS의 핀치오프 영역에서의 DC 모델이다. 증가형 NMOS가 핀치오프 영역에서 동작하기 위한 조건은 다음과 같다.

$$v_{GS} \geq V_T,\ v_{DS} \geq v_{GS} - V_T \tag{7.13}$$

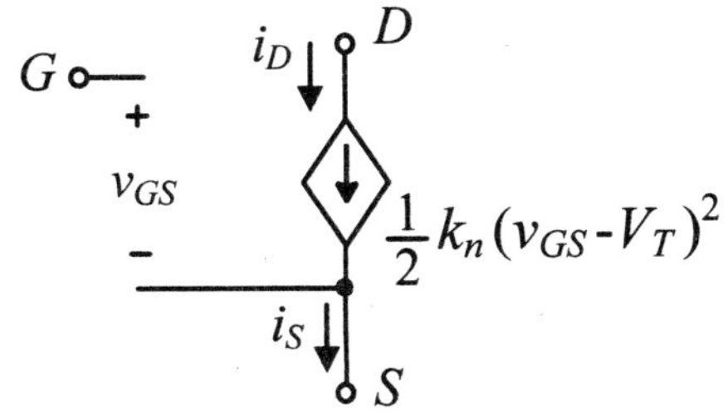

그림 7.11. 증가형 NMOS의 핀치오프 영역에서의 DC 모델

그림 7.12는 증가형 NMOS의 AC 모델을 나타낸다. 그림 7.12에서 g_m은 다음과 같다.

$$g_m \equiv \frac{i_d}{v_{gs}} = k_n(V_{GS} - V_T) = \sqrt{2k_n I_D} \tag{7.14}$$

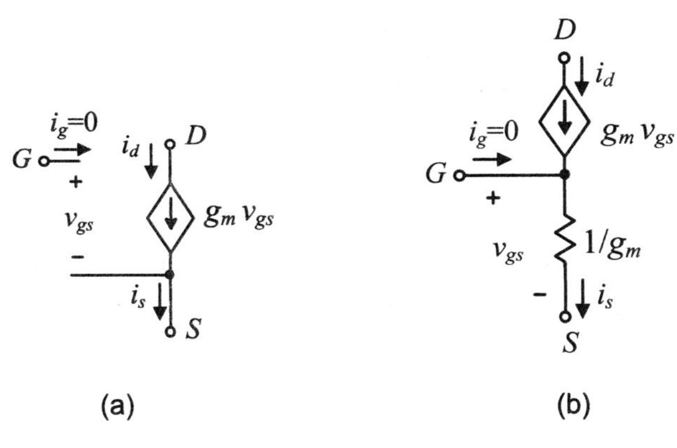

그림 7.12. 증가형 NMOS의 AC 모델

공핍형 NMOS의 경우 DC 모델과 AC 모델은 n-채널 JFET와 같다. 공핍형 NMOS가 핀치오프 영역에서 동작할 조건은

$$v_{DG} > |V_P| \text{ 또는 } v_{DS} > v_{GS} + |V_P| \tag{7.15}$$

이며 트라이오드와 핀치오프 영역의 경계선에 대한 식은 $v_{DG} = -V_P$로 나타낸다.

7.2. BJT 증폭기의 DC 해석

본 절에서는 직류 전원만 인가된 BJT 증폭기 회로를 해석해 동작점을 정하는 과정을 예제를 중심으로 설명한다. 여기서 동작점이란 컬렉터 전류 I_C와 켈렉터-에미터 간 전압 V_{CE}이다. 직류(DC) 해석을 할 때, BJT는 동작영역에 따라서 차단영역 모델, 능동영역 모델, 포화영역 모델 가운데 어느 하나로 대치된다. 이때 처음에는 동작영역을 모르기 때문에 임의의 동작영역을 가정하고 그러한 가정에 근거하여 그 가정에 적합한 DC 등가모델로 BJT를 대치한 다음 DC 회로를 해석한다. 그리고 그 결과 얻어진 각부의 전압 전류를 살펴서 가정과 부합되는지 검증한 후, 검증결과 가정이 옳았으면 종료하고 가정이 틀렸으면 다시 다른 동작영역을 가정한 후 다시 앞서와 동일한 절차를 밟아서 해석해 나간다.

예제 7.1. 그림 E7.1의 회로에서 동작점을 구하여라. 단, β는 100으로 가정한다.

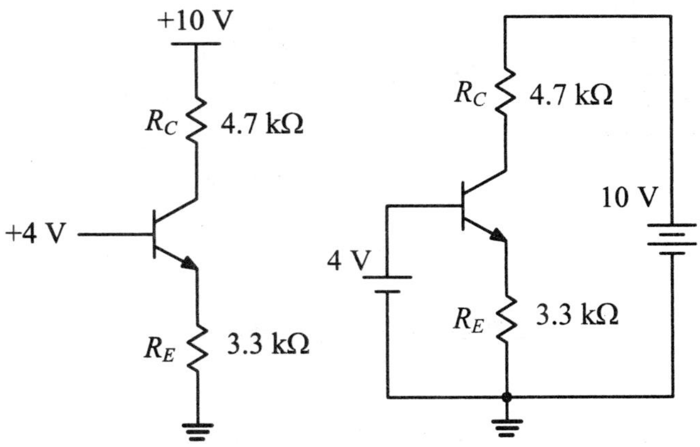

그림 E7.1. 예제 7.1의 회로

풀 이

BJT가 능동영역에 있는지 아닌지를 미리 알 수 없기 때문에, 먼저 소자가 능동영역에 있다고 가정하여 회로를 해석하여 각부의 전압과 전류를 구한 뒤, 실제로 BJT가 능동영역에 있는지 아닌지를 점검하는 방법을 사용한다. 능동 모드 동작을 위한 조건이 맞으면 처음의 가정은 맞는 것이었고 해석은 완결된다. 그러나 그렇지 않은 경우, 소자는 능동영역이 아닌 다른 동작 영역에서 동작하는 것이므로 문제를 처음부터 다시 풀어야 한다. 즉, 다음과 같은 단계를 밟는다.

(1) 능동영역 가정

그림 E7.1의 회로를 보면, 베이스가 +4 V에 연결되어 있고 에미터는 저항 R_E를 통해 접지되어 있다. 따라서 베이스-에미터 접합에 순바이어스가 걸리는 것을 알 수 있다. 그림 E7.1.1 (a)는 BJT를 능동영역의 DC 모델로 바꾸어 놓은 회로이다.

그림 E7.1.1 (a)에서 V_{BE}는 $V_{BE} = V_{BE(act)} = 0.7$ V이므로, 에미터 전압은 다음과 같다.

$$V_E = 4 - V_{BE} \cong 4 - 0.7 = 3.3 \text{ V}$$

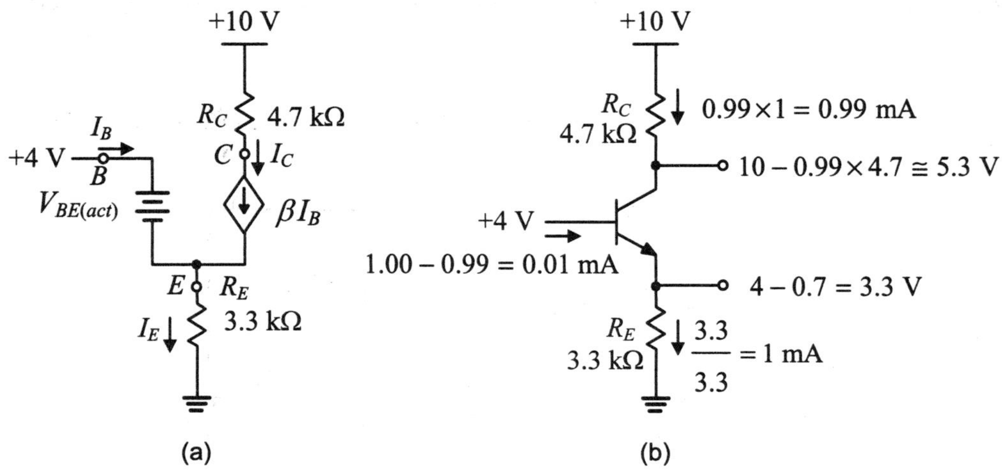

그림 E7.1.1. 각부의 전류와 전압

R_E 양단의 전압을 알고 있으므로 R_E 저항에 흐르는 전류, 즉 I_E를 구할 수 있다. 즉,

$$I_E = \frac{V_E - 0}{R_E} = \frac{3.3}{3.3} = 1 \text{ mA}$$

능동영역의 동작을 가정하였고, 트랜지스터의 3단자 전류 중 어느 하나(여기서는 에미터 전류 I_E)를 알았다면, 능동영역의 성질에 의하여 다른 나머지 두 단자의 전류가 일의적(unique)으로 정해진다. 이에 관해서는 그림 6.7에 보인 능동영역에서 동작하는 BJT의 단자 전류의 상호연관성을 참조한다.

I_E를 알고, 트랜지스터가 능동영역에 있다고 가정하였으므로,

$$I_C = \frac{\beta}{1+\beta} I_E = \frac{100}{1+100} \times 1 = 0.99 \times 1 = 0.99 \text{ mA}$$

$$I_B = \frac{I_E}{1+\beta} = \frac{1}{1+100} \cong 0.01 \text{ mA}$$

여기서, $I_B = I_C - I_E = 1 - 0.99 = 0.01$ mA로 구할 수도 있다. 컬렉터 전압 V_C를 구하기 위하여 오옴의 법칙을 사용한다. 즉,

$$V_C = 10 - R_C I_C = 10 - 0.99 \times 4.7 \approx +5.3 \text{ V}$$

(2) 능동영역 가정의 검증

베이스 전압 V_B가 +4 V이므로 컬렉터-베이스 접합은 1.3 V만큼 역바이어스가 걸려 있다. 즉, V_E=4-0.7=3.3 V, V_B=4 V, V_C=5.3 V되어

$$V_E < V_B < V_C$$

이므로, 베이스-에미터 다이오드는 순방향, 베이스-컬렉터 다이오드는 역방향 바이어스 되어 능동영역에 존재함을 확인할 수 있다. 그러므로, 처음의 가정이 옳았고 해석의 결과는 모두 수용가능하다. 그림 E7.1.1 (b)에 해석의 결과가 도시되어 있다.

(3) 동작점

동작점이란 컬렉터 전류 I_C와 켈렉터-에미터 간 전압 V_{CE}이다. 여기서 $I_C = 0.99$ mA, $V_{CE} = V_C - V_E = 5.3 - 3.3 = 2$ V이다. 따라서 동작점 Q는 다음과 같다.

$$Q = (I_C,\ V_{CE}) = (0.99 \text{ mA, } 2 \text{ V})$$ ▣

예제 7.2. 그림 E7.2의 회로에서 모든 절점의 전압과 지로의 전류를 구하여라. 단, β는 100으로 가정한다.

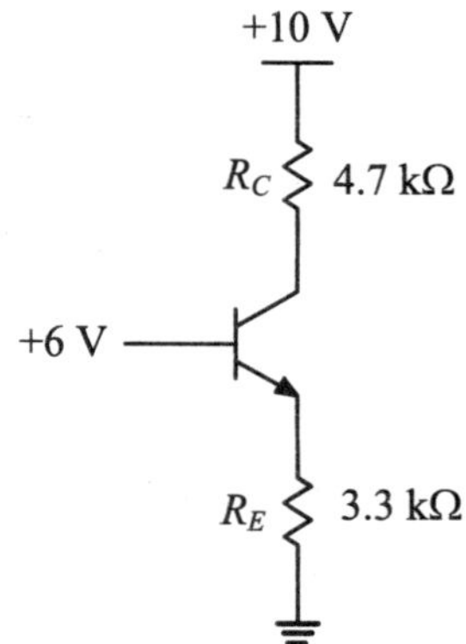

그림 E7.2. 예제 7.2의 회로

풀 이

그림 E7.2의 회로는 베이스 전압이 +6 V인 점만 제외하면 그림 E7.1의 회로와 동일하다. 예제 7.1에서와 같이 먼저 트랜지스터가 능동영역에서 동작한다고 가정한 후 결과를 검증한다.

(1) 능동영역 가정

그림 E7.2.1 (a)는 BJT를 능동영역의 DC 모델로 바꾸어 놓은 회로이다. 능동 모드 동작을 가정하면, 에미터 전압 V_E는

$$V_E = +6 - V_{BE(act)} = 6 - 0.7 = 5.3 \text{ V}$$

이고, 따라서 에미터 전류 I_E는

$$I_E = \frac{V_E}{R_E} = \frac{5.3}{3.3} = 1.6 \text{ mA}$$

이다. 따라서 컬렉터 전압 V_C는 다음과 같다.

$$V_C = 10 - R_C I_C = 10 - 4.7 \times 1.6 \approx +2.48 \text{ V}$$

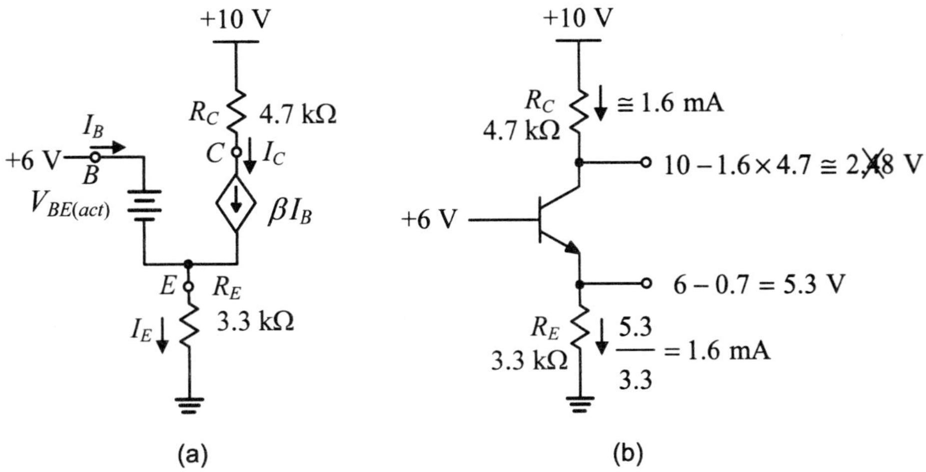

그림 E7.2.1. 능동영역에서 동작한다고 가정할 때

(2) 능동영역 가정의 검증

계산된 컬렉터 전압이 베이스 전압보다 3.52 V 낮다. 즉, 베이스-에미터 다이오드와 베이스-컬렉터 다이오드가 모두 순방향 바이어스 되어 있어서, 능동영역 동작이라는 처음의 가정이 잘못됐다. 그림 E7.2.1 (b)는 이러한 잘못된 가정에 근거한 해석의 결과를 나타낸다.

(3) 포화영역으로 재가정

다음으로, 트랜지스터가 포화영역에 있다고 가정한다. 그림 E7.2.2 (a)는 BJT를 포화영역의 DC 모델로 바꾸어 놓은 회로이다. 여기서 $V_{BE(sat)} = 0.8$ V, $V_{CE(sat)} = 0.2$ V이다. 그림 E7.2.2 (a)에서 트랜지스터 단자 전압은 다음과 같이 구해진다.

$$V_E = 6 - V_{BE(sat)} = 6 - 0.8 = 5.2 \text{ V}$$

$$V_C = V_E + V_{CE(sat)} = 5.2 + 0.2 = 5.4 \text{ V}$$

그러므로 트랜지스터 단자 전류는

$$I_E = \frac{V_E}{R_E} = \frac{5.2}{3.3} \cong 1.6 \text{ mA}$$

$$I_C = \frac{10 - V_C}{R_C} = \frac{10 - 5.4}{4.7} \cong 0.99 \text{ mA}$$

$$I_B = I_C - I_E = 1.6 - 0.99 = 0.61 \text{ mA}$$

여기서, 포화영역에서의 동작을 가정하였으므로 각 단자 전류를 구하는데 β의 값을 사용할 필요가 없었다.

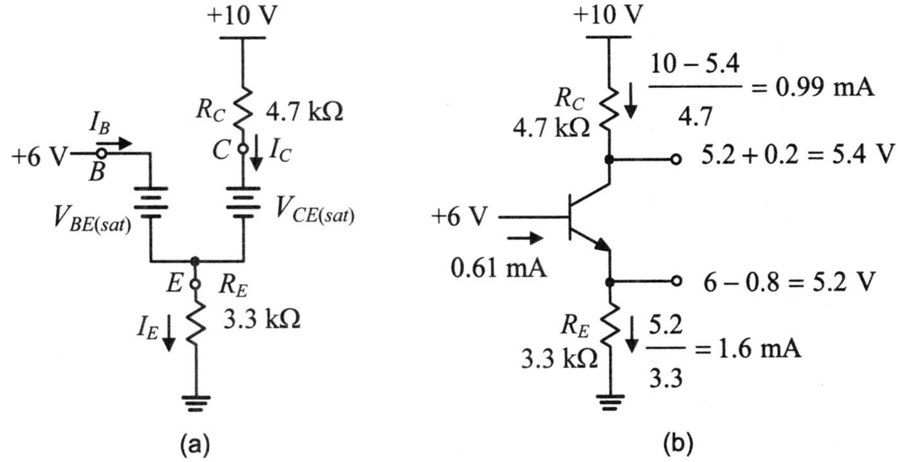

그림 E7.2.2. 포화영역에서 동작한다고 가정할 때

(4) 포화영역으로 재가정에 대한 검증

포화영역으로 가정된 회로에 대하여, 트랜지스터의 β_{forced}는 아래와 같이 구해진다.

$$\beta_{forced} = \frac{I_C}{I_B} = \frac{0.99}{0.61} \cong 1.6 \ < \beta(=100)$$

따라서, β_{forced}가 지정된 β의 값보다 작으므로 트랜지스터는 포화상태이며, 포화영역에서의 동작에 대한 재가정은 옳다. 한 가지 알아둘 것은 포화여부를 알려면 β의 최소값을 사용하여야 한다는 점이다. 마찬가지로, 트랜지스터를 포화모드로 사용하는 회로를 설계하려면 명세된 β의 최소값을 이용해야 한다. 트랜지스터가 β의 최소값에서 포화되면, 더 큰 β의 값에 대해서도 포화된다. 그림 E7.2.2 (b)는 해석의 결과를 나타낸다. 그림 E7.2.2 (b)는 제대로 된 가정에 근거한 해석의 결과이다. ▣

예제 7.3. 그림 E7.3 (a)의 회로에서 모든 절점의 전압과 지로의 전류를 구하라. 단, β는 100으로 가정한다.

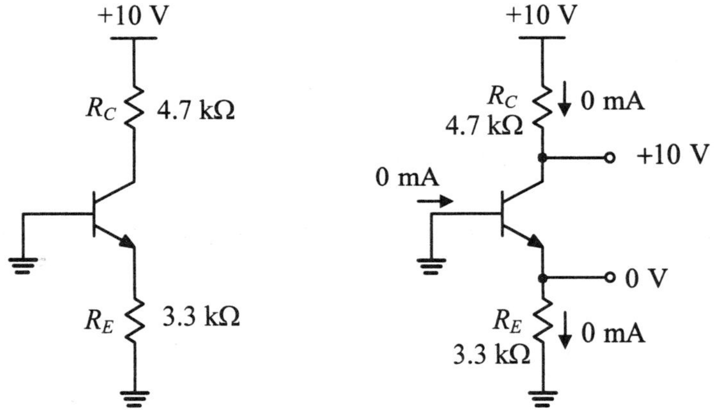

그림 E7.3. 예제 7.3의 회로

풀 이

그림 E7.3의 회로는 베이스 전압이 0 V인 점만 제외하면 그림 E7.1의 회로와 동일하다. 베이스 전압이 0 V 이므로, 베이스-에미터 접합은 도통할 수 없고 에미터 전류는 0이다. n형 컬렉터가 R_C를 통해 +10 V의 전원에 연결되어 있고 p형 베이스가 접지되어 있으므로, 베이스-컬렉터 다이오드도 도통되지 못한다. 따라서 컬렉터 전류도 0이다. 베이스 전류 또한 0이므로, 트랜지스터는 차단영역에서 동작한다.

에미터 전압은 0이고, 저항 R_C에서의 전압강하가 0이므로 컬렉터 전압은 10 V이다. 그림 E7.3 (b)에 해석 결과를 나타냈다. ▣

예제 7.4. 그림 E7.4의 회로에서 모든 절점의 전압과 지로의 전류를 구하여라. 단, β는 100으로 가정한다.

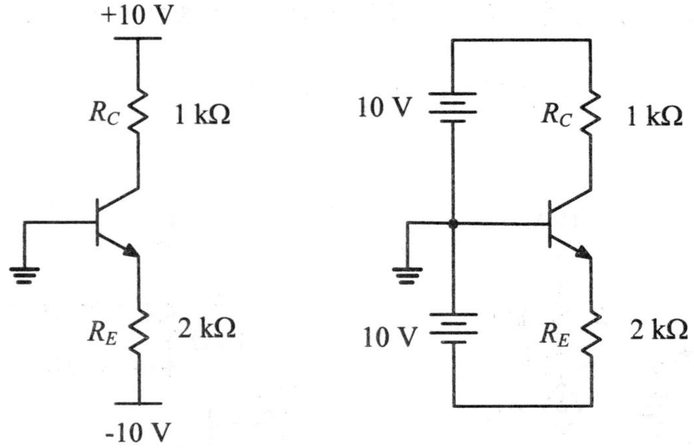

그림 E7.4. 예제 7.4의 회로

풀 이

(1) 능동영역 가정

그림 E7.4의 회로를 보면, 베이스가 접지에 연결되어 있고 에미터는 저항 R_E를 통해 -10 V되어 있다. 따라서 베이스-에미터 접합에 순바이어스가 걸리는 것을 알 수 있다. 그림 E7.4.1 (a)는 BJT를 능동영역의 DC 모델로 바꾸어 놓은 회로이다. 능동영역서 동작할 때 V_{BE}는 $V_{BE} = V_{BE(act)} = 0.7$ V이고, 에미터 전압은 다음과 같다.

$$V_E = 0 - V_{BE} = 0 - 0.7 = -0.7 \text{ V}$$

그러므로 R_E 저항에 흐르는 전류, 즉 I_E를 구할 수 있다. 즉,

$$I_E = \frac{V_E - (-10)}{R_E} = \frac{(-0.7) - (-10)}{2} = 4.65 \text{ mA}$$

능동영역의 동작을 가정하였고, 트랜지스터의 3단자 전류 중 어느 하나(여기서는 에미

터 전류 I_E)를 알았다면, 능동영역의 성질에 의하여 다른 나머지 두 단자의 전류를 구할 수 있다. 즉,

$$I_C = \frac{\beta}{1+\beta} I_E = \frac{100}{1+100} \times 1 = 0.99 \times 4.65 = 4.6 \text{ mA}$$

$$I_B = I_C - I_E = 4.65 - 4.6 = 0.05 \text{ mA}$$

컬렉터 전압 V_C를 구하기 위하여 오옴의 법칙을 사용한다. 즉,

$$V_C = 10 - R_C I_C = 10 - 1 \times 4.6 \approx +5.4 \text{ V}$$

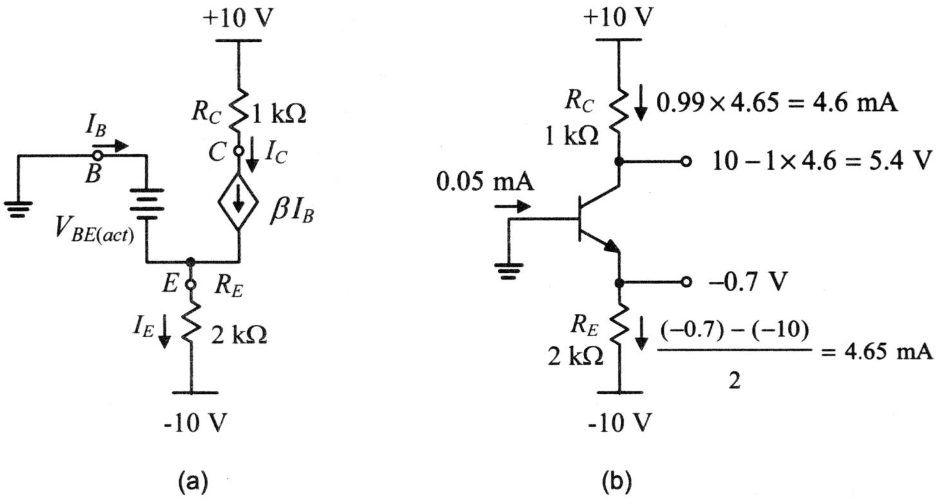

그림 E7.4.1. 능동영역에서 동작한다고 가정할 때

(2) 능동영역 가정의 검증

베이스 전압 V_B가 0 V이므로 컬렉터-베이스 접합은 5.4 V만큼 역바이어스가 걸려 있다. 즉, V_E= -0.7 V, V_B=0 V, V_C=5.4 V되어

$$V_E < V_B < V_C$$

이므로, 베이스-에미터 다이오드는 순방향, 베이스-컬렉터 다이오드는 역방향 바이어스되어 능동영역에서 동작함을 확인할 수 있다. 그러므로 처음의 가정이 옳았고 해석의 결과는 모두 수용가능하다. 그림 E7.4.1 (b)에 해석의 결과가 도시되어 있다. ▣

예제 7.5. 그림 E7.5의 회로에서 모든 절점의 전압과 지로의 전류를 구하여라. 단, β는 100으로 가정한다.

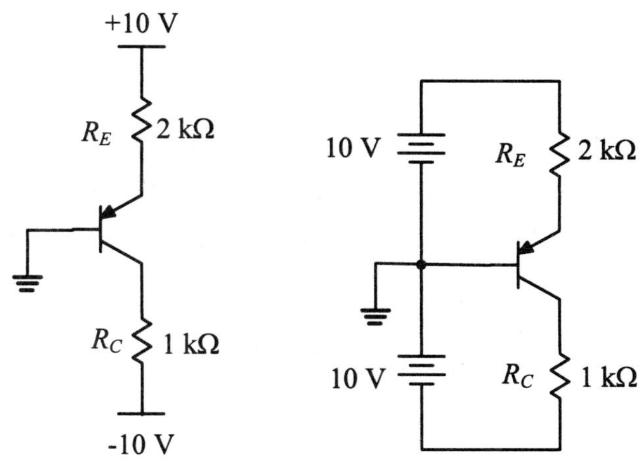

그림 E7.5. 예제 7.5의 회로

풀 이

그림 E7.5의 회로는 그림 E7.4의 회로에서 *npn* BJT 대신 *pnp* BJT를 사용하여 구성한 회로이다. 이 예제에서는 *npn* BJT와 *pnp* BJT의 사용상의 차이점에 유의하도록 한다. 즉, *pnp* BJT를 사용한 회로는 부품의 구성과 배치, 전원의 연결, 전압이나 전류의 방향이 *npn* BJT를 사용한 회로와 대응되면서 반대이다. 따라서 임의의 *npn* BJT 회로에 대하여 이에 대응하는 *pnp* BJT 회로를 구성할 수 있다.

(1) 능동영역 가정

먼저 능동영역에서 BJT가 동작한다고 가정한다. 그림 E7.5.1 (a)는 BJT를 능동영역의 DC 모델로 바꾸어 놓은 회로이다. 그림 E7.5.1 (a)에서 $V_{EB}=V_{EB(act)}=0.7$ V이고 에미터 전압은 다음과 같다.

$$V_E=0+V_{EB}=0+V_{EB(act)}=0+0.7=0.7 \text{ V}$$

그러므로 R_E 저항에 흐르는 전류, 즉 I_E는

$$I_E=\frac{10-V_E}{R_E}=\frac{10-0.7}{2}=4.65 \text{ mA}$$

I_E를 알고, BJT가 능동영역에 있다고 가정하였으므로,

$$I_C = \frac{\beta}{1+\beta} I_E = \frac{100}{1+100} \times 1 = 0.99 \times 4.65 = 4.6 \ \ \text{mA}$$

$$I_B = I_C - I_E = 4.65 - 4.6 = 0.05 \ \ \text{mA}$$

베이스 전류는 에미터 전류나 컬렉터 전류에 비하여 매우 작은 값이다. 이 말은 컬렉터 전류와 에미터 전류가 거의 같은 값을 갖는다는 것을 의미한다. 특히 β의 값이 매우 클(100 이상) 때는 능동영역에서 $I_C \cong I_E$로 두고 회로를 해석하여도 대부분 무방하다. 컬렉터 전압 V_C는 다음과 같다.

$$V_C = -10 + R_C I_C = 10 + 1 \times 4.6 = -5.4 \ \ \text{V}$$

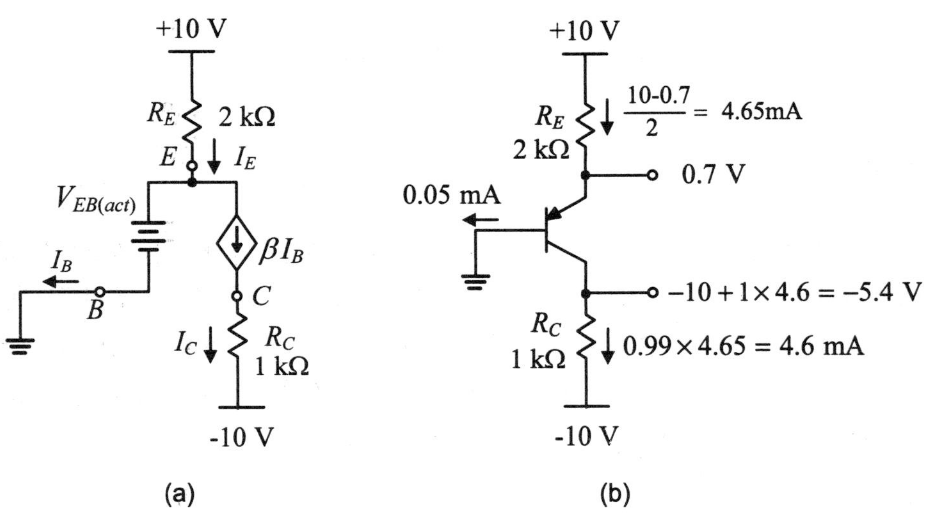

그림 E7.5.1. 능동영역에서 동작한다고 가정할 때

(2) 능동영역 가정의 검증

베이스 전압 V_B가 0 V이므로 컬렉터-베이스 접합은 5.4 V만큼 역바이어스가 걸려 있다. 즉, V_E= 0.7 V, V_B=0 V, V_C=-5.4 V되어

$$V_E > V_B > V_C$$

이므로, 베이스-에미터 다이오드는 순방향, 베이스-컬렉터 다이오드는 역방향 바이어스되어 능동영역에 존재함을 확인할 수 있다. 그러므로 처음의 가정이 옳았고 해석의 결과는 모두 수용가능하다. 그림 E7.5.1 (b)에 해석의 과정과 결과가 도시되어 있다. ▣

예제 7.6. 그림 E7.6의 회로에서 모든 절점의 전압과 지로의 전류를 구하여라. 단, β는 100으로 가정한다.

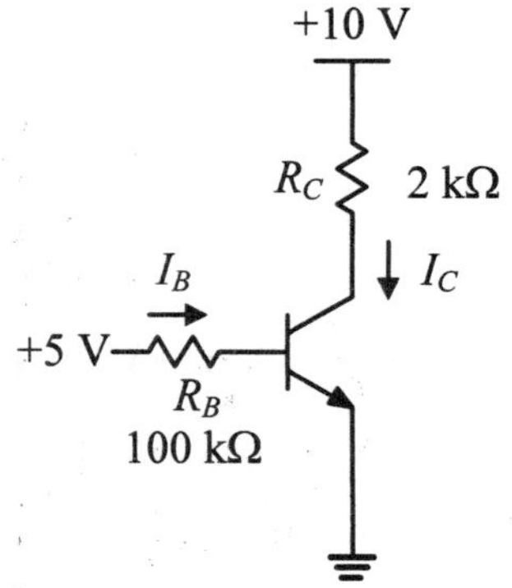

그림 E7.6. 예제 7.6의 회로

풀 이

(1) 능동영역 가정

회로가 능동영역에서 동작한다고 가정하면 그림 E7.6.1 (a)와 같이 DC 회로를 도시할 수 있다. 여기서 $V_{BE} = V_{BE(act)} = 0.7\ \text{V}$이고 베이스 전압 V_B는 다음과 같다.

$$V_B = 0 + V_{BE} = 0 + 0.7 = 0.7\ \text{V}$$

그러므로, R_B 저항에 흐르는 전류, 즉 I_B를 구할 수 있다. 즉,

$$I_B = \frac{5 - V_B}{R_B} = \frac{5 - 0.7}{100} = 0.043\ \text{mA}$$

여기서, 직접 I_B를 구할 때는 소수 2째자리까지 구하면 지나친 근사(approximation)가 되어 I_E나 I_C 전류를 구할 때 에러가 커지게 되므로, 소수 3째자리까지 구하도록 한다.

능동영역의 동작을 가정하였고, 트랜지스터의 3단자 전류 중 어느 하나를 알았다면, 능동영역의 성질에 의하여 다른 나머지 두 단자의 전류를 구할 수 있다. 즉,

$$I_C = \beta I_B = 100 \times 0.043 = 4.3\ \text{mA}$$

$$I_E = I_C + I_B = 4.3 + 0.043 = 4.343\ \text{mA}$$

컬렉터 전압 V_C는 다음과 같다.

$$V_C = 10 - R_C I_C = 10 - 2 \times 4.3 \approx +1.4 \text{ V}$$

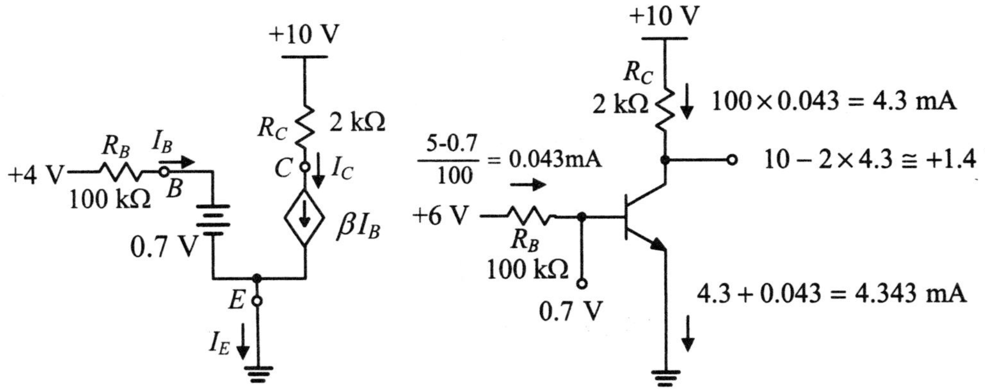

그림 E7.6.1. 능동영역에서 동작한다고 가정할 때

(2) 능동영역 가정의 검증

베이스 전압 V_B가 0.7 V이므로 컬렉터-베이스 접합은 0.7 V만큼 역바이어스가 걸려 있다. 즉, V_E= 0 V, V_B=0.7 V, V_C=1.4 V되어

$$V_E < V_B < V_C$$

이므로, 베이스-에미터 다이오드는 순방향, 베이스-컬렉터 다이오드는 역방향 바이어스 되어 능동영역에 존재함을 확인할 수 있다. 그러므로 처음의 가정이 옳았고 해석의 결과는 모두 수용가능하다. 그림 E7.6.1 (b)에 해석의 결과가 도시되어 있다.

이 예제로부터, 컬렉터와 에미터의 전류가 β의 값에 심하게 의존함을 알 수 있다. 만약 β의 값이 10%만 크면, 이 BJT는 능동모드를 떠나 포화모드로 들어간다. 따라서, 이 회로의 설계는 나쁜 편이다. ▣

예제 7.7. 그림 E7.7의 회로에서 모든 절점의 전압과 지로의 전류를 구하여라. 단, β는 100으로 가정한다.

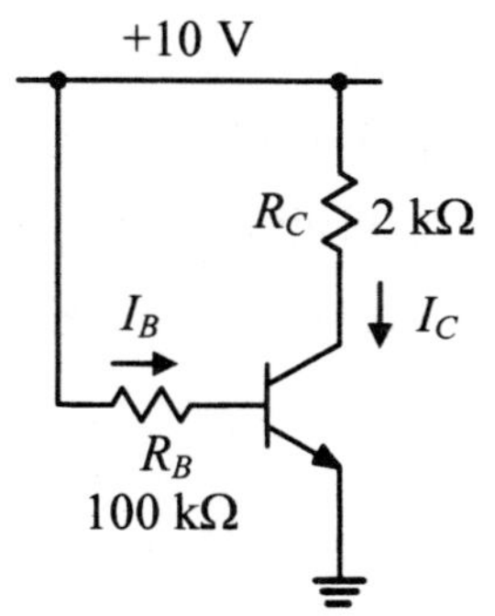

그림 E7.7. 예제 7.7의 회로

풀 이

(1) 능동영역 가정

회로가 능동영역에서 동작한다고 가정하면 그림 E7.7.1 (a)와 같이 DC 회로를 도시할 수 있다. $V_{BE}=V_{BE(act)}=0.7$ V이고 베이스 전압 V_B는 $V_B=0+V_{BE}=0+0.7=0.7$ V이다. 그러므로 R_B 저항에 흐르는 전류, 즉 I_B를 구할 수 있다. 즉,

$$I_B=\frac{10-V_B}{R_B}=\frac{10-0.7}{100}=0.093\ \text{mA}$$

I_B를 알고, 트랜지스터가 능동영역에 있다고 가정하였으므로,

$$I_C=\beta I_B=100\times 0.093=9.3\ \text{mA}$$

$$I_E=I_C+I_B=9.3+0.093=9.393\ \text{mA}$$

컬렉터 전압 V_C는 $V_C=10-R_C I_C=10-2\times 9.3\approx -8.6$ V이다.

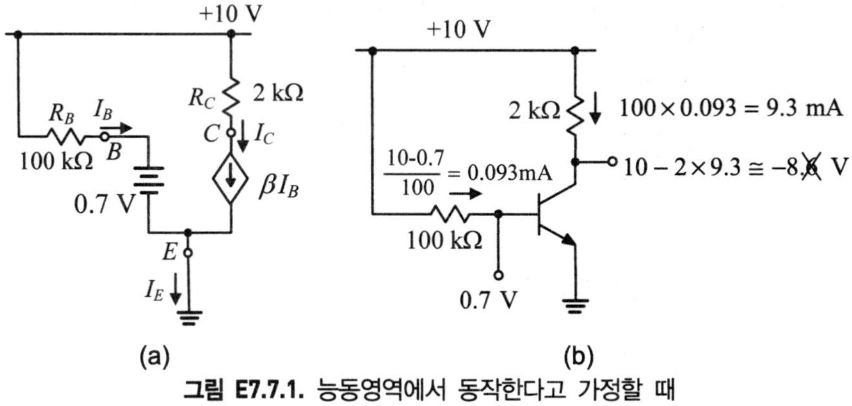

(a) (b)

그림 E7.7.1. 능동영역에서 동작한다고 가정할 때

(2) 능동영역 가정의 검증

계산된 컬렉터 전압이 베이스 전압보다 9.3 V 낮다. 즉, 베이스-에미터 다이오드와 베이스-컬렉터 다이오드가 모두 순방향 바이어스 되어 있어서, 능동영역 동작이라는 처음의 가정이 잘못됐다. 그림 E7.7.1 (b)는 이러한 잘못된 가정에 근거한 해석의 결과를 나타낸다.

(3) 포화영역으로 재가정

다음으로, BJT가 포화영역에 있다고 가정한다. 그림 E7.7.2 (a)는 BJT를 포화영역의 DC 모델로 바꾸어 놓은 회로이다. 그림 E7.7.2 (a)에서

$$V_B = 0 + V_{BE(sat)} = 0 + 0.8 = 0.8 \text{ V}$$

$$V_C = 0 + V_{CE(sat)} = 0 + 0.2 = 0.2 \text{ V}$$

그러므로, BJT 전류는 다음과 같다.

$$I_B = \frac{10 - V_B}{R_B} = \frac{10 - 0.8}{100} \cong 0.092 \text{ mA}$$

$$I_C = \frac{10 - V_C}{R_C} = \frac{10 - 0.2}{2} \cong 4.9 \text{ mA}$$

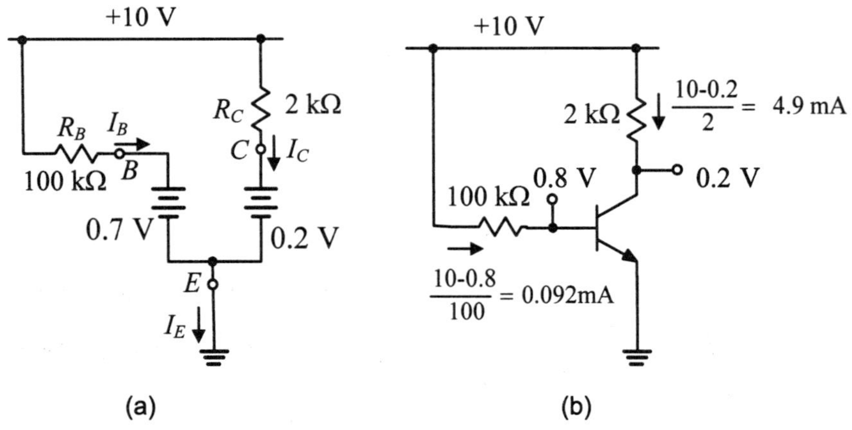

그림 E7.7.2. 포화영역에서 동작한다고 가정할 때

(4) 포화영역으로 재가정에 대한 검증

포화영역으로 가정된 회로에 대하여, BJT의 β_{forced}는 아래와 같이 구해진다.

$$\beta_{forced} = \frac{I_C}{I_B} = \frac{4.9}{0.092} \cong 53.3 \ < \beta(=100)$$

따라서, β_{forced}가 지정된 β의 값보다 작으므로 BJT는 포화상태이며, 포화영역에서의 동작에 대한 재가정은 옳았다. 그림 E7.7.2 (b)는 제대로 된 가정에 근거한 해석의 결과를 나타낸다. ▣

예제 7.8. 그림 E7.8의 회로에서 모든 절점의 전압(V_B, V_C, V_E)과 지로의 전류(I_{B1}, I_{B2}, I_B, I_C, I_E)를 구하여라. 단, β는 100으로 가정한다.

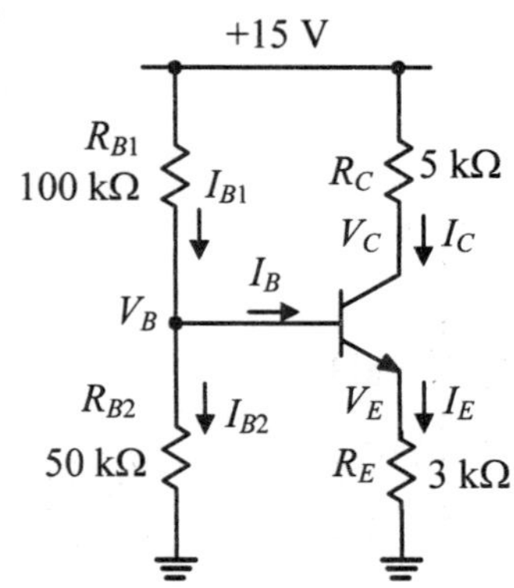

그림 E7.8. 예제 7.8의 회로

풀 이

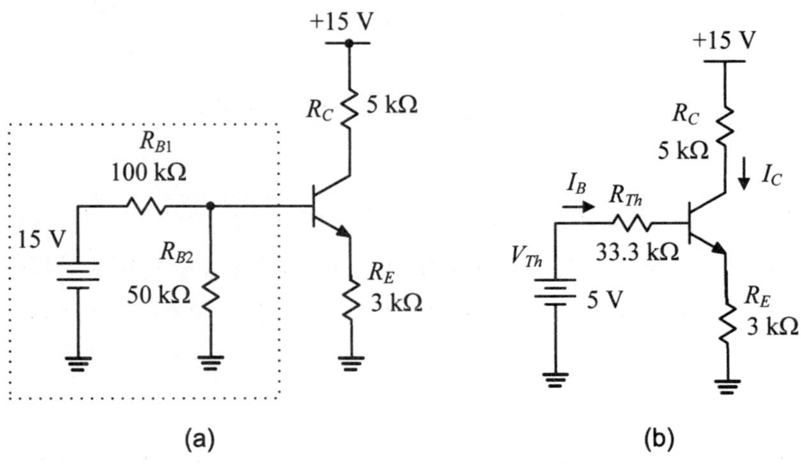

그림 E7.8.1. 테브난 등가회로를 이용한 회로의 변형

그림 E7.8의 회로는 그림 E7.8.1 (a)와 같다. 주어진 회로를 해석하기 전에 그림 E7.8.1 (a)에서 BJT의 베이스 단자의 왼쪽(점선으로 둘러싼 네모박스 부분)을 테브난 등가회로를 이용하여 바꾸면 그림 E7.8.1 (b)와 같이 된다. 여기서

$$V_{Th} = 15 \times \frac{R_{B2}}{R_{B1}+R_{B2}} = 15 \times \frac{50}{100+50} = 5 \ \text{V}$$

$$R_{Th} = (R_{B1} \parallel R_{B2}) = (100 \parallel 50) = \frac{100 \times 50}{100+50} = 33.3 \ \text{k}\Omega$$

(1) 능동영역 가정

먼저 BJT 동작을 능동영역으로 가정하여 그림 7.8.2 (a)와 같은 DC 회로를 그린다. BJT가 능동영역일 때 $V_{BE} = V_{BE(act)} = 0.7$ V이고 단자 전류는 서로 상호 관련성을 갖는다는 점을 잊지 않도록 한다.

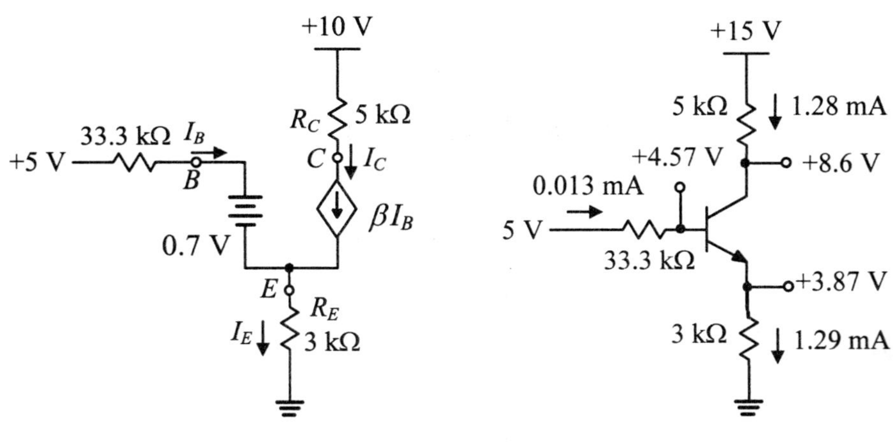

그림 E7.8.2. 능동영역에서 동작한다고 가정할 때

베이스와 에미터의 전류를 구하기 위하여 그림 E7.8.2 (a)에서 V_{Th}-R_{Th}-V_{BE}-R_E로 이루어진 루프(loop)의 폐로 방정식을 세워야 한다. 이 경우 R_{Th}에 흐르는 전류와 R_E에 흐르는 전류가 다르다는 점에 유의하도록 한다. 루프 내 회로방정식은 다음과 같다.

$$V_{Th} = R_{Th} I_B + V_{BE(act)} + R_E I_E$$

능동영역에서, $I_B = I_E/(1+\beta)$이므로 위의 식에 I_B대신 대입, 정리하면 다음과 같다.

$$I_E = \frac{V_{Th} - V_{BE(act)}}{R_E + \dfrac{R_{Th}}{1+\beta}} = \frac{5-0.7}{3+\dfrac{33.3}{1+100}} = 1.29 \ \ \text{mA}$$

그러므로 베이스 전류와 컬렉터 전류는 다음과 같다.

$$I_B = \frac{I_E}{1+\beta} = \frac{1.29}{101} = 0.0128 \ \ \text{mA}$$

$$I_C = \frac{\beta}{1+\beta} I_E = \frac{100}{1+100} \times 1.29 = 1.28 \ \ \text{mA}$$

BJT의 단자 전압은 다음과 같다.

$$V_E = R_E I_E = 3 \times 1.29 = 3.87 \ \ \text{V}$$

$$V_B = V_E + V_{BE(act)} = 3.87 + 0.7 = 4.57 \ \ \text{V}$$

$$V_C = 15 - R_C I_C = 10 - 5 \times 1.28 = 8.6 \ \ \text{V}$$

(2) 능동영역 가정의 검증

V_E= 3.87 V, V_B=4.57 V, V_C=8.6 V되어

$$V_E < V_B < V_C$$

이므로, 베이스-에미터 다이오드는 순방향, 베이스-컬렉터 다이오드는 역방향 바이어스 되어 능동영역에 존재함을 확인할 수 있다. 그러므로 처음의 가정이 옳았고 해석의 결과는 모두 수용가능하다. 그림 E7.8.2에 해석 결과가 도시되어 있다.

바이어스 회로를 구성하는 저항 R_{B1}과 R_{B2}에 흐르는 전류는 다음과 같이 구한다. 즉, BJT의 베이스 전압(V_B)이 4.57 V이므로 오옴의 법칙에 의하여 R_{B1}과 R_{B2}에 흐르는 전류를 계산하는 것이 가능하다. 즉, $I_{B1} = (15-4.57)/100 = 0.013$ mA이고 $I_{B2} = 4.47/50 = 0.09$ mA이다. ▣

예제 7.9. 그림 E7.9의 회로에서 모든 절점의 전압과 지로의 전류를 구하여라. 단, β는 100으로 가정한다.

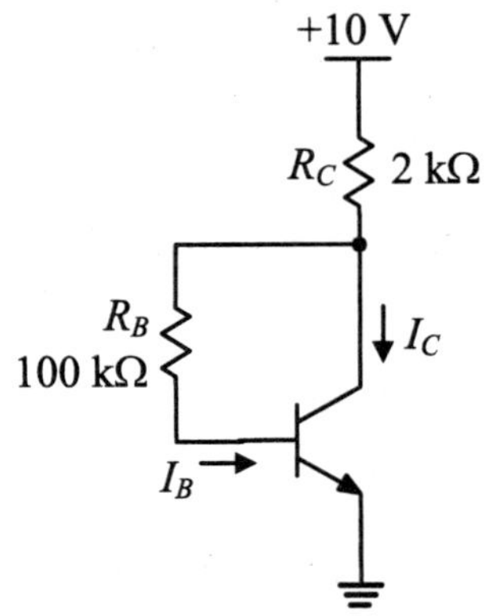

그림 E7.9. 예제 7.9의 회로

풀 이

(1) 능동영역 가정

먼저 BJT의 동작 영역을 활성모드로 가정한다. 그림 E7.9.1 (a)는 BJT를 능동영역의 DC 모델로 바꾸어 놓은 회로이다. 이 경우 $V_{BE} = V_{BE(act)} = 0.7$ V이고, 베이스와 컬렉터의 전류를 구하기 위하여 그림 E7.9.1 (a)에서 (10 V)-R_C-R_B-V_{BE}로 이루어진 루프의 폐로 방정식을 세워야 한다. 이 경우 R_B에 흐르는 전류와 R_C에 흐르는 전류가 다르다는 점에 유의하도록 한다. 루프 내 회로방정식은 다음과 같다.

$$10 = R_C(I_B + I_C) + R_B I_B + V_{BE(act)}$$

능동영역에서 $I_B = I_C/\beta$ 이므로 I_B대신 위의 식에 대입하여 정리하면 다음과 같다.

$$I_C = \frac{10 - V_{BE(act)}}{R_C + \dfrac{R_C + R_B}{\beta}} = \frac{10 - 0.7}{2 + \dfrac{2 + 100}{100}} = 3.08 \text{ mA}$$

따라서 베이스 전류와 컬렉터 전류는 다음과 같다.

$$I_B = \frac{I_C}{\beta} = \frac{3.08}{100} = 0.031 \text{ mA}$$

$$I_E = I_C + I_B = 3.111 \text{ mA}$$

컬렉터 전압은 $V_C = 10 - R_C(I_C + I_B) = 10 - 2 \times 3.111 = 3.778$ V 가 된다.

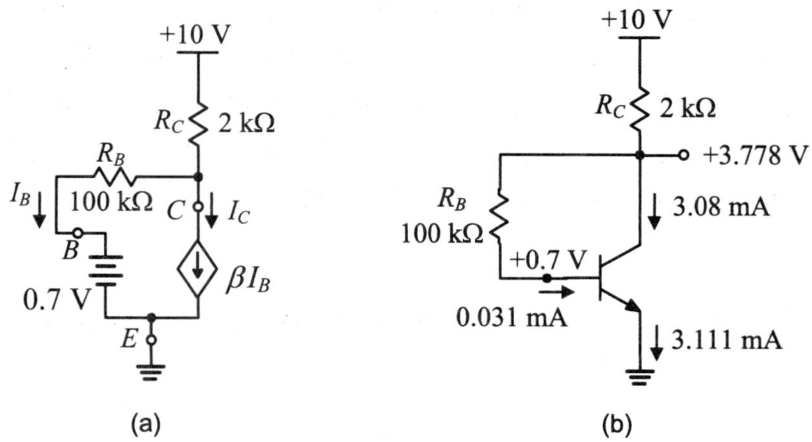

그림 E7.9.1. 능동영역에서 동작한다고 가정할 때

(2) 능동영역 가정의 검증

V_E= 0 V, V_B=0.7 V, V_C=3.778 V되어

$$V_E < V_B < V_C$$

이므로, 베이스-에미터 다이오드는 순방향, 베이스-컬렉터 다이오드는 역방향 바이어스 되어 능동영역에 존재함을 확인할 수 있다. 그러므로 처음의 가정이 옳았고 해석의 결과는 모두 수용가능하다. 그림 E7.9.1 (b)에 해석 결과가 도시되어 있다.

그림 E7.9의 회로는 R_B 저항의 전압강하에 의하여 베이스-컬렉터 다이오드에는 항상 역방향 바이어스가 인가되므로 항상 능동영역에서 동작하는 특징을 갖는다. ▣

7.3. JFET 증폭기의 DC 해석

BJT 증폭기 회로의 DC 해석을 할 때 BJT는 능동영역에서 I_B와 I_C의 선형적인 관계를 갖고 포화영역에서는 일정한 크기의 전압원으로 모델링된다. 반면에 JFET나 MOSFET의 입력과 출력은 제곱의 항 때문에 비선형적인 관계를 갖는다. 즉, V_{GS}와 I_D의 비선형적인 관계 때문에 FET의 DC 해석을 수식으로 하는 것은 BJT처럼 간단하지가 않다.

이 절에서는 JFET의 동작점을 정하는 과정을 예제를 중심으로 설명한다. 여기서 JFET의 동작점이란 드레인 전류 I_D와 드레인-소스 간 전압 V_{GS}이다. JFET 회로의 DC

해석을 할 때, BJT의 경우와 마찬가지로 처음에는 동작영역을 모르기 때문에 임의의 동작영역을 가정하고 그 가정에 적합한 DC 등가모델로 JFET를 대치한 다음 DC 회로를 해석한다. 그리고 그 결과 얻어진 각부의 전압 전류를 살펴서 가정과 부합되는지 검증한 후, 검증결과 가정이 옳았으면 종료하고 가정이 틀렸으면 다시 다른 동작영역을 가정한 후 다시 앞서와 동일한 절차를 밟아서 해석해 나간다.

예제 7.10. 그림 E7.10의 회로에서 각부의 전압과 전류를 구하라. 단, JFET의 $I_{DSS}=10$ mA, $V_P=-8$ V이다.

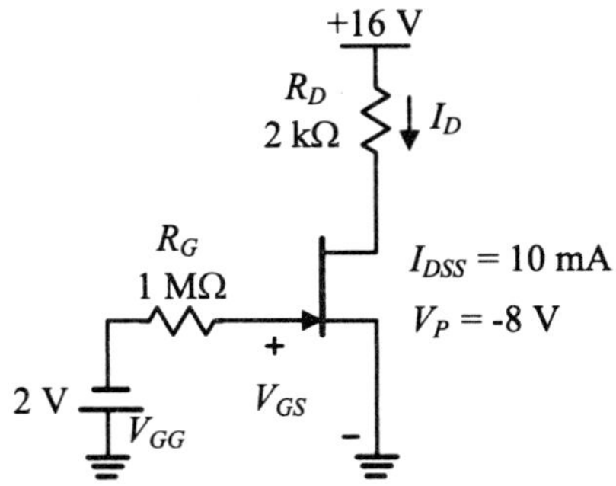

그림 E7.10. 예제 7.10의 회로

풀 이

이 회로는 JFET의 바이어스 방법 가운데 가장 간단한 **고정 바이어스 회로**를 나타낸다. 이 구성은 2개의 전원을 필요로 하고 동작점이 JFET의 특성에 따라 크게 변하므로 사용에 제한이 있다.

회로에서 V_{GG}가 V_{GS}에 역방향으로 직접 연결되어 있으므로 게이트 전류는 0이다. 따라서 R_G에서의 전압강하는 0 V이며 V_{GS}는 다음과 같다.

$$V_{GS}=-V_{GG}=-2\ \text{V}$$

DC 해석의 첫 단계로 먼저 JFET가 핀치오프 영역에서 동작한다고 가정한다.

(1) 핀치오프 영역 가정

그림 E7.10.1 (a)는 JFET를 핀치오프 영역에서의 DC 모델로 바꾼 회로이다.

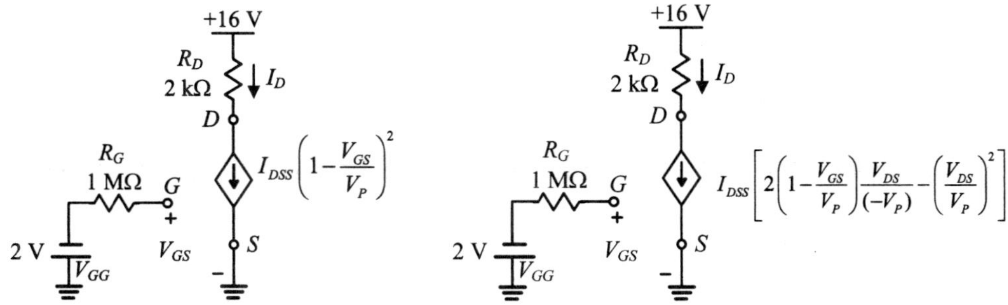

(a) 핀치오프 영역 가정 (b) 트라이오드 영역 가정

그림 E7.10.1. JFET 회로의 DC 모델

드레인 전류 I_D는 다음과 같다.

$$I_D = I_{DSS}\left(1-\frac{V_{GS}}{V_P}\right)^2 = 10\left(1-\frac{-2}{-8}\right)^2 = 5.625 \text{ mA}$$

따라서 $V_{DS} = V_{DD} - R_D I_D = 16 - 5.625 \times 2 = 4.75$ V이다. JFET의 각 단자의 전압을 구하면 $V_D = V_{DS} = 4.75$ V, $V_S = 0$, $V_G = -2$ V이다.

(2) 핀치오프 영역 가정의 검증

n-채널 JFET의 핀치오프 영역에서의 동작은 $V_{DG} > -V_P$ [식 (7.9) 참조]를 만족할 때 얻어진다. 이 식은 핀치오프 영역에서 동작하기 위해서는 V_{DS} 전압이 V_{GS} 전압보다 최소한 $|V_P|$ 만큼 커야 한다는 것을 의미한다.

$V_{DG} = V_D - V_G = 4.75 - (-2) = 6.75$ V이고 $-V_P = 8$ V이므로 JFET는 핀치오프 영역에서 동작하지 않는다. 즉, 처음의 가정이 틀렸다.

(3) 트라이오드 영역에서의 동작

그림 E7.10.1 (b)는 JFET를 트라이오드 영역에서의 DC 모델로 바꾼 회로이다. 그림 E7.10.1 (b)에서 드레인 전류 I_D는 다음과 같다.

$$I_D = I_{DSS}\left[2\left(1-\frac{V_{GS}}{V_P}\right)\left(\frac{V_{DS}}{-V_P}\right)-\left(\frac{V_{DS}}{V_P}\right)^2\right] = 10\left[2\left(1-\frac{-2}{-8}\right)\left(\frac{V_{DS}}{8}\right)-\left(\frac{V_{DS}}{-8}\right)^2\right] = \frac{15}{8}V_{DS} - \frac{5}{32}V_{DS}^2$$

또, 16 V 전원으로부터 R_D와 JFET를 통해 접지로 연결되는 경로에 대하여 다음 식

이 성립한다. 즉,

$$16 = 2I_D + V_{DS}$$

이 식을 드레인 전류 I_D의 식에 대입하여 정리하면 다음의 2차방정식을 얻는다.

$$\frac{5}{32}V_{DS}^2 - \frac{19}{8}V_{DS} + 8 = 0$$

이 2차방정식을 풀면 $V_{DS} = 10.161$ V, $V_{DS} = 5.039$ V의 해를 얻는다. JFET가 트라이오드 영역에서 동작할 조건은 $V_{DG} < V_P$, 즉 $V_{DS} < V_{GS} - V_P$이어야 한다. 문제에서 주어진 값을 대입하면 $V_{DS} < 6$이어야 트라이오드 영역에서 동작한다. 따라서 두 개의 2차방정식의 해 가운데 $V_{DS} = 10.161$ V는 트라이오드영역에서 동작한다는 가정에 위배되므로 버린다.

드레인-소스 간 전압 $V_{DS} = 5.039$ V이므로 회로방정식 $16 = 2I_D + V_{DS}$에 대입하여 드레인 전류를 구할 수 있다. 즉 $I_D = 5.481$ mA가 된다. ▣

예제 7.11. 그림 E7.11의 회로에서 각부의 전압과 전류를 구하라. 단, JFET의 $I_{DSS} = 8$ mA, $V_P = -6$ V이다.

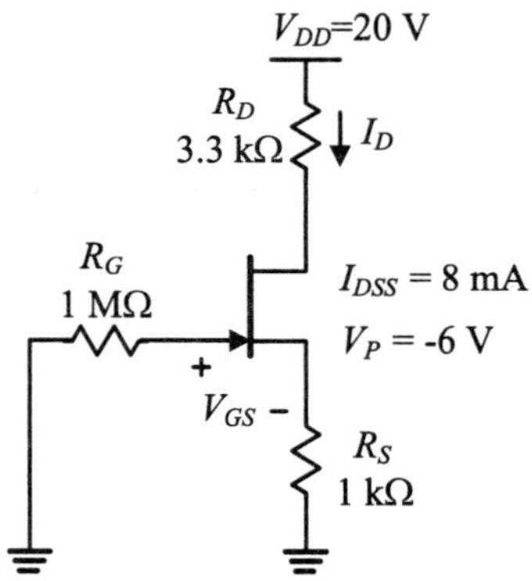

그림 E7.11. 예제 7.11의 회로

풀 이

이 회로는 JFET의 **자기 바이어스 회로**를 나타낸다. 이 구성은 2개의 직류 전원을 필요로 하지 않고 고정 바이어스 회로보다 JFET의 특성에 따른 I_D 전류의 변화폭이 크지 않다는 장점이 있다. 이 경우 V_{GS} 전압은 소스단에 연결되어 있는 저항 R_S 양단의 전압

에 의해 조절된다. 즉,

$$V_{GS} = -R_S I_D$$

DC 해석의 첫 단계로 먼저 JFET가 핀치오프 영역에서 동작한다고 가정한다.

(1) 핀치오프 영역 가정

그림 E7.11.1 (a)는 JFET를 핀치오프 영역에서의 DC 모델로 바꾼 회로이다.

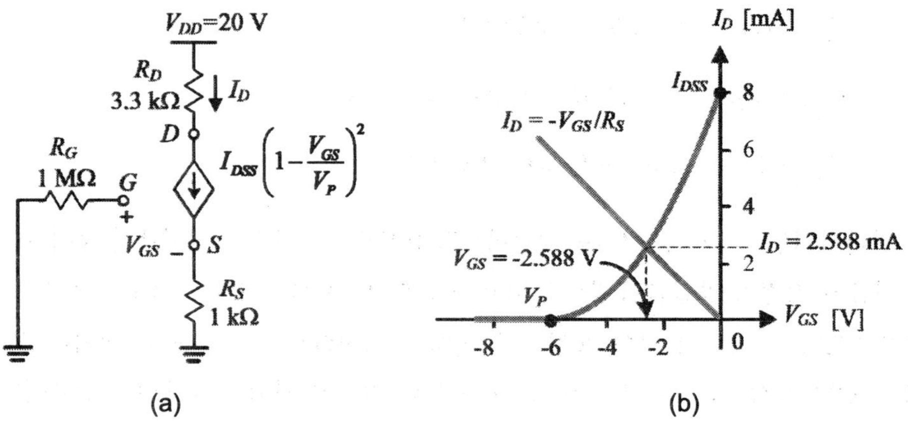

그림 E7.11.1. 핀치오프 영역에서 동작한다고 가정할 때

드레인 전류 I_D와 V_{GS} 전압은 다음과 같다.

$$I_D = I_{DSS}\left(1 - \frac{V_{GS}}{V_P}\right)^2 = 8\left(1 - \frac{V_{GS}}{-6}\right)^2$$

$$V_{GS} = -R_S I_D = -I_D$$

위의 두 식으로부터 다음과 같은 V_{GS}에 대한 2차방정식을 세울 수 있다.

$$8\left(1 + \frac{V_{GS}}{6}\right)^2 + V_{GS} = 0 \Rightarrow V_{GS}^2 + \frac{33}{2}V_{GS} + 36 = 0$$

따라서 $V_{GS} = -2.588$ V, $V_{GS} = -13.912$ V이다.

위의 V_{GS}에 대한 두 개의 해 가운데 $V_{GS} = -13.912$ V는 V_P 전압보다 작아서 JFET가 차단영역에서 동작하는 것을 의미한다. 따라서 앞서 핀치오프 영역에서 동작한다는 가정과 위배되므로 버린다. 그렇다면 남은 다른 하나의 해는 취하여도 되는 것일까? 그렇지 않다. 남은 해에 대하여도 검증을 하여야 한다.

(2) 핀치오프 영역 가정의 검증

n-채널 JFET의 핀치오프 영역에서의 동작은 $V_{DG} > -V_P$, 즉 $V_{DS} > V_{GS} - V_P$를 만족할 때 얻어진다. $V_{GS} = -2.588$ V일 때 $I_D = -V_{GS}/R_S = 2.588$ mA이고

$$V_D = V_{DD} - R_D I_D = 20 - 3.3 \times 2.588 = 11.46 \text{ V}$$

$$V_S = R_S I_D = 1 \times 2.588 = 2.588 \text{ V}$$

$$V_{DS} = V_D - V_S = 11.46 - 2.588 = 8.872 \text{ V}$$

$$V_{GS} - V_P = -2.588 - (-6) = 3.412 \text{ V}$$

이다. 따라서 $V_{DS} > V_{GS} - V_P$를 만족하므로 JFET는 핀치오프 영역에서 동작한다. 따라서 처음의 가정이 옳았음이 확인되었고 지금까지 수행한 해석은 모두 수용가능하다.

그림 E7.11.1 (b)는 회로의 동작점이 어떻게 결정되는지 나타낸다. 여기서 곡선은 JFET의 전달 특성곡선이고 직선은 JFET 외부의 회로에 의해서 정해지는 선분이다. 그림에서 보듯이 두 선분의 교점이 동작점을 결정하는데 R_S의 저항 값을 변화시키면 직선의 기울기가 변하여 동작점의 위치가 달라짐을 알 수 있다. 여기서 또 하나 유의할 점은 동작점을 정하는데 전원전압 V_{DD}의 크기에 관계가 없다는 점이다. ▣

예제 7.12. 그림 E7.12의 회로에서 각부의 전압과 전류를 구하라. 단, JFET의 $I_{DSS} = 8$ mA, $V_P = -4$ V이다.

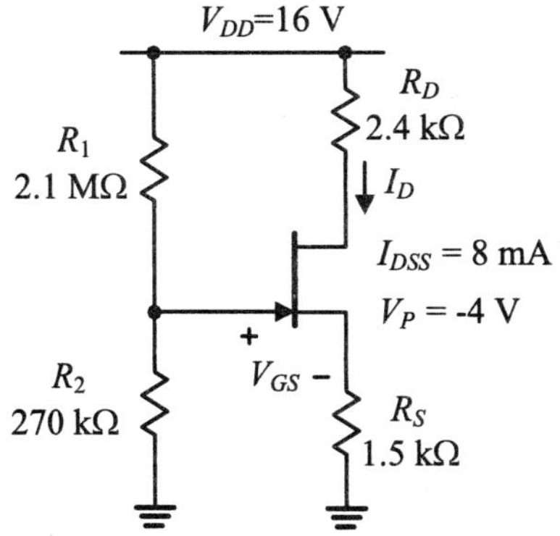

그림 E7.12. 예제 7.12의 회로

풀 이

그림 E7.12의 회로는 **전압 분배기 바이어스 회로**라고 한다. 주어진 회로를 해석하기 전에 그림 E7.12의 회로를 그림 E7.12.1 (a)와 같이 그린 후 점선으로 둘러싼 네모박스 부분을 테브난 등가회로를 이용하여 바꾸면 그림 E7.12.1 (b)와 같이 된다. 여기서

$$V_{GG} = V_{DD} \times \frac{R_2}{R_1 + R_2} = 16 \times \frac{270}{2100 + 270} = 1.823 \text{ V}$$

$$R_G = (R_1 \parallel R_2) = \frac{2100 \times 270}{2100 + 270} = 239.2 \text{ k}\Omega$$

먼저 JFET가 핀치오프 영역에서 동작한다고 가정한다.

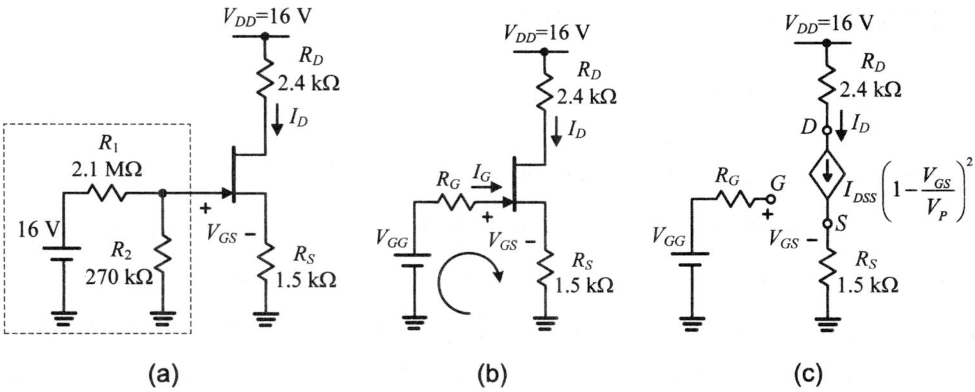

그림 E7.12.1. 회로의 변환

(1) 핀치오프 영역 가정

그림 E7.12.1 (b)의 회로에서 키르히포흐의 전압법칙을 표시된 루프에 대해 적용하면 게이트-소스 간 전압 V_{GS}는 다음과 같다.

$$V_{GG} = V_{GS} - R_S I_D \;\Rightarrow\; V_{GS} = V_{GG} - R_S I_D$$

여기서 JFET의 게이트-소스간 pn-접합이 역방향 바이어스 되도록 (즉 $V_{GS} < 0$이 되도록) $V_{GG} < R_S I_D$의 조건이 만족된다고 가정한다.(이 조건은 회로해석 이 끝나는 무렵 다시 점검될 것이다.) 드레인 전류 I_D와 V_{GS} 전압은 다음과 같다.

$$V_{GS} = 1.823 - 1.5 I_D$$

$$I_D = I_{DSS}\left(1 - \frac{V_{GS}}{V_P}\right)^2 = 8\left(1 - \frac{V_{GS}}{-4}\right)^2$$

위의 두 식으로부터 V_{GS} 또는 I_D에 대한 2차방정식을 이끌어 낼 수 있고 각각의 방정식으로부터 V_{GS} 또는 I_D를 구할 수 있다. V_{GS}나 I_D 가운데 어느 것을 구하여도 문제의 풀이가 틀리는 것은 아니지만 어느 변수에 대하여 해를 구하는 것이 더 좋을까? 여기서 두 가지 경우에 대하여 모두 시도해 보자.

먼저 다음과 같이 V_{GS}에 대한 2차방정식을 이끌어 낼 수 있다.

$$V_{GS}^2 + 9.333\,V_{GS} + 13.569 = 0$$

따라서 $V_{GS} = -1.802$ V, $V_{GS} = -7.531$ V이다.

마찬가지로 전류 I_D에 대한 방정식을 구하면 다음과 같다.

$$2.25I_D^2 - 19.469I_D + 33.91 = 0$$

따라서 $I_D = 2.417$ A, $I_D = 6.236$ A 이다.

두 개의 V_{GS}의 해 가운데 하나를 버려야 할 때 JFET의 핀치오프 전압보다 작은 것은 명백히 차단영역에서 동작하는 것을 의미하므로 그것을 버린다. 이 문제에서는 $V_{GS} = -7.531$ V를 버린다. 그런데 두 개의 I_D의 해 가운데 하나를 버려야 할 때는 한 단계 더 계산과정을 거쳐야 한다. 즉, I_D 전류에 의해 JFET의 각 단자 전압이 어떻게 되는지 계산한 후에 이 단자 전압을 보고 어떤 전류를 포기해야할지 결정할 수 있다. 그러므로 V_{GS}를 구하는 것이 계산의 편리성 측면에서 더 좋다.

(2) 핀치오프 영역 가정의 검증

n-채널 JFET의 핀치오프 영역에서의 동작은 $V_{DS} > V_{GS} - V_P$를 만족할 때 얻어진다. $V_{GS} = -1.802$ V일 때

$$I_D = \frac{V_{GG} - V_{GS}}{R_S} = \frac{1.823 - (-1.802)}{1.5} = 2.417 \text{ mA}$$

이고

$$V_D = V_{DD} - R_D I_D = 16 - 2.4 \times 2.417 = 10.2 \text{ V}$$

$$V_S = R_S I_D = 1.5 \times 2.417 = 3.626 \ \text{V}$$

$$V_{DS} = V_D - V_S = 10.2 - 3.626 = 6.574 \ \text{V}$$

$$V_{GS} - V_P = -1.802 - (-4) = 2.198 \ \text{V}$$

가 된다. 따라서 $V_{DS} > V_{GS} - V_P$를 만족하므로 JFET는 핀치오프 영역에서 동작한다. 따라서 처음의 가정이 옳았음이 확인되었고 지금까지 수행한 해석은 모두 수용가능하다. 마지막으로 게이트-소스간 pn-접합이 역방향 바이어스 되도록 $V_{GG} < R_S I_D$의 조건이 만족된다고 가정했는데 이 조건이 성립하는지 확인해 본다. $V_{GG} = 1.823$ V이고 $R_S I_D = 3.626$ V가 되어 게이트-소스간 pn-접합은 역방향 바이어스 되어 있고 따라서 게이트 전류 $I_G = 0$이다.

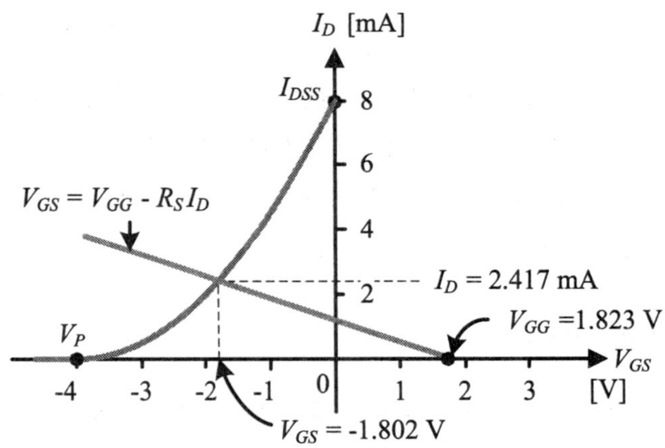

그림 E7.12.2. 전압 분배기 바이어스 회로에서 동작점의 결정

그림 E7.12.2는 회로의 동작점이 어떻게 결정되는지 나타낸다. 여기서 곡선은 JFET의 전달 특성곡선이고 직선은 JFET 외부의 회로에 의해서 정해지는 선분이다. 그림에서 보듯이 두 선분의 교점이 동작점을 결정하는데 R_S의 저항 값을 변화시키면 직선의 기울기가 변하여 동작점의 위치가 달라짐을 알 수 있다. ▣

예제 7.13. 그림 E7.13의 회로에서 각부의 전압과 전류를 구하라. 단, JFET의 $I_{DSS} = 9$ mA, $V_P = -3$ V이다.

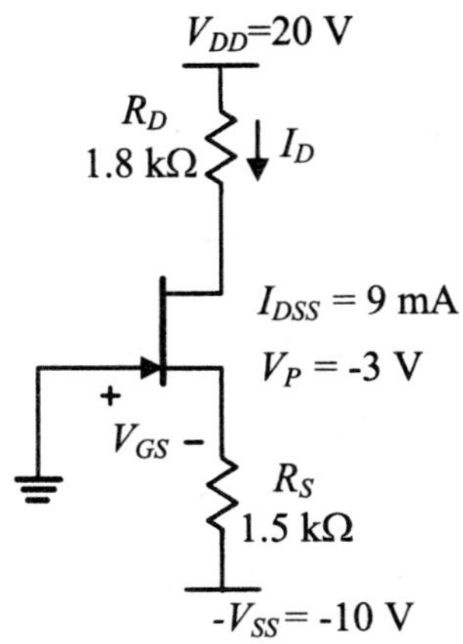

그림 E7.13. 예제 7.13의 회로

풀 이

이 회로는 두 개의 전원이 사용되었지만 전압 분배기 바이어스와 매우 유사한 특성을 갖는다. 그림 E7.13.1 (a)의 회로는 게이트 단자로부터 소스 단자를 지나 R_S 저항과 V_{SS} 전원으로 이루어진 루프를 나타내는데 키르히호프의 전압법칙을 이용하여 V_{GS}를 나타내는 다음 식을 얻을 수 있다. 즉,

$$V_{GS} = V_{SS} - R_S I_D$$

JFET가 핀치오프 영역에서 동작한다고 가정할 때 그림 E7.13.1 (b)는 JFET를 핀치오프 영역에서의 DC 모델로 바꾸어 놓은 회로이다.

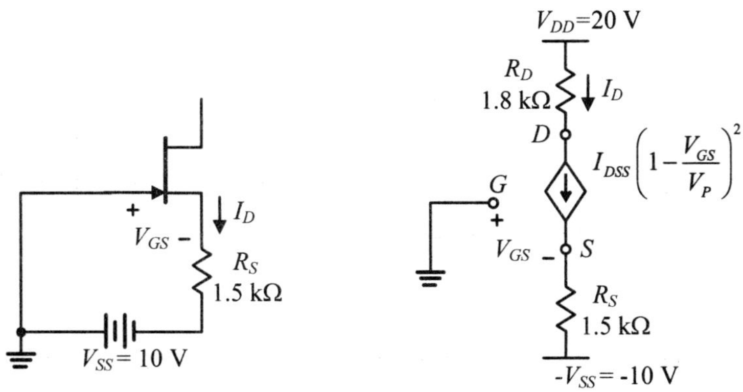

(a) (b)

그림 E7.13.1. 문제 풀이를 위한 회로

그러므로 V_{GS}는 다음 두 개의 식의 연립방정식으로부터 구할 수 있다.

$$V_{GS} = 10 - 1.5I_D$$

$$I_D = I_{DSS}\left(1 - \frac{V_{GS}}{V_P}\right)^2 = 9\left(1 - \frac{V_{GS}}{-3}\right)^2$$

위의 두 식으로부터

$$V_{GS}^2 + 6.667\,V_{GS} + 2.333 = 0$$

따라서 $V_{GS} =- 0.371$ V, $V_{GS} =- 6.296$ V이다.

위의 V_{GS}에 대한 두 개의 해 가운데 $V_{GS} =- 6.296$ V는 V_P (=− 3 V)전압보다 작아서 JFET가 차단영역에서 동작하는 것을 의미한다. 따라서 앞서 핀치오프 영역에서 동작한다는 가정과 위배되므로 버린다. $V_{GS} =- 0.371$ V일 때

$$I_D = \frac{10 - V_{GS}}{1.5} = \frac{10 - (-0.371)}{1.5} = 6.914 \text{ mA}$$

이고,

$$V_D = V_{DD} - R_D I_D = 20 - 1.8 \times 6.914 = 7.555 \text{ V}$$

$$V_S = R_S I_D - V_{SS} = 1.5 \times 6.914 - 10 = 0.371 \text{ V}$$

$$V_{DS} = V_D - V_S = 7.555 - 0.371 = 7.184 \text{ V}$$

$$V_{GS} - V_P =- 0.371 - (-3) = 2.629 \text{ V}$$

따라서 $V_{DS} > V_{GS} - V_P$를 만족하므로 JFET는 핀치오프 영역에서 동작한다. 따라서 처음의 가정이 옳았음이 확인되었고 지금까지 수행한 해석은 모두 수용가능하다. ▣

예제 7.14. 그림 E7.14의 회로는 p-채널 JFET로 구성된 회로이다. 그림 E7.14에서 (a) V_G (b) V_S (c) V_D (d) I_D를 구하라. 단, JFET의 $I_{DSS} = 9$ mA, $V_P = 3$ V이다.

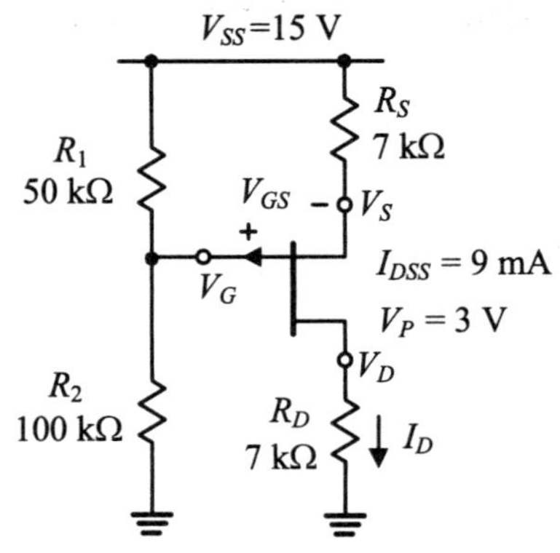

그림 E7.14. 예제 7.14의 회로

풀 이

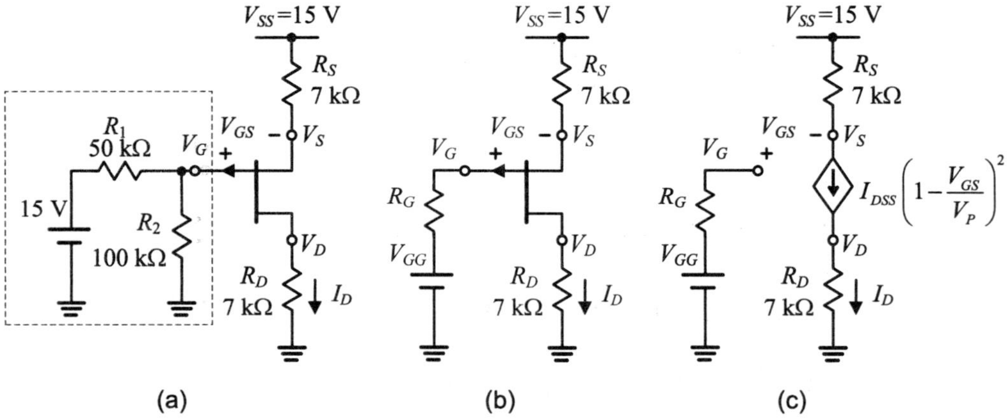

그림 E7.14.1. 회로의 변환

주어진 회로를 해석하기 전에 그림 E7.14의 회로를 그림 E7.14.1 (a)와 같이 그린 후, 점선으로 둘러싼 네모박스 부분을 테브난 등가회로를 이용하여 바꾸면 그림 E7.14.1 (b)와 같이 된다. 여기서

$$V_{GG} = V_{SS} \times \frac{R_2}{R_1 + R_2} = 15 \times \frac{100}{50+100} = 10 \text{ V}$$

$$R_G = (R_1 \parallel R_2) = \frac{50 \times 100}{50+100} = 33.3 \text{ k}\Omega$$

JFET가 핀치오프 영역에서 동작한다고 가정할 때 그림 E7.14.1 (c)는 JFET를 핀치오

프 영역에서의 DC 모델로 바꾸어 놓은 회로이다. 그림 E7.14.1 (c)에서

$$V_{SS} = R_S I_D - V_{GS} + V_{GG} \Rightarrow 15 = 7I_D - V_{GS} + 10$$

그러므로 V_{GS}는 다음 두 개의 식의 연립방정식으로부터 구할 수 있다.

$$V_{GS} = 7I_D - 5$$

$$I_D = I_{DSS}\left(1 - \frac{V_{GS}}{V_P}\right)^2 = 9\left(1 - \frac{V_{GS}}{3}\right)^2$$

위의 두 식으로부터

$$V_{GS}^2 - \frac{43}{7}V_{GS} + \frac{58}{7} = 0$$

따라서 $V_{GS} = 2$ V, $V_{GS} = 4.143$ V이다.

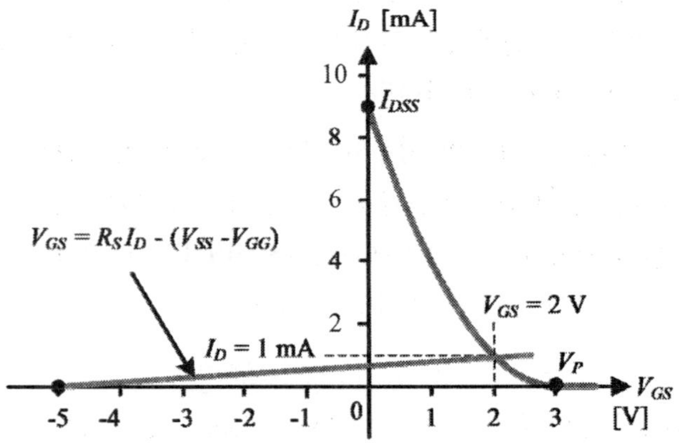

그림 E7.14.2. 동작점의 결정

위의 V_{GS}에 대한 두 개의 해 가운데 $V_{GS} = 4.143$ V는 V_P (=3 V)전압보다 커서 JFET가 차단영역에서 동작하는 것을 의미한다. 따라서 앞서 핀치오프 영역에서 동작한다는 가정과 위배되므로 버린다. $V_{GS} = 2$ V일 때

$$I_D = \frac{V_{GS} + 5}{7} = \frac{2+5}{7} = 1 \text{ mA}$$

$$V_S = V_{SS} - R_S I_D = 15 - 7 \times 1 = 8 \text{ V}$$

$$V_D = R_D I_D = 7 \times 1 = 7 \text{ V}$$

$$V_G = V_S + V_{GS} = 8 + 2 = 10 \text{ V}$$

$$V_{GS} - V_P = 2 - 3 = -1 \text{ V}$$

p-채널 JFET에서 $V_{GD} > V_P$일 때 핀치오프 영역에서 동작한다. 따라서 그림 E7.14의 회로는 트라이오드와 핀치오프 영역의 경계에서 동작하고 있음을 알 수 있다. 그러므로 지금까지 수행한 해석은 모두 수용가능하다.

그림 E7.14.2는 회로의 동작점을 나타낸다. 그림에서 보듯이 두 선분의 교점이 동작점을 결정하는데 R_S의 저항 값을 변화시키면 직선의 기울기가 변하여 동작점의 위치가 달라짐을 알 수 있다. ▣

7.4. MOSFET 증폭기의 DC 해석

MOSFET의 종류에는 크게 증가형 MOSFET과 공핍형 MOSFET의 두 종류가 있는데 제조공정과 구조적으로는 둘이 유사하지만 특성은 상당히 다르다. 공핍형 MOSFET의 특성 곡선은 오히려 JFET와 유사하다.

이 절에서도 앞서 BJT나 JFET의 경우와 마찬가지로 MOSFET의 DC 해석을 하는 방법을 예제를 중심으로 설명한다. 처음에는 동작영역을 모르기 때문에 임의의 동작영역을 가정하고 그 가정에 적합한 DC 등가모델로 MOSFET를 대치한 다음 DC 회로를 해석한다. 그리고 가정에 대한 검증의 과정을 거친다.

예제 7.15. 그림 E7.15의 회로에서 동작점을 구하라. 단, 증가형 NMOS의 문턱전압 $V_T = 5$ V이고 $V_{GS} = V_{GS(on)} = 10$ V일 때 $I_D = I_{D(on)} = 3$ mA 이다.

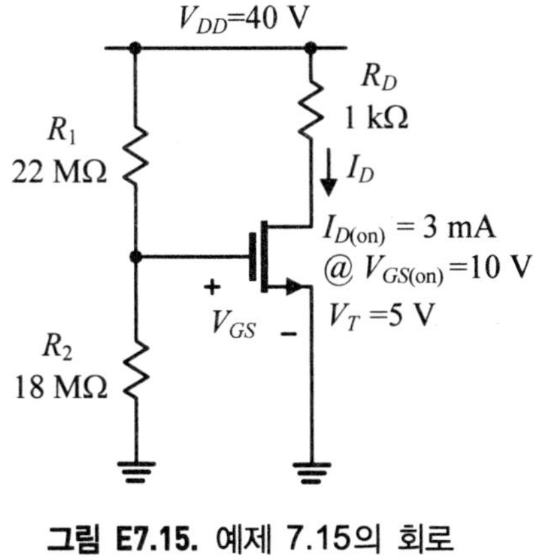

그림 E7.15. 예제 7.15의 회로

풀 이

이 회로는 고정 바이어스 회로이다. 그림 E7.15의 회로에서 게이트 좌측 부분의 회로를 테브난 등가회로를 이용하여 바꾸면 그림 E7.15.1 (a)와 같이 된다. 여기서

$$V_{GG} = V_{DD} \times \frac{R_2}{R_1 + R_2} = 40 \times \frac{18}{22+18} = 18 \text{ V}$$

$$R_G = (R_1 \parallel R_2) = \frac{22 \times 18}{22+18} = 9.9 \text{ M}\Omega$$

(1) 핀치오프 영역에서의 동작 가정

NMOS가 핀치오프 영역에서 동작한다고 가정할 때 그림 E7.15.1 (b)는 NMOS를 핀치오프 영역에서의 DC 모델로 바꾸어 놓은 회로이다. 여기서 k_n은 I_D와 V_{GS}의 관계식 $I_D = (1/2)k_n(V_{GS} - V_T)^2$으로부터 구할 수 있다. 즉,

$$k_n = \frac{2I_{D(on)}}{(V_{GS(on)} - V_T)^2} = \frac{2 \times 3}{(10-5)^2} = 0.24 \text{ mA/V}^2$$

그림 E7.15.1 (b)에서 $V_{GS} = V_{GG} = 18$ V이고 드레인 전류 I_D와 드레인 전압 V_D는

$$I_D = \frac{1}{2}k_n(V_{GS} - V_T)^2 = \frac{1}{2} \times 0.24 \times (18-5)^2 = 20.28 \text{ mA}$$

$$V_D = V_{DS} = V_{DD} - R_D I_D = 40 - 1 \times 20.28 = 19.72 \text{ V}$$

가 된다. 따라서 동작점 Q=(V_{DS}, I_D)=(19.72 V, 20.28 mA)이다.

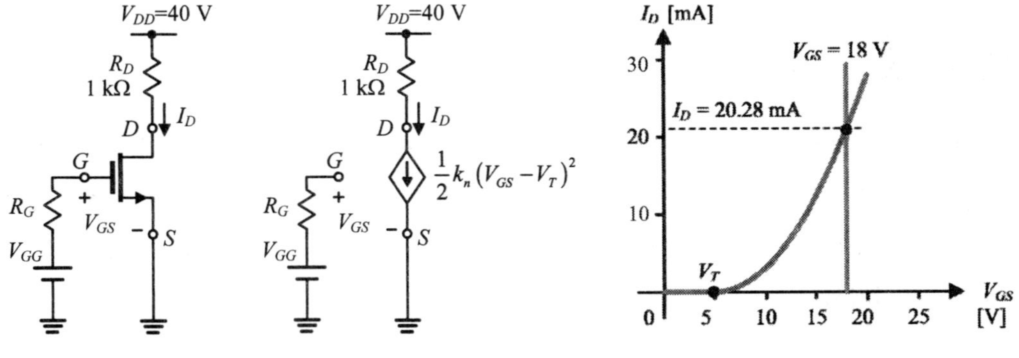

그림 E7.15.1. 회로의 변형과 동작점

(2) 핀치오프 영역에서의 동작 가정을 검증

증가형 NMOS가 핀치오프 영역에서 동작하기 위하여 $V_{GS} \geq V_T$ 이고 $V_{DS} \geq V_{GS} - V_T$가 만족되어야 한다 [식 (7.13) 참조]. $V_{GS} = 18$ V, $V_{DS} = 19.72$ V, $V_T = 3$ V이므로 $V_{GS} \geq V_T$, $V_{DS} \geq V_{GS} - V_T$의 관계가 만족되어 그림 E7.15의 회로는 핀치오프 영역에서 동작함을 확인할 수 있다.

그림 E7.15.1 (c)는 회로의 동작점을 나타낸다. 이 회로는 고정 바이어스 회로이므로 NMOS의 특성이 달라지면 동작점이 많이 달라지는 단점이 있다. ▣

예제 7.16. 그림 E7.16의 회로에서 동작점을 구하라. 단, 증가형 NMOS의 문턱전압 $V_T = 5$ V이고 $V_{GS} = V_{GS(on)} = 10$ V일 때 $I_D = I_{D(on)} = 3$ mA 이다.

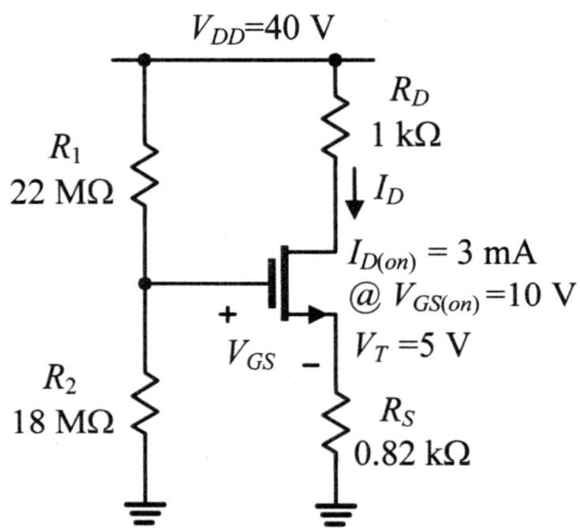

그림 E7.16. 예제 7.16의 회로

풀 이

이 회로는 전압 분배기 바이어스 회로이다. 본 예제의 회로에는 소스 저항 R_S가 첨가되었다는 점만 다르고 나머지 사항들은 예제 7.15와 모두 같다. 그림 E7.16의 회로에서 R_1과 R_2를 포함하는 부분을 테브난 등가회로를 이용하여 바꾸면 그림 E7.16.1 (a)와 같이 된다. 여기서

$$V_{GG} = \frac{R_2 V_{DD}}{R_1 + R_2} = 18 \text{ V}, \ R_G = (R_1 \parallel R_2) = \frac{22 \times 18}{22 + 18} = 9.9 \text{ M}\Omega$$

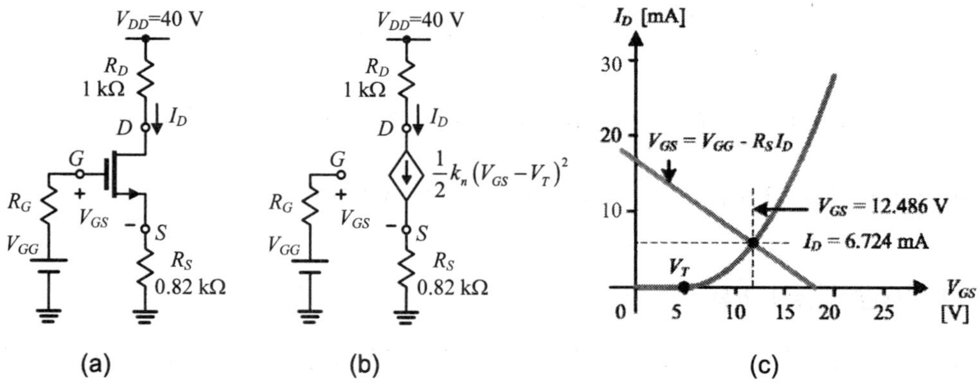

그림 E7.16.1. 회로의 변형과 동작점

(1) 핀치오프 영역에서의 동작 가정

그림 E7.16.1 (b)는 NMOS를 핀치오프 영역에서의 DC 모델로 바꾸어 놓은 회로이다. 여기서 k_n은 예제 7.15에서 구한 것과 같다. 즉,

$$k_n = \frac{2I_{D(on)}}{(V_{GS(on)} - V_T)^2} = \frac{2\times 3}{(10-5)^2} = 0.24 \ \ \text{mA/V}^2$$

그림 E7.16.1 (b)에서

$$V_{GG} = V_{GS} + R_S I_D \ \Rightarrow \ 18 = V_{GS} + 0.82 I_D$$

그러므로 V_{GS}는 다음 두 개의 식의 연립방정식으로부터 구할 수 있다.

$$V_{GS} = 18 - 0.82 I_D$$

$$I_D = \frac{1}{2}k_n(V_{GS} - V_T)^2 = \frac{1}{2}\times 0.24 \times (V_{GS} - 5)^2$$

위의 두 식으로부터

$$V_{GS}^2 + 0.163\,V_{GS} - 157.93 = 0$$

따라서 $V_{GS} = 12.486$ V, $V_{GS} = -12.649$ V이다.

위의 V_{GS}에 대한 두 개의 해 가운데 $V_{GS} = -12.649$ V는 V_T (=5 V)전압보다 작아서 증가형 NMOS가 차단영역에서 동작하는 것을 의미한다. 이는 핀치오프 영역에서 동작한다는 가정과 위배되므로 버린다. $V_{GS} = 12.486$ V일 때

$$I_D = \frac{V_{GG} - V_{GS}}{R_S} = \frac{18 - 12.486}{0.82} = 6.724 \text{ mA}$$

$$V_{DS} = V_{DD} - (R_D + R_S) I_D = 40 - (1 + 0.82) \times 6.724 = 27.762 \text{ V}$$

따라서 동작점 Q=(V_{DS}, I_D)=(27.762 V, 6.724 mA)이다.

(3) 핀치오프 동작 가정 검증

$V_{GS} = 12.486$ V, $V_{DS} = 27.762$ V, $V_T = 5$ V이므로 $V_{GS} \geq V_T$, $V_{DS} \geq V_{GS} - V_T$의 관계가 만족되어 그림 E7.16의 회로는 핀치오프 영역에서 동작함을 확인할 수 있다. 그러므로 지금까지 수행한 해석은 모두 수용가능하다.

그림 E7.16.1 (c)는 회로의 동작점을 나타낸다. 그림에서 보듯이 R_S의 저항 값을 변화시키면 직선의 기울기가 변하여 동작점의 위치가 달라짐을 알 수 있다. ▣

예제 7.17. 그림 E7.17의 회로에서 V_{GS}와 동작점을 구하라. 단, 증가형 NMOS의 문턱전압 $V_T = 3$ V이고 $V_{GS} = V_{GS(on)} = 8$ V일 때 $I_D = I_{D(on)} = 6$ mA 이다.

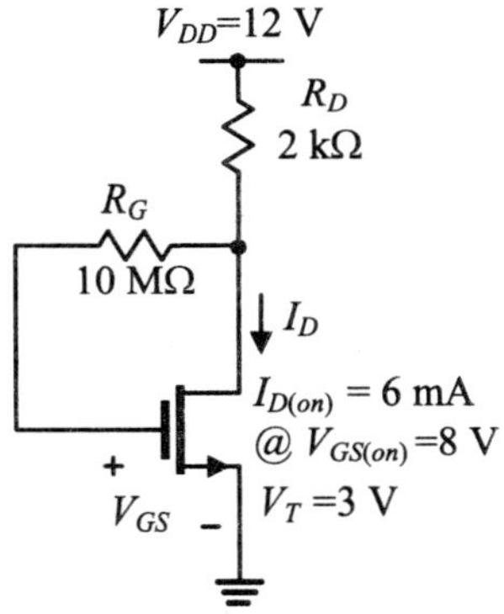

그림 E7.17. 예제 7.17의 회로

풀 이

이 회로는 증가형 NMOS 회로에서 많이 사용되는 **피드백 바이어스 회로**이다. 저항 R_G를 통하여 흐르는 전류는 없으므로 $V_G = V_D$이고 따라서 $V_{GS} = V_{DS}$가 된다.

(1) 핀치오프 동작영역 가정

그림 E7.17.1 (a)는 NMOS를 핀치오프 영역에서의 DC 모델로 바꾸어 놓은 회로이다.

여기서 k_n은 주어진 조건에 의하여 다음과 같다.

$$k_n = \frac{2I_{D(on)}}{(V_{GS(on)} - V_T)^2} = \frac{2\times 6}{(8-3)^2} = 0.48 \ \ \mathrm{mA/V^2}$$

그림 E7.17.1 (a)에서

$$V_{DD} = R_D I_D + V_{GS} \Rightarrow 12 = 2I_D + V_{GS}$$

그러므로 V_{GS}는 다음 두 개의 식의 연립방정식으로부터 구할 수 있다.

$$V_{GS} = 12 - 2I_D$$

$$I_D = \frac{1}{2}k_n(V_{GS} - V_T)^2 = \frac{1}{2}\times 0.48\times(V_{GS}-3)^2$$

위의 두 식으로부터

$$V_{GS}^2 - 3.917V_{GS} - 16 = 0$$

따라서 $V_{GS} = -2.295$ V, $V_{GS} = 6.412$ V이다.

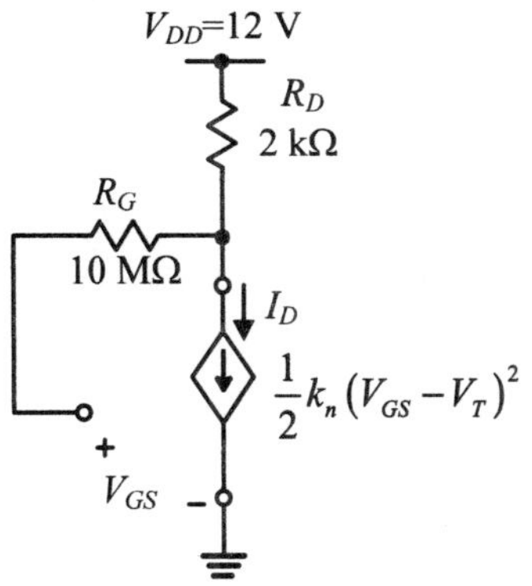

(a) DC 회로

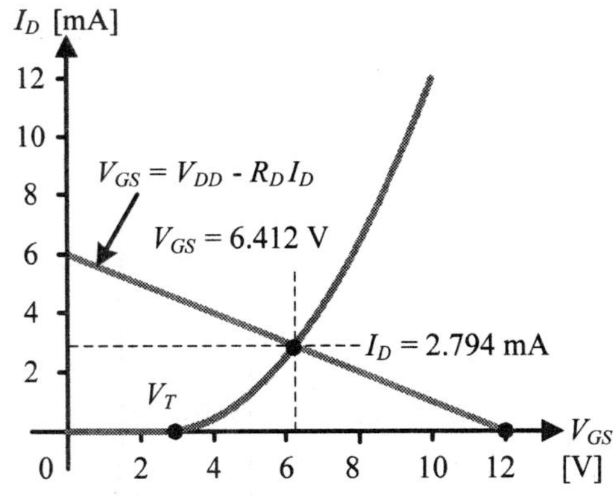

(b) 동작점

그림 E7.17.1. 핀치오프 영역 동작시 DC 회로와 동작점

위의 V_{GS}에 대한 두 개의 해 가운데 $V_{GS} = -2.295$ V는 V_T (=3 V)전압보다 작아서 증가형 NMOS가 차단영역에서 동작하는 것을 의미한다. 이는 핀치오프 영역에서 동작한다는 가정과 위배되므로 버린다. $V_{GS} = 6.412$ V일 때

$$I_D = \frac{V_{DD} - V_{GS}}{R_D} = \frac{12 - 6.412}{2} = 2.794 \ \ \mathrm{mA}$$

$$V_{DS} = V_{GS} = 6.412 \ \text{V}$$

따라서 동작점 Q=(V_{DS}, I_D)=(6.412 V, 2.794 mA)이다.

(1) 핀치오프 동작영역 가정의 검증

$V_{GS} = V_{DS} = 6.412$ V, $V_T = 3$ V이므로 $V_{GS} \geq V_T$, $V_{DS} \geq V_{GS} - V_T$의 관계가 만족되어 그림 E7.16의 회로는 핀치오프 영역에서 동작함을 확인할 수 있다. 그러므로 지금까지 수행한 해석은 모두 수용가능하다. 그림 E7.17.1 (b)는 회로의 동작점을 나타낸다. 그림에서 보듯이 R_D의 저항 값을 변화시키면 직선의 기울기가 변하여 동작점의 위치가 달라짐을 알 수 있다. ▣

예제 7.18. 그림 E7.18의 공핍형 NMOS 회로에서 (a) V_{GS}, (b) I_D, (c) V_{DS}를 구하라. 단, 공핍형 NMOS의 $I_{DSS} = 6$ mA, $V_P = -3$ V이다. 참고로 이 회로는 JFET에 사용된 것과 같은 구조의 전압 분배기 바이어스 회로이다. 또 공핍형 NMOS는 n-채널 JFET와 동작 특성이 유사한 점을 상기하도록 한다.

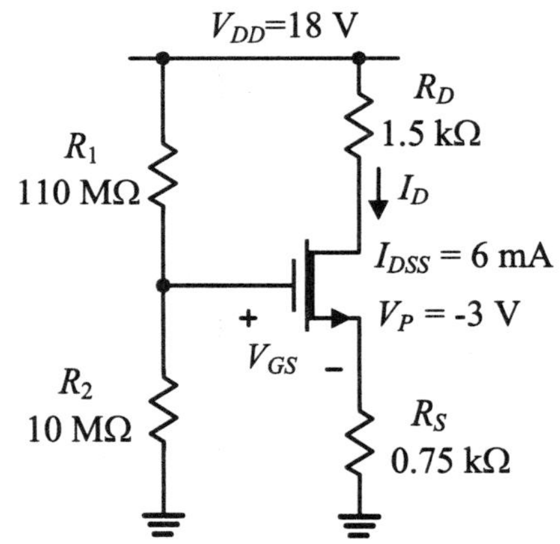

그림 E7.18. 예제 7.18의 회로

풀 이

그림 E7.18의 회로에서 R_1과 R_2를 포함하는 부분을 테브난 등가회로를 이용하여 바꾸면 그림 E7.18.1 (a)와 같이 된다. 여기서

$$V_{GG} = \frac{R_2 V_{DD}}{R_1 + R_2} = 1.5 \ \text{V}, \ R_G = (R_1 \parallel R_2) = \frac{110 \times 10}{110 + 10} = 9.17 \ \text{M}\Omega$$

(1) 핀치오프 영역 가정

그림 E7.18.1 (b)는 공핍형 NMOS를 핀치오프 영역에서의 DC 모델로 바꾸어 놓은 회로이다.

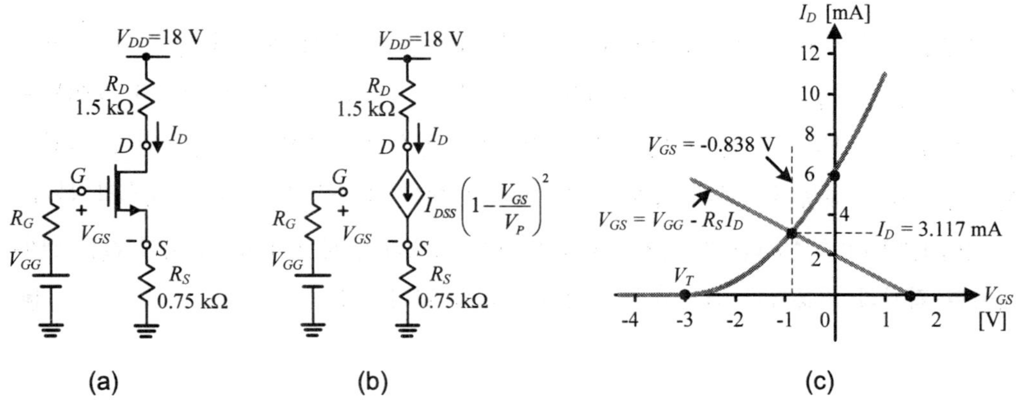

그림 E7.18.1. 회로의 변환과 동작점

그림 E7.12.1 (b)의 회로에서 게이트-소스 간 전압 V_{GS}는 다음과 같다.

$$V_{GG} = V_{GS} + R_S I_D \;\Rightarrow\; 1.5 = V_{GS} + 0.75\, I_D$$

그러므로 V_{GS}는 다음 두 개의 식의 연립방정식으로부터 구할 수 있다.

$$V_{GS} = 1.5 - 0.75 I_D$$

$$I_D = I_{DSS}\left(1 - \frac{V_{GS}}{V_P}\right)^2 = 6\left(1 - \frac{V_{GS}}{-3}\right)^2$$

위의 두 식으로부터

$$V_{GS}^2 + 8\,V_{GS} + 6 = 0$$

따라서 $V_{GS} = -0.838$ V, $V_{GS} = -7.162$ V이다.

위의 V_{GS}에 대한 두 개의 해 가운데 $V_{GS} = -7.162$ V는 V_P $(=-3$ V)전압보다 작아서 공핍형 NMOS가 차단영역에서 동작하는 것을 의미한다. 이는 핀치오프 영역에서 동작한다는 가정과 위배되므로 버린다. $V_{GS} = -0.838$ V일 때

$$I_D = \frac{V_{GG} - V_{GS}}{R_S} = \frac{1.5 - (-0.838)}{0.75} = 3.117 \;\text{mA}$$

$$V_{DS} = V_{DD} - (R_D + R_S)I_D = 18 - (1.5 + 0.75) \times 3.117 = 10.987 \text{ V}$$

(2) 핀치오프 영역 가정의 검증

공핍형 NMOS가 핀치오프 영역에서 동작할 조건은 식 (7.15)에서 $V_{DG} > |V_P|$ 또는 $V_{DS} > V_{GS} + |V_P|$ 이다. $V_{DS} = 10.987$ V, $V_{GS} = -0.838$ V, $V_P = -3$ V이므로 $V_{DS} > V_{GS} + |V_P|$ 를 만족한다. 따라서 JFET는 핀치오프 영역에서 동작한다. 따라서 처음의 가정이 옳았음이 확인되었고 지금까지 수행한 해석은 모두 옳은 것으로 본다.

그림 E7.18.1 (c)는 회로의 동작점을 나타낸다. 그림에서 보듯이 R_S의 저항 값을 변화시키면 직선의 기울기가 변하여 동작점의 위치가 달라진다. ▣

예제 7.19. 그림 E7.19의 공핍형 NMOS 회로에서 (a) V_{GS}, (b) I_D, (c) V_{DS}를 구하라. 단, 공핍형 NMOS의 $I_{DSS} = 6$ mA, $V_P = -3$ V이다. 이 회로는 예제 7.18의 회로에서 R_S 저항만 750 Ω에서 150 Ω으로 바꾼 것이다.

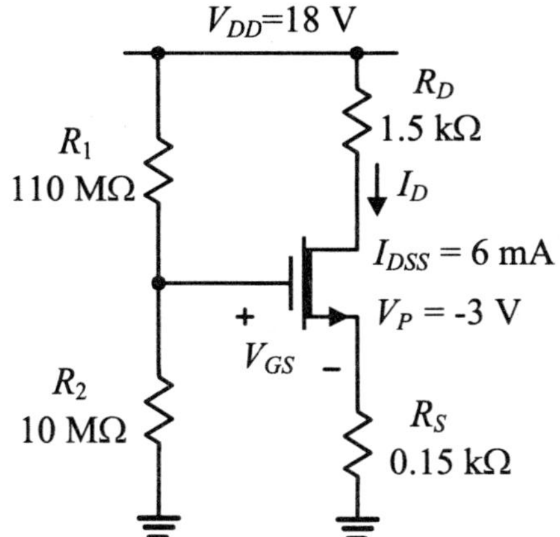

그림 E7.19. 예제 7.19의 회로

풀 이

그림 E7.19의 회로에서 R_1과 R_2를 포함하는 부분을 테브난 등가회로를 이용하여 바꾸면 그림 E7.19.1 (a)와 같이 된다. 여기서 $V_{GG} = [R_2/(R_1 + R_2)]V_{DD} = 1.5$ V 이고 $R_G = (R_1 \parallel R_2) = 9.17$ MΩ 이다.

그림 E7.19.1 (b)는 공핍형 NMOS를 핀치오프 영역에서의 DC 모델로 바꾸어 놓은 회로이다. 그림 E7.12.1 (b)의 회로에서 $V_{GG} = V_{GS} + R_S I_D$이므로 V_{GS}는 다음 두 개의 식의 연립방정식으로부터 구할 수 있다.

$$V_{GS} = 1.5 - 0.15 I_D$$

$$I_D = I_{DSS}\left(1 - \frac{V_{GS}}{V_P}\right)^2 = 6\left(1 - \frac{V_{GS}}{-3}\right)^2$$

위의 두 식으로부터 얻은 2차방정식 $V_{GS}^2 + 16V_{GS} - 6 = 0$를 풀면 $V_{GS} = 0.367$ V, $V_{GS} = -16.367$ V이다. V_{GS}에 대한 두 개의 해 가운데 $V_{GS} = -16.367$ V는 V_P (= -3 V)전압보다 작아서 공핍형 NMOS가 차단영역에서 동작하는 것을 의미한다. 이는 핀치오프 영역에서 동작한다는 가정과 위배되므로 버린다. $V_{GS} = 0.367$ V일 때

$$I_D = \frac{V_{GG} - V_{GS}}{R_S} = \frac{1.5 - 0.367}{0.15} = 7.553 \text{ mA}$$

$$V_{DS} = V_{DD} - (R_D + R_S) I_D = 18 - (1.5 + 0.15) \times 7.553 = 5.538 \text{ V}$$

마지막으로 핀치오프 영역의 동작을 가정했는데 이를 검증한다. $V_{DS} = 5.538$ V, $V_{GS} = 0.367$ V, $V_P = -3$ V이므로 $V_{DS} > V_{GS} + |V_P|$ 를 만족한다. 따라서 JFET는 핀치오프 영역에서 동작한다. 따라서 처음의 가정이 옳았음이 확인되었고 지금까지 수행한 해석은 모두 옳은 것으로 본다.

그림 E7.18.1 (c)는 회로의 동작점을 나타낸다. 그림에서 보듯이 R_S의 저항 값을 변화시키면 직선의 기울기가 변하여 동작점의 위치가 증가모드($V_{GS} > 0$인 영역)에 위치한다.

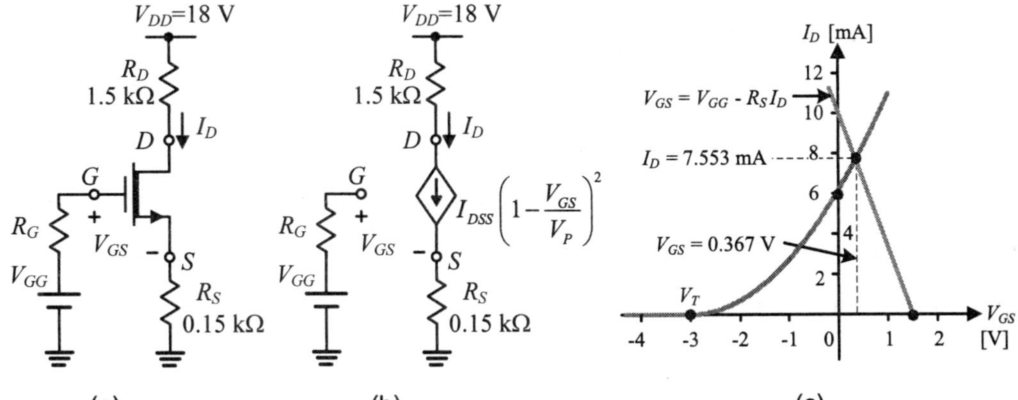

그림 E7.19.1. 회로의 변환과 동작점 ▣

예제 7.20. 그림 E7.20의 공핍형 NMOS 회로에서 (a) V_{GS}, (b) I_D, (c) V_{DS}를 구하라. 단, 공핍형 NMOS의 $I_{DSS} = 8$ mA, $V_P = -8$ V이다. 참고로 이 회로는 JFET에 사용된 것과 같은 구조의 자기 바이어스 회로이다.(예제 7.11 참조)

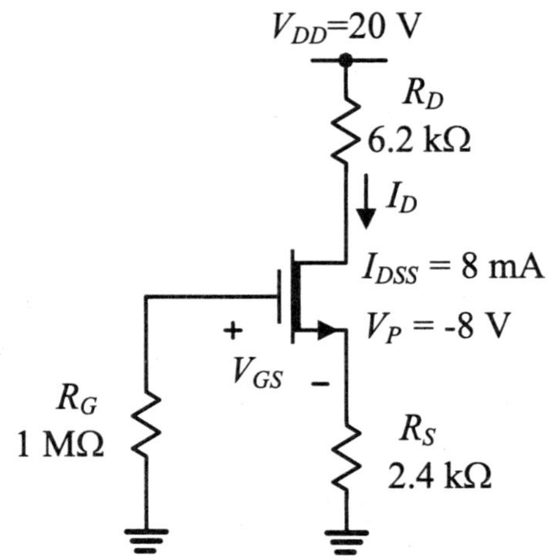

그림 E7.20. 예제 7.20의 회로

풀 이

그림 E7.20.1 (b)는 공핍형 NMOS를 핀치오프 영역에서의 DC 모델로 바꾸어 놓은 회로이다. 그림 E7.12.1 (b)의 회로에서 $V_{GS} = -R_S I_D$이다. V_{GS}는 다음 두 개의 식의 연립방정식으로부터 구할 수 있다.

$$V_{GS} = -2.4 I_D$$

$$I_D = I_{DSS}\left(1 - \frac{V_{GS}}{V_P}\right)^2 = 8\left(1 - \frac{V_{GS}}{-8}\right)^2$$

위의 두 식으로부터 얻은 2차방정식 $V_{GS}^2 + 19.333V_{GS} + 64 = 0$를 풀면 $V_{GS} = -4.241$ V, $V_{GS} = -15.092$ V이다. V_{GS}에 대한 두 개의 해 가운데 $V_{GS} = -15.092$ V는 V_P (=−8 V)전압보다 작아서 핀치오프 영역에서 동작한다는 가정과 위배되므로 버린다. $V_{GS} = -4.241$ V일 때

$$I_D = -\frac{V_{GS}}{R_S} = -\frac{-4.241}{2.4} = 1.767 \text{ mA}$$

$$V_{DS} = V_{DD} - (R_D + R_S)I_D = 20 - (6.2 + 2.4) \times 1.767 = 4.804 \text{ V}$$

마지막으로 핀치오프 영역의 동작의 가정에 대하여 이를 검증한다. $V_{DS}=4.804$ V, $V_{GS}=-4.241$ V, $V_P=-8$ V이므로 $V_{DS} > V_{GS}+|V_P|$ 를 만족한다. 따라서 JFET는 핀치오프 영역에서 동작한다. 따라서 처음의 가정이 옳았음이 확인되었고 지금까지 수행한 해석은 모두 옳은 것으로 본다. 그림 E7.20.1 (b)는 회로의 동작점을 나타낸다.

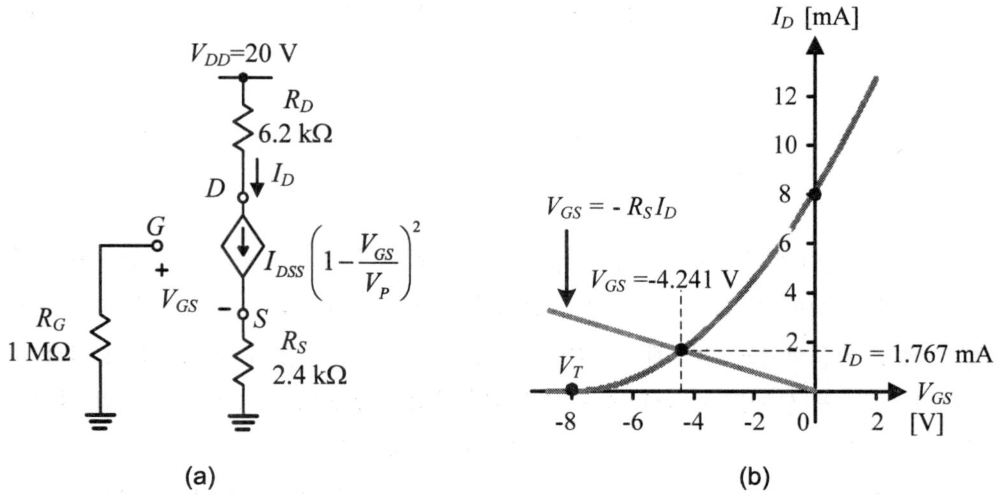

그림 E7.20.1. 회로의 변환과 동작점

▣

예제 7.21. 그림 E7.21의 공핍형 NMOS 회로에서 (a) I_D, (b) V_{DS}를 구하라. 단, 공핍형 NMOS의 $I_{DSS}=10$ mA, $V_P=-4$ V이다.

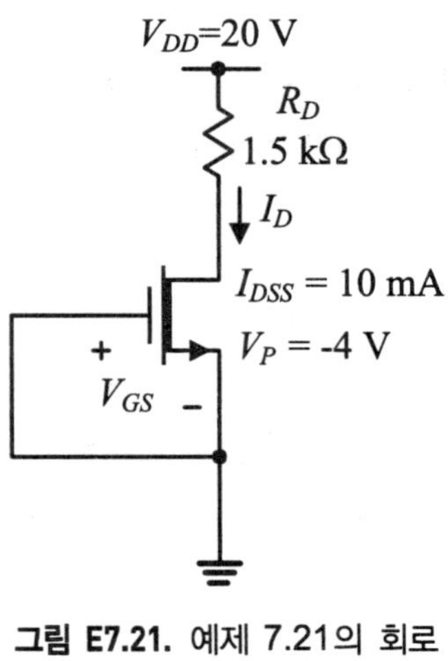

그림 E7.21. 예제 7.21의 회로

풀 이

게이트와 소스가 직접 연결되어 있으므로 $V_{GS}=0$이고, I_D와 V_{DS}는 다음과 같다.

$$I_D = I_{DSS}(1 - V_{GS}/V_P)^2 = I_{DSS} = 8 \text{ mA}$$

$$V_{DS} = V_{DD} - R_D I_D = 20 - 1.5 \times 10 = 5 \text{ V}$$

▣

7.5. BJT 증폭기의 AC 해석

BJT를 능동영역에서 동작하도록 직류 바이어스 하고 교류의 입력신호를 인가하면 증폭기 회로의 각부의 전압과 전류는 입력 신호의 변동이 원인이 되어 직류와 교류가 섞인 파형이 된다. 지금까지는 DC 해석에 의하여 회로의 직류 상태를 구하였는데 이 절과 다음 절에서는 직류 성분을 제외한 교류 성분만의 응답에 집중하여 증폭기 회로의 입력의 변화에 대한 회로 각부 전류(전압)의 변화의 상관관계를 나타내는 AC 해석을 다룬다.

트랜지스터(BJT, MOSFET)는 3단자 소자인데 3단자 가운데 한 단자는 입력단자로 한 단자는 출력단자로 마지막 한 단자는 입력과 출력에 공통으로 사용된다고 할 때 3가지 기본 구성을 갖는다. BJT를 예로 들면 에미터, 베이스, 컬렉터 3단자 가운데 에미터 공통, 베이스 공통, 콜렉터 공통의 3가지 기본회로가 있다. 이 절에서는 BJT 증폭기 회로의 AC 해석 과정을 예제를 중심으로 설명한다.

■ CE 증폭기

CE 증폭기는 **공통 에미터 증폭기**(common emitter amplifier)를 말하며 BJT의 베이스 단자로 입력 신호가 인가되고 컬렉터 단자에서 출력 신호를 취하는 BJT 증폭기 구성이다.

예제 7.22. 그림 E7.22의 회로에서 (a) R_{in} (b) R_{out} (c) $G_v = v_o/v_{sig}$을 구하라. 단, $V_{CC}=15$ V, $R_C=5$ kΩ, $R_E=3$ kΩ, $R_{B1}=100$ kΩ, $R_{B2}=50$ kΩ, $R_{sig}=0.5$ kΩ, $R_L=10$ kΩ이고 BJT의 $\beta=100$, 열전압 $V_t=26$ mV이다. 또 모든 커패시터의 크기는 매우 큰 값이라고 가정한다.

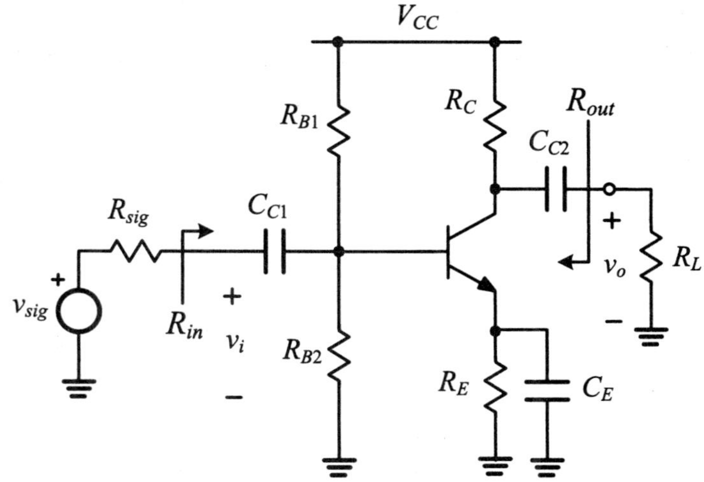

그림 E7.22. 예제 7.22의 회로(CE 증폭기 회로)

풀 이

그림 E7.22는 CE 증폭기 회로를 나타낸다. 그림 E7.22에는 두 종류의 커패시터가 있다. C_{C1}, C_{C2}는 **커플링 커패시터**(coupling capacitor)라고 하며 신호원(v_{sig}, R_{sig})을 접속하거나 부하(R_L)를 연결할 때 교류는 통과시키고 직류에 대하여는 큰 임피던스를 가짐으로써 직류 바이어스 전류가 교란되지 않도록 하는 역할을 한다. 또 C_E는 **바이패스 커패시터**(bypass capacitor)라고 하며 교류에 대하여 매우 작은 임피던스를 가짐으로써 교류 전류는 저항 R_E를 우회하여 C_E를 통하여 빠져나간다. 이 두 종류의 커패시터는 역할은 다르지만 관심 있는 모든 주파수에서 단락회로로 동작할 만큼 커패시턴스 값이 크다고 가정한다.

CE 증폭기의 각부의 전압과 전류에는 직류와 교류가 섞여있는데 교류 전달 특성을 살펴보기 위하여 AC 해석하기 전에 먼저 DC 해석을 하여 BJT의 동작점을 파악해야 한다. 그런 다음 동작점으로부터 AC 모델 파라미터를 결정한 후 이 AC 모델을 사용하여 AC 회로 해석을 수행한다. 그림 E7.22.1은 직류만 흐르는 DC 회로와 교류만 흐르는 AC 회로를 나타낸다.

(1) DC 해석

그림 E7.22에서 커패시터를 개방하여 제거하면 신호원과 부하가 회로에서 떨어져 나가고 그림 7.E7.22.1 (a)에 보인 DC 회로가 얻어진다. 이러한 DC 회로의 각부의 전류와 전압을 구하는 동일한 문제는 앞서의 예제 7.8에서 다루었다. 그러므로 DC 해석에 대하여는 7.2절의 예제 7.8의 결과를 이용하기로 한다. 즉, 컬렉터 전류 I_C와 에미터 전류 I_E는 각각 다음과 같다.

$I_C = 1.28\ \text{mA},\ I_E = 1.29\ \text{mA}$

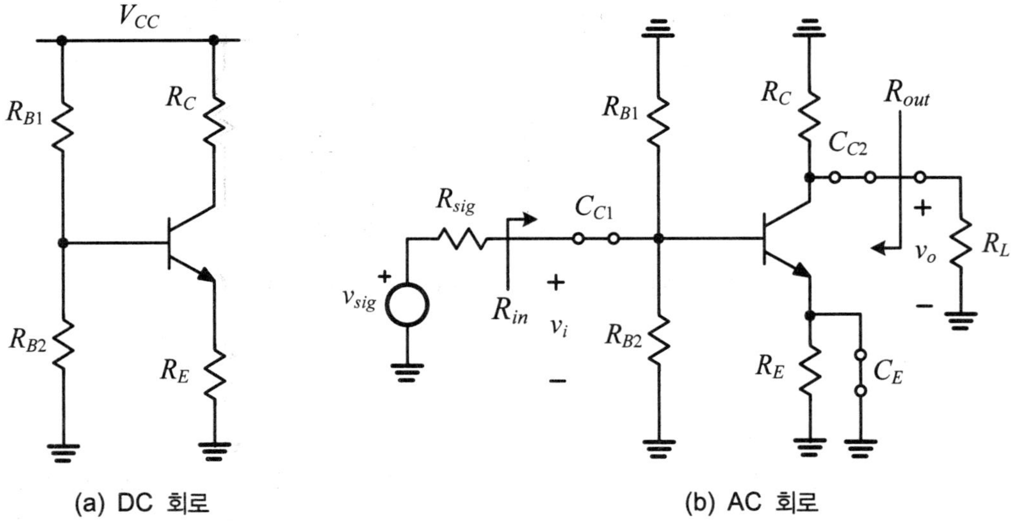

그림 E7.22.1. DC 회로와 AC 회로

(2) AC 해석

그림 E7.22에서 커패시터를 단락하여 제거하고 직류 전원을 단락하면 그림 E7.22.1 (b)에 보인 AC 회로가 된다. 그림 E7.22.1 (b)에 보인 AC 회로를 정리하여 다시 그리면 그림 E7.22.2와 같다. 즉, 접지의 표시를 아랫방향으로 하고 단락된 C_E에 의하여 R_E는 제거한다. 여기서 저항 R_B는 전압 분배 바이어스 회로 때문에 들어간 저항이며 다음과 같다.

$$R_B = R_{B1} \| R_{B2} = \frac{100 \times 50}{100 + 50} = 33.3\ \text{k}\Omega$$

또 이쯤에서 BJT의 AC 모델에 대한 파라미터 값을 계산해 둔다. 즉,

$$r_e = \frac{V_t}{I_E} = \frac{26}{1.29} \approx 20\ \Omega,\ g_m = \frac{I_C}{V_t} = \frac{1.28}{26} = 49.2\ \text{mS}$$

$$r_\pi = (1+\beta) r_e = 101 \times 20 = 2.02\ \text{k}\Omega\ [\text{식 (6.30) 참조}]$$

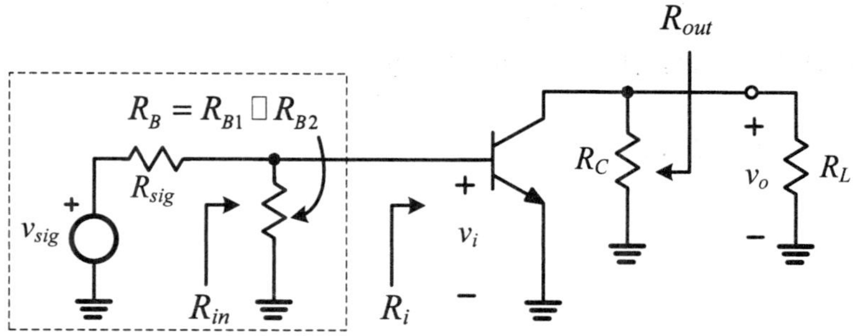

그림 E7.22.2. 간략화 된 AC 회로

그림 E7.22.2에서 점선으로 둘러싸인 부분을 테브난 등가회로로 변환하면 다음과 같다.

$$v'_{sig} = \frac{R_B}{R_{sig}+R_B} v_{sig} = \frac{33.3}{0.5+33.3} v_{sig} = 0.985 v_{sig}$$

$$R'_{sig} = R_{sig} \| R_B = \frac{0.5 \times 33.3}{0.5+33.3} = 0.493 \ \ \text{k}\Omega$$

DC 회로를 해석하기 위하여 BJT의 DC 모델이 필요했던 것처럼 AC 회로를 해석하기 위하여 BJT의 AC 모델이 필요하다. BJT의 AC 모델은 여러 가지가 있으나 여기서는 하이브리드-π 모델을 사용하기로 한다. 그림 E7.22.3은 CE 증폭기를 AC 해석하기 위하여 BJT를 하이브리드-π 모델로 대치한 등가회로이다.

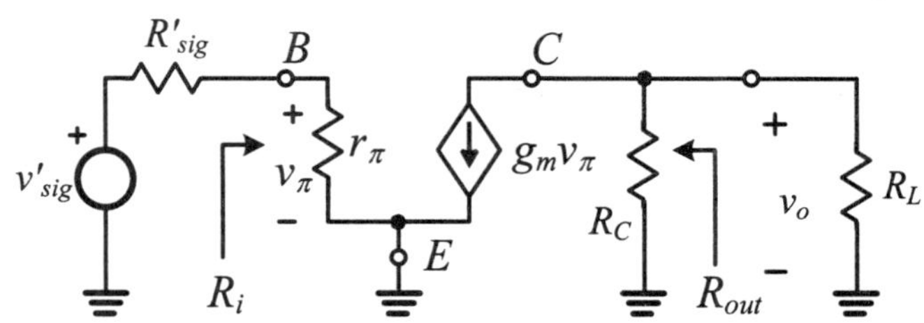

그림 E7.22.3. CE 증폭기의 AC 해석

그림 E7.22.3에서

$$R_i = r_\pi = 2.02 \ \ \text{k}\Omega$$

이므로 그림 E7.22.2에서

$$R_{in} = R_B \| R_i = \frac{33.3 \times 2.02}{33.3+2.02} = 1.9 \ \ \text{k}\Omega$$

출력저항 R_{out}를 구하기 위하여 $v_{sig}=0$으로 두면 $v'_{sig}=0$이 되고 $v_\pi=0$ 따라서 $g_m v_\pi=0$이 되어 종속전류원이 개방회로가 된다. 그러므로

$$R_{out}=R_C=5\ \text{k}\Omega$$

그리고

$$v_\pi=\frac{r_\pi}{R'_{sig}+r_\pi}v'_{sig}\ ,\ v_o=(-g_m v_\pi)(R_C\|R_L)$$

이므로

$$G_v\equiv\frac{v_o}{v_{sig}}=\frac{v'_{sig}}{v_{sig}}\cdot\frac{v_\pi}{v'_{sig}}\cdot\frac{v_o}{v_\pi}=\frac{R_B}{R_{sig}+R_B}\cdot\frac{r_\pi}{R'_{sig}+r_\pi}\cdot[-g_m(R_C\|R_L)]$$

$$=-\frac{33.3}{0.5+33.3}\times\frac{0.02}{0.493+0.02}\times 49.2\times\frac{5\times 10}{5+10}=-129.9$$

한편 전체 전압이득 G_v에 대하여 다른 표현을 구하면 다음과 같이 정리할 수 있다.

$$G_v=-\frac{R_B}{R_{sig}+R_B}\cdot\frac{r_\pi}{R'_{sig}+r_\pi}\cdot g_m(R_C\|R_L)$$

$$=-\frac{R_{sig}R_B}{R_{sig}+R_B}\cdot\frac{r_\pi}{R'_{sig}+r_\pi}\cdot\frac{g_m(R_C\|R_L)}{R_{sig}}$$

$$=-\frac{R'_{sig}r_\pi}{R'_{sig}+r_\pi}\cdot\frac{g_m(R_C\|R_L)}{R_{sig}}$$

$$=-(R'_{sig}\|r_\pi)\cdot\frac{g_m(R_C\|R_L)}{R_{sig}}$$

$$=-\frac{(R_{sig}\|R_B\|r_\pi)(R_C\|R_L)}{R_{sig}}g_m$$

이 된다.

일반적으로 $R_B\gg r_\pi$이므로 $R_{sig}\|R_B\|r_\pi\approx R_{sig}\|r_\pi$가 되므로

$$G_v=\frac{v_o}{v_{sig}}\cong-\frac{r_\pi}{R_{sig}+r_\pi}g_m(R_C\|R_L)$$

와 같이 나타낼 수 있다.

전압증폭기에서 개방회로 전압이득 A_{vo}는 $R_{sig}=0$, $R_L=\infty$일 경우의 전체 전압이득을 나타낸다. 즉,

$$A_{vo} \equiv G_v|_{R_{sig}=0,\ R_L=\infty}$$

A_{vo}는 신호원 저항과 부하저항에 관계없는 전압 증폭기 자체의 전압이득을 말한다.

그림 E7.22의 회로에서 $R_{sig}=0$일 때 $R'_{sig}=0$이며 $R_L=\infty$일 때 $R_C \| R_L = R_C$이므로

$$A_{vo} = -g_m R_C$$

가 된다. ▣

■ 에미터 저항을 갖는 CE 증폭기

CE 증폭기에서 BJT의 에미터에 교류 저항 R_e가 추가되면 전압이득은 감소하는 대신 입력저항은 증가한다. 여기서는 에미터 저항을 갖는 CE 증폭기 회로를 해석하여 봄으로써 이러한 특성들을 이해한다.

예제 7.23. 그림 E7.23의 회로에서 (a) R_{in} (b) R_{out} (c) $G_v = v_o/v_{sig}$을 구하라. 단, $V_{CC}=15$ V, $R_C=5$ kΩ, $R_e=1$ kΩ, $R_e{}'=2$ kΩ, $R_{B1}=100$ kΩ, $R_{B2}=50$ kΩ, $R_{sig}=0.5$ kΩ, $R_L=10$ kΩ이고 BJT의 $\beta=100$, 열전압 $V_t=26$ mV이다. 또 모든 커패시터의 크기는 매우 큰 값이라고 가정한다.

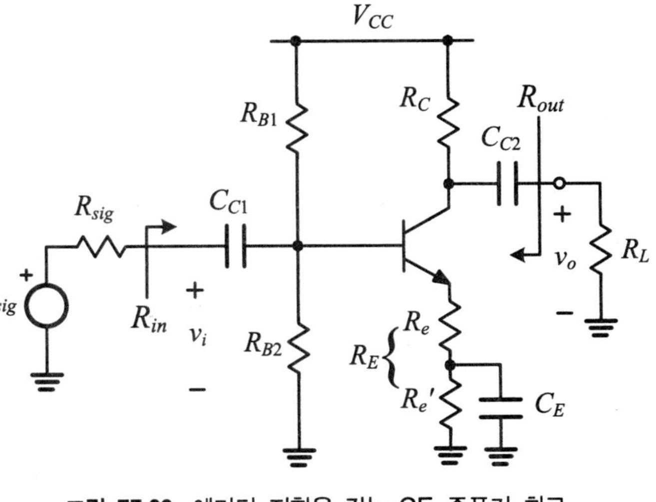

그림 E7.23. 에미터 저항을 갖는 CE 증폭기 회로

풀 이

그림 E7.23은 에미터가 저항 R_e를 갖는 CE 증폭기 회로를 나타낸다. 그림 E7.23의 회로의 해석 과정은 에미터 저항이 없는 CE 증폭기(그림 E7.22)의 경우와 동일하다.

(1) DC 해석

그림 E7.23에서 커패시터를 개방하여 제거하면 신호원과 부하가 회로에서 떨어져 나가고 그림 7.E7.23.1 (a)에 보인 DC 회로가 얻어진다. 여기서 $R_E = R_e + R'_e$이다. 그림 E7.23의 회로와 그림 E7.22의 회로의 DC 회로는 동일하다. 또 이러한 DC 회로의 각부의 전류와 전압을 구하는 동일한 문제는 앞서의 예제 7.8에서 이미 다루었으므로 여기서는 그 결과를 이용하기로 한다. 즉, 컬렉터 전류 I_C와 에미터 전류 I_E는 각각 다음과 같다.

$$I_C = 1.28 \ \text{mA}, \ I_E = 1.29 \ \text{mA}$$

(2) AC 해석

그림 E7.23에서 커패시터를 단락하여 제거하고 직류 전원을 단락하면 그림 E7.23.1 (b)에 보인 AC 회로가 된다. 그림 E7.23.1 (b)에 보인 AC 회로를 정리하여 다시 그리면 그림 E7.23.2와 같다. 여기서 저항 R_B는 전압 분배 바이어스 회로 때문에 들어간 저항이며 다음과 같다.

$$R_B = R_{B1} \| R_{B2} = \frac{100 \times 50}{100 + 50} = 33.3 \ \text{k}\Omega$$

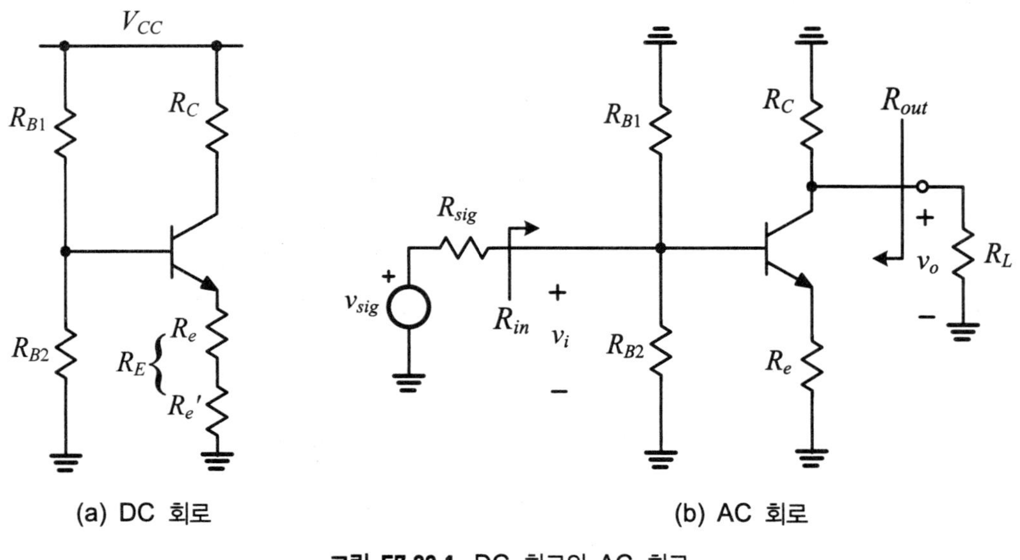

그림 E7.23.1. DC 회로와 AC 회로

또 BJT의 AC 모델에 대한 파라미터 값은

$$r_e = \frac{V_t}{I_E} = \frac{26}{1.29} \approx 20\ \ \Omega,\ g_m = \frac{I_C}{V_t} = \frac{1.28}{26} = 49.2\ \ \text{mS}$$

$$r_\pi = (1+\beta)r_e = 101 \times 20 = 2.02\ \ \text{k}\Omega\ \ [\text{식 (6.30) 참조}]$$

가 된다.

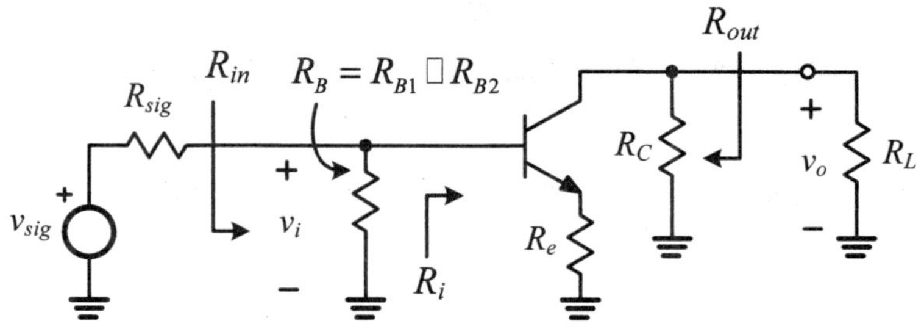

그림 E7.23.2. 간략화 된 AC 회로

그림 E7.23.3은 R_e를 갖는 CE 증폭기를 AC 해석하기 위한 등가회로이다. 여기서 BJT의 베이스 단자 좌측은 테브난 등가회로로 변환하였고 BJT는 해석의 편의상 r_e 모델로 치환되었다. 즉,

$$v'_{sig} = \frac{R_B}{R_{sig}+R_B} v_{sig} = \frac{33.3}{0.5+33.3} v_{sig} = 0.985 v_{sig}$$

$$R'_{sig} = R_{sig} \| R_B = \frac{0.5 \times 33.3}{0.5+33.3} = 0.493\ \ \text{k}\Omega$$

먼저 입력저항 R_i는 다음과 같다.

$$R_i \equiv \frac{v_i}{i_b} = \frac{(r_e+R_e)i_e}{i_b} = \frac{(r_e+R_e)(1+\beta)i_b}{i_b} = (r_e+R_e)(1+\beta)$$

$$= (0.02+1) \times (1+100) = 103.02\ \ \text{k}\Omega$$

따라서

$$R_{in} = R_B \| R_i = \frac{33.3 \times 103.02}{33.3+103.02} = 25.17\ \ \text{k}\Omega$$

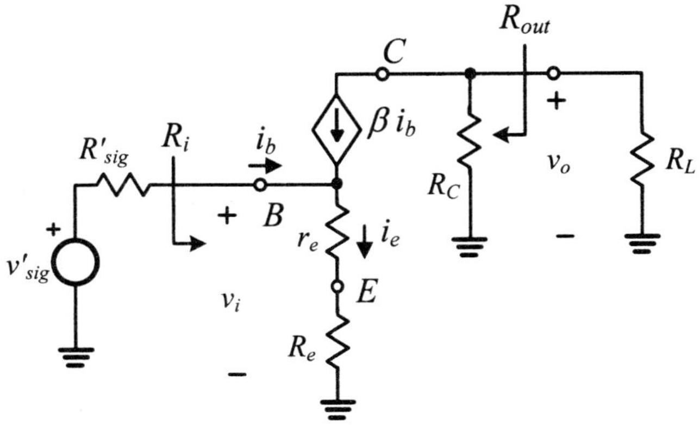

그림 E7.23.3. 에미터 저항을 갖는 CE 증폭기의 AC 해석

R_i에 대한 표현식을 비교해 보면 에미터 저항 R_e가 포함되면 R_i가 크게 증가한다. 즉,

$$\frac{R_i\,[\text{그림 E7.23.2}]}{R_i\,[\text{그림 E7.22.2}]} = \frac{(1+\beta)(r_e+R_e)}{(1+\beta)r_e} = 1 + \frac{R_e}{r_e}$$

출력저항 R_{out}를 구하기 위하여 $v_{sig}=0$으로 두면 $v'_{sig}=0$이 되어 $i_b=0$이 되고 따라서 $\beta i_b = 0$이 되어 종속전류원이 개방회로가 된다. 그러므로

$$R_{out} = R_C = 5\ \text{k}\Omega$$

그림 E7.23.3에서

$$v'_{sig} = R'_{sig} i_b + (r_e + R_e) i_e = R'_{sig} i_b + (r_e + R_e)(1+\beta) i_b$$

$$v_o = (-\beta i_b)(R_C \| R_L)$$

이므로

$$G_v \equiv \frac{v_o}{v_{sig}} = \frac{v'_{sig}}{v_{sig}} \cdot \frac{v_o}{v'_{sig}} = \frac{R_B}{R_{sig}+R_B} \cdot \frac{-\beta(R_C \| R_L)}{R'_{sig} + (r_e+R_e)(1+\beta)}$$

$$= -\frac{33.3}{0.5+33.3} \times \frac{100}{0.493 + (0.02+1)(1+100)} \times \frac{5\times 10}{5+10} = -3.17$$

그림 E7.23의 회로에서 $R_{sig}=0$일 때 $R'_{sig}=0$이며 $R_L=\infty$일 때 $R_C \| R_L = R_C$이므로

$$A_{vo} = G_v|_{R_{sig}=0,\ R_L=\infty} = \frac{-\beta R_C}{(r_e+R_e)(1+\beta)} = -\alpha\frac{R_C}{r_e+R_e}$$

가 된다.

CE 증폭기에 에미터 저항 R_e가 포함되면 A_{vo}가 크게 감소함을 알 수 있다. 즉,

$$\frac{A_{vo}\ [\text{그림 E7.23.2}]}{A_{vo}\ [\text{그림 E7.22.2}]} = \frac{-\alpha R_C/(r_e+R_e)}{-g_m R_C} = \frac{\alpha}{g_m}\cdot\frac{1}{r_e+R_e} = \frac{\alpha}{g_m r_e}\cdot\frac{1}{1+R_e/r_e} = \frac{1}{1+R_e/r_e}$$

.

▣

■ CB 증폭기

CB 증폭기는 공통 베이스 증폭기(common base amplifier)를 말하며 BJT의 에미터 단자로 입력 신호가 인가되고 컬렉터 단자에서 출력 신호를 취하는 BJT 증폭기 구성이다.

예제 7.24. 그림 E7.24의 회로에서 (a) R_{in} (b) R_{out} (c) $G_v = v_o/v_{sig}$을 구하라. 단, $V_{CC} = 15$ V, $R_C = 5$ kΩ, $R_E = 3$ kΩ, $R_{B1} = 100$ kΩ, $R_{B2} = 50$ kΩ, $R_{sig} = 0.5$ kΩ, $R_L = 10$ kΩ이고 BJT의 $\beta = 100$, 열전압 $V_t = 26$ mV이다. 또 모든 커패시터의 크기는 매우 큰 값이라고 가정한다.

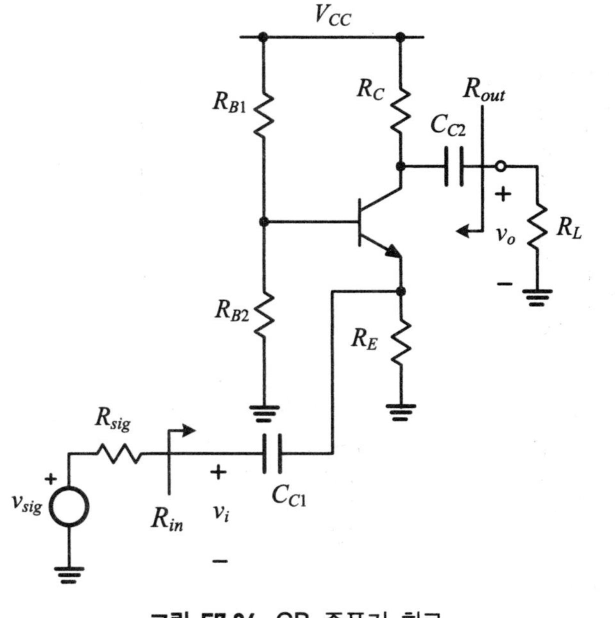

그림 E7.24. CB 증폭기 회로

풀 이

그림 E7.24는 CB 증폭기 회로를 나타낸다. DC 해석과 AC 해석은 다음과 같다.

(1) DC 해석

그림 E7.24.1 (a)는 직류만 흐르는 DC 회로를 나타낸다. 그림 E7.24의 회로와 그림 E7.22, 그림 E7.23의 회로의 모두 DC 회로는 동일하다. 또 이러한 DC 회로는 예제 7.8에서 이미 다루었다. 즉,

$$I_C = 1.28 \text{ mA},\ I_E = 1.29 \text{ mA}$$

(2) AC 해석

그림 E7.24.1 (b)는 교류만 있는 AC 회로를 나타낸다. 이 회로를 정리하여 다시 그리면 그림 E7.24.2와 같다. 그림 E7.24.2에서 R_B는 바이어스를 위하여 필요한 저항 R_{B1}과 R_{B2}의 합성저항이며

$$R_B = R_{B1} \| R_{B2} = \frac{100 \times 50}{100 + 50} = 33.3 \text{ k}\Omega$$

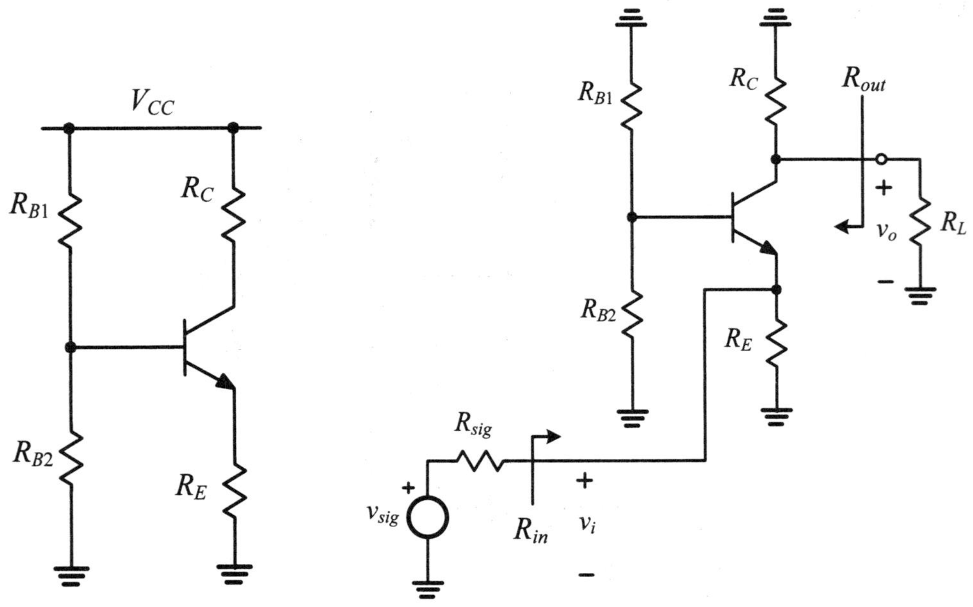

(a) DC 회로 (b) AC 회로

그림 E7.24.1. DC 회로와 AC 회로

이다. 또 BJT의 AC 모델에 대한 파라미터 값은 다음과 같다.

$$r_e = \frac{V_t}{I_E} = \frac{26}{1.29} \approx 20\ \Omega,\ g_m = \frac{I_C}{V_t} = \frac{1.28}{26} = 49.2\ \text{mS}$$

$$r_\pi = (1+\beta)r_e = 101 \times 20 = 2.02\ \text{k}\Omega$$

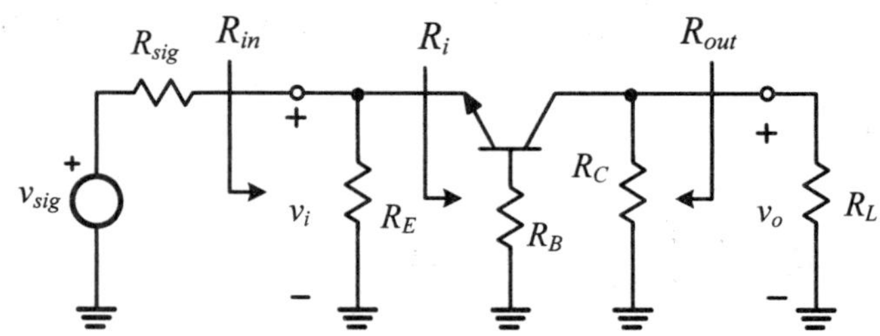

그림 E7.24.2. 다시 그린 AC 회로

그림 E7.24.3은 BJT의 베이스 단자 좌측은 테브난 등가회로로 변환한 CB 증폭기의 AC 회로이다. 그림 E7.24.3 (b)는 BJT를 r_e 모델로 치환한 회로이다. 여기서

$$v'_{sig} = \frac{R_E}{R_{sig}+R_E} v_{sig} = \frac{3}{0.5+3} v_{sig} = 0.857 v_{sig}$$

$$R'_{sig} = R_{sig} \| R_E = \frac{0.5 \times 3}{0.5+3} = 0.429\ \text{k}\Omega$$

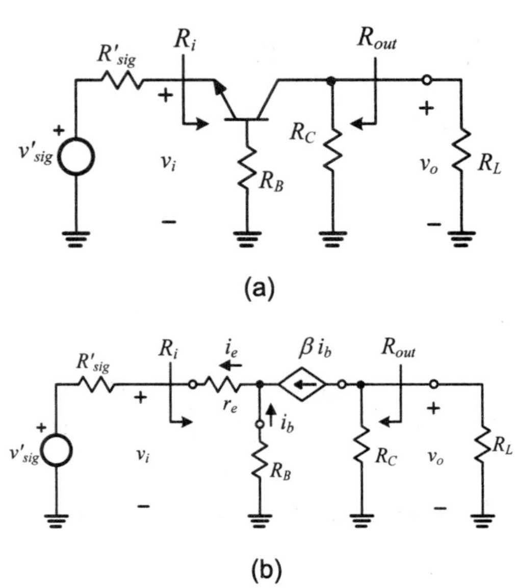

그림 E7.24.3. CB 증폭기의 AC 해석

그림 E7.24.3 (b)에서 v_i는 r_e와 R_B에서의 전압강하의 합으로 볼 수 있다. 즉,

$$v_i = r_e(-i_e) + R_B(-i_b) = -r_e(1+\beta)i_b - R_B i_b = -\left[r_e(1+\beta) + R_B\right]i_b$$

따라서 입력저항 R_i는 다음과 같다.

$$R_i \equiv \frac{v_i}{-i_e} = \frac{-\left[r_e(1+\beta)+R_B\right]i_b}{-(1+\beta)i_b} = r_e + \frac{R_B}{1+\beta} = 0.02 + \frac{33.3}{1+100} = 0.35\ \ \text{k}\Omega$$

그림 E7.24.2에서

$$R_{in} = R_E \| R_i = \frac{3 \times 0.35}{3+0.35} = 0.313\ \ \text{k}\Omega$$

이고 R_{in}에 대한 표현식을 구하면 다음과 같다.

$$R_{in} = R_E \| \left(r_e + \frac{R_B}{1+\beta}\right) = \frac{R_E\left[(1+\beta)r_e + R_B\right]}{R_B + (1+\beta)(R_E + r_e)}$$

출력저항 R_{out}를 구하기 위하여 $v_{sig} = 0$ 즉 $v'_{sig} = 0$으로 두면 그림 E7.24.3에서 $i_e = 0$이 되고 $\beta i_b = \alpha i_e = 0$이 되어 종속전류원이 개방회로가 된다. 그러므로

$$R_{out} = R_C = 5\ \ \text{k}\Omega$$

그림 E7.24.3 (b)에서

$$v'_{sig} = (-i_e)(R'_{sig} + r_e) + (-i_b)R_B = -(1+\beta)i_b(R'_{sig} + r_e) - i_b R_B$$

$$v_o = (-\beta i_b)(R_C \| R_L)$$

이므로

$$G_v \equiv \frac{v_o}{v_{sig}} = \frac{v'_{sig}}{v_{sig}} \cdot \frac{v_o}{v'_{sig}} = \frac{R_E}{R_{sig} + R_E} \cdot \frac{\beta(R_C \| R_L)}{(R'_{sig} + r_e)(1+\beta) + R_B}$$

$$= \frac{3}{0.5+3} \times \frac{100}{(0.429+0.02)(1+100)+33.3} \times \frac{5 \times 10}{5+10} = 3.633$$

그림 E7.24의 회로에서 $R_{sig} = 0$일 때 $R'_{sig} = 0$이며 $R_L = \infty$일 때 $R_C \| R_L = R_C$ 이므로 개방회로 전압이득 A_{vo}는

$$A_{vo} = G_v\Big|_{R_{sig}=0,\ R_L=\infty} = \frac{\beta R_C}{r_e(1+\beta)+R_B} = \beta\frac{R_C}{r_\pi + R_B}$$

가 된다. ▣

■ CC 증폭기

CC 증폭기는 공통 컬렉터 증폭기(common collector amplifier)를 말하며 BJT의 베이스 단자로 입력 신호가 인가되고 에미터 단자에서 출력 신호를 취하는 BJT 증폭기 구성이다. CC 증폭기는 **에미터 팔로워**(emitter follower)라고도 하는데 이 증폭기는 전압이득은 거의 1에 가까우면서 입력저항은 매우 크고 출력저항은 매우 작은 특징을 갖는다.

예제 7.25. 그림 E7.25의 회로에서 (a) R_{in} (b) R_{out} (c) $G_v = v_o/v_{sig}$을 구하라. 단, $V_{CC} = 15$ V, $R_E = 3$ kΩ, $R_{B1} = 100$ kΩ, $R_{B2} = 50$ kΩ, $R_{sig} = 0.5$ kΩ, $R_L = 10$ kΩ이고 BJT의 $\beta = 100$, 열전압 $V_t = 26$ mV이다. 또 모든 커패시터의 크기는 매우 큰 값이라고 가정한다.

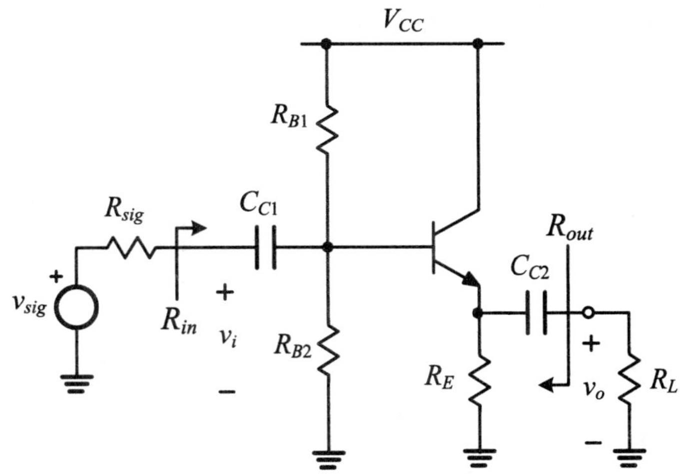

그림 E7.25. CC 증폭기 회로

풀 이

먼저 DC 해석을 하고 이어서 AC 해석을 한다.

(1) DC 해석

그림 E7.25.1에서 (a)는 직류만 흐르는 DC 회로를 나타내며 (b)는 (a)의 회로를 변형한 것이며 (c)는 BJT의 베이스 단자의 왼쪽을 테브난 등가회로를 이용하여 바꾼 회로이다. 그림 E7.25.1 (c)에서

$$V_{Th} = 15 \times \frac{R_{B2}}{R_{B1} + R_{B2}} = 15 \times \frac{50}{100 + 50} = 5 \text{ V}$$

$$R_{Th} = (R_{B1} \parallel R_{B2}) = (100 \parallel 50) = \frac{100 \times 50}{100 + 50} = 33.3 \text{ k}\Omega$$

먼저 BJT 동작을 능동영역으로 가정한다. BJT가 능동영역일 때 $V_{BE} = V_{BE(act)} = 0.7$ V이고 V_{Th}-R_{Th}-V_{BE}-R_E로 이루어진 루프 내 회로방정식은 다음과 같다.

$$V_{Th} = R_{Th} I_B + V_{BE(act)} + R_E I_E$$

능동영역에서, $I_B = I_E / (1 + \beta)$이므로 위의 식에 I_B대신 대입, 정리하면 다음과 같다.

$$I_E = \frac{V_{Th} - V_{BE(act)}}{R_E + \dfrac{R_{Th}}{1 + \beta}} = \frac{5 - 0.7}{3 + \dfrac{33.3}{1 + 100}} = 1.29 \text{ mA}$$

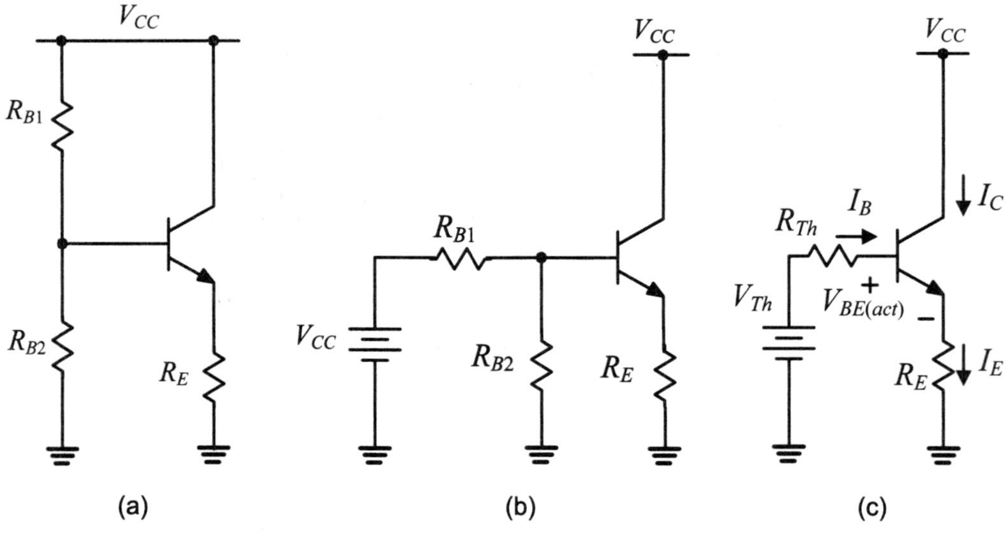

그림 E7.25.1. DC 회로

BJT의 단자 전압은 다음과 같다.

$$V_E = R_E I_E = 3 \times 1.29 = 3.87 \text{ V}$$

$$V_B = V_E + V_{BE(act)} = 3.87 + 0.7 = 4.57 \text{ V}$$

$$V_C = V_{CC} = 15 \text{ V}$$

따라서 $V_E < V_B < V_C$ 이므로, 베이스-에미터 다이오드는 순방향, 베이스-컬렉터 다이오드는 역방향 바이어스 되어 능동영역에 존재함을 확인할 수 있다. 그러므로 처음의 가정이 옳았고 해석의 결과는 모두 맞는 것으로 볼 수 있다.

(2) AC 해석

그림 E7.25.2에서 (a)는 교류만 있는 AC 회로를 나타내고 (b)는 (a)의 회로를 정리하여 다시 도시한 것이다. 그림 E7.25.2에서 R_B는 바이어스를 위하여 필요한 저항 R_{B1}과 R_{B2}의 합성저항이며 $R_B = R_{B1} \| R_{B2} = 33.3$ kΩ이다. 또 BJT의 AC 모델에 대한 파라미터 값은 다음과 같다.

$$r_e = \frac{V_t}{I_E} = \frac{26}{1.29} \approx 20 \ \Omega, \ g_m = \frac{I_C}{V_t} = \frac{1.28}{26} = 49.2 \text{ mS}$$

$$r_\pi = (1+\beta) r_e = 101 \times 20 = 2.02 \text{ k}\Omega$$

그림 E7.25.3은 BJT의 베이스 단자 좌측을 테브난 등가회로로 변환하고 BJT를 r_e 모델로 치환한 AC 회로이다. 여기서

$$v'_{sig} = \frac{R_B}{R_{sig} + R_B} v_{sig} = \frac{33.3}{0.5 + 33.3} v_{sig} = 0.985 v_{sig}$$

$$R'_{sig} = R_{sig} \| R_B = \frac{0.5 \times 33.3}{0.5 + 33.3} = 0.493 \text{ k}\Omega$$

먼저 입력저항 R_i는 다음과 같다.

$$R_i \equiv \frac{v_i}{i_b} = \frac{[r_e + (R_E \| R_L)] i_e}{i_b} = \frac{[r_e + (R_E \| R_L)](1+\beta) i_b}{i_b} = [r_e + (R_E \| R_L)](1+\beta)$$

$$= \left[0.02 + \frac{3 \times 10}{3 + 10}\right](1 + 100) = 235.1 \text{ k}\Omega$$

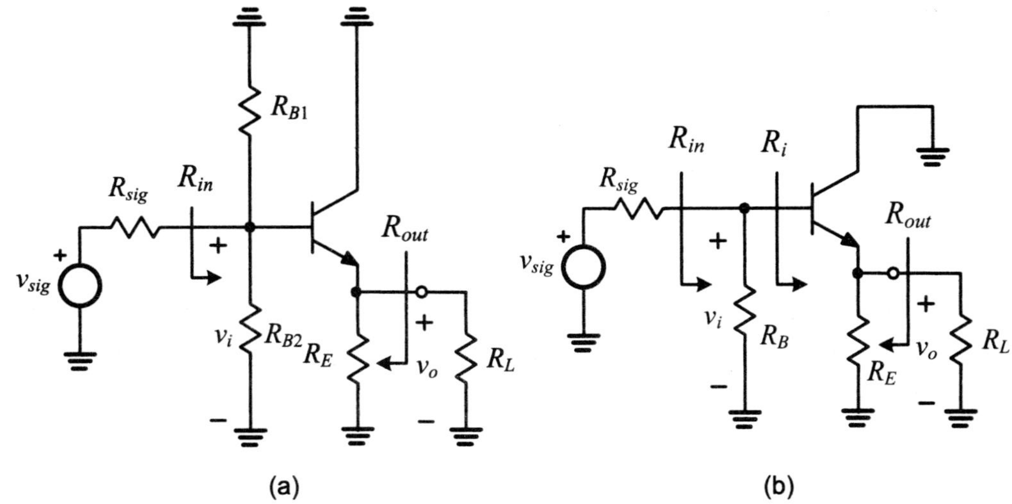

그림 E7.25.2. AC 회로

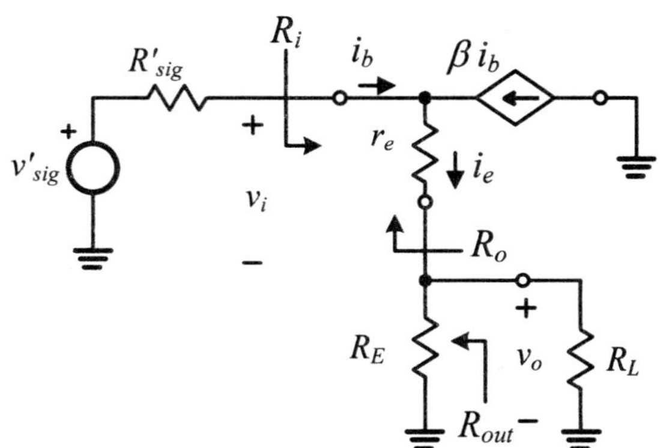

그림 E7.25.3. CC 증폭기의 AC 해석

따라서

$$R_{in} = R_B \| R_i = \frac{33.3 \times 235.1}{33.3 + 235.1} = 29.17 \ \text{k}\Omega$$

출력저항 R_{out}를 구하기 위하여 $v_{sig}=0$ 즉 $v'_{sig}=0$으로 두면 그림 E7.25.3에서 $i_b=0$이 되고 $\beta i_b=0$이 되어 종속전류원이 개방회로가 된다. 따라서 R'_{sig}와 r_e는 직렬로 연결되며 R_o는

$$R_o = r_e + R'_{sig} = r_e + \frac{R_{sig} R_B}{R_{sig} + R_B} = 0.02 + \frac{0.5 \times 33.3}{0.5 + 33.3} = 0.513 \ \text{k}\Omega$$

가 되고 R_{out}는

$$R_{out} = R_o \| R_E = \frac{0.513 \times 3}{0.513 + 3} = 0.438 \text{ k}\Omega$$

그림 E7.25.3에서

$$v'_{sig} = R'_{sig} i_b + (r_e + R_E \| R_L) i_e = R'_{sig} i_b + (r_e + R_E \| R_L)(1+\beta) i_b$$

$$v_o = (R_E \| R_L) i_e = (R_E \| R_L)(1+\beta) i_b$$

이므로

$$G_v \equiv \frac{v_o}{v_{sig}} = \frac{v'_{sig}}{v_{sig}} \cdot \frac{v_o}{v'_{sig}} = \frac{R_B}{R_{sig} + R_B} \cdot \frac{(R_E \| R_L)(1+\beta)}{R'_{sig} + (r_e + R_E \| R_L)(1+\beta)}$$

$$= \frac{33.3}{0.5 + 33.3} \times \frac{\frac{3 \times 10}{3+10}(1+100)}{0.493 + \left(0.02 + \frac{3 \times 10}{3+10}\right)(1+100)} = 0.974$$

그림 E7.25.3의 회로에서 $R_{sig} = 0$일 때 $R'_{sig} = 0$이며 $R_L = \infty$일 때 $R_E \| R_L = R_E$이므로 개방회로 전압이득 A_{vo}는

$$A_{vo} = G_v \big|_{R_{sig}=0,\ R_L=\infty} = \frac{R_E}{r_e + R_E} \approx 1$$

가 된다. A_{vo}의 식에는 β와 같은 BJT의 파라미터가 포함되지 않음에 유의한다.

한편 입력저항 R_{in}과 출력저항 R_{out}는

$$R_{in} = R_B \| R_i = R_B \| \left[r_e + (R_E \| R_L) \right](1+\beta) = \frac{R_B \left[r_e + (R_E \| R_L) \right](1+\beta)}{R_B + \left[r_e + (R_E \| R_L) \right](1+\beta)}$$

$$R_{out} = R_o \| R_E = (r_e + R_{sig} \| R_B) \| R_E = \frac{(r_e + R_{sig} \| R_B) R_E}{r_e + R_{sig} \| R_B + R_E}$$

가 되는데 CE 증폭기와 CB 증폭기에서와 달리 R_{in}은 R_L에 의존하며 R_{out}도 R_{sig}에 의존한다는 사실에 유의하도록 한다. 즉, CC 증폭기는 단방향이 아니다. ▣

■ 컬렉터 피드백 증폭기

컬렉터 피드백 증폭기(collector feedback amplifier)는 CC 증폭기와 같이 R_{in}은 R_L에 의존하며 R_{out}도 R_{sig}에 의존하는 증폭기이다. 컬렉터 피드백 증폭기는 바이어스의 피드백과 신호의 피드백이 동시에 이루어지는 회로로서 간단해 보이는 구조와는 달리 DC 및 AC 해석은 다소 까다로운 편이다.

예제 7.26. 그림 E7.26의 회로에서 (a) R_{in} (b) R_{out} (c) $G_v = v_o/v_{sig}$을 구하라. 단, $V_{CC} = 10$ V, $R_C = 2$ kΩ, $R_F = 100$ kΩ, $R_{sig} = 0.5$ kΩ, $R_L = 10$ kΩ이고 BJT의 $\beta = 100$, 열전압 $V_t = 26$ mV이다. 또 모든 커패시터의 크기는 매우 큰 값이라고 가정한다.

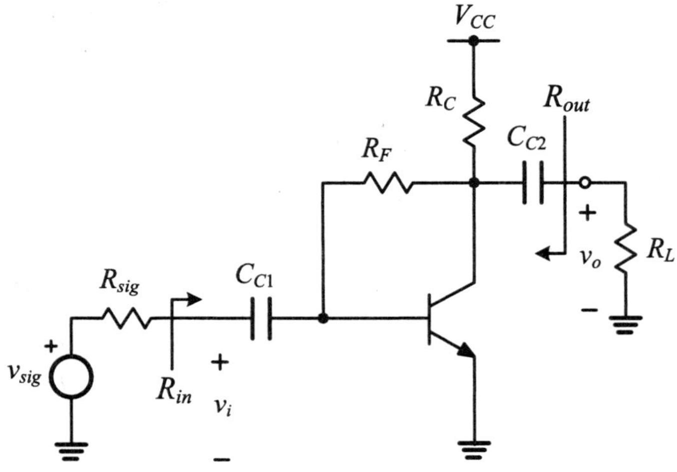

그림 E7.26. 컬렉터 피드백 증폭기 회로

풀 이

(1) DC 해석

그림 E7.26.1 (a)는 컬렉터 피드백 증폭기의 DC 회로를 나타낸다. 이러한 DC 회로의 각부의 전류와 전압을 구하는 동일한 문제는 앞서의 예제 7.9에서 다루었다. 그러므로 DC 해석에 대하여는 7.2절의 예제 7.9의 결과를 이용하기로 한다. 즉, 컬렉터 전류 I_C와 에미터 전류 I_E는 각각 다음과 같다.

$$I_C = 3.08 \text{ mA}, \; I_E = 3.111 \text{ mA}$$

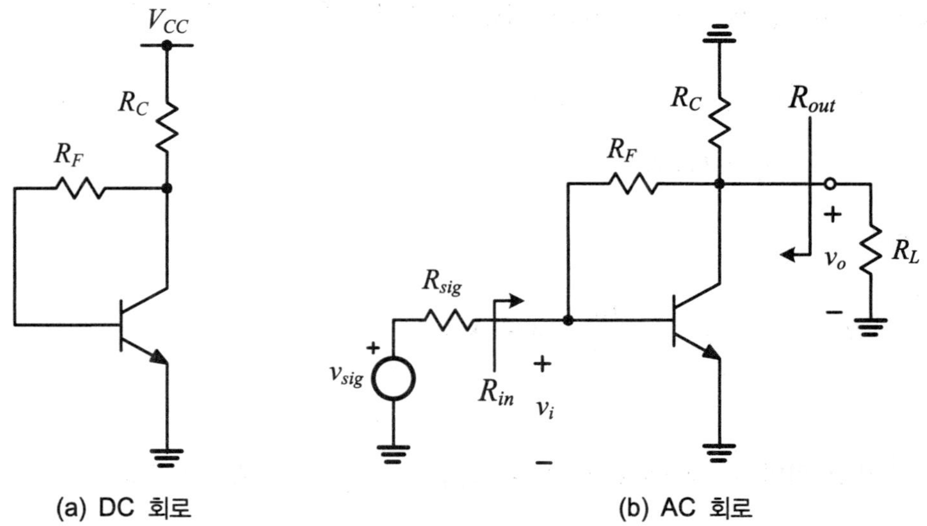

그림 E7.26.1. DC 회로와 AC 회로

(2) AC 해석

그림 E7.26.1 (b)는 컬렉터 피드백 증폭기의 AC 회로를 나타내고 그림 E7.26.2 (a)는 접지를 아래쪽으로 내려서 다시 그린 것이다. 먼저 BJT의 AC 모델에 대한 파라미터 값은 다음과 같다.

$$r_e = \frac{V_t}{I_E} = \frac{26}{3.111} \approx 8.36\ \ \Omega,\ \ g_m = \frac{I_C}{V_t} = \frac{3.08}{26} = 118.5\ \ \text{mS}$$

$$r_\pi = (1+\beta) r_e = 101 \times 8.36 = 844.4\ \ \Omega$$

그림 E7.26.2 (b)는 BJT를 하이브리드-π 모델로 치환한 AC 회로이다.

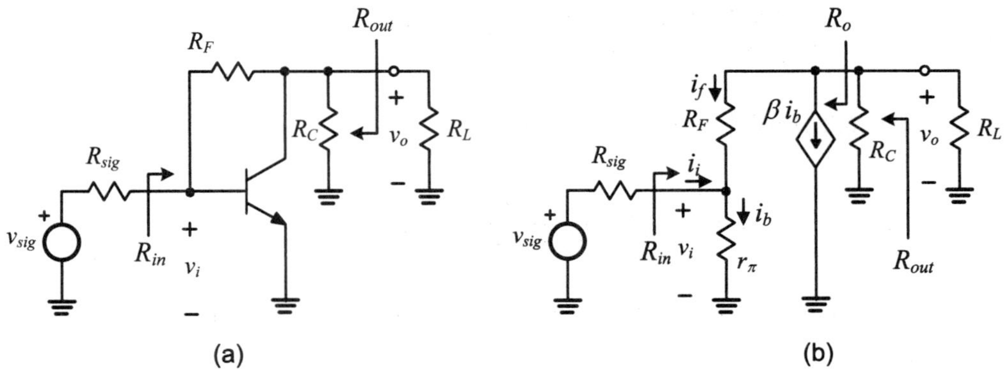

그림 E7.26.2. 컬렉터 피드백 증폭기의 AC 해석

그림 E7.26.2 (b)에서 v_o에 대하여 다음 두 가지 식을 쓸 수 있다. 즉,

$$v_o = R_F i_f + v_i = R_F i_f + r_\pi i_b$$

$$v_o = (-i_f - \beta i_b) R_L'$$

여기서

$$R_L' = R_C \| R_L = \frac{2 \times 10}{2+10} = 1.667 \ \text{k}\Omega$$

이다.

v_o에 대한 위의 두 식으로부터 $R_F i_f + r_\pi i_b = -(i_f + \beta i_b) R_L'$ 가 되고

$$i_f = -\frac{r_\pi + \beta R_L'}{R_F + R_L'} \cdot i_b$$

와 같이 i_f와 i_b의 관계식을 얻는다.

한편 i_i와 i_b의 관계식은 다음과 같다.

$$i_i = i_b - i_f = i_b + \frac{r_\pi + \beta R_L'}{R_F + R_L'} i_b = \frac{R_F + r_\pi + (1+\beta) R_L'}{R_F + R_L'} i_b$$

입력저항 R_{in}은 다음과 같다.

$$R_{in} \equiv \frac{v_i}{i_i} = \frac{r_\pi i_b}{\dfrac{R_F + r_\pi + (1+\beta) R_L'}{R_F + R_L'} i_b} = \frac{r_\pi (R_F + R_L')}{R_F + r_\pi + (1+\beta) R_L'}$$

$$= \frac{0.844 \times (100 + 1.667)}{100 + 0.844 + (1+100) \times 1.667} = 0.319 \ \text{k}\Omega$$

그림 E7.26.2 (b)에서 v_o와 v_{sig}에 대하여

$$v_o = R_F i_f + r_\pi i_b = R_F \left(-\frac{r_\pi + \beta R_L'}{R_F + R_L'} i_b \right) + r_\pi i_b$$

$$v_{sig} = R_{sig} i_i + r_\pi i_b = R_{sig} (i_b - i_f) + r_\pi i_b = (R_{sig} + r_\pi) i_b - R_{sig} i_f$$

$$= (R_{sig} + r_\pi) i_b + \frac{R_{sig} (r_\pi + \beta R_L')}{R_F + R_L'} i_b$$

이므로 따라서 전체 전압이득 G_v는 다음과 같다.

$$G_v \equiv \frac{v_o}{v_{sig}} = \frac{-R_F \dfrac{r_\pi + \beta R_L'}{R_F + R_L'} + r_\pi}{R_{sig} + r_\pi + \dfrac{R_{sig}(r_\pi + \beta R_L')}{R_F + R_L'}}$$

$$= -\frac{R_F(r_\pi + \beta R_L') - r_\pi(R_F + R_L')}{(R_{sig} + r_\pi)(R_F + R_L') + R_{sig}(r_\pi + \beta R_L')}$$

$$= -\frac{100 \times (0.844 + 100 \times 1.667) - 0.844 \times (100 + 1.667)}{(0.5 + 0.844)(100 + 1.667) + 0.5 \times (0.844 + 100 \times 1.667)} = 75.62$$

출력저항 R_{out}를 구하기 위하여 $v_{sig} = 0$으로 두고 먼저 R_o를 구한다. 그림 E7.26.3은 출력저항 $R_o \equiv v_x / i_x$를 구하기 위한 회로이다. 그림 E7.26.3에서

$$i_x = i_f + \beta i_b$$

$$v_x = R_F i_f + r_\pi i_b$$

이므로 i_f와 i_b의 관계식만 구하면 출력저항 R_o를 구할 수 있음을 알 수 있다.

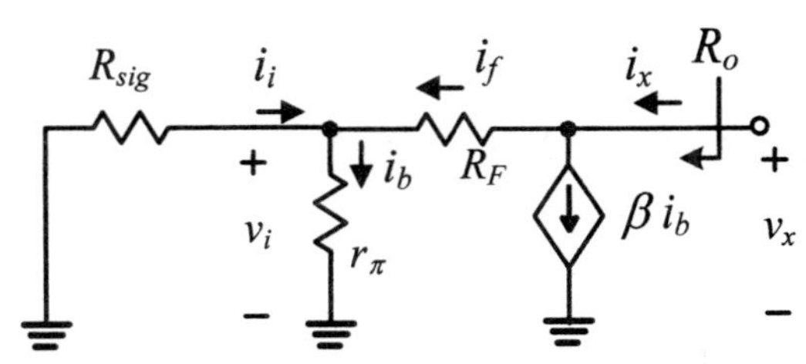

그림 E7.26.3. 출력저항을 구하기 위한 회로

R_{sig} 양단의 전압과 r_π 양단의 전압은 서로 같으므로 $R_{sig}(-i_i) = r_\pi i_b$이고

$$R_{sig}(i_f - i_b) = r_\pi i_b \Rightarrow R_{sig} i_f = (R_{sig} + r_\pi) i_b$$

가 된다. 따라서

$$i_x = i_f + \beta i_b = \frac{R_{sig} + r_\pi}{R_{sig}} i_b + \beta i_b$$

$$v_x = R_F i_f + r_\pi i_b = R_F \cdot \frac{R_{sig} + r_\pi}{R_{sig}} i_b + r_\pi i_b$$

이고

$$R_o \equiv \frac{v_x}{i_x} = \frac{\dfrac{R_F(R_{sig}+r_\pi)}{R_{sig}} + r_\pi}{\dfrac{R_{sig}+r_\pi}{R_{sig}} + \beta} = \frac{r_\pi R_F + (r_\pi + R_F)R_{sig}}{r_\pi + (1+\beta)R_{sig}}$$

$$= \frac{0.844 \times 100 + (0.844 + 100) \times 0.5}{0.844 + (1+100) \times 0.5} = 2.626 \ \ \text{k}\Omega$$

따라서

$$R_{out} = R_o \| R_C = \frac{2.626 \times 2}{2.626 + 2} = 1.14 \ \ \text{k}\Omega$$

R_{out}에 대한 표현식을 구하면 다음과 같다.

$$R_{out} = R_o \| R_C = \frac{R_C[r_\pi R_F + (r_\pi + R_F)R_{sig}]}{(R_F + R_C)r_\pi + [R_F + (1+\beta)R_C + r_\pi]R_{sig}}$$

위의 R_{in}과 R_{out}의 식에서 보듯이 R_{in}의 식에 R_L이 포함되어 있으므로 부하에 따라 R_{in}이 변하는 것을 알 수 있고 마찬가지로 R_{out}의 식에 R_{sig}가 포함되어 있으므로 신호원의 저항에 따라 출력저항 R_{out}가 변하는 것을 알 수 있다. 따라서 컬렉터 피드백 증폭기는 단방향이 아님을 확인할 수 있다. ▣

7.6. FET 증폭기의 AC 해석

이 책에서 다루는 FET의 종류에는 JFET와 MOSFET이 있고 MOSFET에는 증가형 MOSFET과 공핍형 MOSFET의 두 종류가 있는데 채널의 타입(n-채널 또는 p-채널)이 같으면 모두 동일한 구조의 AC 모델을 갖는다. 다만 트랜스컨덕턴스 g_m의 값을 결정하는 수식만 다를 뿐이다.

BJT의 경우에서와 마찬가지로 FET 증폭기에는 소스 공통, 게이트 공통, 드레인 공통의 3가지 기본회로가 있다. 이 절에서는 FET 증폭기 회로의 AC 해석 과정을 예제를 중심으로 설명한다.

■ CS 증폭기

CS 증폭기는 공통 소스 증폭기(common source amplifier)를 말하며 FET의 게이트 단자로 입력 신호가 인가되고 드레인 단자에서 출력 신호를 취하는 FET 증폭기 구성이다.

예제 7.27. 그림 E7.27의 회로에서 (a) R_{in} (b) R_{out} (c) $G_v = v_o/v_{sig}$을 구하라. 단, $V_{DD} = 40$ V, $R_D = 1$ kΩ, $R_S = 0.82$ kΩ, $R_1 = 22$ MΩ, $R_2 = 18$ MΩ, $R_{sig} = 0.5$ kΩ, $R_L = 10$ kΩ이고 증가형 NMOS의 문턱전압 $V_T = 5$ V이고 $V_{GS} = V_{GS(on)} = 10$ V일 때 $I_D = I_{D(on)} = 3$ mA 이다. 또 모든 커패시터의 크기는 매우 큰 값이라고 가정한다.

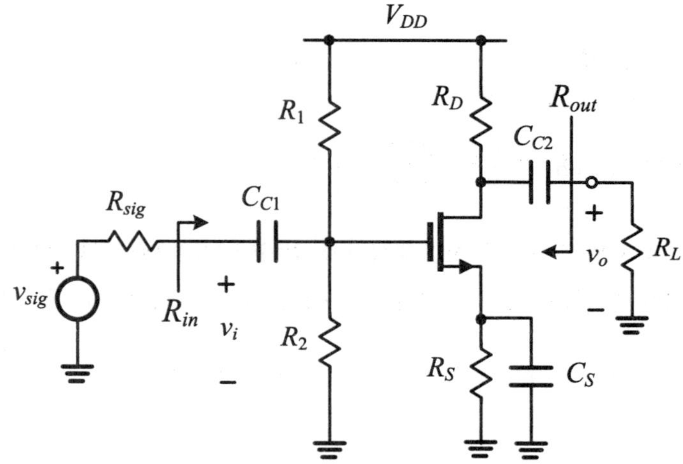

그림 E7.27. CS 증폭기

풀 이

(1) DC 해석

그림 E7.27.1 (a)는 DC 회로를 나타낸다. 이러한 DC 회로의 각부의 전류와 전압을 구하는 동일한 문제는 앞서의 예제 7.16에서 다루었다. 그러므로 DC 해석에 대하여는 7.4절의 예제 7.16의 결과를 이용하기로 한다. 즉, 게이트-소스 사이의 전압 V_{GS}와 드레인 전류 I_D는 각각 다음과 같다.

$$V_{GS} = 12.486 \text{ V}, \ I_D = 6.724 \text{ mA}$$

또 사용된 증가형 NMOS의 특성을 나타내는 파라미터 k_n은 다음과 같다.

$$k_n = \frac{2I_{D(on)}}{(V_{GS(on)} - V_T)^2} = \frac{2 \times 3}{(10-5)^2} = 0.24 \ \ \mathrm{mA/V^2}$$

(2) AC 해석

그림 E7.27.1 (b)는 AC 회로를 나타낸다. 그림 E7.27.2는 접지를 아랫방향으로 내려서 다시 그린 AC 회로이다. 여기서 R_G는 바이어스를 위하여 필요한 저항 R_1과 R_2의 합성 저항이며 $R_G = R_1 \| R_2 = 9.9 \ \ \mathrm{M\Omega}$이다.

그림 E7.27.2에서 점선으로 둘러싸인 부분을 테브난 등가회로로 변환하면 다음과 같다.

$$v'_{sig} = \frac{R_G}{R_{sig} + R_G} v_{sig} \approx v_{sig}$$

$$R'_{sig} = R_{sig} \| R_G = \frac{0.5 \times 9900}{0.5 + 9900} \approx 0.5 \ \ \mathrm{k\Omega}$$

그림 E7.27.3은 CS 증폭기를 AC 해석하기 위하여 NMOS를 AC 모델로 대치한 회로이다. DC 해석에서 얻은 V_{GS} 전압을 사용해 트랜스컨덕턴스 g_m을 계산하면

$$g_m = k_n (V_{GS} - V_T) = 0.24 \times (12.486 - 5) = 1.8 \ \ \mathrm{mS}$$

이다.

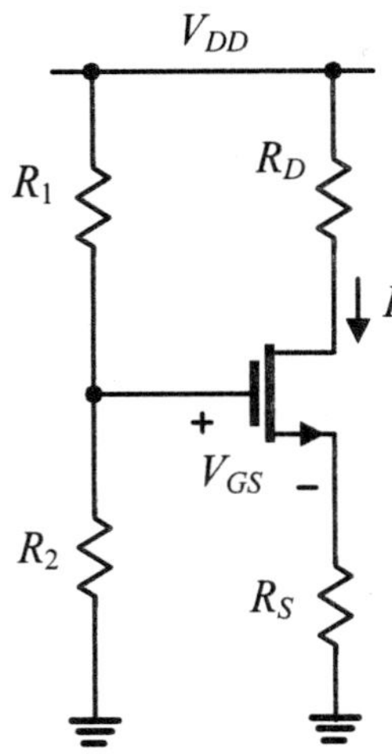

(a) DC 회로

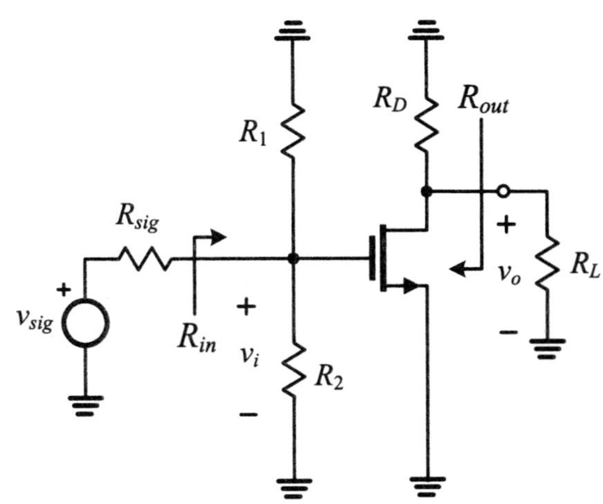

(b) AC 회로

그림 E7.27.1. DC 회로와 AC 회로

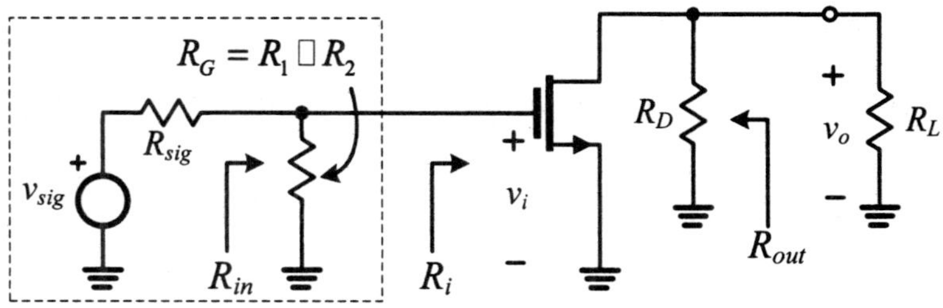

그림 E7.27.2. 정리된 AC 회로

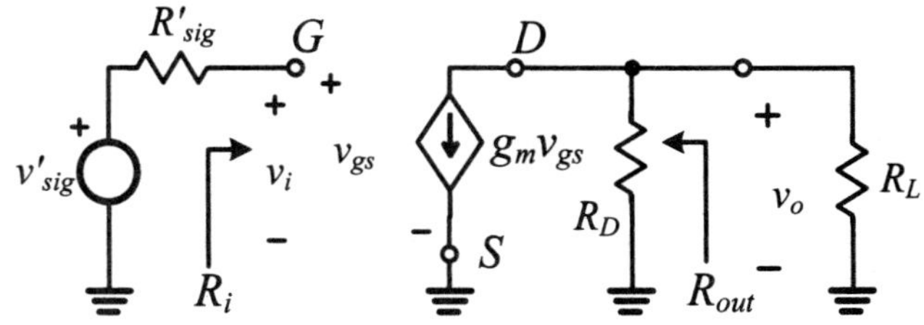

그림 E7.27.3. CS 증폭기의 AC 해석

그림 E7.27.3에서 $R_i = \infty$ 이므로

$$R_{in} = R_G = R_1 \| R_2 = \frac{22 \times 18}{22 + 18} = 9.9 \ \ \mathrm{M\Omega}$$

이다. 또 출력저항 R_{out}을 구하기 위하여 $v_{sig} = 0$, 즉 $v'_{sig} = 0$으로 두면 $v_{gs} = 0$이 되므로 $g_m v_{gs} = 0$이 되어 전류원은 개방회로가 된다. 따라서

$$R_{out} = R_D = 1 \ \ \mathrm{k\Omega}$$

그림 E7.27.3에서 $v'_{sig} = v_{gs}$이고 $v_o = (-g_m v_{gs})(R_D \| R_L)$ 이므로

$$G_v \equiv \frac{v_o}{v_{sig}} = \frac{v'_{sig}}{v_{sig}} \cdot \frac{v_o}{v'_{sig}} = \frac{R_G}{R_{sig} + R_G} \cdot (-g_m)(R_D \| R_L)$$

일반적으로 $R_{sig} \ll R_G$이고 $R_D \ll R_L$이므로 전체 전압이득 G_v는

$$G_v \approx -g_m R_D = -1.8 \times 1 = -1.8$$

가 된다. ▣

■ 소스 저항을 갖는 CS 증폭기

CS 증폭기에서 FET의 소스에 교류 저항 R_s가 추가되면 전압이득은 감소한다. 그러나 입력저항은 MOSFET의 입력저항이 원래 매우 크기 때문에 증가효과는 크지 않다. 여기서는 소스 저항을 갖는 CS 증폭기 회로를 해석하여 봄으로써 이러한 특성들을 이해한다.

예제 7.28. 그림 E7.28의 회로에서 (a) R_{in} (b) R_{out} (c) $G_v = v_o/v_{sig}$을 구하라. 단, $V_{DD} = 40$ V, $R_D = 1$ kΩ, $R_s = 0.3$ kΩ, $R_s' = 0.52$ kΩ, $R_1 = 22$ MΩ, $R_2 = 18$ MΩ, $R_{sig} = 0.5$ kΩ, $R_L = 10$ kΩ이고 증가형 NMOS의 문턱전압 $V_T = 5$ V이고 $V_{GS} = V_{GS(on)} = 10$ V일 때 $I_D = I_{D(on)} = 3$ mA 이다. 또 모든 커패시터의 크기는 매우 큰 값이라고 가정한다.

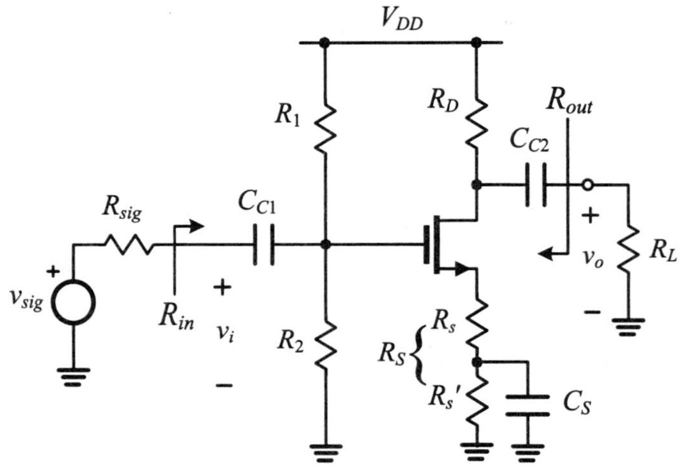

그림 E7.28. 소스 저항을 갖는 CS 증폭기 회로

풀 이

(1) DC 해석

그림 E7.28.1 (a)는 DC 회로를 나타낸다. DC 회로만 보면 예제 7.27과 예제 7.28은 동일한 DC 회로를 갖는다. 즉, 예제 7.27의 CS 증폭기 회로의 R_S를 R_s와 R_s'로 나누고 R_s'에 흐르는 교류 전류만 바이패스 시키면 예제 7.28의 회로가 얻어진다. DC 해석에 대하여는 7.4절의 예제 7.16의 결과를 이용하기로 한다. 즉, 게이트-소스 사이의 전압 V_{GS}, 드레인 전류 I_D, 증가형 NMOS의 특성을 나타내는 파라미터 k_n는 각각 다음과

같다.

$$V_{GS} = 12.486 \text{ V}, \ I_D = 6.724 \text{ mA}$$

$$k_n = \frac{2I_{D(on)}}{(V_{GS(on)} - V_T)^2} = \frac{2 \times 3}{(10-5)^2} = 0.24 \text{ mA/V}^2$$

(2) AC 해석

그림 E7.28.1 (b)는 AC 회로를 나타내고 그림 E7.28.2는 정리하여 다시 그린 AC 회로이다. 여기서 R_G는 바이어스를 위하여 필요한 저항 R_1과 R_2의 합성저항이며 $R_G = R_1 \| R_2 = 9.9 \text{ M}\Omega$이다. 그림 E7.27.3은 CS 증폭기를 AC 해석하기 위하여 게이트 좌측을 테브난 등가회로로 바꾸고 NMOS를 AC 모델로 대치한 회로이다. 여기서

$$v'_{sig} = \frac{R_G}{R_{sig} + R_G} v_{sig} \approx v_{sig}$$

$$R'_{sig} = R_{sig} \| R_G = \frac{0.5 \times 9900}{0.5 + 9900} \approx 0.5 \text{ k}\Omega$$

DC 해석에서 얻은 V_{GS} 전압을 사용해 트랜스컨덕턴스 g_m을 계산하면

$$g_m = k_n(V_{GS} - V_T) = 0.24 \times (12.486 - 5) = 1.8 \text{ mS}$$

이다.

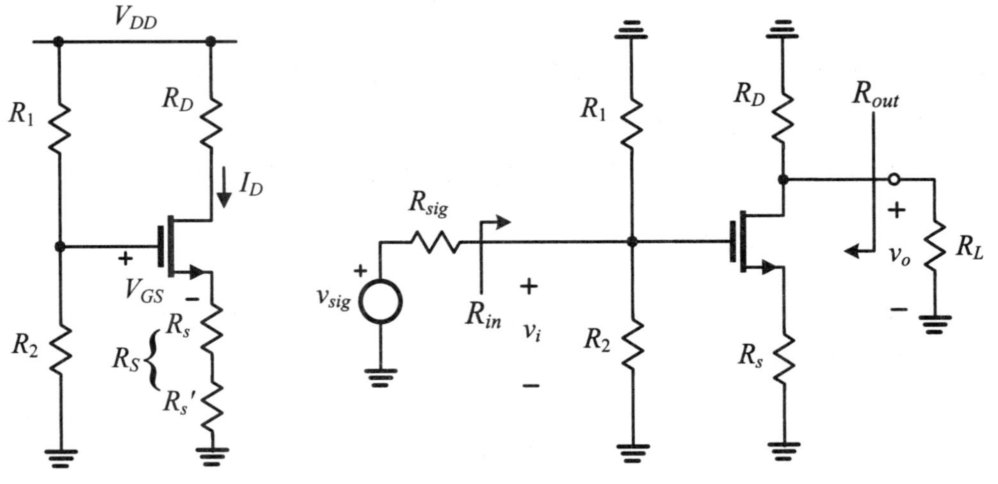

(a) DC 회로

(b) AC 회로

그림 E7.28.1. DC 회로와 AC 회로

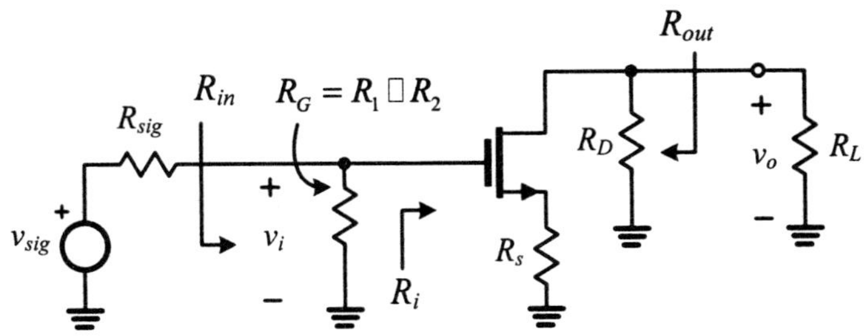

그림 E7.28.2. 정리된 AC 회로

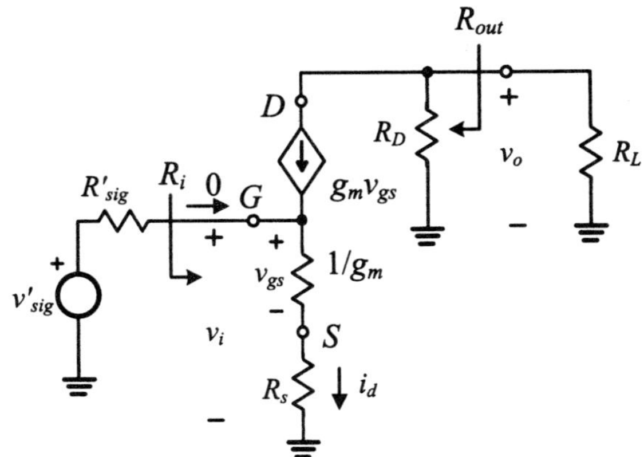

그림 E7.28.3. 소스 저항을 갖는 CS 증폭기의 AC 해석

그림 E7.28.3에서 게이트 전류가 0이 되어 $R_i = \infty$ 이므로

$$R_{in} = R_G = R_1 \| R_2 = \frac{22 \times 18}{22 + 18} = 9.9 \ \text{M}\Omega$$

이다. 또 출력저항 R_{out}을 구하기 위하여 $v_{sig} = 0$, 즉 $v'_{sig} = 0$으로 두면 $v_i = 0$이 된다. v_i는 $1/g_m$과 R_s의 합성저항에 인가되는 전압이므로 $1/g_m$과 R_s의 합성저항에 흐르는 전류는 0이 된다. 즉 $g_m v_{gs} = 0$이 되고 전류원은 개방회로가 된다. 따라서

$$R_{out} = R_D = 1 \ \text{k}\Omega$$

그림 E7.27.3에서 $v'_{sig} = v_i$, $v_{gs} = [(1/g_m)/(R_s + 1/g_m)]v_i$이고 $v_o = (-g_m v_{gs})(R_D \| R_L)$ 이므로

$$\begin{aligned} G_v \equiv \frac{v_o}{v_{sig}} &= \frac{v'_{sig}}{v_{sig}} \cdot \frac{v_i}{v'_{sig}} \cdot \frac{v_{gs}}{v_i} \cdot \frac{v_o}{v_{gs}} \\ &= \frac{R_G}{R_{sig} + R_G} \cdot 1 \cdot \frac{1/g_m}{R_s + 1/g_m} \cdot (-g_m)(R_D \| R_L) \end{aligned}$$

$$=-\frac{R_G}{R_{sig}+R_G}\cdot\frac{R_D \| R_L}{R_s+1/g_m}$$

일반적으로 $R_{sig} \ll R_G$이고 $R_D \ll R_L$이므로 전체 전압이득 G_v는

$$G_v \approx -\frac{g_m R_D}{1+g_m R_s}=-\frac{1.8\times 1}{1+1.8\times 0.3}=-1.17$$

가 된다. ▣

■ CG 증폭기

CG 증폭기는 공통 게이트 증폭기(common gate amplifier)를 말하며 FET의 소스 단자로 입력 신호가 인가되고 드레인 단자에서 출력 신호를 취하는 FET 증폭기 구성이다. CG 증폭기는 입력저항이 매우 낮으며 CG 증폭기의 전압이득은 CS 증폭기와 같은 크기를 갖지만 낮은 입력저항으로 인하여 전체 전압이득은 그다지 크지 않을 수도 있다. 통상 CG 증폭기는 고주파 특성이 좋기 때문에 다른 증폭기 구성과 함께 사용되는 경우가 많다.

예제 7.29. 그림 E7.29의 회로에서 (a) R_{in} (b) R_{out} (c) $G_v=v_o/v_{sig}$을 구하라. 단, $V_{DD}=20$ V, $V_{SS}=10$ V, $R_D=1.8$ kΩ, $R_S=1.5$ kΩ, $R_{sig}=0.5$ kΩ, $R_L=10$ kΩ이고 n-채널 JFET의 $I_{DSS}=9$ mA, $V_P=-3$ V이다. 또 모든 커패시터의 크기는 매우 큰 값이라고 가정한다.

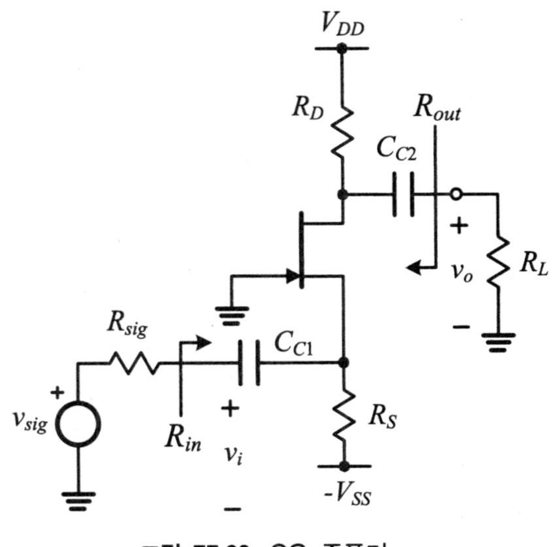

그림 E7.29. CG 증폭기

풀 이

(1) DC 해석

그림 E7.29.1 (a)는 DC 회로를 나타낸다. 이러한 DC 회로의 각부의 전류와 전압을 구하는 동일한 문제는 7.3절의 예제 7.13에서 다루었다. 그러므로 DC 해석에 대하여는 예제 7.13의 결과를 이용하기로 한다. 즉, 게이트-소스 사이의 전압 V_{GS}와 드레인 전류 I_D는 각각 다음과 같다.

$$V_{GS} = -0.371\ \text{V},\ I_D = 6.914\ \text{mA}$$

(2) AC 해석

DC 해석에서 얻은 V_{GS} 전압을 사용해 트랜스컨덕턴스 g_m을 계산하면

$$g_m = -\frac{2I_{DSS}}{V_P}\left(1-\frac{V_{GS}}{V_P}\right) = -\frac{2\times 9}{-3}\left(1-\frac{-0.371}{-3}\right) = 5.258\ \text{mS}$$

이다.

그림 E7.29.1 (b)는 AC 회로를 나타내고 그림 E7.29.2는 정리하여 다시 그린 AC 회로이다. 그림 E7.27.3은 CG 증폭기를 AC 해석하기 위하여 소스 좌측을 테브난 등가회로로 바꾸고 JFET를 AC 모델로 대치한 회로이다. 여기서

$$v'_{sig} = \frac{R_S}{R_{sig}+R_S} v_{sig}$$

$$R'_{sig} = R_{sig} \| R_S = \frac{0.5\times 1.5}{0.5+1.5} = 0.375\ \text{k}\Omega$$

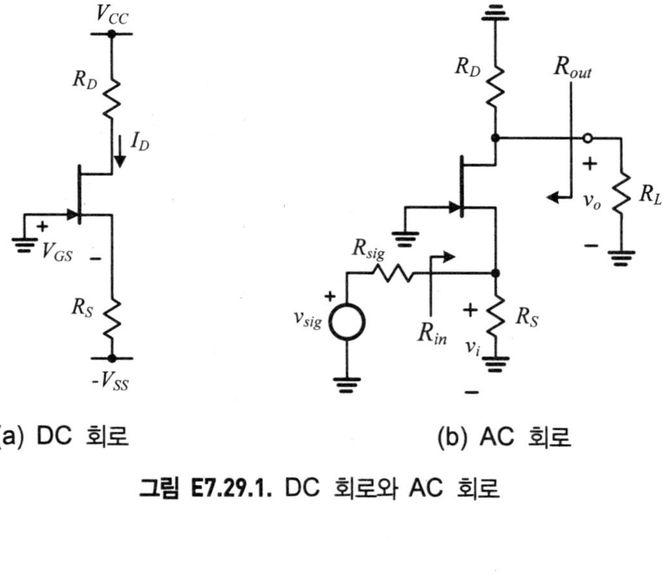

(a) DC 회로 (b) AC 회로

그림 E7.29.1. DC 회로와 AC 회로

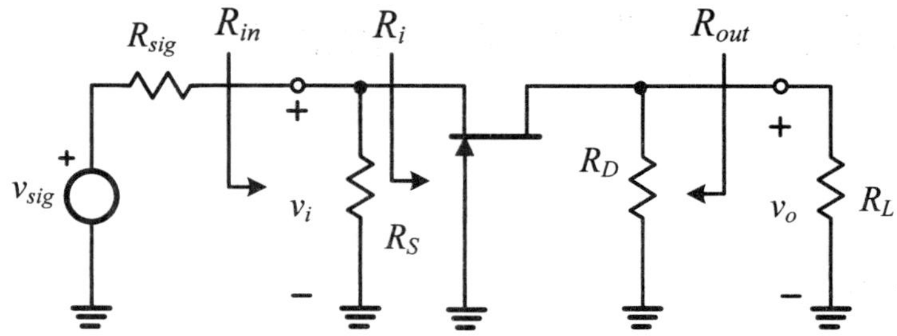

그림 E7.29.2. 정리된 AC 회로

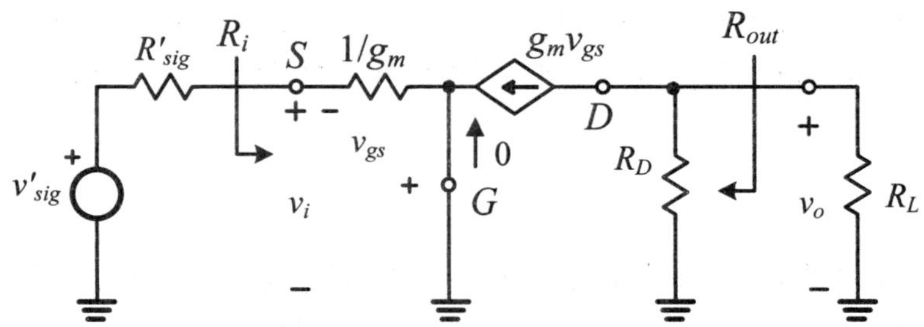

그림 E7.29.3. CG 증폭기의 AC 해석

그림 E7.29.3에서 $R_i = 1/g_m$이므로

$$R_{in} = R_S \| R_i = \frac{R_S(1/g_m)}{R_S + 1/g_m} = \frac{R_S}{1 + g_m R_S}$$

출력저항 R_{out}을 구하기 위하여 $v_{sig} = 0$ 즉 $v'_{sig} = 0$으로 두면 $v_i = 0$이 된다. $v_i = -v_{gs}$이므로 $g_m v_{gs} = 0$이 되고 전류원은 개방회로가 된다. 따라서

$$R_{out} = R_D = 1.8 \text{ k}\Omega$$

한편 그림 E7.29.3에서

$$v_o = (-g_m v_{gs})(R_D \| R_L)$$

$$v'_{sig} = (-g_m v_{gs})R'_{sig} - v_{gs}$$

이므로

$$G_v \equiv \frac{v_o}{v_{sig}} = \frac{v'_{sig}}{v_{sig}} \cdot \frac{v_o}{v'_{sig}} = \frac{R_S}{R_{sig} + R_S} \cdot \frac{g_m (R_D \| R_L)}{1 + g_m R'_{sig}}$$

$$= \frac{1.5}{0.5+1.5} \cdot \frac{5.258}{1+5.258\times 0.375} \cdot \frac{1.8\times 10}{1.8+10} = 2.02$$

가 된다. ▣

■ CD 증폭기

CD 증폭기는 공통 드레인 증폭기(common drain amplifier)를 말하며 FET의 게이트 단자로 입력 신호가 인가되고 소스 단자에서 출력 신호를 취하는 FET 증폭기 구성이다. CD 증폭기는 **소스 팔로워**(source follower)라고도 하는데 이 증폭기는 BJT로 구성된 에미터 팔로워처럼 전압이득은 거의 1에 가까우면서 입력저항은 매우 크고 출력저항은 매우 작은 특징을 갖는다.

예제 7.30. 그림 E7.30의 회로에서 (a) R_{in} (b) R_{out} (c) $G_v = v_o/v_{sig}$을 구하라. 단, $V_{DD} = 18$ V, $R_S = 0.75$ kΩ, $R_1 = 110$ MΩ, $R_2 = 10$ MΩ, $R_{sig} = 0.5$ kΩ, $R_L = 10$ kΩ이고 공핍형 NMOS의 $I_{DSS} = 6$ mA, $V_P = -3$ V이다. 또 모든 커패시터의 크기는 매우 큰 값이라고 가정한다.

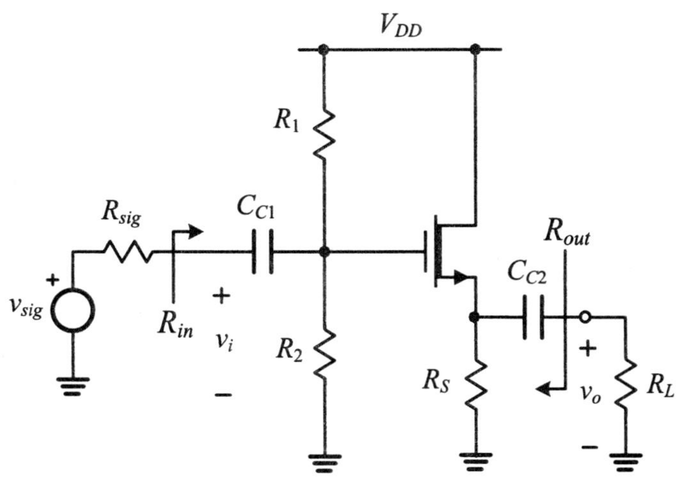

그림 E7.30. 예제 7.30의 회로

풀 이

(1) DC 해석

그림 E7.30.1에서 (a)는 직류만 흐르는 DC 회로를 나타내며 (b)는 (a)의 회로를 변형한 것이며 (c)는 FET의 게이트 단자의 왼쪽을 테브난 등가회로를 이용하여 바꾼 회로이다. 그림 E7.30.1 (c)에서

$$V_{GG} = \frac{R_2 V_{DD}}{R_1 + R_2} = 1.5 \text{ V}, \; R_G = (R_1 \parallel R_2) = \frac{110 \times 10}{110 + 10} = 9.17 \text{ M}\Omega$$

그림 E7.30.1 (c)의 회로에서 게이트-소스 간 전압 V_{GS}는 다음과 같다.

$$V_{GG} = V_{GS} + R_S I_D \Rightarrow 1.5 = V_{GS} + 0.75 I_D$$

공핍형 NMOS가 핀치오프 영역에서 동작한다고 가정할 때 V_{GS}는 다음 두 개의 식의 연립방정식으로부터 구할 수 있다.

$$V_{GS} = 1.5 - 0.75 I_D$$

$$I_D = I_{DSS}\left(1 - \frac{V_{GS}}{V_P}\right)^2 = 6\left(1 - \frac{V_{GS}}{-3}\right)^2$$

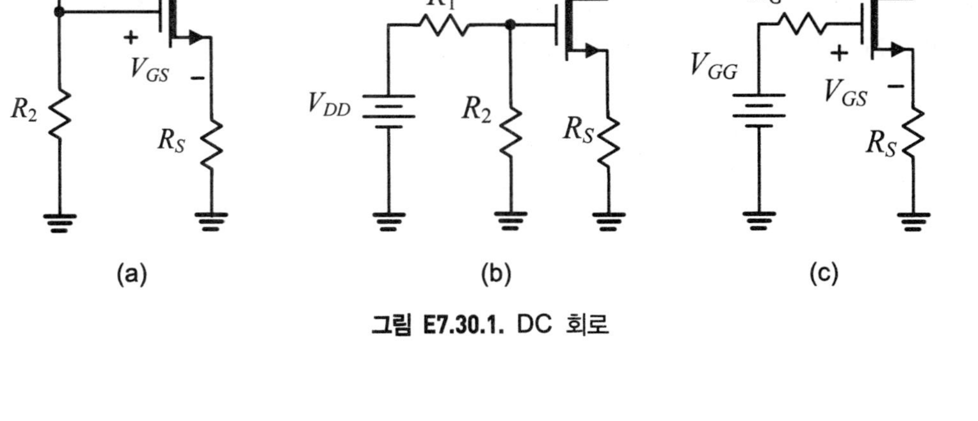

그림 E7.30.1. DC 회로

위의 두 식으로부터

$$V_{GS}^2 + 8V_{GS} + 6 = 0$$

따라서 $V_{GS} = -0.838$ V, $V_{GS} = -7.162$ V이다.

위의 V_{GS}에 대한 두 개의 해 가운데 $V_{GS} = -7.162$ V는 V_P (=−3 V)전압보다 작아서 공핍형 NMOS가 차단영역에서 동작하는 것을 의미한다. 이는 핀치오프 영역에서 동작한다는 가정과 위배되므로 버린다. $V_{GS} = -0.838$ V일 때

$$I_D = \frac{V_{GG} - V_{GS}}{R_S} = \frac{1.5 - (-0.838)}{0.75} = 3.117 \text{ mA}$$

$$V_{DS} = V_{DD} - R_S I_D = 18 - 0.75 \times 3.117 = 15.662 \text{ V}$$

공핍형 NMOS가 핀치오프 영역에서 동작할 조건은 식 (7.15)에서 $V_{DG} > |V_P|$ 또는 $V_{DS} > V_{GS} + |V_P|$ 이다. $V_{DS} = 15.662$ V, $V_{GS} = -0.838$ V, $V_P = -3$ V이므로 $V_{DS} > V_{GS} + |V_P|$ 를 만족한다. 따라서 JFET는 핀치오프 영역에서 동작한다는 처음의 가정이 옳았음이 확인되었고 지금까지 수행한 해석은 모두 옳은 것으로 본다.

(2) AC 해석

DC 해석에서 얻은 V_{GS} 전압을 사용해 트랜스컨덕턴스 g_m을 계산하면

$$g_m = -\frac{2I_{DSS}}{V_P}\left(1 - \frac{V_{GS}}{V_P}\right) = -\frac{2 \times 6}{-3}\left(1 - \frac{-0.838}{-3}\right) = 2.883 \text{ mS}$$

이다.

그림 E7.30.2 (a)는 AC 회로를 나타내고 (b)는 정리하여 다시 그린 AC 회로이다. 그림 E7.30.3은 CD 증폭기를 AC 해석하기 위하여 게이트 좌측을 테브난 등가회로로 바꾸고 공핍형 NMOS를 AC 모델로 대치한 회로이다. 여기서

$$v'_{sig} = \frac{R_G}{R_{sig} + R_G} v_{sig} \ , \ R'_{sig} = R_{sig} \| R_G$$

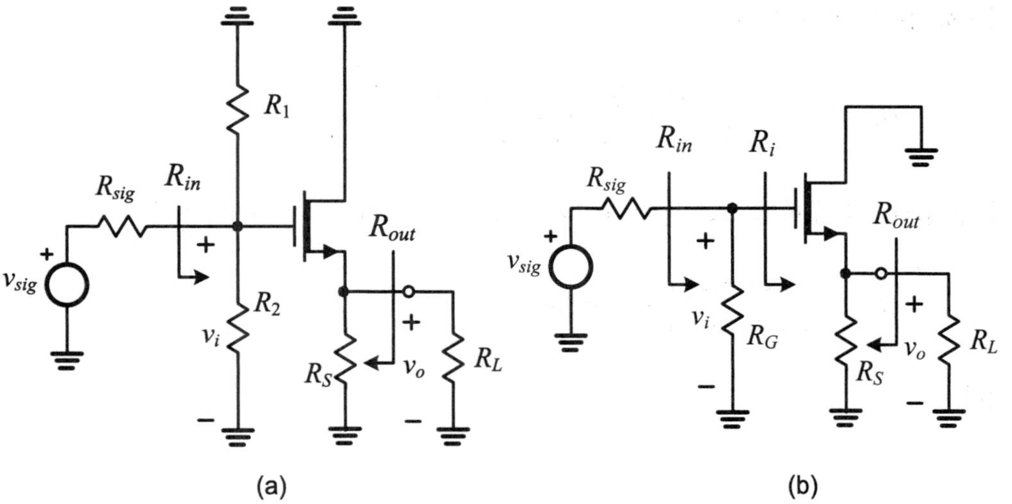

그림 E7.30.2. AC 회로

그림 E7.30.3에서 게이트 전류가 0이 되어 $R_i = \infty$ 이므로

$$R_{in} = R_G = R_1 \| R_2 = \frac{110 \times 10}{110 + 10} = 9.17 \ \ \text{M}\Omega$$

이다. 또 출력저항 R_{out}을 구하기 위하여 $v_{sig} = 0$, 즉 $v'_{sig} = 0$으로 두면 R_o는 $1/g_m$과 R'_{sig}의 직렬 합성저항만 보이게 된다. 즉

$$R_o = R'_{sig} + \frac{1}{g_m}$$

$$R_{out} = R_o \| R_S = \left(R'_{sig} + \frac{1}{g_m} \right) \| R_s$$

통상 $R_{sig} \ll R_G$ 이므로 $R'_{sig} \approx R_{sig}$이고

$$R_{out} \approx \frac{R_S(1 + g_m R_{sig})}{1 + g_m(R_S + R_{sig})} \approx \frac{0.75\,(1 + 2.883 \times 0.5)}{1 + 2.883 \times (0.75 + 0.5)} = 0.398 \ \ \text{k}\Omega$$

그림 E7.30.3에서

$$v_o = g_m v_{gs} (R_S \| R_L)$$

$$v_{sig} = g_m v_{gs} \left(\frac{1}{g_m} + R_S \| R_L \right)$$

이므로 전체 전압이득 G_v는

$$G_v \equiv \frac{v_o}{v_{sig}} = \frac{R_S \| R_L}{(1/g_m) + R_S \| R_L} = \frac{g_m (R_S \| R_L)}{1 + g_m (R_S \| R_L)}$$

가 된다. G_v를 구하면 $R_S \| R_L = (0.75 \times 10)/(0.75 + 10) = 0.698\ \text{k}\Omega$이므로

$$G_v = \frac{2.883 \times 0.698}{1 + 2.883 \times 0.698} = 0.668$$

이다.

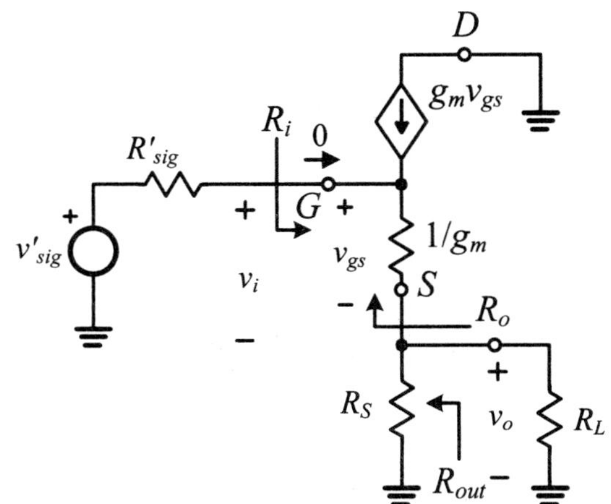

그림 E7.30.3. CD 증폭기의 AC 해석

▣

■ 드레인 피드백 증폭기

드레인 피드백 증폭기(drain feedback amplifier)는 컬렉터 피드백 증폭기와 유사한 구조를 갖는 만큼 특성도 거의 비슷하다. 드레인 피트백 증폭기는 바이어스 피트백과 신호의 피드백이 한 개의 피드백 저항으로 구현되는 구조이며 R_{in}은 R_L에 의존하며 R_{out}도 R_{sig}에 의존하는 특성을 갖는다.

예제 7.31. 그림 E7.31의 회로에서 (a) R_{in} (b) R_{out} (c) $G_v = v_o/v_{sig}$을 구하라. 단, $V_{DD} = 12\ \text{V}$, $R_D = 2\ \text{k}\Omega$, $R_G = 10\ \text{M}\Omega$, $R_{sig} = 0.5\ \text{k}\Omega$, $R_L = 10\ \text{k}\Omega$이고 증가형 NMOS의 문턱전압 $V_T = 3\ \text{V}$이고 $V_{GS} = V_{GS(on)} = 8\ \text{V}$일 때 $I_D = I_{D(on)} = 6\ \text{mA}$ 이다. 또 모든 커패시터의 크기는 매우 큰 값이라고 가정한다.

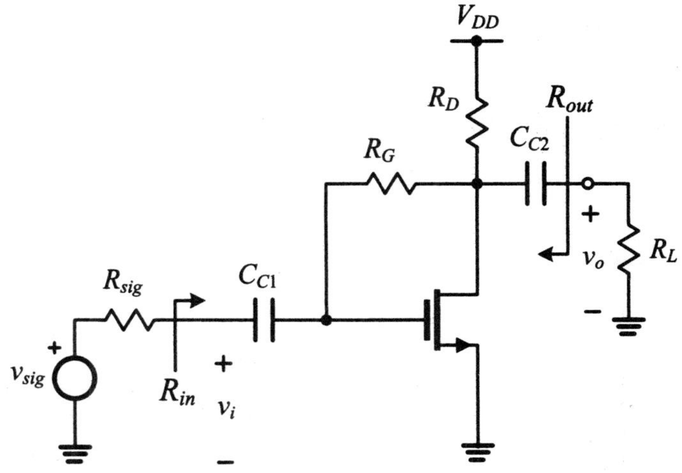

그림 E7.31. 예제 7.31의 회로

풀 이

(1) DC 해석

그림 E7.31.1 (a)는 DC 회로를 나타낸다. 이러한 DC 회로의 각부의 전류와 전압을 구하는 동일한 문제는 7.4절의 예제 7.17에서 다루었다. 그러므로 DC 해석에 대하여는 예제 7.17의 결과를 이용하기로 한다. 즉, 게이트-소스 사이의 전압 V_{GS}, 드레인 전류 I_D, 증가형 NMOS의 특성을 나타내는 파라미터 k_n는 각각 다음과 같다.

$$V_{GS} = 6.412 \text{ V}, \; I_D = 2.794 \text{ mA}$$

$$k_n = \frac{2I_{D(on)}}{(V_{GS(on)} - V_T)^2} = \frac{2 \times 6}{(8-3)^2} = 0.48 \text{ mA/V}^2$$

(2) AC 해석

DC 해석에서 얻은 V_{GS} 전압을 사용해 g_m을 계산하면 다음과 같다.

$$g_m = k_n(V_{GS} - V_T) = 0.48 \times (6.412 - 3) = 1.638 \text{ mS}$$

그림 E7.31.1 (b)는 AC 회로를 나타내고 그림 E7.31.2는 증가형 NMOS를 AC 모델로 대치한 회로이다. 여기서 수식을 간결하게 나타내기 위하여

$$R_L{}' \equiv R_D \parallel R_L = \frac{R_D R_L}{R_D + R_L}$$

라고 정의하자. 즉, $R_L{}' = (2 \times 10)/(2+10) = 1.667\ \ \mathrm{k\Omega}$ 이다.

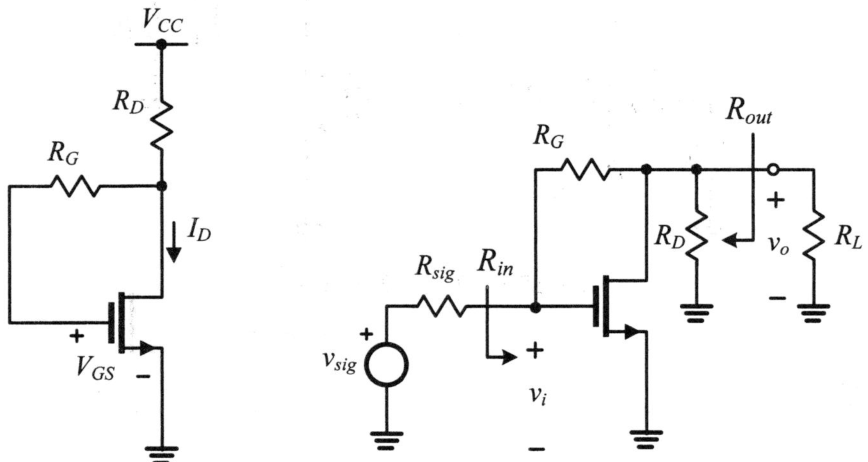

(a) DC 회로 (b) AC 회로

그림 E7.31.1. DC 회로와 AC 회로

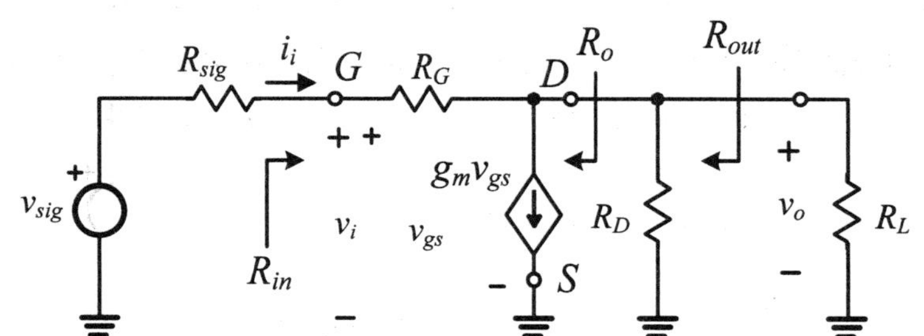

그림 E7.31.2. 드레인 피드백 증폭기의 AC 해석

그림 E7.31.2에서

$$v_i = v_{gs} = R_G\, i_i + (i_i - g_m v_{gs}) R_L{}'$$

이므로 i_i와 v_{gs}의 관계식을 구할 수 있다. 즉,

$$i_i = \frac{1 + g_m R_L{}'}{R_G + R_L{}'} cdotv_{gs}$$

따라서 입력저항 R_{in}은 다음과 같다.

$$R_{in} \equiv \frac{v_i}{i_i} = \frac{R_G + R_L'}{1 + g_m R_L'}$$

$$= \frac{10000 + 1.667}{1 + 1.638 \times 1.667} = 2681\ \text{k}\Omega = 2.681\ \text{M}\Omega$$

그림 E7.31.2에서 입력신호 v_{sig}와 출력신호 v_o에 대하여 다음 식이 성립한다.

$$v_{sig} = R_{sig} i_i + v_{gs} = R_{sig} \cdot \frac{1 + g_m R_L'}{R_G + R_L'} v_{gs} + v_{gs}$$

$$v_o = (i_i - g_m v_{gs}) R_L' = R_L' \cdot \frac{1 + g_m R_L'}{R_G + R_L'} v_{gs} - g_m R_L' v_{gs}$$

따라서,

$$G_v \equiv \frac{v_o}{v_{sig}} = \frac{R_L' \cdot \dfrac{1 + g_m R_L'}{R_G + R_L'} - g_m R_L'}{R_{sig} \cdot \dfrac{1 + g_m R_L'}{R_G + R_L'} + 1} = \frac{R_L'(1 - g_m R_G)}{R_{sig}(1 + g_m R_L') + R_G + R_L'}$$

$$= \frac{1.667 \times (1 - 1.638 \times 10000)}{0.5(1 + 1.638 \times 1.667) + 10000 + 1.667} = -2.73$$

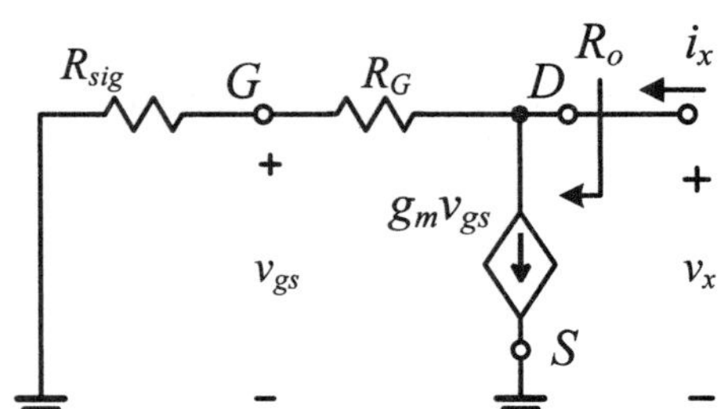

그림 E7.31.3. 출력저항을 구하기 위한 회로

출력저항 R_o을 구하기 위하여 $v_{sig} = 0$로 두고 회로를 다시 그리면 그림 E7.31.3와 같다. 여기서 v_x를 R_{sig}와 R_G에 전압 분배할 때 R_{sig}에 인가된 전압이 v_{gs}이다. 즉,

$$v_{gs} = \frac{R_{sig}}{R_{sig} + R_G} v_x \Rightarrow v_x = \frac{R_{sig} + R_G}{R_{sig}} v_{gs}$$

또 i_x는 전류원 $g_m v_{gs}$와 R_{sig}에 흐르는 전류의 합이므로

$$i_x = g_m v_{gs} + \frac{v_{gs}}{R_{sig}} = \left(g_m + \frac{1}{R_{sig}}\right) v_{gs}$$

이다. 따라서

$$R_o \equiv \frac{v_x}{i_x} = \frac{(R_{sig} + R_G)/R_{sig}}{g_m + 1/R_{sig}} = \frac{R_G + R_{sig}}{1 + g_m R_{sig}} = \frac{10000 + 0.5}{1 + 1.638 \times 0.5} = 5498 \ \ \text{k}\Omega$$

$$R_{out} = R_o \| R_D = \frac{5498 \times 2}{5498 + 2} \approx 2 \ \ \text{k}\Omega$$

▣

연습문제

7.1. 그림 P7.1의 각각의 회로에 대하여 동작점을 구하라. 열전압 $V_t = 26$ mV라고 가정한다.

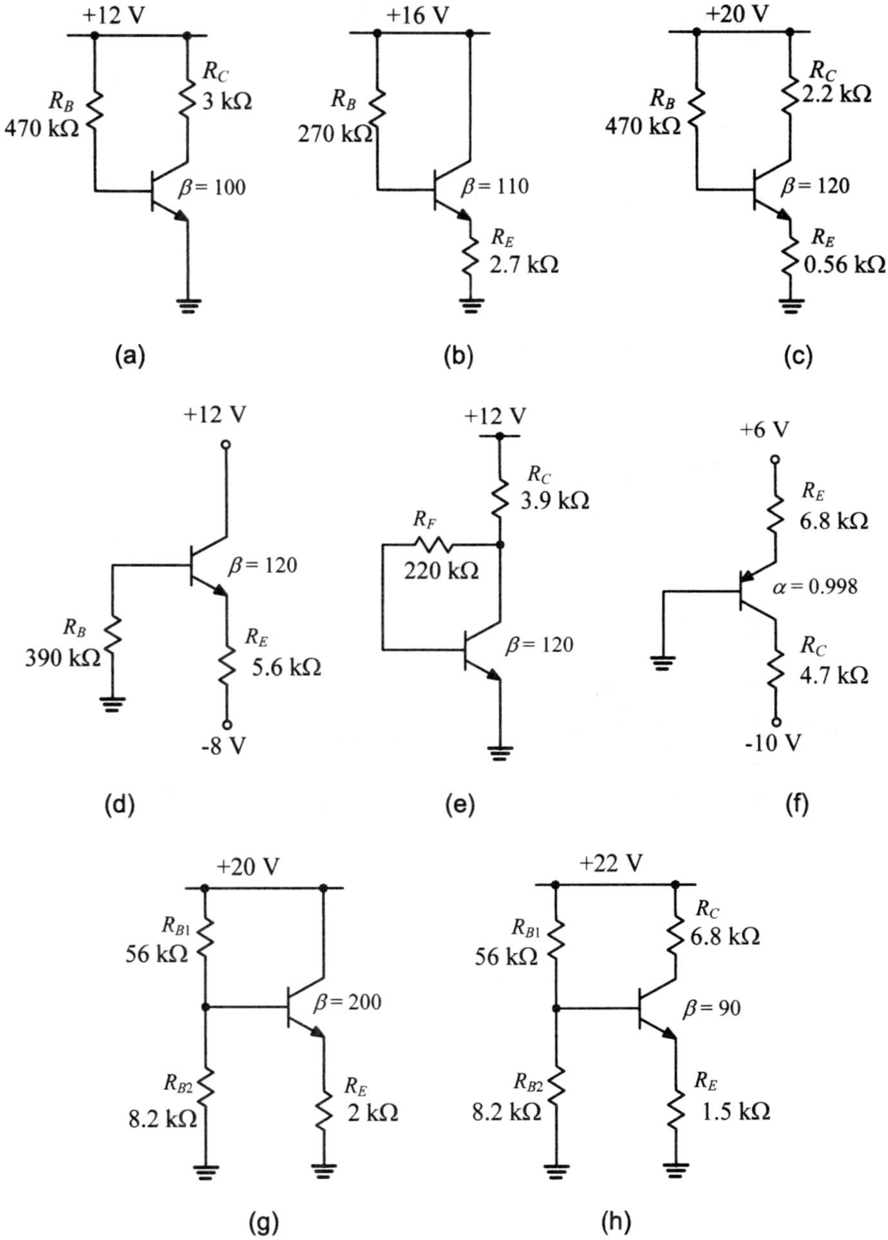

그림 P7.1.

7.2. 그림 P7.2의 각각의 회로에 대하여 V_{GS}, I_D를 구하라.

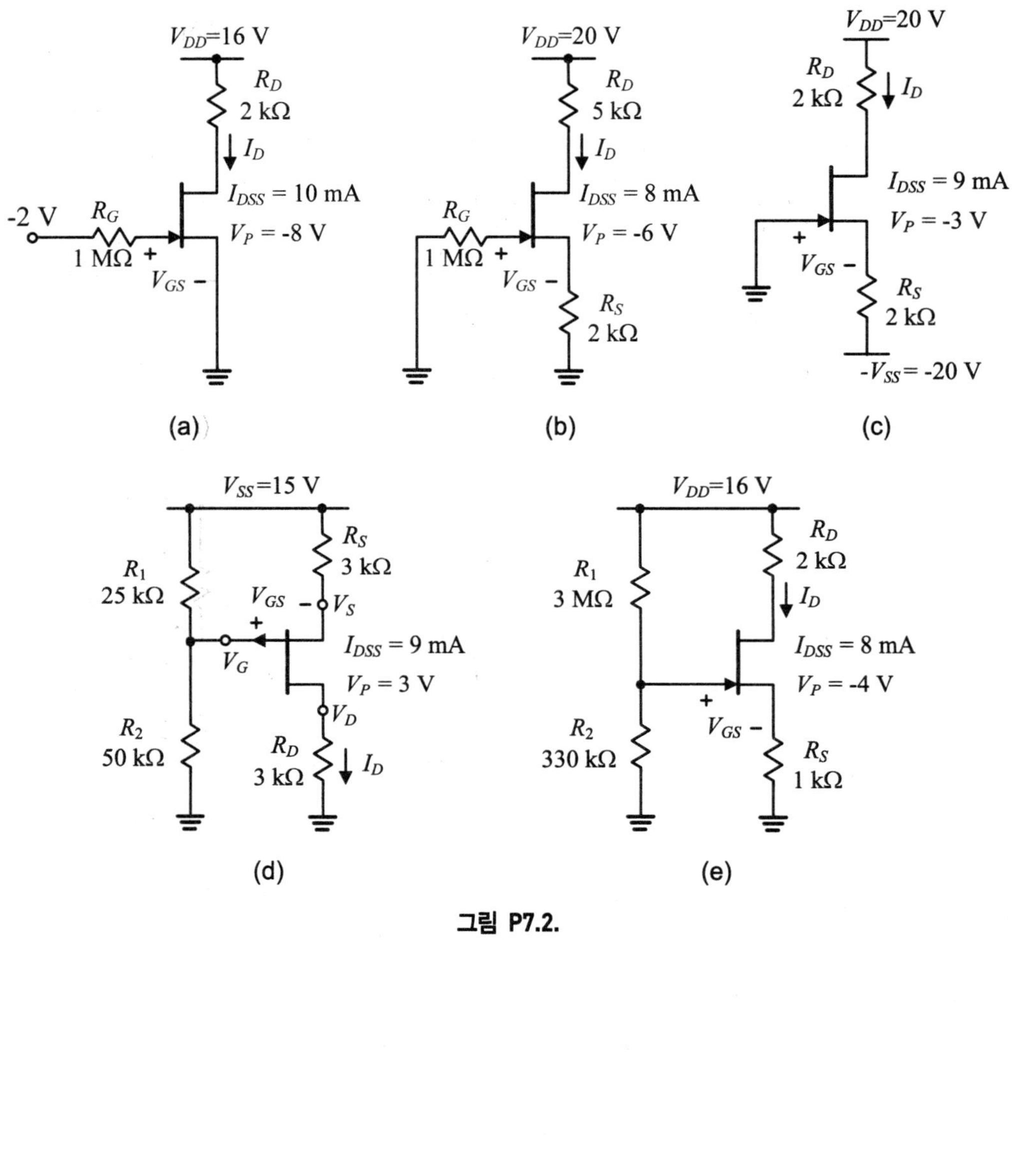

그림 P7.2.

7.3. 그림 P7.3의 각각의 회로에 대하여 V_{GS}, I_D를 구하라.

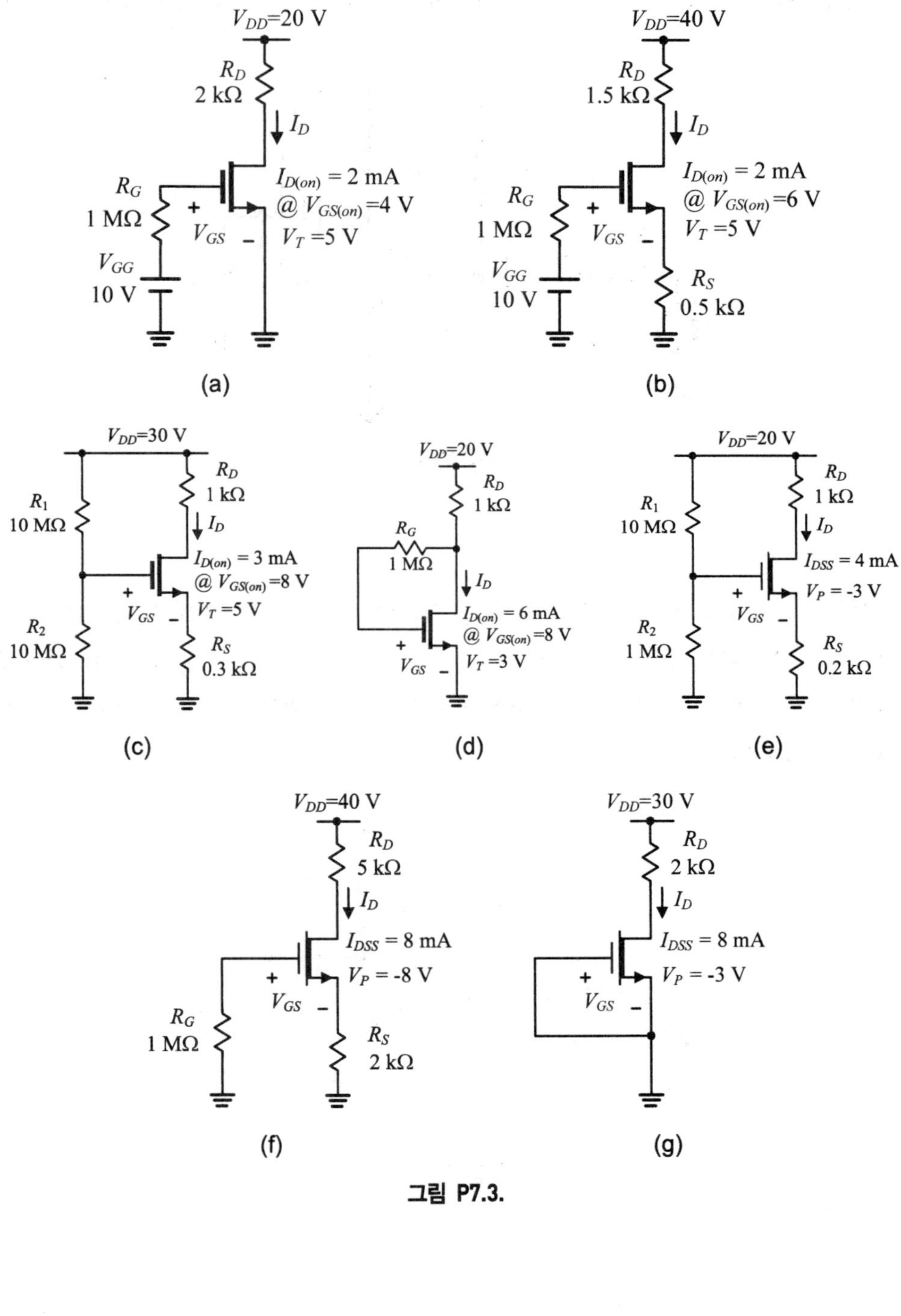

그림 P7.3.

7.4. 그림 P7.4의 회로에서 (a) R_{in} (b) R_{out} (c) $G_v = v_o/v_{sig}$을 구하라. 단, $V_{CC} = 12$ V, $R_C = 3$ kΩ, $R_B = 470$ kΩ, $R_{sig} = 0.5$ kΩ, $R_L = 10$ kΩ이고 BJT의 $\beta = 100$, 열전압 $V_t = 26$ mV이다. 또 모든 커패시터의 크기는 매우 큰 값이라고 가정한다.

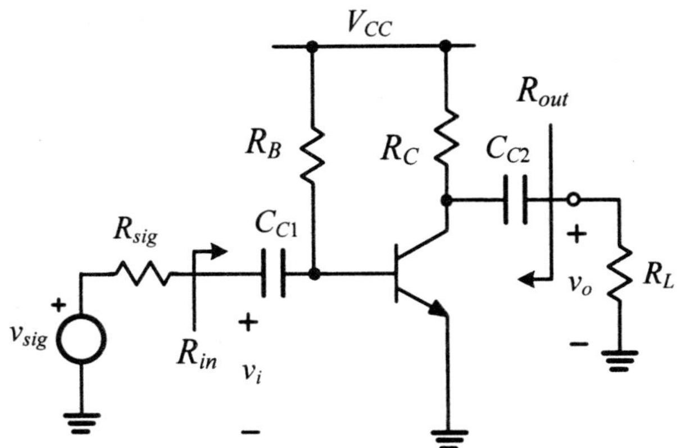

그림 P7.4.

7.5. 그림 P7.5의 회로에서 (a) R_{in} (b) R_{out} (c) $G_v = v_o/v_{sig}$을 구하라. 단, $V_{CC} = 20$ V, $R_C = 2.2$ kΩ, $R_B = 470$ kΩ, $R_E = 0.56$ kΩ, $R_{sig} = 0.5$ kΩ, $R_L = 10$ kΩ이고 BJT의 $\beta = 120$, 열전압 $V_t = 26$ mV이다. 또 모든 커패시터의 크기는 매우 큰 값이라고 가정한다.

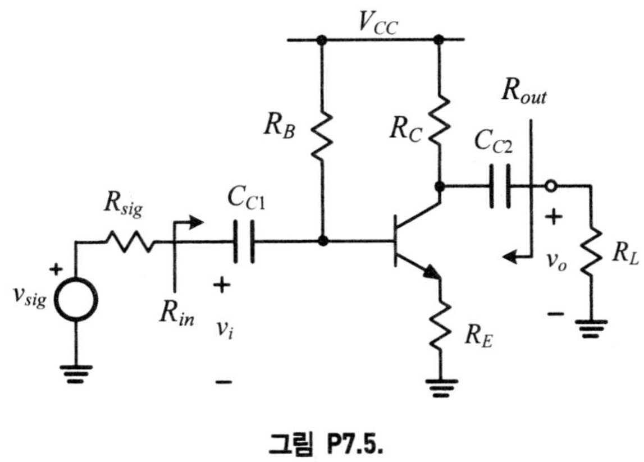

그림 P7.5.

7.6. 그림 P7.6의 회로에서 (a) R_{in} (b) R_{out} (c) $G_v = v_o/v_{sig}$을 구하라. 단, $V_{CC} = 10$ V, $V_{EE} = -10$ V, $R_C = 1$ kΩ, $R_E = 2$ kΩ, $R_{sig} = 0.5$ kΩ, $R_L = 10$ kΩ이고 BJT의 $\beta = 100$, 열전압 $V_t = 26$ mV이다. 또 모든 커패시터의 크기는 매우 큰 값이라고 가정한다.

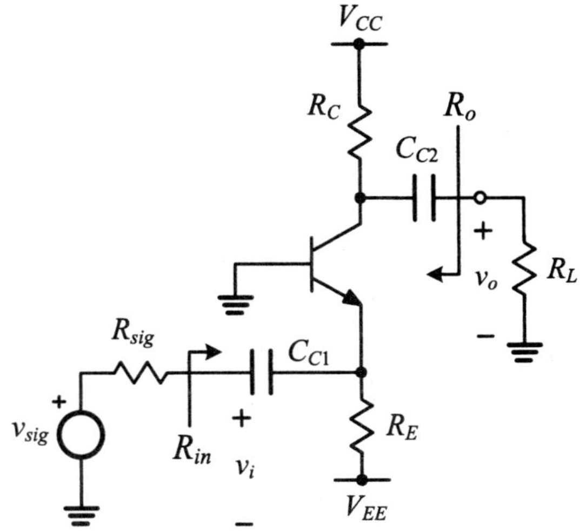

그림 P7.6.

7.7. 그림 P7.7의 회로에서 (a) R_{in} (b) R_{out} (c) $G_v = v_o/v_{sig}$을 구하라. 단, $V_{CC} = 12$ V, $R_B = 220$ kΩ, $R_E = 3.3$ kΩ, $R_{sig} = 0.5$ kΩ, $R_L = 10$ kΩ이고 BJT의 $\beta = 100$, 열전압 $V_t = 26$ mV이다. 또 모든 커패시터의 크기는 매우 큰 값이라고 가정한다.

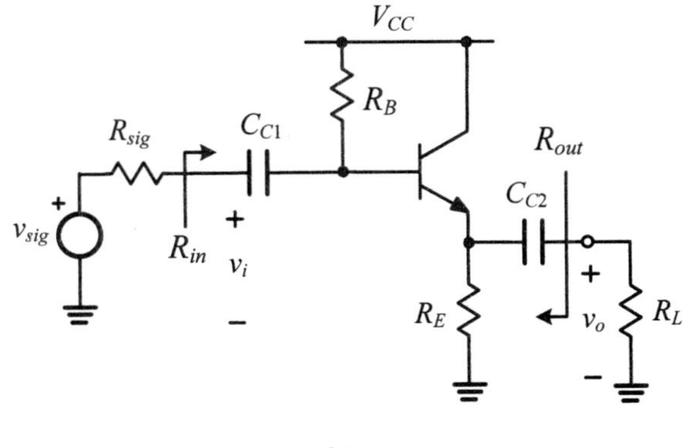

그림 P7.7.

7.8. 그림 P7.8의 회로에서 (a) R_{in} (b) R_{out} (c) $G_v = v_o/v_{sig}$을 구하라. 단, $V_{CC} = 10$ V, $R_C = 2$ kΩ, $R_{F1} = 50$ kΩ, $R_{F2} = 50$ kΩ, $R_{sig} = 0.5$ kΩ, $R_L = 10$ kΩ이고 BJT의 $\beta = 100$, 열전압 $V_t = 26$ mV이다. 또 모든 커패시터의 크기는 매우 큰 값이라고 가정한다.

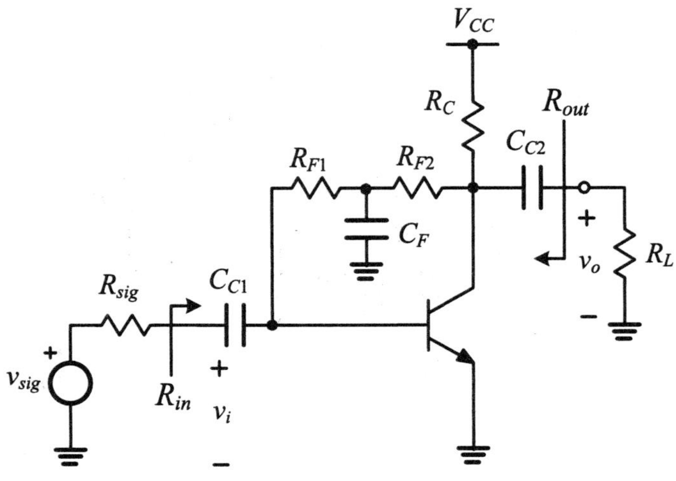

그림 P7.8.

7.9. 그림 P7.9의 회로는 입력저항을 증가시키기 위한 목적으로 사용되는 부트스트랩 회로(밀러적분회로)이다. 이 회로에서 (a) R_{in} (b) R_{out} (c) $G_v = v_o/v_{sig}$을 구하라. 단, $V_{CC} = 10$ V, $R_C = 1$ kΩ, $R_E = 220$ Ω, $R_1 = 150$ kΩ, $R_2 = 22$ kΩ, $R_3 = 2$ kΩ, $R_{sig} = 1$ kΩ, $R_L = 5$ kΩ이고 BJT의 $\beta = 100$, 열전압 $V_t = 26$ mV이다. 또 모든 커패시터의 크기는 매우 큰 값이라고 가정한다.

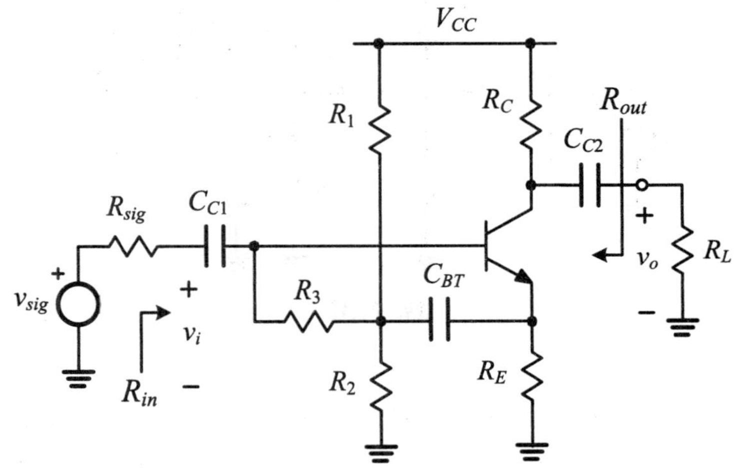

그림 P7.9.

7.10. 그림 E7.10의 회로에서 (a) R_{in} (b) R_{out} (c) $G_v = v_o/v_{sig}$을 구하라. 단, $V_{DD} = 16$ V, $R_D = 2.4$ kΩ, $R_1 = 2.1$ MΩ, $R_2 = 270$ kΩ, $R_S = 1.5$ kΩ, $R_{sig} = 0.5$ kΩ, $R_L = 10$ kΩ이고 n-채널 JFET의 $I_{DSS} = 8$ mA, $V_P = -4$ V이다. 또 모든 커패시터의 크기는 매우 큰 값이라고 가정한다.

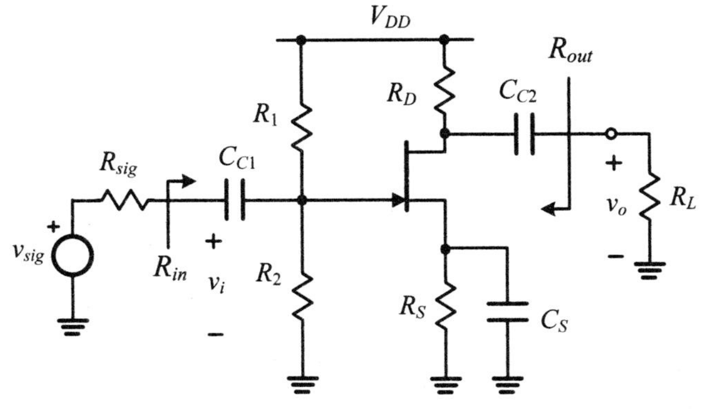

그림 P7.10.

7.11. 그림 E7.11의 회로에서 (a) R_{in} (b) R_{out} (c) $G_v = v_o/v_{sig}$을 구하라. 단, $V_{DD} = 30$ V, $R_D = 3.3$ kΩ, $R_s = 0.3$ kΩ, $R_s{}' = 0.9$ kΩ, $R_1 = 40$ MΩ, $R_2 = 10$ MΩ, $R_{sig} = 0.5$ kΩ, $R_L = 10$ kΩ이고 증가형 NMOS의 문턱전압 $V_T = 3$ V이고 $k_n = 0.8$ mA/V^{2}이다. 또 모든 커패시터의 크기는 매우 큰 값이라고 가정한다.

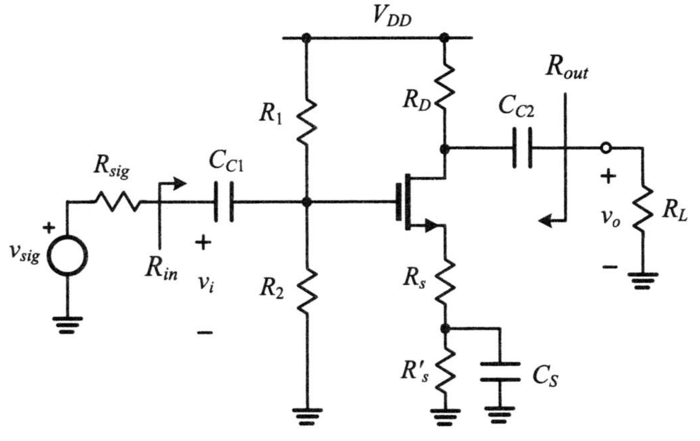

그림 P7.11.

7.12. 그림 E7.12의 회로에서 (a) R_{in} (b) R_{out} (c) $G_v = v_o/v_{sig}$을 구하라. 단, $V_{DD} = 20$ V, $R_D = 3.3$ kΩ, $R_S = 1$ kΩ, $R_G = 1$ MΩ, $R_{sig} = 0.5$ kΩ, $R_L = 10$ kΩ이고 n-채널 JFET의 $I_{DSS} = 8$ mA, $V_P = -6$ V이다. 또 모든 커패시터의 크기는 매우 큰 값이라고 가정한다.

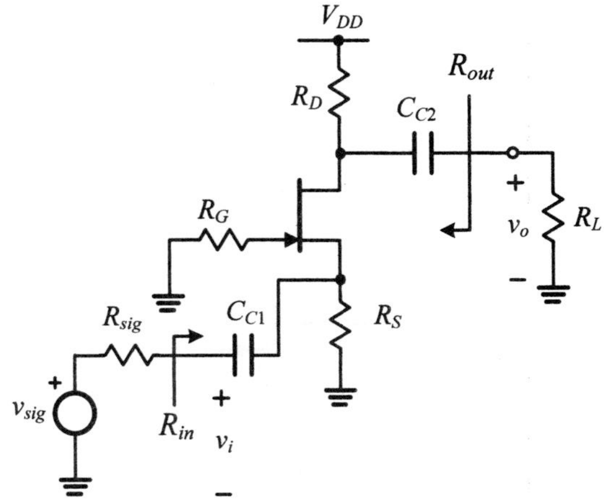

그림 P7.12.

7.13. 그림 E7.13의 회로에서 (a) R_{in} (b) R_{out} (c) $G_v = v_o/v_{sig}$을 구하라. 단, $V_{DD} = 12$ V, $R_S = 3.3$ kΩ, $R_G = 2$ MΩ, $R_{sig} = 0.5$ kΩ, $R_L = 2.2$ kΩ이고 공핍형 NMOS의 $I_{DSS} = 6$ mA, $V_P = -6$ V이다. 또 모든 커패시터의 크기는 매우 큰 값이라고 가정한다.

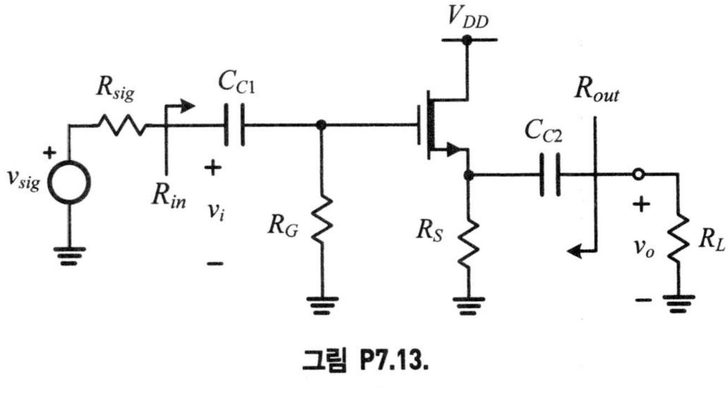

그림 P7.13.

7.14. 그림 E7.14의 회로에서 (a) R_{in} (b) R_{out} (c) $G_v = v_o/v_{sig}$을 구하라. 단, $V_{DD} = 16$ V, $R_D = 2.2$ kΩ, $R_S = 0.3$ kΩ, $R_{sig} = 0.5$ kΩ, $R_L = 5$ kΩ이고 증가형 NMOS의 문턱전압 $V_T = 3$ V이고 $k_n = 0.6$ mA/V^{2}이다. 또 모든 커패시터의 크기는 매우 큰 값이라고 가정한다.

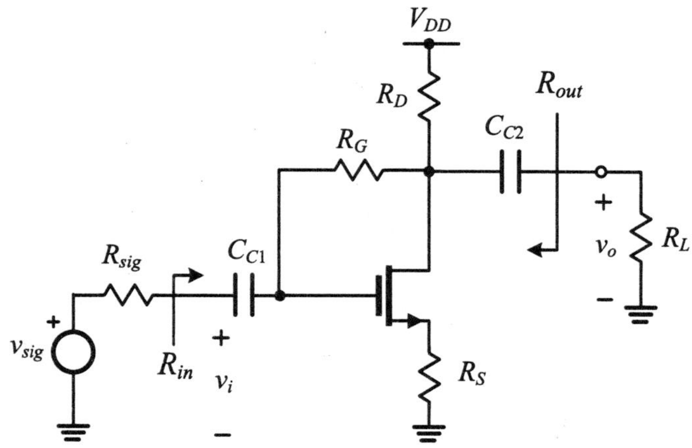

그림 P7.14.

■ 참고문헌

[1] 마이크로 전자회로 1판, 정원섭 역 (원저: Adel S. Sedra, Kenneth C. Smith, Microelctronic Circuits, 1st edition), 1989, 기다리출판사.

[2] 마이크로 전자회로 7판, 정원섭 외 역, (원저: Adel S. Sedra, Kenneth C. Smith, Microelctronic Circuits, 7th edition), 2016, 한티미디어.

[3] 전자회로, 김수원, 박재홍 공역 (원저: Robert L. Boylestad and Louis Nashelsky, Electronic Devices and Circuit Theory, 9th edition), 2006, 사이텍미디어.

[4] 박송배, 현대전자회로 개정판, 1995, 문운당.

[5] 김희준, 전자회로, 2007, 사이텍미디어.

[6] 강문식, 식경욱, 전자회로 핵심 개념부터 응용까지, 2016, 한빛아카데미.

[7] 최남섭, 아날로그 전자회로 기초와 응용, 2018, 문운당.

[8] 정규범, 알기쉽게 풀어쓴 저자회로, 2016, 문운당.

[9] 신경욱, 핵심이 보이는 전자회로 실험 with PSPICE, 2017, 한빛아카데미.

[10] 허찬욱, 최웅세, 박정철, 연산증폭회로 및 전원회로, 2001, 복두출판사.

[11] David E. Johnson and V. Jayakumar, Operational Amplifier Circuits Design and Application, 1982, Prentice-Hall.

[12] 조규형, 전자회로특론, 2010, 홍릉과학출판사.

[13] 김원찬, 전자회로의 이해, 2000, 대영사.

___저자 약력

최 남 섭

KAIST 전기및전자공학과 공학박사
Wisconsin-Madison 주립대학 Visiting Professor
미시건주립대학 Visiting Professor
현, 전남대학교 전기전자통신컴퓨터공학부 교수

기초전자회로

2019년 7월 25일 인쇄
2019년 7월 30일 발행

저 자 최남섭
발행인 정병석

발행처 전남대학교출판문화원
주 소 61186 광주광역시 북구 용봉로 77
전 화 (062) 530-0571~3
팩 스 (062) 530-0579
등 록 1981. 5. 21. 제53호
홈페이지 http://www.cnup.co.kr
이메일 cnup0571@hanmail.net

값 17,000 원

ISBN 978-89-6849-642-4 (93560)

이 도서의 국립중앙도서관 출판예정도서목록(CIP)은 e-CIP홈페이지(http://www.nl.go.kr/ecip)와 국가자료공동목록시스템(http://www.nl.go.kr/kolisnet)에서 이용하실 수 있습니다.
(CIP제어번호: CIP2019028294)